EUL VERLAG

Reihe: Kleine und mittlere Unternehmen · Band 18

Herausgegeben von Prof. Dr. Jörn-Axel Meyer, Berlin

Dr. Frank A. Halter

Familienunternehmen im Nachfolgeprozess

Die Emotionen des Unternehmers

Mit einem Geleitwort von Prof. Dr. Jean-Paul Thommen, European Business School (EBS), Oestrich-Winkel

EUL VERLAG

Bibliographische Information der Deutschen Bibliothek

Die Deutsche Bibliothek verzeichnet diese Publikation in der Deutschen Nationalbibliothek; detaillierte bibliographische Daten sind im Internet über <http://dnb.ddb.de> abrufbar.

Dissertation, European Business School (EBS), Oestrich-Winkel, 2009

D 1540

ISBN 978-3-89936-806-2
1. Auflage Juni 2009

JOSEF EUL VERLAG GmbH
Brandsberg 6
53797 Lohmar
Tel.: 0 22 05 / 90 10 6-6
Fax: 0 22 05 / 90 10 6-88
E-Mail: info@eul-verlag.de
http://www.eul-verlag.de

Bei der Herstellung unserer Bücher möchten wir die Umwelt schonen. Dieses Buch ist daher auf säurefreiem, 100% chlorfrei gebleichtem, alterungsbeständigem Papier nach DIN 6738 gedruckt.

Geleitwort

Frank Halter kombiniert zwei sehr wichtige Themen bzw. Herausforderungen, denen sich viele KMUs, insbesondere Familienunternehmen, gegenübersehen: Der Nachfolgeprozess auf der einen und die Emotionen des Unternehmers auf der anderen Seite. Die Ursachen und die Wirkungen von Emotionen stehen deshalb im Mittelpunkt dieser Arbeit, die folgende Tragen zu beantworten versucht:

- Welches sind die Herausforderungen im Nachfolgeprozess aus der Sicht des Übergebers?
- Welche Emotionen werden mit diesen Herausforderungen in Verbindung gebracht?
- Welches sind mögliche Ursachen und Wirkungen dieser Emotionen auf den Nachfolgeprozess?

Im ersten Kapitel werden die Grundlagen für die weiteren Ausführungen erläutert. Hier findet sich auch ein sehr guter Überblick über den Stand der Familienunternehmensforschung. Das zweite Kapitel beschäftigt sich dann eingehend mit dem Thema Emotion. Neben einer begrifflichen Klärung werden das Wirkungsgefüge, die Ausprägungen und Auswirkungen der von verschiedenen Emotionsformen sowie der Umgang mit Emotionen dargestellt. Damit wird eine gute Grundlage für die anschließende Diskussion der Komplexität und Dynamik von Emotionen im Nachfolgeprozess gelegt. Der Autor beweist dabei in diesem Kapitel seine profunden Kenntnisse in diesem Themenbereich, genauso wie im dritten Kapitel, in welchem die theoretischen Grundlagen für die vertiefte Betrachtung des Nachfolgeprozesses in Familienunternehmen diskutiert werden. Insbesondere wird auf die Eigenschaften und Rolle des Unternehmers sowie die Gestaltung der Unternehmensnachfolge eingegangen. Im vierten Kapitel erfolgt eine hilfreiche Zusammenfassung der bisherigen Ausführungen, die zu einem übersichtlichen Bezugsrahmen der Arbeit führen.

Im fünften und sechsten Kapitel wird die empirische Arbeit dargestellt. Es handelt sich dabei um drei ausführliche Einzelfallstudien, in denen drei Nachfolgeprozesse mit Hilfe der Kriterien Herausforderungen, identifizierte Emotionen, Ursache und Wirkung sowie Analyseebene (individuelle, interpersonelle, organisationale und Umweltebene) diskutiert werden. Die umfangreichen Fälle geben einen sehr guten Einblick in die Rolle von Emotionen im Nachfolgeprozess. Eine abschließende Gesamtbetrachtung zeigt eine prägnante und wiederum sehr hilfreiche Übersicht über die Unterschiede und Gemeinsamkeiten der einzelnen Fälle. In Kapitel sieben erfolgt eine Schlussbetrachtung, in der einerseits die wichtigsten Erkenntnisse der Arbeit zusammengefasst werden und andererseits einige Handlungsempfehlungen im Sinne einer angewandten Betriebswirtschaftslehre gegeben werden.

Mit dieser Arbeit hat der Autor bewiesen, dass er profunde Kenntnisse in den Themenbereichen Familienunternehmen, Nachfolgeprozess und Emotionen hat. Die originelle Kombination dieser verschiedenen Bereiche sowie die – sowohl aus theoretischer als auch praktischer Sicht – sehr gelungene Aufbereitung dieses Themas macht diese Arbeit zu einem wertvollen Nachschlagewerk. Deshalb kann sie sowohl Wissenschaftlern als auch Führungskräften in Familienunternehmen sehr empfohlen werden. Beiden Gruppen bietet sie viele neue Erkenntnisse und Anregungen für die Unternehmenspraxis.

Prof. Dr. Jean-Paul Thommen

Vorwort

Aufgewachsen in einem Familienunternehmen, habe ich bereits im Kindesalter das Innere eines Familienunternehmens erlebt. Täglich wurden Fragestellungen unterschiedlicher Natur am Familientisch diskutiert. Die Vielfalt der Themen reichte von Personalentscheidungen, Produktentwicklung, Marketingfragen bis hin zu organisatorischen Fragen wie beispielsweise der Planung des Weihnachtsessens mit den Mitarbeitenden. Während 20 Jahren habe ich dabei die dahinter verborgene Entscheidungsfindung miterlebt und gesehen, dass diese oftmals auch mit dem Ringen um verschiedene Optionen zu tun hat. Dadurch ist der Wunsch gewachsen, spezifische Zusammenhänge und Wirkungsweisen zu systematisieren und dadurch den für aussenstehende Beobachter unsichtbaren Teil des Eisbergs besser zu verstehen. Gegen Ende meines Studiums an der Universität St. Gallen (HSG) hatte ich die Möglichkeit bekommen, am Schweizerischen Institut für Klein- und Mittelunternehmen an der Universität St. Gallen (KMU-HSG) zu arbeiten. Damit war die Möglichkeit geschaffen, meinem Forschungsdrang in vertiefter Form nachzugehen. Die vorliegende Dissertation ist das Ergebnis einer vielseitigen Suche nach Erklärungsansätzen, einen Teilbereich des Wesens Familienunternehmen und die Rolle des Unternehmers in dem selbigen besser zu verstehen.

Geprägt durch persönliche Erfahrungen, ist in mir die Überzeugung gewachsen, dass relativ wenig im Leben voraussehbar und planbar ist, unter gleichzeitigem Anstreben von persönlichen und institutionellen Zielen. Getrieben vom alltäglichen Spagat zwischen Voluntarismus und Determinismus, machte ich mich auf die Suche nach damit vereinbaren erkenntnistheoretischen Grundlagen. Für die vorliegende Arbeit wurde ich von einer systemisch-konstruktivistisch orientierten Perspektive inspiriert.

Meinem Doktorvater *Prof. Dr. Jean-Paul Thommen* möchte ich für die offene Aufnahme an der European Business School (EBS) in Oestrich-Winkel (Deutschland) von Herzen danken. Während der ganzen Erarbeitungszeit der vorliegenden Arbeit durfte ich von den halbjährlichen Doktorandenkolloquien profitieren und eine interessante und fruchtbare Plattform kennen lernen. Prof. Dr. Jean-Paul Thommen hat es mir ermöglicht, ein Themengebiet nach eigener Wahl zu bearbeiten, eine Freiheit, die ich sehr geschätzt habe und die nicht als selbstverständlich anzusehen ist. Gleichzeitig war mit der vorgefundenen Freiheit auch ein längerer Suchprozess verbunden. In kritischen Momenten durfte ich das Gespräch mit Prof. Dr. Jean-Paul Thommen suchen und den einen oder anderen Hinweis bekommen.

Weiter bedanke ich mich bei meiner Korreferentin an der European Business School (EBS) – *Prof. Dr. Sabine Klein*. Ihr offenes Ohr hat mir insbesondere im Bereich der Familienunternehmensforschung zu wesentlichen Inputs verholfen. Die von ihr präsidierte Forschungsgemeinschaft ifera (2003-2007) hat mir die Möglichkeit gegeben, mit verschiedenen Familienunternehmensforschern aus der ganzen Welt in Kontakt zu treten.

Durch meine Arbeit am KMU-HSG hatte ich die Gelegenheit, meine Fragestellung mit Kolleginnen und Kollegen zu diskutieren sowie Freunde und Kollegen kennen und schätzen zu lernen. Vom KMU-HSG bedanke ich mich ganz besonders bei dem von mir hoch geschätzten zweiten Korreferenten *Prof. Dr. Urs Fueglistaller*. In mir als unüberwindbar erschienenen Momenten durfte ich auf sein Flair für konzeptionelle Entwürfe mit klärender Weitsicht zurückgreifen. Mit Freude erinnere ich mich zurück an viele angeregte Diskurse. Bei meinem Büropartner *Walter Weber* bedanke ich mich für seine Unterstützung, wenn mir grammatikalische und andere sprachliche Hürden den Weg versperrten. Bei meinen beiden Kollegen *Prof. Dr. Urs Frey* und *Dr. Thomas Zellweger* bedanke ich mich für die spannenden Diskussionen sowie die gute Zusammenarbeit in diversen gemeinsamen Projekten rund um die Thematik der Familienunternehmen. In dem von uns gemeinsam gegründeten Center for Family Business an der Universität St. Gallen (CFB-HSG) haben unsere gemeinsamen Interessen an Familienunternehmen eine institutionalisierte Form gefunden. Weiter bedanke ich mich bei der studentischen Hilfskraft *Nora Spiller* für die Unterstützung bei Forschungsprojekten rund um die Unternehmensnachfolge, deren Ergebnisse zu Teilen in die vorliegende Arbeit eingeflossen sind, sowie bei *Philipp Sieger*, der als Lektor eine wichtige Aufgabe übernommen hat.

Außerdem bedanke ich mich bei meinen Freunden *Jürg, Marco, Michi, Nino, Patrik Roland* und *Sam*, welche mir während des Such- und Erarbeitungsprozesses der vorliegenden Arbeit auch andere Dinge des Lebens gezeigt haben und für die entsprechende Abwechslung gesorgt haben. Schließlich bedanke ich mich bei meinen Eltern *Anne und Manfred Halter*, dass sie mir die Möglichkeit gegeben haben, den eingeschlagenen Berufsweg über die Dissertation zu wählen. Meinen Schwiegereltern *Eleonore und Hans Bunschi* gebührt der Dank für die zeitweise zur Verfügung gestellte Arbeitsumgebung inklusive feiner Verköstigung.

Mein größter Dank geht an meine Frau *Christiane*. Sie hat die Entwicklung der vorliegenden Dissertation von ihrer Geburtsstunde bis zu deren Abschluss miterlebt und stand zu jeder Zeit hinter mir und dem Projekt. Insbesondere während der Niederschrift und Ausarbeitung der Arbeit musste Sie auf einige gemütliche Abende der Zweisamkeit verzichten. Die Arbeit ist deshalb meiner Frau *Christiane* und unseren beiden Söhnen *Johannes* und *Konstantin* gewidmet.

Rapperswil und St. Gallen (Schweiz), Ende Mai 2009

Inhaltsverzeichnis

Abbildungsverzeichnis

Tabellenverzeichnis

Abkürzungsverzeichnis

ABV	Aktionärsbindungsvertrag
AG	Aktiengesellschaft
Art.	Artikel
bspw.	beispielsweise
bzgl.	bezüglich; Bezug nehmen auf
CFB-HSG	Center for Family Business der Universität St.Gallen
d.h.	das heißt
EBS	European Business School, International University, Schloss Reichartshausen
EDV	Elektronische Datenverarbeitung
EMBA	Executive Master of Business Administration
ETH	Eidgenössisch Technische Hochschule
EU	Europäische Union
f. / ff.	folgende / fortfolgende
F.B.	Family Business
FU	Familienunternehmen
F-PEC Scale	Meßgrösse des Familieneinflusses über Macht (Power), Erfahrung (Experience) und Kultur (Culture)
geb.	geboren
GmbH	Gesellschaft mit beschränkter Haftung
GL	Geschäftsleitung
H	Herausforderung
HTL	Höhere Technische Lehranstalt
i.e.S.	im engeren Sinn
i.w.S.	im weiteren Sinn
IPO	Initial Public Offering (Börsengang)
KMU	Klein- und Mittelunternehmen
KMU-HSG	Schweizerisches Institut für Klein- und Mittelunternehmen an der Universität St.Gallen
lat.	lateinisch
MBI	Management Buy In
MBO	Management Buy Out
Mio.	Million(en)
OR	Schweizerisches Obligationenrecht
QS	Qualitätssicherung

S.	Seite
SFI	Substantial Family Influence
u.a.	und andere
v.a.	vor allem
vgl.	vergleiche
VR	Verwaltungsrat
z.T.	zum Teil
z.Z.	zur Zeit

1 Einleitung

Mit der Einleitung werden nachstehend folgende Ziele verfolgt: Als erstes wird der Stand der Forschung und die Problemstellung dargelegt (Kapitel 1.1). Anschließend folgt eine Definition des gewählten und der Arbeit zu Grunde liegenden wissenschaftstheoretischen Grundverständnisses (Kapitel 1.2). Unter dessen Berücksichtigung werden im Anschluss die Zielsetzung und die Forschungsfragen formuliert (Kapitel 1.3). Abschließend wird ein Überblick über die Arbeit gegeben (Kapitel 1.4). Verwendete Begriffe werden an jenen Stellen definiert, an denen sie eingeführt respektive behandelt werden.[1]

1.1 Stand der Forschung und Problemstellung

In vielen Wirtschaftszweigen hat die unternehmerische Tätigkeit ihren Ursprung in Familien. Ob in der Landwirtschaft, im Handwerksbetrieb oder in der Gastwirtschaft – Betriebe dieser Sektoren oder Branchen gehen oft auf Pionierarbeit und/oder die ökonomische Notwendigkeit von Familien zurück. Obwohl der familiäre Ursprung heute anlässlich von Verkäufen, Wachstumsstrategien und Zusammenschlüssen oft nicht mehr zu erkennen ist, weisen auch Banken, Handelsunternehmen und Industriebetriebe meist einen familiären Ursprung aus.[2]

Bereits 1976 hat Pentzlin in seinem Buch „Die Zukunft des Familienunternehmens" die Frage aufgeworfen, ob dieses Modell zukunftsfähig ist oder nicht. Gerade in jener Zeit, die durch eine Wirtschaftskrise, Fusionen und Akquisitionen von anonymen Großkonzernen und durch eine Gesellschaft mit patriotischen Gefühlen als Gegenreaktion geprägt war, war die Fragestellung sicherlich angebracht.[3] Die Geschichte zeigt jedoch, dass Familienunternehmen nicht nur eine Unternehmensform der Vergangenheit waren, sondern auch eine der Gegenwart und der Zukunft sind.[4] Unternehmen, die von identifizierbaren Einzelpersonen oder Familien gehalten und geführt werden, spielen auch heute noch eine zentrale Rolle in unserer Volkswirtschaft, wie nachfolgend noch gezeigt wird.

1.1.1 Stand der Familienunternehmensforschung

Im Rahmen des vorliegenden Teilkapitels wird in einem ersten Teil eine Diskussion rund um die Unternehmenstypologie Familienunternehmen (1) geführt, um im zweiten Teil die quantitative Bedeutung von Familienunternehmen (2) zu diskutieren. Im dritten

1 In der vorliegenden Arbeit wird zwischen männlicher und weiblicher Form nicht differenziert, soweit eine solche Differenzierung für den Inhalt nicht notwendig ist. Mit der Verwendung der männlichen Form ist die weibliche Form immer eingeschlossen.

2 Müller-Tiberini 2001, S. 13.

3 Pentzlin 1976, S. 7; Frey, Halter, Zellweger 2004a, S. 5.

4 Aronoff, Ward 1995, S. 121ff.; Frey, Halter, Zellweger 2004a, S. 6.

Teil findet schließlich eine Betrachtung der Familienunternehmensforschung (3) per se statt.

Wenn von *Unternehmenstypologien* (1) gesprochen wird, werden verschiedene Begriffe in Abgrenzung, als Synonyme oder in Kombination mit Familienunternehmen verwendet.[5] Darunter fallen Begriffe wie beispielsweise Klein- und Mittelunternehmen (KMU), Gewerbe, Mittelstand oder Betrieb. Nachfolgend wird die Betrachtung auf den Begriff der Familienunternehmen reduziert, um den Rahmen der Arbeit nicht zu sprengen.[6]

Leider gibt es weder eine Legaldefinition noch eine in der Scientific Community abschließend etablierte und anerkannte Definition für Familienunternehmen, denn diese unterscheiden sich bezüglich Größe, Branche, Alter, Struktur und Rechtsform.[7] Die daraus entstehende Heterogenität erschwert die Formulierung einer Definition, welche eine Generalisierung bei gleichzeitig genügender Präzision zulässt, was in der Vergangenheit zu einer Vielzahl von Definitionen geführt hat.[8]

Dass ein Unternehmen als Familienunternehmen verstanden wird, wenn es sich selbst als „like a happy family" bezeichnet, ist für eine systematische Begriffsdefinition und vor allem für empirische Forschung ungeeignet.[9] Das Kernelement von Familienunternehmen stellt die Familie selbst dar. Im 16. Jahrhundert kam das Wort „Familie" allmählich aus der lateinischen in die deutsche Sprache. Zu diesem Zeitpunkt verstand man darunter weniger ein verwandtschaftliches Verhältnis als vielmehr das „Haus" als ein größeres Ganzes, denn lat. „familia" heißt sinngemäß „Hausgenossenschaft, Diener-

---

5 Litz 1995, S. 72.

6 Für *„Gewerbe"* vgl. bspw. Pleitner 1995a, S. 17; Mugler 1998, S. 21; Löwe 1979, S. 33f. Für *„Mittelstand"* vgl. Pleitner 1995a, S. 20; Gantzel 1963, S. 97ff; Mugler 1998, S. 23; Pleiter 1995b, S. 118; Wallau, Haunschild 2007, S. 5. Für *„Betrieb"* vgl. bspw. Pfohl 1997b, S. 3; Für *„Klein- und Mittelunternehmen"* vgl. Julien 1998, S. 3ff.; Kao 1992, S. 3ff.; Mugler 1998, S. 18ff; Pfohl 1997a, S. 5ff; Wallau, Haunschild 2007, S. 3f.; Kommission der Europäischen Gemeinschaften 2003, S. 2: Diese Empfehlung löst die Empfehlung 96/280/EG ab, welche bereits in die Verordnung (EG) Nr. 70/2001 der Kommission vom 12. Januar 2001 über die Anwendung der Artikel 87 und 88 EG-Vertrag auf staatliche Beihilfen an kleine und mittlere Unternehmen übernommen worden ist; Fueglistaller 2004, S. 10ff.; Pichler, Pleitner, Schmidt 2000, S. 12.

7 Neubauer 1992, S. 174; Astrachan, Klein, Smyrnios 2002, S. 45.

8 Gudmundson, Harman, Tower 1999, S. 37; Gersick, Davis, McCollom Hampton u.a. 1997; Ward, Dolan 1998, S. 305ff; Mugler 1998, S. 19. Litz (1995, S. 71) spricht gar von einer „definitorischen Konfusion". Sharma, Chrisman, Chua 1996, S. 3ff. fanden in Ihrer Analyse 34 verschiedene Definitionen. Eine empirische Überprüfung von unterschiedlichen Definitionen findet sich bei Westhead, Cowling, Storey 1998; Birley 2001, S. 73. Außerdem beziehen sich die Definitionen meist auf wirtschaftliche Gegebenheiten in industrialisierten Ländern. Für Schwellen- und v.a. Entwicklungsländer könnten die Definitionen nochmals differenziert betrachtet werden, vgl. dazu Boungou Bazika 2005, S. 14ff.

9 Holliday, Letherby 1993, S. 54.

schaft und Gesinde".[10] Entsprechend gehörten die Angestellten respektive das Hausgesinde zur Familie. Die Familie stellt dadurch einen Zweckverbund dar, um das ökonomische Überleben zu sichern.[11] Im heutigen Recht versteht man unter Familie dagegen eine rechtlich gesicherte Lebens- und Hausgemeinschaft eines Ehepaares mit seinen eigenen Kindern, wobei die Ehe dabei einen frei vereinbarten, öffentlich bekannt gemachten Bund darstellt.[12]

Für die eigentliche Charakterisierung und Definition von Familienunternehmen kann eine Vielzahl von Kreismodellen identifiziert werden. In *Zwei-Kreismodellen* wird die gegenseitige Verbundenheit und Abhängigkeit der beiden Sozialsysteme Familie und Unternehmen dargestellt. Da den beiden Systemen unterschiedliche Logiken zugeschrieben werden, wird das Familienunternehmen im Rahmen der Koevolution der beiden Systeme durch die wechselseitige Dynamik der beiden Seiten gespiesen.[13] Whiteside und Brown warnen gleichzeitig davor, nur die Überlappung von Familie und Unternehmen zu betrachten. Mögliche Gefahren sind eine stereotype Funktionsweise, inkonsistente und inadäquate Analysen der interpersonellen Beziehungen sowie „exaggerated Notions of Subsystem Boundaries".[14]

Weit verbreitet sind *Drei-Kreismodelle*, die das Zusammenspiel von Familie, Unternehmen und Kapital betonen – verstanden als unabhängige, jedoch sich überlappende Untersysteme.[15] Tagiuri und Davis unterscheiden beispielsweise zwischen Familienmitgliedern, Eigentümern und Managementmitgliedern.[16] Durch die Überlagerungen der drei Kreise können unterschiedliche Rollen definiert und Aufgabenfelder sowie Interessen abgeleitet werden. Gersick u.a. haben den Vorschlag dahingehend modifiziert, als dass sie die drei Kreise durch drei Achsen ersetzt haben und damit die dynami-

---

10 Brockhaus 2005, Band 8, S. 744.

11 In diesem Zusammenhang ist auch das Wort Ökonomie zu verstehen, denn „Oikos" steht für Haushalt, Wohnsitz oder Haus.

12 Klein 2000b, S. 10; Fröhlich 1995, S.106, die sich auf die Präambel B der Charta der Familienrechte vom 22.10.1983 bezieht. Vgl. dazu www.stjosef.at/dokumente/charta_der_familienrechte.htm (letzter Zugriff: 10.05.2005). Schär bezeichnet die Familie als Grundform des gesellschaftlichen Lebens. Er betont jedoch, dass eine Familie und eine Einzelwirtschaft nicht identisch sind, vgl. Schär 1923, S. 50. Des Weiteren genießt die Familie als die natürliche und grundlegendste Einheit der Gesellschaft Schutz. Vgl. z.B. Europäische Menschrechtskommission oder Menschrechte durch die Vollversammlung der Vereinten Nationen in Artikel 16, Absatz 3; Rosenbauer 1994, S. 41.

13 Oswald, Wimmer 1998, S. 7. Diese Frage wird in Kapitel 3.2 weiter vertieft. Donnelly 1964; Barnes, Hershon 1994 (1976); Klein 2000a, S. 164; Buchinger 1991, S. 4; Kambly 1990; Wimmer, Groth, Simon 2004, S. 4.

14 Whiteside, Brown 1991, S. 384ff.

15 Gersick, Lansberg, Desjardins u.a. 1999, S. 287; Hoy, Verser 1994, S. 9ff. Empirisch untersucht in Gimeno 2003, S. 128 ff.

16 Tagiuri, Davis 1996, S. 200.

sche Betrachtungsweise betonen.[17] Das von den Autoren vorgeschlagene Modell ermöglicht es Veränderungen abzubilden, wobei jede Veränderung zu einer Krise im Familienunternehmen führen kann. Auch bei diesem Vorschlag gilt es die drei Rollen als Besitzer, Manager und Familienmitglied wahrzunehmen. Klughardt hat in seinem Beitrag mit dem Fokus auf die Rolle des Unternehmers ein stärkeres Gewicht auf Einzelpersonen gelegt.[18] Zu diesem Zweck bezeichnet er die drei Kreise mit Familie, Unternehmen und Einzelperson.

Fröhlich hat in seiner Arbeit einen ganzheitlichen Ansatz zur Problemsicht und -lösung angestrebt.[19] Diesen baut er mittels vier Subsystemen auf und schafft damit ein *Vier-Kreismodell*. Durch die Überlagerungen ergeben sich verschiedene Schnittflächen zwischen Familienkultur, Unternehmenskultur, Management und Eigenkapital. Gleichzeitig wird die Leitung, also der Gründer, der Unternehmer respektive Mehrheitsinhaber ins Zentrum gestellt. Auch wenn dieser Vorschlag nicht explizit die Definition eines Familienunternehmens verfolgt, vereint er doch viele wesentliche Elemente, welche in den bisherigen Kreismodellen vorgestellt worden sind. Im Beitrag von Donckels und Fröhlich werden die vier Teilsysteme wiederum mit den Begriffen *Management, Eigenkapital, Familie und Betrieb* beschriftet.[20]

Die Schwierigkeit einzelner Kreismodelle liegt darin, dass sie mehr deskriptiver Natur sind und nicht direkt Kriterien liefern, die für quantitative Erhebungen geeignet sind. Auch werden z.T. Elemente miteinander in Beziehung gebracht, die nicht als gleichwertige Analyseebenen zu bezeichnen sind. Entsprechend wird gefordert, dass Definitionen für quantitative internationale Studien modular aufgebaut sein sollen und sich auf Kriterien fokussieren, welche die Verbindung von Familie und Unternehmen zum Ausdruck bringen.[21]

Zwei zur Zeit in der Literatur verwendete Möglichkeiten, die diese Folgerungen berücksichtigen, sind der „Substantial Family Influence-Index“ (SFI) und die „F-PEC-Scale“. Dabei gehen beide ähnliche Wege, um die Verbindung der beiden Sozialsysteme Familie und Unternehmen zu erfassen. Bei beiden Varianten wird von einem Familienunternehmen gesprochen, wenn eine oder mehrere Familie das Unternehmen substanziell beeinflussen.[22] Damit von einem Familienunternehmen gesprochen werden

---

17 Gersick, Lansberg, Desjardins et al. 1996, S. 288.

18 Klughardt 1991, S. 11f.

19 Fröhlich 1995, S. 125.

20 Donckels, Fröhlich 1991, S. 221. Goehler 1993 und Klein 2000b, S. 5 und 8 betonen die Bedeutung der Elemente Familie, Unternehmen, Eigentum und Führung respektive Kontrolle.

21 Ward, Dolan 1998, S. 305ff ; Klein 2000b, S. 148; Astrachan, Klein, Smyrnios 2002, S. 46; Birley 2001, S. 75; Mustakallio, Autio, Zahra 2002.

22 Dabei handelt es sich primär um potentielle Einflussmöglichkeiten. Chua, Chrisman und Sharma (1999) schlagen bspw. eine Definition nach dem effektiven Verhalten vor, eine Argumentation die nachfolgend nicht mehr berücksichtigt wird.

kann, müssen die Einflussmöglichkeiten der Familie summa summarum größer sein als jene von anderen Interessensgruppen.[23]

Die Einflussmöglichkeiten beim *SFI (a)* können von dreierlei Art sein.[24] Ein erstes Element bildet der relative Kapital- respektive Stimmrechtsanteil am Unternehmen. Das zweite Element ist der relative Anteil der Familie an der Gesamtzahl der Managementmitglieder. Der relative Familienanteil an den Verwaltungsrats- respektive Aufsichtsratssitzen konstituiert das dritte Element. Unter der Bedingung, dass der Kapitalanteil größer als Null ist, wird vorgeschlagen von einem Familienunternehmen zu sprechen, wenn die Summe der drei Quotienten größer oder gleich 1 ist.[25]

Die *F-PEC Scale (b)* verwendet sehr ähnliche Dimensionen. Dabei wird zwischen Macht (P = Power), Erfahrung (E = Experience) und Kultur (C = Culture) unterschieden.[26] Der Einfluss über die Macht wird wie im SFI über Eigentum, Management und Governance erfasst. Die Erfahrung baut auf vier Subelementen auf. Dabei geht es darum, in welcher Generation das Unternehmen gehalten und im Rahmen des Managements oder des Verwaltungsrats respektive Aufsichtsrats geführt wird, sowie um die Anzahl der Familienmitglieder, welche im Unternehmen tätig sind. Im Rahmen des Kulturaspekts geht es um die Überlappung von Familien- und Unternehmenswerten sowie das Commitment der Familie gegenüber dem Unternehmen.

In den vergangenen Jahren fand vor allem eine Auseinandersetzung mit der *Bedeutung von Familienunternehmen* (2) statt.[27] Da Familienunternehmen auch heute noch nicht in amtlichen Statistiken erscheinen, basieren die bisherigen Aussagen bezüglich der quantitativen Relevanz auf eigens dafür konzipierten Umfragen, Sekundäranalysen oder Schätzungen.[28] Dabei können Angaben über die Anzahl von Familienunternehmen, über

---

23 Klein 2000b, S. 17; Löwe 1979, S. 29.

24 Klein 2000a; Frey, Halter, Zellweger 2004a; Frey, Halter, Zellweger, u.a. 2004b.

25 Als kritisch könnte die Festlegung des Schwellenwertes = 1 sowie die Nichtberücksichtigung von verschiedenen juristischen Personen angefügt werden, denn Personengesellschaften verfügen bspw. meist über keinen Verwaltungsrat oder Beirat.

26 Astrachan, Klein, Smyrnios 2002, S. 47; Klein 2007. In einer separaten Studie wurden in Anlehnung an Shanker, Astrachan 1996, S. 107ff. eine breite, mittlere und enge Definitionen von Familienunternehmen gebildet und daran die F-PEC Scale validiert. Die empirische Überprüfung hat ergeben, dass die F-PEC Scale ein verlässliches Instrument darstellt, um den Einfluss der Familie auf ein Unternehmen zu messen. Vgl. dazu Klein, Astrachan, Smyrnios 2005, S. 321ff..

27 Eine ausführliche Diskussion über die Charakterisierung von Familienunternehmen findet sich in Kapitel 2, S. 39ff.

28 Bereits Bertsch 1964, S. 24; Pentzlin 1967, S. 11 und Löwe 1979, S. 40 haben die Bedeutung von Familienunternehmen betont. Amtliche Statistiken machen v.a. Aussagen über Unternehmensgrösse, Umsatz und Mitarbeiterzahl, Merkmale die im Rahmen von KMU-Definitionen verwendet werden.

deren Beitrag zum Bruttoinlandprodukt oder bezüglich ihrer Rolle als Arbeitgeber gemacht werden.

Um die Anzahl von Familienunternehmen quantitativ festhalten zu können, sind nachvollziehbare und vor allem vergleichbare Definitionen notwendig, wie weiter oben bereits ausgeführt wurde.[29] Bei näherer Betrachtung stellt man fest, dass die meisten Studien nur auf nationaler Ebene unter Verwendung verschiedener Definitionen durchgeführt worden sind. Internationale Vergleiche sind daher nicht oder nur unter Vorbehalt möglich. Des Weiteren sind einige der verwendeten Samples zu klein oder betrachten nur eine bestimmte Gruppe von Unternehmen, was national repräsentative Aussagen erschwert.[30]

Trotz dieser Vorbehalte können einige Übersichtsarbeiten identifiziert werden, welche die weltweite Bedeutung von Familienunternehmen untersucht haben.[31] Entsprechend dürfen weltweit zwischen 60 und 90 Prozent der Unternehmen als Familienunternehmen bezeichnet werden. Im deutschsprachigen Raum gibt es derzeit zwei vergleichbare Studien. Darin wird der Anteil der Familienunternehmen auf 84 Prozent (Deutschland) respektive auf 88 Prozent (Schweiz) beziffert.[32] Der von Familienunternehmen geleistete Anteil am *Nettoinlandprodukt oder am Bruttosozialprodukt* wird auf 50 bis 90 Prozent geschätzt.[33] Des Weiteren werden zwischen 40 und 80 Prozent aller *Arbeitnehmer* von Familienunternehmen beschäftigt.[34] Um Wiederholungen in der vorliegenden Arbeit zu vermeiden, wird auf die Charakterisierung von Familienunternehmen später in Kapitel 3.2 ab Seite 76ff. eingegangen.

Das Zusammenfallen der beiden Sozialsysteme Familie und Unternehmen stellt heute die zentrale Eigenheit dar, um *Familienunternehmensforschung* (3) von anderen For-

---

29 Shanker, Astrachan 1996; Klein 2000a, S. 158.

30 von Moos 2002, S. 188; Shanker, Astrachan 1996, S. 108 für die USA; Gersick, Davis, McCollom Hampton u.a. 1997 schätzen, dass rund 40 Prozent der Fortune 500 Unternehmen von Familien gehalten oder kontrolliert werden.

31 Cappuyns, Astrachan, Klein 2003; Neubauer 1992, S. 8; Reid, Dunn, Cromie u.a. 1999b, S. 149; Astrachan, Zahra, Sharma u.a. 2003, S. 5.

32 Klein 2003, S. 11 (Erhebung 2000); Frey, Halter, Zellweger 2004a (Erhebung 2003); Fueglistaller, Zellweger 2007. Bei diesen Untersuchungen wurde die SFI-Definition eingesetzt. Eine neue Analyse des IfM in Bonn hält fest, dass 95.1 Prozent aller Unternehmen in Deutschland zu Familienunternehmen gezählt werden können. Auf diese entfallen 41.5 Prozent der Umsätze und 57.3 Prozent der sozialversicherungspflichtigen Beschäftigten aller deutschen Unternehmen. Vgl. Wallau, Haunschild 2007, S. VIII.

33 Shanker, Astrachan 1996, S. 107; Müller-Tiberini 2001, S. 10; von Moos 2002; Fueglistaller, Zellweger 2007, S. 32.

34 Kayser, Wallau 2002; Klein 2000a, S. 160; Klein 2000b; von Moos 2002; Shanker, Astrachan 1996, S. 107.

schungsgebieten im Rahmen der Betriebswirtschaftslehre zu differenzieren.[35] Durch die gegebene innere Dynamik einerseits und die hohe wirtschaftliche Bedeutung von Familienunternehmen andererseits hat dieser Forschungsbereich Wissenschaftler aus verschiedenen Disziplinen angelockt, um die Komplexität zu verstehen und Hilfestellungen für spezifische Fragestellungen anzubieten.[36]

Die Familienunternehmensforschung als Disziplin ist relativ jung. Auch wenn erste wissenschaftliche Beiträge bereits in der ersten Hälfte des 20. Jahrhunderts identifiziert werden können, stammen die ersten Forschungsergebnisse aus den 60er und 70er Jahren.[37] Die Aufmerksamkeit für Familienunternehmen ist in den vergangenen Jahren in Forschung, Lehre und Öffentlichkeit stark gestiegen.[38] Es muss jedoch zwischen Geschichten, Folklore und Erfahrungsberichten einerseits und wissenschaftlichen Beiträgen andererseits unterschieden werden. Wortmann stellt fest, dass das Forschungsfeld Familienunternehmen sich nicht so rasch und systematisch entwickelt hat, wie dies der Fall hätte sein können.[39] Durch die im Frühjahr 1988 ins Leben gerufene Zeitschrift „Family Business Review“ wurde ein erstes anerkanntes wissenschaftliches Journal geschaffen, das dem Forschungsgebiet einen eigenen Platz einräumt. Das steigende Interesse zeigt sich auch im Rahmen von erschienenen Sonderheften von renommierten wissenschaftlichen Zeitschriften.[40]

---

35 Sharma 2004, S. 9.

36 Die Wissenschaftler kommen primär aus den Bereichen Familientherapie, klinische Psychologie, Soziologie, Geschichte, Ökonomie und Managementlehre. Dyer 1994, S. 109; Habbershon, Williams 1999, S. 1. Im Gegensatz zu funktionalen Themen wie Strategie, Organisation, Führung oder Marketing in der Betriebswirtschaftslehre bildet in der Familienunternehmensforschung der Familienaspekt den spezifischen Untersuchungsaspekt. Litz unterstellt die Familienunternehmensforschung der Entrepreneurshipforschung; Litz 1995, S. 71f. Je nach Entrepreneurship-Verständnis ist diese Unterordnung jedoch unglücklich, da traditionelle und große Familienunternehmen nicht alle Entrepreneurship Definitionen erfüllen, vgl. dazu Shane, Venkataraman 2000, S. 218ff.; Gartner 2001, S. 27ff.; Fallgatter 2004, S. 24.

37 Pentzlin 1976; Bertsch 1964 und Löwe 1979.

38 vgl. auch Sharma 2004, S. 1; Litz, Kleysen 2001, S. 337.

39 Wortman 1994, S. 3.

40 bspw. Entrepreneurship Theory and Practice, Jg. 28, Nr. 4, 2004; Entrepreneurship Theory and Practice, Jg. 27, Nr. 4, 2003; Journal of Business Venturing, Jg. 18, Nr. 4, 2003. Zeitschrift für KMU und Entrepreneurship, Jg. 56, Nr. 1/2, 2008. Im deutschsprachigen Raum gibt es zur Zeit relativ wenig universitäre Initiativen, welche sich mit Familienunternehmen auseinander setzen, insbesondere im Vergleich zu Entrepreneurship-Lehrstühlen, vgl. FGF 2006. Zu nennen sind: INTES Akademie für Familienunternehmen (vgl. www.intes-online.de), European Family Business Center an der European Business School (vgl. www.ebs.edu), Center for Family Business an der Universität St. Gallen (vgl. www.cfb.unisg.ch) und die Universität Witten Herdecke (vgl. www.familienunternehmer-kongress.de).

In der bisherigen Forschung identifiziert Sharma vier unterschiedliche Analyseebenen, wobei nur in seltenen Fällen eine Ebenen übergreifende Arbeit zu identifizieren ist.[41] Auf der *Ebene des Individuums (a)* gibt es Forschungsarbeiten, die beispielsweise das Wesen und die Rolle des Gründers, des Nachfolgers, der Frau als Unternehmerin, der Frau als Gattin des Unternehmers oder des Fremdmanagers untersuchen. Auf der Ebene der *interpersonalen Prozesse und Gruppen (b)* beschäftigt sich eine Forschungsrichtung mit der Natur von „contractual agreements“ und der Art und Weise ihres Zustandekommens. Eine zweite Richtung beschäftigt sich mit Konfliktentstehung und -bewältigung, wobei sich dieser Bereich erst im Anfangsstadium befindet und bis heute nur wenige konzeptionelle Modelle entwickelt worden sind.[42] Eine dritte Forschungsrichtung bezieht sich auf das Zusammenspiel zwischen verschiedenen Generationen in Familienunternehmen. Auf der *Ebene der Organisation (c)* geht es um die Identifikation und das anschließende „managen“ von spezifischen Ressourcen in Familienunternehmen und um die Differenzierung zwischen Familien- und Nichtfamilienunternehmen. Auf der *gesellschaftlichen Ebene (d)* schließlich geht es vor allem um die Bedeutung von Familienunternehmen in der Gesellschaft und in den Volkswirtschaften.

An die Zukunft gerichtet formuliert Goffe vier Forschungsfelder.[43] Ein erstes zu vertiefendes Feld bildet die *Kombination von Eigentum und Kontrolle (a)* in Familienunternehmen. Er stellt fest, dass insbesondere empirische Arbeiten bezüglich der „entrepreneurialen“ und „managerialen“ Eigenschaften des Unternehmers selten sind. Ein zweites Forschungsfeld sieht er im Bereich der *Familienstruktur, -kultur und deren Lebenszyklen (b)*. Der Struktur und Rollenverteilung innerhalb der Familie und dadurch auch deren Kultur wurde in der Vergangenheit zu wenig Bedeutung beigemessen. Darin ist auch die andernorts formulierte Forderung einzuordnen, dass die Rolle der Frau als Partnerin des Unternehmers oder als Unternehmerin selbst verstärkt Berücksichtigung finden soll.[44] Als drittes Forschungsfeld führt Goffe die *Vertiefung des Nachfolgeprozesses (c)* sowie die Frage nach Einflussfaktoren, welche Familienunternehmen zu Dynastien führen, an.[45] Das vierte Forschungsfeld bildet die Schliessung der Lücke von *internationalen Vergleichsstudien (d)*. Gerade diese Forderung hat jedoch die Frage

---

41 Sharma 2004, S. 1, 9ff.; Sharma, Chrisman, Chua 1996. In ähnlicher Form auch Gallo 1995, S. 83ff. Letzterer differenziert drei Hauptgebiete der Forschung: ökonomische Bedeutung der Familienunternehmen (1), Unterschiede zwischen Familien- und Nicht-Familienunternehmen (2) sowie die Beschreibung von Aktivitäten um den Hauptproblemen von Familienunternehmen zu begegnen wie bspw. die Nachfolgeregelung (3). Aus theoretischer Sicht dominieren v.a. die Resource Based View und die Agency Theory; vgl. dazu Sharma 2004, S. 5ff.; Leaptrott 2005; Pieper, Klein 2007 differenzieren vier Analyseebenen (Individuum, Subsysteme, Familienunternehmen, Umwelt).

42 Sharma 2004, S. 18.

43 Goffee 1996, S. 36ff.

44 Rowe, Hong 2000, S. 1; Poza, Messer 2001, S. 25.

45 vgl dazu auch Brockhaus 2004.

nach der Definition von Familienunternehmen neu entfacht.[46] Augenfällig ist die Feststellung von Chrisman, Chua und Sharma, dass die Forschung zwar schon einiges an beschreibender Erkenntnis im Zusammenhang mit Familienunternehmen hervorgebracht hat, die eigentliche Funktionsweise – also die Frage nach dem Wie – jedoch noch ungewiss ist.[47] Sie fordern eine Fokussierung auf die Ausgestaltung der Beziehungen zwischen Familie und Unternehmen und dabei besonders auf die Rolle der Familienbeziehungen.

Im Rahmen von Überlegungen zu den bisher eingesetzten Methoden im Bereich der Familienunternehmensforschung wurde festgestellt, dass die Forschungsarbeiten in der Vergangenheit oft deskriptiver Natur waren. Eine Zunahme quantitativer Forschung wird jedoch beobachtet.[48] Um jedoch der Komplexität gerecht werden zu können, sind für Dyer und Sanchez *neue Methoden und Theorien notwendig und willkommen*. Zahra und Sharma gehen noch einen Schritt weiter. Sie fordern eine *interdisziplinäre Auseinandersetzung* mit dem Thema Familienunternehmen. Dabei soll der Versuch unternommen werden, auf die Originalwerke von Soziologen oder Psychologen zurückzugreifen, insbesondere um die Interaktion zwischen Familie und Unternehmen zu verstehen aber auch um den Wechselwirkungen der verschiedenen Analyseebenen wie Individuum, Personenbeziehungen, Organisation oder Gesellschaft gerecht zu werden.[49] Weiter wird eine stärkere Verbindung zwischen Theorie und Praxis gefordert, um eine gegenseitige Annäherung zu fördern.[50]

Aus der Analyse des Forschungsstandes werden für die vorliegende Arbeit drei Forderungen mitgenommen. Erstens soll der Versuch unternommen werden, der *Interdisziplinarität (a)* gerecht zu werden. Zweitens müssen bei der Betrachtung von Emotionen des Unternehmers in Familienunternehmen *alle vier Analyseebenen (b)* (intrapersonell, interpersonell, organisational und gesellschaftlich) berücksichtigt werden. Die Kombination der beiden ersten Forderungen stellt die größte Herausforderung für die vorliegende Arbeit dar. Die dritte Forderung ist daher *Offenheit aus methodischer und theoretischer*

---

46 vgl. dazu weiter oben.

47 Sharma 2004, S. 13.

48 Dyer, Sanchez 1998, S.288: Im Jahr 1988 waren 14.3 Prozent, im Jahr 1997 bereits 64 Prozent der Beiträge im Family Business Review quantitativer Art.

49 Zahra, Sharma 2004, S. 335. Mit systemtheoretischen Ansätzen haben es Betriebswirte und Psychologen zum Teil geschafft, eine gemeinsame Sprache zu finden; vgl. Netzhammer 2004, S. 67. Hall, Nordqvist, Melin 2005, S. 2 fordern komplementär dazu den vermehrten Einsatz von qualitativen Forschungsmethoden. Bornheim (2000, S. 27) hält in seiner Arbeit folgendes fest: *„A number of issues have prevailed throughout the literature review and should preferably be addressed first: 1. lack of a holistic, systemic theory; 2. lack of depth in research methodologies, 3. lack of definitional agreement, and 4. lack of broader scope and approaches."*

50 Dyer, Sanchez 1998, S. 290 und 295.

Sicht (c). Deshalb müssen nach der Diskussion der Problemstellung (vgl. nachstehend Kapitel 1.1.2) vorerst die wissenschaftstheoretischen Grundannahmen (vgl. Kapitel 1.2) dargelegt werden, bevor die Forschungsfragen in Kapitel 1.3 formuliert werden können.[51]

1.1.2 Unternehmensnachfolge und Emotionen in Familienunternehmen

Die Trennung von Haushalt und Betrieb stellt bei Max Weber den wesentlichen Einsatzpunkt für die Entwicklung der kapitalistischen Rationalität dar.[52] Durch das Zusammenfallen von Familie und Unternehmen können Familienunternehmen als Beweis dafür angesehen werden, dass es im Kapitalismus nicht vollständig rational zugeht oder dass sich dieser zumindest nicht in der erwarteten Form durchgesetzt hat.[53] Die Verknüpfung von privaten und geschäftlichen Strukturen führt zu mancher Besonderheit und ist mit den gängigen Management-Instrumenten alleine wohl nicht führbar.

Im Rahmen der Charakterisierung von Familienunternehmen wird die Lebenswelt Familie oft als emotional, die Lebenswelt Unternehmen als rational umschrieben.[54] Durch die angesprochene Verbindung zwischen Familie und Unternehmen kommt es zu Mehrdeutigkeiten und dadurch beispielsweise zu emotionalen Konflikten.[55] Weitere Forschung ist notwendig, um das Verhalten und die Bedingungen zu verstehen, denn bisherige Ansätze vernachlässigen den Einfluss der Familie, das vielschichtige Gefüge der Emotionen, das überlieferte Know-how, die Werte, Gewohnheiten oder Riten der involvierten Personen.[56] Entsprechend kann Le Mar zugestimmt werden, dass bei der

---

[51] Davis, Harveston 1999, S. 311; Sorenson 1999, S. 133.

[52] Weber 1972, S. 59 und 229f. Im Rahmen der Grundannahmen des Scientific Management nach McGregor (1960) heisst es unter anderem: „*Die Gefühle der Organisationsmitglieder sind irrational. Die Organisationsstruktur muss so angelegt sein, dass diese Gefühle nicht mit den rationalen ökonomischen Interessen des Organisationsmitgliedes in Konflikt geraten*“, zitiert in Kieser, Kubicek 1978, S. 16. Kritisch dazu Gerhards 1988, S. 27f.

[53] Simon 2001, S. 16 schlägt eine radikal marktwirtschaftliche Sichtweise vor. Damit soll die oftmals illusionsbeladene Trennung zwischen Ökonomie und Gefühl aufgehoben werden und nicht vor dem geheiligten Reich emotionaler zwischenmenschlicher Beziehungen halt machen.

[54] Wimmer, Groth, Simon 2004, S. 35, zur Vertiefung vgl. später Kapitel 3.2.2, S. 79ff.

[55] Schlippe, Kellermanns 2008; Harvey, Evans 1994, S. 331: Dabei genannte Quellen sind: Danco 1982; Beckhard, Dyer 1983a; Kepner 1983; Lansberg 1983; Flamholtz 1986; Ward 1988; Prince 1990; Whiteside, Brown 1991. Nach File, Prince 1996, S. 178 konzentrieren sich die Konflikte primär zwischen Familienmitgliedern, gefolgt von Konflikten ausserhalb des Unternehmens, mit Mitarbeitenden die nicht zur Familie gehören und Konflikte mit Familienmitgliedern innerhalb des Unternehmens.

[56] Boles 1996, S. 72; Müller-Tiberini 2001, S. 15; Sharma, Chrisman, Chua 1996, S. 25. V.a. hinsichtlich empirischer Arbeiten kann diesbezüglich ein Bedarf festgestellt werden, vgl. dazu Davis, Harveston 1999, S. 311; Sorenson 1999, S. 133.

Führung von Familienunternehmen sich der Entscheidungsprozess nicht nur rational begründet, sondern Emotionen und Intuition mit hinein spielen.[57] Im Rahmen des vorliegenden Teilkapitels wird zur Erörterung der Problemstellung in einem ersten Teil auf die Bedeutung der Unternehmensnachfolge im Allgemeinen (1) eingegangen, um im zweiten Teil eine kurze Auseinandersetzung mit dem *Nachfolgeprozess als emotionale Herausforderung für den Unternehmer (2)* zu führen.

Bei der *Unternehmensnachfolge (1)* handelt es sich um einen komplexen und längerfristigen Prozess, welcher im Leben eines Unternehmers meist eine einmalige Herausforderung darstellt. Es gilt die über Jahre gewachsene und tradierte Verbindung zwischen Familie und Unternehmen neu zu gestalten. Schlippe und Kellermanns bezeichnen die Unternehmensnachfolge deshalb als die kritischste Phase in einem Familienunternehmen, weshalb diese auch als wichtigste strategische Herausforderung im Lebenszyklus eines Unternehmers zu sehen ist.[58] Im Nachfolgeprozess sind verschiedene Einzelaspekte zu klären, die oft miteinander in Verbindung stehen und zu verschiedenen Paradoxien führen, da je nach Perspektive und Rolle der verschiedenen Exponenten unterschiedliche Erwartungen vorhanden sind.[59]

Die quantitative Bedeutung der Unternehmensnachfolge ist groß, wobei zwischen Nachfolgequote (a), Scheiterungsquote (b) und Überlebensquote (c) differenziert werden kann. Ein Überblick über den deutschsprachigen Raum zeigt, dass die *Nachfolgequote (a)* pro Jahr zwischen 2.2 und 4.6 Prozent liegt (vgl. dazu Übersichtstabelle im Anhang I auf Seite 293).[60] Die Europäische Union geht von einer Quote von 3 bis 3.3 Prozent pro Jahr aus. Dies bedeutet, dass in Europa jedes Jahr rund 610‘000 Unternehmen die Unternehmensnachfolge zu lösen haben. Davon betroffen sind europaweit rund 2.4 Millionen Arbeitnehmer.

Für die Schweiz gibt es eine aktuelle repräsentative Studie, die im Jahr 2005 vom CFB-HSG in Zusammenarbeit mit der PricewaterhouseCoopers AG verfasst wurde.[61] Die Studie hat ergeben, dass im Fünfjahreszeitraum zwischen 2005 und 2009 18.5 Prozent der Unternehmen vor der Unternehmensnachfolge stehen, was 57‘207 Unternehmen entspricht.[62] Pro Jahr entspricht dies einer Quote von 3.7 Prozent (absolut 11‘441

---

57 Le Mar 2001, S. 51 und S. 18.

58 Schlippe, Kellermanns 2008, S. 11.

59 Für Paradoxien in Familienunternehmen vgl. Kapitel 3.2.2, S. 79ff.; für Erfolgs- und Misserfolgsfaktoren im Nachfolgeprozess vgl. Kapitel 3.4.4, S. 113ff. Für die Vielfalt von Theman vgl. bspw. De massis, Chua, Chrisman 2008, S. 183f.

60 In der Tabelle wurden Beitrage sowohl aus der Wissenschaft wie auch der Praix berücksichtigt.

61 Frey, Halter, Zellweger 2005.

62 Dabei handelt es sich um eine Hochrechnung auf Basis der durchgeführten Erhebung und der Betriebszählung 2001, vgl. BfS 2001.

Unternehmen) und liegt damit im europäischen Mittel. Aus der Sicht der Arbeitnehmerschaft darf davon ausgegangen werden, dass 450‘000 Mitarbeitende binnen 5 Jahren respektive rund 90‘000 Mitarbeitende pro Jahr von Unternehmensnachfolgen betroffen sind. Diese Zahlen entsprechen gleichzeitig älteren Schätzungen und Hochrechnungen aus der Schweiz und wurden von einer jüngst erschienenen Studie bestätigt.[63]

Neben der eigentlichen Anzahl betroffener Unternehmen und Arbeitsplätze stellt sich die Frage, wie viele Unternehmen diese Übertragung auch wirklich schaffen, was vorliegend als *Scheiterungsquote (b)* bezeichnet wird.[64] Dabei wird an dieser Stelle nur vom Zeitraum bis zum Finden eines Nachfolgers gesprochen. Aussagen über das Scheitern sind relativ schwierig zu machen, denn gescheiterte und damit meist konkurs gegangene oder liquidierte Unternehmen sind für statistische Zwecke nur bedingt erschließbar. Noch viel schwieriger ist es, eine Aussage darüber zu machen, ob eine mangelhafte Unternehmensnachfolge (z.B. deren Nicht-Planung) zum Scheitern geführt hat oder ob betriebswirtschaftliche Gründe (z.B. Defizite und Misswirtschaft) die Übertragungsfähigkeit des Unternehmens derart eingeschränkt haben, dass kein Nachfolger zu finden war.

Basierend auf der Anzahl der Nachfolgefälle pro Jahr geht die Europäische Union davon aus, dass 30 Prozent der Unternehmensnachfolgen wegen ungenügender Vorbereitung und Planung scheitern und die Unternehmen deswegen Konkurs gehen oder liquidiert werden.[65] Eine andere Quelle schätzt für die Europäische Union, dass jährlich 30‘000 Unternehmen wegen mangelnder Nachfolgeplanung geschlossen werden.[66] Dies entspricht einer Quote von rund 5 Prozent.[67] Davon betroffen sind jährlich rund 300‘000 Arbeitnehmer.

Kropfberger und Mödritscher gehen davon aus, dass in Deutschland ein Drittel aller Unternehmen keinen Nachfolger finden.[68] Bei anderen Autoren liegt die Quote wesentlich tiefer. So geht beispielsweise Weber i.A. an das Bundesministerium für Wirtschaft und Technologie davon aus, dass jährlich 6‘000 Unternehmen den Betrieb wegen mangelnder Nachfolge schließen müssen. Dies sind 7.5 Prozent der betrachteten 80‘000 Familienbetriebe, die jährlich vor der Unternehmensnachfolge stehen.[69] Freund, Kayser und Schröder sprechen von einer Quote von 8.3 Prozent.[70]

---

[63] vgl. dazu die Übersichtstabelle im Anhang auf S. 293.

[64] Für die Schwierigkeiten im Nachfolgeprozess vgl. Kapitel 3.4.4 auf S. 113ff.

[65] Meijaard, Uhlander, Flören u.a. 2005, S. 5.

[66] Martin 2000, S. 1.

[67] Eigene Berechnung in Anlehnung an die Übersichtstabelle im Anhang auf S. 293.

[68] Kropfberger und Mödritscher 2002, S. 109, i.a. Dertnig 1989, S. 25.

[69] Eigene Berechnung basierend auf Weber o.J., i.A. and Bundesministerium für Wirtschaft und Technologie.

[70] Freund, Kayser, Schröer 1995.

In Österreich können rund 9 Prozent der zu übergebenden gewerblichen Unternehmen aus betriebswirtschaftlichen Gründen nicht übertragen werden.[71] Kailer und Weiss errechnen, dass 18 Prozent der möglichen Unternehmensnachfolgen in Folge mangelnder Unternehmens- bzw. Branchenattraktivität nicht realisiert werden.[72]

Für die Schweiz schätzt Liebermann, dass von einer Scheiterungsquote von 20 Prozent auszugehen ist. Er begründet dies insbesondere mit der fehlenden Innovationskraft, die er v.a. Kleinst- und Kleinunternehmen zuschreibt.[73] Eigene Berechnungen basierend auf dem zusammen mit der PricewaterhouseCoopers AG erhobenen Datenmaterial ergeben folgendes Bild: 10 Prozent der befragten Unternehmer, die vor der Unternehmensübertragung binnen 5 Jahren stehen, gehen davon aus, dass das Unternehmen nicht übertragen wird. Davon wissen 29.5 Prozent der Befragten, dass das Unternehmen stillgelegt werden soll. Dies entspricht einer Stilllegungsquote von 2.98 Prozent binnen 5 Jahren, gemessen an allen Unternehmen. Stellt man diese Prozentzahl in Beziehung zur Nachfolgequote von 18.5 Prozent, so ergibt sich eine Nachfolgescheiterungsquote von 16.1 Prozent. Entsprechend darf davon ausgegangen werden, dass jährlich rund 1‘840 Unternehmen respektive 14‘560 Arbeitsplätze in Folge einer gescheiterten oder nicht möglichen Unternehmensnachfolge verloren gehen. Die Berechnung kann dahingehend als konservativ bezeichnet werden, als dass 30.5 Prozent der Befragten noch keine Auskunft darüber geben können, ob das Unternehmen übertragen werden soll oder nicht.

Aus dem Blickwinkel der Konkurse gibt es nur sehr wenig statistisches Material. Wimmer und Gebauer gehen beispielsweise davon aus, dass jeder 10. Konkurs von KMU auf eine missglückte Nachfolge zurückgeführt werden kann.[74] In der Schweiz wurde lediglich eine Untersuchung identifiziert, die sich eingehend mit Konkursen beschäftigt hat. Dabei wird geschätzt, dass rund 6 Prozent aller Konkurse auf eine mangelhafte Unternehmensnachfolge zurückzuführen sind.[75]

Wenn der Schritt der Unternehmensübertragung erfolgreich war, stellt sich im Anschluss die Frage, wie hoch die *Überlebensquote (c)* der übertragenen Unternehmen in der nächsten Generation respektive unter der neuen Trägerschaft ist. Zahlen aus Österreich und der Europäischen Union zeigen, dass binnen 5 Jahren 96 Prozent der übertragenen Unternehmen überleben.[76] Im Zusammenhang mit der aktuellen wirtschaftspoliti-

---

71 Pichler, Bornett 2005, S. 146f. Die Autoren gehen davon aus, dass die Unternehmen nachhaltig über 3 Jahre eine negative Eigenkapitalquote von mehr als 20 Prozent ausweisen und einen Verlust von mehr als 5 Prozent pro Jahr erreichen. Davon sind vor allem Mikrobetriebe betroffen. Bei Kailer, Weiss 2005, S. 19 ergibt sich eine Quote von 10.1 Prozent.

72 Kailer, Weiss 2005, S. 19.

73 Liebermann 2003, S. 1 und 5. Kleinstunternehmen = 0-9 Mitarbeitende; Kleinunternehmen = 10-49 Mitarbeitende, vgl. dazu bspw. Fueglistaller, Halter 2006; Fueglistaller 2004.

74 Wimmer, Gebauer 2004, S. 251.

75 Dembinski 2002, S. 246.

76 Kailer, Weiss 2005, S. 19; Europäische Kommission 2003, S. 7.

schen Diskussion kann dieser Zahl die Überlebensquote von Neugründungen gegenüber gestellt werden. Die Europäische Union geht dabei davon aus, dass 75 Prozent der Neugründungen die ersten 5 Jahre überleben.[77] Andere Autoren sind wesentlich pessimistischer. Albach vermutet, dass die Wahrscheinlichkeit, dass ein neu gegründetes Unternehmen die ersten vier Jahre überlebt, bei 50 Prozent liegt. Er spricht dabei von der Säuglingssterblichkeit von Familienunternehmen.[78]

Die *Unternehmensnachfolge* stellt besonders *bei Familienunternehmen eine große Herausforderung (2)* dar.[79] Durch die enge Verquickung der beiden Sozialsysteme Familie und Unternehmen sind unterschiedliche Bedürfnisse, Erwartungen und Probleme mit der Nachfolge verbunden. Im Zentrum des Geschehens steht oft der Unternehmer, welchem gerade in kleineren Strukturen eine zentrale Bedeutung zugesprochen werden kann. Die meist in Personalunion wahrgenommenen Rollen als Eigentümer, operativer und strategischer Führer des Unternehmens sowie seine direkte Verbindungsrolle zwischen den Anforderungen von Familie und Unternehmen nach innen sowie gegenüber den Anspruchsgruppen nach außen fordern ausgeprägte Fähigkeiten.[80]

Gerade die Unternehmensnachfolge stellt für viele Unternehmer eine spezielle Herausforderung dar und birgt ein hohes Potential für Konflikte und Emotionen.[81] Befindlichkeiten und Empfindlichkeiten des Unternehmers kommen deshalb eine hohe Bedeutung zu, denn diese sind schwieriger zu lösen und zu überwinden als beispielsweise Finanzierungslücken.[82]

Die Arbeitsfähigkeit des Unternehmers ist auf Grund seines biologischen Lebenszyklusses mit zunehmendem Alter gefährdet. Die Unternehmensnachfolge ist aus der Sicht des Unternehmens deshalb als strategische Aufgabe zu betrachten. Ein Blick in

---

77 Europäische Kommission 2003, S. 7.

78 Albach 2002, S. 165. Eine andere Frage ist, ob es genügend Menschen gibt, die ein bestehendes Unternehmen auch übernehmen wollen. Die Europäische Union geht davon aus, dass 65 Prozent der Europäer eine Unternehmensgründung einer Unternehmensübernahme vorziehen, vgl. Europäische Kommission 2003, S. 5.

79 Eine ausführliche Diskussion der Unternemensnachfolge inkl. quantitativer Bedeutung findet sich in Kapitel 3.4, S. 101ff.

80 In diesem Zusammenhang wird von „simultaneous roles", „roles carryover" und „cross-role communication" gesprochen, vgl. dazu Tagiuri, Davis 1996; Sorenson 1999 und Lundberg 1994, i.A. Schlippe, Kellermanns 2008, S. 46. Neben „Managementfähigkeiten" und „Commitment" spielt v.a. Leadership eine zentrale Rolle, wobei sich Leadership aus den Faktoren „capacity to lead", „ability to resolve conflict" und „ability to communicate effectively" zusammensetzt, vgl. Ibrahim, Soufani, Poutziouris et al. 2003, S. 176.

81 Überblicksarbeiten: Handler 1994a; Wortman 1994; Sharma, Chrisman, Chua 1996 und 1997; Dyer, Sanchez 1998; Sharma 2004; Zahra, Sharma 2004; Sonfield, Lussier 2004, S. 189f. Für die Grundlagen über Emotionen vgl. Kapitel 2, S. 39ff.

82 Schäfer 2006, S. 20.

die Nachfolgeliteratur zeigt, dass der Fokus der Arbeiten im Wesentlichen auf drei Perspektiven zusammengefasst werden kann.[83] Einige Autoren fokussieren sich dabei auf das Zusammenspiel von verschiedenen Stakteholdern im Rahmen der Unternehmensnachfolge. Eine zweite Gruppe legt den Fokus auf die Lebenszyklusbetrachtung und betont damit den Aspekt der Zeit. Eine dritte Gruppe schliesslich fokussiert sich auf die Interaktion verschiedener Parteien - insbesondere die abgebende und übernehmende Generation respektive Partei. Praktische Beiträge dagegen fokussieren sich primär auf verschiedene funktionale Perspektive wie beispielsweise Steuerplanung, Finanzierung oder Prozessmanagement betrachtet wird. Psychologische Aspekte und insbesondere die *Emotionen des Unternehmers* werden trotz hoher Bedeutung vernachlässigt.[84]

Eine Unternehmensnachfolge bedeutet eine tiefe Veränderung auf allen Ebenen. Veränderungen wiederum sind Quellen für Verunsicherung die beispielsweise das Gefühl von Angst auslösen kann.[85] Angst ist dabei die am häufigsten genannte Emotion in der Nachfolgeliteratur. Beim Übergeber kann es sich dabei zum Beispiel um die Urangst vor der eigenen Vergänglichkeit, die Angst vor dem „Verdrängt-werden" im eigenen Unternehmen, um Existenzängste aus wirtschaftlicher/finanzieller Sicht oder um die Angst vor dem „schwarzen Loch" nach dem Rücktritt handeln.[86] Weitere Quellen für die beobachteten Ängste sind in der Literatur die Abgabe von Macht und Kontrolle, der Einbezug von anderen Familienmitgliedern wie beispielsweise der Ehepartnerin, Zielkonflikte zwischen Familien- und Unternehmenspolitik, die Skepsis vor einer unkontrollierten Zukunft sowie ein schwaches Vertrauen gegenüber externen Personen und Institutionen.[87] Insbesondere Unternehmensgründer identifizieren sich mit dem Unternehmen sehr stark, so dass dieses zum Symbol der eigenen Identität wird, ein Phänomen das sich beim Übergeber als „mangelndes Loslassen" äußert. Das unternehmen kann dabei bei der nachfolgenden Generation auch als Vermächtnis, Rivale oder als Gefängnis empfunden werden.[88] *„So binden sich Gefühle von Loyalität, Treue und*

[83] Cadieux 2007, S. 96.

[84] Klein 2004, S. 317; Le Mar 2001, S. 19; Habig, Berninghaus 2003. In der Regel liegt der Fokus dabei auf der emotionalen Bindung zum Unternehmen zu Mitarbeitenden oder anderen objekten, vgl. bspw. Cole, Johnson 2008, S. 192; Brun de Pontest, Wrosch, Gagne 2007, S. 338.

[85] Die Grundlagen über Emotionen können aus Kapitel 2, S. 39ff. entnommen werden. Andere Gefühle sind bspw. Frustration, Glück, Misstrauen und Vertrauen, vgl. Brundin 2002, S. 23.

[86] Bindschedler, Rub o.J., S. 3 sprechen bei der Angst vor der Verdrängung i.A. an die griechische Mythologie vom Kronos-Prinzip. Kets de Vries 1993; Helbling 2000, S. 7; Grünholz 2005, S. 10; Cadieux 2005, S. 34f.; Le Mar 2001, S. 18.

[87] Liebermann 2003, S. 17f.

[88] Kets de Vries 1996, S. 26ff.; Le Mar 2001, S. 42; Knobel 2007, S. 12: 'Loslassen-Können' ist vor allem dann für ein Unternehmer schwierig, wenn er keine andere Tätigkeiten wie bspw. in anderen Unternehmen, in Politik oder im Privatbereich aufgebaut hat.

Liebe, aber auch von Verrat und Enttäuschung an Vorgänge, die mit der Familie und dem Unternehmen verknüpft sind.“[89]

Die Reaktion respektive der Umgang mit Emotionen können unterschiedlich ausfallen. Mit Bezug auf die Angst reagieren die einen beispielsweise mit Verdrängung der Nachfolgefrage, was zur Folge hat, dass zu treffende Entscheidungen nicht gefällt werden und der Prozess nicht ins Rollen gebracht wird. Andere wiederum reagieren mit übersteigertem Aktionismus. Gleichzeitig können durchlebte emotionale Hoch und Tiefs für ein Individuum oder eine Organisation zu traumatischen Erlebnissen führen. Solche Erfahrungen prägen zukünftige Entscheidungen und Verhaltensweisen und können sogar über mehrere Generationen ihre prägende Spur hinterlassen.[90] Emotionen führen zu einer gesteigerten Sensibilität und können beispielsweise die Verhandlungspartner beeinflussen.[91] Dabei kann beobachtet werden, dass je stärker die Themen mit negativen Emotionen besetzt sind, um so größer ist die Wahrscheinlichkeit, dass sich negative Konflikte entwickeln und damit sowohl die wirtschaftliche Leistungsfähigkeit des Familienunternehmens als auch den Erfolg des Nachfolgeprozesses mindern.[92] Gefährdet sind dabei vor allem Fragen die im Kontext von Beziehungen stehen und weniger reine Inhalts- und Prozessfragen.

Die Diskussion der Problemstellung zeigt, dass die quantitative Bedeutung der Unternehmensnachfolge hoch ist, und dass nicht jede Unternehmensnachfolge erfolgreich gestaltet werden kann. Emotionen können dabei auf die Gestaltung des Nachfolgeprozesses einen förderlichen oder hinderlichen Einfluss haben. Obwohl einige wenige Beiträge darüber in der Literatur im Kontext der Unternehmensnachfolge gefunden werden können, ist ein tiefes Verständnis über die Bedeutung der Emotionen des Unternehmers im Nachfolgeprozess nicht gegeben.[93] Das Hauptaugenmerk der vorliegenden Arbeit

---

89 Schlippe, Kellermanns 2008, S. 8.

90 Janjuha-Jivraj, Woods 2002 S. 79.

91 Grünholz 2005, S. 10.

92 Schlippe, Kellermanns 2008, S. 46 und 48f.; Eddleston, Kellermanns 2007.

93 Bindschedler, Rub o.J.; Kets de Vries 1993; Grünholz 2005; Cadieux 2005; Liebermann 2003; Grand Thornton 2003; Janjuha-Jivraj, Woods 2002; Blundel 2002; Schäfer 2006, S. 20; Le Breton-Miller, Miller, Steier 2004, S. 305f.; Le Mar 2001, S. 53f. Emotionen finden zunehmend auch Eingang in die Forschung der Betriebswirtschaftslehre. Dabei reichen die Anwendungsgebiete von finanzmarkttheoretischen Überlegungen über Marketing bis hin zu Führungsaufgaben und Verhalten in Kooperationen. Hentze und Kammel (1996, S. 68ff) fordern bspw. mehr charismatische Führungskräfte für die US-Wirtschaft, welche Emotionalität als Teil der Führungsaufgabe auszudrücken verstehen; Schreyögg, Sydow (Hrsg.) 2001 und Hochschild 1990 (1983) sprechen von Emotionsarbeit resp. Emotionsmanagement im Dienstleistungsbereich. Blundel (2002) untersucht Emotionen von Managern im Changeprozess. Hochschild 1990 (1983); Fehr und Gächter (2002) untersuchen die Bedeutung von Emotionen im Rahmen des Kooperationsverhaltens. Forschende aus anderen Disziplinen befassen

liegt deshalb auf der Rolle der *Emotionen des Unternehmers im Nachfolgeprozess des Familienunternehmens.*

1.2 Wissenschaftstheoretische Grundannahmen

Es gibt verschiedene Zugangsmöglichkeiten eine Problemstellung zu bearbeiten. Meist ist es deshalb notwendig eine gewisse „Auswahl“ zu treffen, um innerhalb der gewählten theoretischen Perspektive und Methodik eine möglichst in sich geschlossene und konsistente Argumentation führen zu können.[94] Auch wenn es nicht Aufgabe der vorliegenden Arbeit sein kann, die wissenschaftstheoretische Diskussion vertieft wiederzugeben, ist es trotzdem notwendig, das der Arbeit zugrunde liegende Wissenschaftsverständnis und die sich daraus ergebenden Implikationen für das Forschungskonzept vorzustellen.

1.2.1 Die Betriebswirtschaftslehre als Wissenschaft

Unter *Wissenschafts-Wissenschaft* wird die Disziplin verstanden, welche sich mit Wissenschaften auseinandersetzt. Sie bildet einen Oberbegriff für Disziplinen wie Wissenschaftsphilosophie, -geschichte, -soziologie, -psychologie, -ökonomie, -logik, -politik oder -ethik.[95] Die *Wissenschaftstheorie* ist ein Teilgebiet der Wissenschaftsphilosophie und beschäftigt sich mit den Methoden des wissenschaftlichen Erkenntnisgewinns. Dafür wird auch der Begriff „Philosophy of Science“ verwendet. Die Wissenschaftstheorie versucht einerseits die Frage zu klären, welchen Zwecken Wissenschaften dienen und dienen sollen, andererseits welche Mittel von Wissenschaftlern zur Erreichung dieser Zwecke eingesetzt werden.[96]

Unter *Wissenschaft* per se wird das menschliche Wissen und Forschen verstanden, soweit dieses systematisch gesammelt und nachvollziehbar begründet ist, respektive sich an anerkannte Methoden hält.[97] Ein Ziel im Sinne einer normativen Vorgabe kann darin gesehen werden, dass vor allem jene Forschungsresultate interessieren, welche zu einem unmittelbaren Komfort des Menschen beitragen oder bei der Bewältigung wichtiger Gegenwartsprobleme helfen.[98] Damit soll verhindert werden, dass die Wissen-

---

sich umgekehrt mit Phänomenen aus der Wirtschaftswelt wie bspw. Briner 1999; Kiefer, Eicken 1999.

94 Die Forderung nach Interdisziplinarität (vgl. Kapitel 1.1.1, Seite 1ff.) stellt gerade diesen Punkt in Frage, wie nachfolgend zu zeigen ist.

95 Ulrich, Hill 1979, S. 161; Poser 2001, S. 13f.; Kirchgässner 1992.

96 Scherer 2002, S. 4. Eine Einführung findet sich bspw. bei Poser 2001.

97 Wohlgenannt 1969, zitiert in Poser 2001, S. 23. Eine differenziertere Auseinandersetzung mit dem Begriff Wirklichkeit resp. Wahrheit und dem damit verbundenen Begriff Erkenntnisgewinn folgt in Kapitel 1.2.3, S. 22ff.

98 Sachs, Hauser 2002, S. 25.

schaft als „l'art pour l'art“ betrieben wird. Darin ist auch die Forderung von Sharma zu sehen, dass die Familienunternehmensforschung das primäre Ziel haben muss, die Funktionsweise des Untersuchungsobjektes zu verbessern.[99]

Ulrich und Hill unterteilen die Wissenschaften analog dazu in Formal- und Realwissenschaften.[100] Im Rahmen der *Formalwissenschaft (a)* werden logische Zusammenhänge mittels Zeichensystemen abgebildet. Die Formalwissenschaften bemühen sich um die Konstruktion von Sprachen, d.h. von Zeichensystemen mit Regeln zur Verwendung dieser Zeichen. Darunter fallen u.a. die Mathematik und die Philosophie. Im Rahmen der *Realwissenschaft (b)* wird versucht, empirisch (sinnlich) wahrnehmbare Wirklichkeitsausschnitte zu beschreiben, diese zu erklären und schließlich zu gestalten. Zu den Realwissenschaften werden beispielsweise die Natur- und Sozialwissenschaften gezählt.[101]

Im Rahmen der Realwissenschaften – zu denen die Betriebswirtschaftslehre mehrheitlich gezählt wird – werden in der Literatur weitere Unterscheidungen vorgenommen. Basierend auf unterschiedlichen Zielsetzungen wird zwischen theoretischer und praktischer Forschung oder zwischen Grundlagenwissenschaften und anwendungsorientierten Wissenschaften unterschieden. Im Rahmen von *theoretischen / grundlagenwissenschaftlichen Arbeiten (a)* wird das Ziel verfolgt, Erklärungsmodelle für empirische Wirklichkeitsausschnitte zu bilden. Dazu werden meist Ursache-Wirkungsbeziehungen formuliert. Im Zentrum steht die Suche nach allgemeinen Theorien, um die bestehende Realität zu beschreiben und zu erklären. Das Ziel ist die reine Erkenntnis des Beobachters und nicht auf Zwecke ausgerichtet sind.[102] Die Erkenntnisse werden als explanatorische oder nomologische Aussagen bezeichnet.

Bei *anwendungsorientierten/praktischen Arbeiten (b)* liegt das Hauptaugenmerk auf der Entwicklung von praktischen Entscheidungsmodellen und Entscheidungsprozessen, wobei die Handlungsalternativen des menschlichen Individuums den Ausgangspunkt darstellen.[103] Die Überlegungen stützen sich meist auf theoretische Erkenntnisse, um Praxisprobleme zu bewältigen. Das bedeutet, es werden Gestaltungsmöglichkeiten aufgezeigt oder Gestaltungsempfehlungen abgegeben.[104] Mit anderen Worten: In Arbeiten mit einem pragmatischen Wissensziel werden Theorien als Wissen eingesetzt und ent-

---

99 Sharma 2004, S. 23. So auch Eco 2002, S. 39ff.

100 Ulrich, Hill 1979, S. 163. In Anlehnung an diese auch Sachs, Hauser 2002, S. 25ff.; Schanz 1990, S. 108.

101 Ulrich, Hill 1979, S. 163; Sachs, Hauser 2002, S. 27f..

102 Kromery 2000, S. 19f.; Sachs, Hauser 2002, S. 27f.; Chmielewicz 1994, S. 34ff.

103 Sachs, Hauser 2002, S. 27. Auf den ersten und zweiten Methodenstreit soll an dieser Stelle nicht eingegangen werden. Vgl. dazu Loitlsberger, Wagner 2003, S. 128ff.

104 Lengwiler (2005, S. 7) spannt einen Bogen der Anwendungsorientierung von problemorientierter Forschung bis zu intervenierenden Ansätzen.

sprechend auch als Technologie bezeichnet. Andere Autoren setzen dies gleich mit der Begrifflichkeit des pragmatischen Ziels.[105] In Anlehnung an Ulrich bedeutet dies jedoch nicht, dass gewissermaßen stellvertretend für die Praxis die Probleme zu lösen sind.[106] Vielmehr geht es darum, dem Praktiker verständnisfördernde Perspektiven zur Definition von Problemen sowie Fragen und Interpretationsmuster zum Lösen der Probleme an die Hand zu geben.[107]

Die Trennung zwischen Theorie und Praxis kann als künstliche Trennung angesehen werden, denn im Rahmen von Forschungsprojekten vermischen sich die beiden Sichtweisen immer häufiger.[108] Die Auseinandersetzung mit praktischen Problemen findet meist mittels Einsatz von theoretischem Wissen statt. Die damit gewonnenen Erkenntnisse beeinflussen wiederum die Theorie, welche in der Folge revidiert oder angepasst wird. Schanz fordert gar ein kritisches Spannungsverhältnis zwischen den beiden Bereichen, um eine Austrocknung der Wissenschaft und eine Verödung der Praxis zu vermeiden.[109] Die Kombination von Theorie und Praxis in der Managementwissenschaft kann auch helfen Kontingenz zu erzeugen, die für die Akteure im Anwendungsbercich selbst nicht sichtbar ist: *„Wissenschaft entwickelt Alternativen zur herrschenden Praxis; sie macht deutlich, dass wahrgenommene Handlungszwänge eigentlich keine sind; sie stellt präferierte Argumentationsmuster der Praxis in Frage und sie stellt von der Praxis bisher nicht wahrgenommene Zusammenhänge her. Wissenschaftliche Erkenntnis vergrössert auf diese Weise den Raum, in dem sich die Praxis ihre eigenen Lösungen sucht.“*[110]

1.2.2 Erkenntnisgewinn im Rahmen der Betriebswirtschaftslehre

Die Betriebswirtschaftslehre wird in verschiedenen Lehrbüchern gemeinsam mit den Disziplinen der Volkswirtschaftslehre und der Finanzwissenschaft dem Oberbegriff der Wirtschaftswissenschaften untergeordnet. Dabei ist es die Aufgabe aller wirtschaftswissenschaftlichen Disziplinen, den gesellschaftlichen Teilbereich „Wirtschaft“, d.h. den

---

105 Chmielewicz 1994, S. 34ff; Kromery 2000, S. 19f.; Kieser, Kubicek 1978a, S. 20; Wolff 2003, S. 586; Kieser, Nicolai 2003, S. 590.

106 Ulrich 1984, S. 131ff.; Rüegg-Stürm 2001, S. 18.

107 Rüegg-Stürm 2001, S. 18, in Anlehnung an Kubicek 1977, S. 29. Wolf hält fest, dass praxisorientierte Forschung nur funktioniert, wenn Praxiskenntnis vorhanden ist und dass Teamarbeit erforderlich ist, um ein hohes Niveau sicherstellen zu können. Gleichzeitig ist die Praxisrelevanz nicht immer direkt aus einem Forschungsergebnis ableitbar und kann trotzdem als praxisrelevant eingestuft werden, vgl. auch Wolff 2003, S. 585ff.

108 Sachs, Hauser 2002, S. 29. Mit anderen Worten bedeutet dies, dass Induktion und Deduktion miteinander verkoppelt sind.

109 Schanz 1976, S. 23.

110 Kieser, Nicolai 2003, S. 592f.

dazugehörenden Komplex der menschlichen Handlungen, Verhaltensweisen und Institutionen, zu erfassen und zu erklären.[111]

Ausgangspunkt können aber auch klassische Disziplinen wie Psychologie und Soziologie sein. Diese Disziplinen werden gemeinhin als Sozialwissenschaften bezeichnet. Mit der Soziologie als Ausgangspunkt kann deshalb auch die Betriebswirtschaftslehre als Sozialwissenschaft bezeichnet werden. Schanz hat bereits 1976 festgestellt, dass damit ein relativ trivialer Sachverhalt angesprochen wird: *„Auf der anderen Seite sollte man nicht übersehen, dass die Disziplin sich ihre sozialwissenschaftliche Dimension bislang nur zögernd erschlossen hat. Das Fach konzentrierte sich, anknüpfend an das [...] Idealmodell [des Homo Oeconomicus ...] darauf, die sogenannte ökonomische Rationalität auszuloten.“*[112] Durch die Einführung des Idealmodells „homo oeconomicus“ wurden in der Folge intrapersonelle und viele interpersonelle Phänomene aus der Betriebswirtschaftslehre ausgeschlossen, obwohl diese im unternehmerischen Alltag (= Praxis) allgegenwärtig sind. Dahinter stehen unterschiedliche epistemologische Grundannahmen – also unterschiedliche Annahmen darüber, wie Erkenntnisgewinn möglich ist. Kuhn spricht von unterschiedlichen Paradigmen, die nachfolgend in Bezug auf die Betriebswirtschaftslehre kurz dargelegt werden.[113]

Sachs und Hauser umschreiben diese Kontroverse mit der Differenzierung zwischen dem ökonomischen und dem sozialwissenschaftlichen Basiskonzept.[114] Das *ökonomische Basiskonzept (a)* basiert auf wirtschaftlichen Vorgängen und Gegebenheiten sowie jenen Aspekten des menschlichen Handelns, die zur Erzielung und Verwendung von Einkommen beitragen. Zur modellhaften Betrachtung wird der „homo oeconomicus“ als zu Grunde liegendes Menschenbild verwendet. Unter dieses Basiskonzept fallen in der Folge die klassischen Wirtschaftswissenschaften und die damit verbundenen Theorien wie beispielsweise die Institutionenökonomie.

---

111 Das Ziel einer restlosen Erklärung ist, die Welt möglichst genau abzubilden und zu erklären (vgl. dazu Grundlagenwissenschaft weiter oben). In der Folge kommen statistische Verfahren zum Einsatz, mit dem Ziel, die Varianz und Reabilität möglichst zu optimieren.

112 Schanz 1976, S. 16.

113 Kuhn 1976, 1977 in Rüegg-Stürm 2001, S. 17. Rüegg-Stürm (2001, S. 19) betont, dass die erkenntnistheoretischen Grundannahmen respektive die wissenschaftstheoretische Position die Grundlage der darauf aufbauenden Konzepte, Modelle und anwendungsorientierten Theorien einerseits und der darin wiederum eingesetzten Instrumente (Methoden und Handlungsheuristiken) andererseits sind; Rüegg-Stürm, 2001, S. 19; Sander, Rüegg-Stürm, Wyss 2004, S. 173.

114 Sachs, Hauser 2002, S. 19f. Die ausgetragene Kontroverse zwischen den beiden Basiskonzepten wird nach Weibler auf der Unschärfe des wissenschaftlichen Sprachgebrauchs von „Ökonomie“ und „Verhaltenswissenschaften“ aufgebaut und bedient sich in der Auseinandersetzung tatsächlicher und scheinbar unterschiedlicher Paradigmen, wobei nach Weibler und Wald dadurch im Extremfall eine unproduktive „Demarkationslinie“ geschaffen wird, vgl. Weiber, Wald 2004, S. 260. Die Autoren fordern, dass beide Konzepte mögliche Wege darstellen sollen, um einen Erkenntnisgewinn im Rahmen der Betriebswirtschaftslehre zu erreichen. Damit würden beide ihre Berechtigung haben.

Im Gegensatz dazu steht beim *sozialwissenschaftlichen Basiskonzept (b)* die Bedürfnisbefriedigung der Menschen im Mittelpunkt, wobei wirtschaftliche Vorgänge als Prozesse verstanden werden, mittels denen diese Ziele erreicht werden sollen.[115] Das zu Grunde gelegte Menschenbild ist stark durch die menschliche Bedürfnisbefriedigung geprägt, wobei der Mensch als ein komplexes System (= homo complexus) verstanden wird.[116] Diese Form der Betriebswirtschaftslehre wird deshalb als Teildisziplin der Sozialwissenschaften verstanden, wobei Erkenntnisse aus anderen sozialwissenschaftlichen Disziplinen willkommen sind.[117] Gerade eine problemorientierte Betriebswirtschaftslehre sollte sich nach Oechsler und Wagner nicht nur in den traditionellen Grenzen der betriebswirtschaftlichen Disziplinen bewegen, denn ein Unternehmer kann realen Problemen auch nicht ausweichen, nur weil diese nicht rein ökonomischer Natur sind.[118]

Mit der Unterscheidung zwischen naturwissenschaftlicher und sozialwissenschaftlicher Forschung respektive dem abbildtheoretischen und konstruktivistischen Forschungsparadigma betont Rüegg-Stürm die darin verborgenen unterschiedlichen Rollen von Objekt und Subjekt im Erkenntnisgewinnungsprozess und damit verbunden ein unterschiedliches Verständnis der Begriffe „Wahrheit“ und „Wirklichkeit“.[119] Im *naturwissenschaftlich orientierten abbildtheoretischen Paradigma (a)* werden die empirischen Objekte unabhängig vom Menschen konstituiert, mit der Konsequenz, dass diese dank der Merkmale Wiederholbarkeit, Widerlegbarkeit und Reduktionismus beobachtet werden können. Zentral ist, dass die Objekte über kein Wissen um sich selbst (= Bewusstsein ihrer Rolle) verfügen, das deren Eigenverhalten beeinflussen könnte. Dabei kommen primär quantitative, objektivierende Methoden zum Einsatz, welche von Vertretern des Positivismus[120] (logischer Empirismus) und des kritischen Rationalismus[121] eingesetzt werden.

---

[115] Sachs, Hauser 2002, S. 19. Schanz (1979, S. 16) verstehen unter dem Menschen ein von einer Motivvielfalt „beherrschtes“ Wesen, wobei Knappheit eher ein ganz allgemeines soziales Phänomen darstellt.

[116] Goméz Garcia 2003.

[117] Sachs, Hauser 2002, S. 19f.

[118] In Anlehnung an Oechsler, Wagner 1976, S. 94.

[119] Rüegg-Stürm 2001, S. 20f. und S. 23 i.A. an Morgan und Smircich 1980. Im Rahmen der Erkenntnistheorie liegt nach Poser ein besonderes Augenmerk auf der Differenzierung zwischen dem Subjekt (Erkennender) und dem Objekt (Erkanntem). Die häufigsten *Standpunkte der Wissenschaftstheorie* aus philosophischer Sicht, die heute eingenommen werden, sind der *analytische*, der *hermeneutische*, der *dialektische* und der *konstruktivistische* Standpunkt. Vgl. dazu Poser 2001, S. 24; Sander, Rüegg-Stürm, Wyss 2004, S. 180ff.

[120] Beim logischen *Positivismus* handelt es sich um eine philosophische Strömung, welche auf den Wiener Kreis zurück zu führen ist (z.B. Ludwig Wittgenstein). Er postuliert, dass die persönliche Erfah-

Im *sozialwissenschaftlich orientierten konstruktivistischen Forschungsparadigma (b)* dagegen werden die Untersuchungsobjekte vom Menschen beeinflusst. Entsprechend werden in der Forschung nicht unabhängige Entitäten und Objekte untersucht, sondern Wissenswelten, welche in sozialen Prozessen inszeniert werden. *„In solchen (sinnhaften) Wirklichkeiten scheint nicht nur das aktuell Gegebene auf, sondern auch das potentiell Mögliche, Imaginäre bzw. Unmögliche und Unwirkliche.“*[122] Entsprechend geht der Erkennende von der Grundannahme aus, dass es keine vom beobachtenden Subjekt unabhängige Welt gibt. Erkennen bedeutet dabei, dass Wirklichkeit inszeniert und durch sprachliche Interaktion in sozialen Kontexten produziert wird. Die Sprache stellt einen kontextabhängigen und zugleich kontexttransformierenden Prozess dar. Im Forschungsprozess kommen entsprechend vor allem qualitative und interpretierende Methoden zum Einsatz, welche primär von Vertretern der Hermeneutik[123] und Ethnomethodologie eingesetzt werden. *„An die Stelle des Positivismus, dem wissenschaftlichen Programm der ‚positiven' Beschreibung einer (einzigen) Wahrheit, ist heute für viele Forscher der Konstruktivismus getreten: das wissenschaftliche Programm der Konstruktion bewährungsfähiger Zusammenhänge.“*[124] Dabei entspricht die konstruktivistische Grundhaltung mehr einer praxis- und problemorientierten Wissenschaft. Wissen über Realität wird nicht nur zur Bewältigung logischer Widersprüche eingesetzt, sondern bildet vor allem Fähigkeiten zur Gestaltung der situativen Realität und zur Bewältigung dialektischer Widersprüche.[125]

1.2.3 Die systemisch-konstruktivistische Perspektive

An die in der vorliegenden Arbeit zugrunde liegende Problemstellung richtet sich die Forderung, dass Familienunternehmen und insbesondere die Rolle der Emotionen des Unternehmers im Nachfolgeprozess interdisziplinär und aus verschiedenen Sichtweisen betrachtet werden sollen.[126] Um der Interdisziplinarität und Vielschichtigkeit gerecht werden zu können, unterliegt die vorliegende Arbeit primär einer systemisch-konstruktivistisch orientierten Perspektive, wenngleich an geeigneter Stelle problem-

---

rung als einzige Grundlage wahrer Erkenntnis anzusehen ist. Diese Richtung wurde anschließend zum logischen Empirismus weiterentwickelt.

121 Der *kritische Rationalismus* entstand aus der Kritik am Positivismus. Die wichtigsten Vertreter sind Karl Popper, Hans Albert und Paul Feyerabend. Sie weisen darauf hin, dass auch die Vernunft fehlbar sein kann. Deshalb fordern sie u.a. ein kritisches Verhältnis gegenüber selbst formulierten Theorien, wobei diese falsifizierbar sein müssen. Stegmüller 1986, S. 87ff.; Chalmers 2001, S. 35ff.

122 Rüegg-Stürm 2001, S. 21.

123 Unter *Hermeneutik* wird die Lehre des Verstehens und der Auslegung verstanden. Dabei stehen der Interpret und das zu Interpretierende in einem gegenseitigen Bedingungsgefüge.

124 Mugler 2003 (2005), S. 4.

125 Oechsler, Wagner 1976, S. 94.

126 vgl. dazu Kapitel 1.1.1 und 1.1.2.

adäquat auch andere Ansätze zugelassen werden sollen. Nachstehend wird kurz auf die zentralen systemischen und konstruktivistischen Sichtweisen eingegangen.

Die Systemorientierte Betriebswirtschaftslehre beruht auf dem sogenannten Systemansatz und betrachtet die Systemtheorie und Kybernetik oft als Basiswissenschaften.[127] Die Systemtheorie wird auch als Metatheorie umschrieben und verfolgt das Ziel, Gestaltungsmöglichkeiten für „zukünftige Wirklichkeiten" zu entwickeln.[128] Gleichzeitig muss an dieser Stellen festgehalten werden, dass es verschiedene Systemtheorien gibt. In Ergänzung zum kybernetischen Grundverständnis (Kapitel 1.2.3.1) wird auch von einer konstruktivistischen Systemtheorie (Kapitel 1.2.3.2) gesprochen, weshalb nachstehend hauptsächlich diese beiden differenziert werden.[129]

Beim Konstruktivismus handelt es sich um eine Denkrichtung, einen dynamischen und interdisziplinären Diskussionszusammenhang, in dem versucht wird, eine fundierte Alternative zum neuzeitlichen Wissenschaftspositivismus[130] zu entwickeln.[131] Die Interdisziplinarität zeichnet sich dadurch aus, dass sich die konstruktivistische Denkrichtung an sozialwissenschaftliche Denktraditionen wie beispielsweise den symbolischen Interaktionismus nach Mead oder die Ethnomethodologie anlehnt. Sie wird durch biologische Aspekte wie beispielsweise den kognitiven Apparat und die menschliche Evolutionsgeschichte ergänzt.[132] Nachfolgend wird auf die für die Arbeit am wichtigsten er-

---

[127] Die systemtheoretische Vorstellung kommt seit den 60er Jahren in der anwendungsorientierten Managementlehre an der Universität St. Gallen zum Einsatz und hat unter dem Titel „St. Galler Systemansatz" bereits den Status einer Tradition erreicht. Vertreter davon sind Ulrich, Krieg, Probst, Dyllick, Gomez, Malik, Bleicher oder Schwaninger. Eine Übersicht findet sich in Rüegg-Stürm 2001, S. 77f.

[128] Ulrich 1971, S. 46; Müller-Merbach 1992, S. 870.

[129] Ulrich, Krieg, Malik 1976, S. 135. Für Vielfalt der Systembegriffe vgl. Müller-Merbach 1992, S. 854ff. Wurzeln dieses Ansatzes können bereits bei Herakliz, Platon, Aristoteles, in der Bibel oder bei Lao-Tse identifiziert werden. Vgl. Müller-Merbach 199, S. 856. Er empfiehlt in seinem Beitrag einen Methodenpluralismus der Systemansätze.

[130] Darunter wird das weit verbreitete Baukasten-Denken verstanden, wo in Anlehnung an den Kritischen Rationalismus Ursache-Wirkungs-Beziehungen abgebildet und zu erklären versucht werden. Dabei stehen die Prinzipien der Teilbarkeit der Welt in unabhängige Bereiche, die Linearität von Ursache und Wirkung sowie der Nicht-Einmischung in innere Angelegenheiten im Zentrum; vgl. Backhausen, Thommen 2003, S. 53f.; Backhausen, Thommen 2007c, S. 33ff.

[131] Berger 1993, S. 195; Wallner 2002, S. 4; Rüegg-Stürm 2001, S. 27; Sander, Rüegg-Stürm, Wyss 2004, S. 190. Die Interdisziplinarität des konstruktivistischen Ansatzes kommt in der Übersicht von Rüegg-Stürm 2001, S. 27 zum Ausdruck. Dabei identifiziert er Elemente in der Psychologie, Organisationspsychologie, Phänomenologie, allgemeinen Soziologie, Wissenssoziologie, Neurobiologie, Systemtheorie und Kybernetik und der systemische Therapie.

[132] Mead 1973 und Weingarten u.a. 1976, beide zitiert in Berger 1993, S. 201. Aus philosophischer Sicht gibt es Anknüpfungspunkte im Relativismus und in der Phänomenologie. Der *Relativismus (a)* geht davon aus, dass alle Erkenntnisse relativ zum Standpunkt des erkennenden Subjekts und deshalb nicht allgemein und absolut gültig sind. Vgl. auch Wallner 2002, S. 4. Erste kritische Überlegungen

scheinenden Sichtweisen kurz eingegangen, wobei primär zwischen Radikalem Konstruktivismus (Kapitel 1.2.3.3) und Relationalem resp. Sozialem Konstruktivismus (Kapitel 1.2.3.4) differenziert wird.[133]

1.2.3.1 Kybernetische Systemtheorie

Die Kybernetik kann als eine zentrale Basisdisziplin einer kybernetischen Systemtheorie angesehen werden und behandelt operationell geschlossene Mechanismen. Sie wurde als Regelungs- und Kommunikationstheorie entwickelt. [134] Ein System reguliert und kontrolliert sich dabei selbst, wobei die Einführung der Zirkularität im Unterschied zur Linearität in Ursache-Wirkungsbetrachtungen ein zentrales Element darstellt.[135] *„Sie umschreibt damit das Verhältnis von Kontrolleur und Kontrolliertem."*[136] Unter System wird eine zu einer Umwelt abgrenzbare Ganzheit (= Entität) verstanden, die aus Elementen (= Komponenten, Teile oder Variablen) besteht.[137] Die Umwelt eines Systems kann auch ein Supersystem sein, die Elemente (= Komponenten) eines Systems können auch als Subsysteme verstanden werden. Die Elemente können miteinander verbunden und vernetzt sein, wodurch Beziehungen mit Wechselwirkungen entstehen. Die Art und Weise wie die Elemente miteinander verbunden sind und interagieren prägt die Eigenschaften eines Systems. Diese Prozesse sind verantwortlich für eine systemeigene Ordnung und werden durch bestimmte Strukturen verkörpert. Diese Strukturen bestimmen das Verhalten eines Systems.

---

bezüglich der rationalen Abbildung und Erklärung der Welt gibt es bereits seit dem 5. Jahrhundert vor Christus, vgl. dazu von Galserfeld 1996 (1995), S. 9ff. und 56ff. Die *Phänomenologie (b)* beschäftigt sich vor allem mit dem Bewusstsein und geht auf die Arbeiten von Husserl zurück. Er betrachtet die Strukturen, welche das Bewusstsein überhaupt ermöglichen, wobei der Geist mit den Elementen Erinnerung, Wünsche und Wahrnehmung im Zentrum steht.

133 Auf weitere Unterformen wird vorliegend nicht eingegangen. Rüegg-Stürm 2001, S. 26ff. differenziert bspw. zwischen radikalem Konstruktivismus, konstruktivistischer Wissenssoziologie, symbolischem Interaktionismus, interpretativem Interaktionismus und dem sozialen (relationalen) Konstruktivismus. Wallner 2002, S. 7ff. differenziert zwischen methodischem, radikalem, sozialem, evolutionärem Konstruktivismus sowie konstruktivem Realismus. Im Rahmen von pädagogischen Überlegungen differenziert Reich 2002, S. 18f. zwischen konstruktiv-kulturtheoretischer Psychologie, sowie methodischem, radikalem und sozialem Konstruktivismus. Kieser 2002a, S. 297 differenziert bezogen auf die Organisationslehre zwischen sozial-konstruktivitischen, kognitiven und systemtheoretischen Richtungen. Der kognitive Konstruktivismus versucht dabei eine Verbindung zwischen positivistischer und interpretativer Richtung herzustellen. Vgl. auch Scherer 2002, S. 22f.; Sander, Rüegg-Stürm, Wyss 2004, S. 190ff.

134 Dies geht primär auf die Arbeiten von Wiener 1948 zurück.

135 Backhausen, Thommen (2003, S. 30) sprechen von Maschinenmodell, so auch Backhausen, Thommen 2007c, S. 17, 25.

136 Kneer, Nassehi 2000, S. 23.

137 Rüegg-Stürm 2001, S. 77.

Von „Systemlehre“ hat Ludwig von Bertalanffy gesprochen, wobei darunter eine generelle Naturwissenschaft verstanden wurde, die das Phänomen „Leben“ näher umschrieben hat.[138] Im Rahmen der Übersetzung in den amerikanischen Sprachraum wurde die Systemlehre in „General System Theory“ übersetzt. Als wesentlicher Gegenstand der Systemtheorie kann die Organisationsform der komplexen Wechselbeziehungen zwischen einzelnen Elementen verstanden werden.[139] Weiter kann die Differenzierung zwischen offenen und geschlossenen Systemen auf Bertalanffy zurückgeführt werden. *„Ein geschlossenes System zeichnet sich dadurch aus, dass es sich homöostatisch, also binnenstabil verhält und nach Erreichen eines gleichgewichtigen Zustandes nicht verändert. Ein solches System unterhält keine Austauschbeziehungen mit seiner Umwelt und muss deshalb in einen zeitunabhängigen Zustand des Gleichgewichtes übergehen.“*[140] Der Begriff der „Allgemeinen Systemtheorie“ wird Anatol Rapaport zugeschrieben, der zurückgreiffend auf die Erkenntnisse aus Kybernetik, Systemlehre und dem soziologischen Funktionalismus eine formale Beschreibung von Wirkungszusammenhängen entwickelt hat.[141]

Bei all diesen Beobachtungen steht der Beobachter ausserhalb des Systems und betrachtet und umschreibt dieses als Aussenstehender, was auch als Kybernetik 1. Ordnung umschrieben wird.[142] Zu diesem Zweck werden im Rahmen dieses Ansatzes Lenkungsmechanismen untersucht und modelliert.[143] In einem ersten Schritt kann im Sinne einer Ist-Analyse eine statisch-strukturelle Betrachtung realisiert werden. Zu diesem Zweck werden die Elemente anhand ihrer Eigenschaften und Beziehungen zueinander beschrieben. Im Rahmen einer dynamisch-funktionalen Betrachtung kann anschliessend die Funktionsweise der Systeme untersucht werden. Dabei stehen vor allem die Stabilitätsfrage und die dafür notwendigen Anpassungs- und Regulationsprozesse im Mittelpunkt.[144] Im Rahmen der Betriebswirtschaftslehre wird zu diesem Zweck ein Betrieb in Elemente wie beispielsweise Führungsgrössen, Menschen, Artefakte oder Strukturen unterteilt und in verbundene Regelkreise zerlegt. Mit den so entwickelten Modellen können kritische Situationen simuliert und beurteilt werden. Sie können auch zum

---

138 Bertalanffy 1948; Kneeer, Nassehi 2000, S. 19f. Der Ansatz entstand aus dem Bedürfnis lebenden Systemen gerechter zu werden und hat sich als Gegenposition zur deduktiv orientierten Physik verstanden.

139 Kneer, Nassehi 2000, S. 21.

140 Kneer, Nassehi 2000, S. 21f.

141 Der Soziologische Funktionalismus wurde im Wesentlichen von Parsons geprägt, vgl. dazu weiter unten.

142 Backhausen, Thommen 2003, S. 32.

143 Fuchs, Lehmann 1973, S. 659. Ulrich, Krieg, Malik 1976, S. 135ff.

144 Fuchs, Lehmann 1973, S. 663. Scherf 2003, S. 9; Grochla 1974.

Zweck der Regelung permanent mit den Betriebsprozessen mitlaufen.[145] Im Rahmen der systemisch-kybernetischen Denkweise ist der Mensch entweder ein Systemelement und nimmt damit die Rolle einer Entität mit ganz bestimmten Eigenschaften wahr, oder nimmt die Position als Externer Beobachter eines Systems ein.[146]

Die Hauptelemente der kybernetischen Systemtheorie sind:

- Elemente (= Komponenten, Teile, Variablen) sind mit einander verbunden und bilden gemeinsam ein System;
- Die Elemente sind über zirkuläre Rückkopplungsschleifen verbunden und ersetzen damit lineare Wirkungsketten (wechselseitige Bezogenheit, Ermöglichungs-, Verstärkungs- und Rückkoppelungsbedingungen);
- Das System selbst strebt eine innere Stabilität an (Selbstorganisation und Selbststabilisation);
- Der Beobachter (hier als systemexterner Beobachter) nimmt die Informationsselektion vor (Beobachtung und Kybernetik 1. Ordnung).

1.2.3.2 Konstruktivistische Systemtheorie

Als nach dem 2. Weltkrieg die Erkenntnisse aus der systemisch-kybernetischen Perspektive mit Kommunikationserkenntnissen – allen voran von Gregory Bateson – zusammengebracht worden sind, wurden Systemtheorien 2. Ordnung entwickelt, die im Wesentlichen auf Heinz von Foerster zurückgeführt werden können.[147] Dabei wurde die Kybernetik reflexiv eingesetzt, sodass der Kybernetiker als Beobachter ins Zentrum der Betrachtung rückte. Dies führte zur Erkenntnis der selbstbezüglichen Ansätze, sprich zur Kybernetik der Kybernetik respektive zur Kybernetik 2. Ordnung. Dieses Gedankengut wurde später weitergeführt und beispielsweise in die Erkenntnisse des Radikalen Konstruktivismus überführt.[148]

Der Gedanke der Selbstreflexion führte im Anschluss zum Konzept der Autopoiese, das im Wesentlichen auf die Autoren Maturana und Varela zurückgeführt werden kann.[149] Demnach betrachtet diese Theorie Produkte (oder Entitäten) und Prozesse,

---

145 Fuchs, Lehmann 1973, S. 672. Rüegg-Stürm 1998a, S. 5. In der Betriebswirtschaftslehre wird dabei auch von „Operation Research" gesprochen.

146 Rüegg-Stürm 1998a, S. 5.

147 Bateson 1981; Bateson 1982; Bateson, Ruesch 1995. Die Macy-Konferenz wird als Geburtsstunde umschrieben.

148 Rüegg-Stürm 1998a, S. 5, Fussnote 7. Für Familientherapie vgl. Hoffman Hennessy 1992, S. 16f.; Hejl 2000, S. 40. Für Radikaler Konstruktivismus vgl. Kapitel 1.2.3.3 auf Seite 29f.

149 Kneer, Nassehi 2000, S. 24; Maturana, Varela 1987. Berger 1993, S. 202: *„Was die Kybernetik in ihrer anfänglichen physikalischen Orientierung auf einem Modell von Informationsverarbeitung errichtet, das an Input-Output- und damit an Ursache-Wirkungs-Vorstellungen gebunden war, so gelang mit der Theorie selbstorganisierender (autopoietischer) Systeme auch die Beschreibung selbstbezüglicher lebender Systeme, der ‚Übergang von einer physikalischen zu einer biologischen Welt-*

Körper und Geist als untrennbare Einheiten, die sich wechselseitig (dialektisch) bedingen und konstituieren und damit ein selbstorganisiertes und selbsterhaltendes System bilden.[150] Bei einer systemisch-konstruktivistischen Betrachtung wird die Zirkularität auf die Beobachtung selbst angewendet. Dabei wird die beschriebene Welt durch den Beobachter (mit)konstruiert.[151]

Das Konzept der Autopoiesis wurde auch in die Soziologie übertragen, wobei zwei zentrale Autoren genannt werden müssen. Talcott Parson hat die „Handlungsorientierte Systemtheorie" (a) und Niklas Luhmann die „Kommunikationstheoretische Systemtheorie" (b) entwickelt, die andernorts auch als „Neuere Systemtheorie" bezeichnet wird. Parson hat mit seiner *Handlungsorientieren Systemtheorie (a)* den Begriff der *Strukturell-funktionalen Systemtheorie* geprägt.[152] Handlungen versteht er dabei als konstitutives Element sozialer Systeme. Strukturen definiert er als Elemente, die von kurzfristigen Schwankungen im System-Umwelt-Verhältnis unabhängig sind, Funktionen als das dynamische Element, welche als Prozess die Stabilität der Systemstrukturen in einer sich ändernden Umwelt gewährleisten. Bei Parson beruht die gesellschaftliche Ordnung auf einem generellen Wertekonsens, der im sozialen Leben fest institutionalisiert und zugleich von den Handelnden im Sozialisationsprozess verbindlich erworben wird.[153]

Im Rahmen der *„Kommunikationstheoretischen Systemtheorie" (b)* charakterisiert Luhmann das System durch (Sinn-)Grenzen, die das System selbst gegenüber seiner Umwelt zieht und konstant zu halten versucht.[154] Zur Umwelt sozialer Systeme gehören dabei auch psychische Systeme und damit die Menschen. Im Unterschied zu Luhmann differenziert Parson zum Beispiel bewusst zwischen psychologischen, sozialen und kulturellen Systemen.[155] Bei Luhmann ist es die Kommunikation, die das soziale System unabhängig vom Bewusstsein konstituiert. Im Gegensatz zum Radikalen Konstruktivismus geht Luhmann nicht von der biologischen Ebene aus, denn soziale Systeme sind

---

sicht' (Varela 1982, S. 84), was die Kybernetik zu einem metadisziplinären Forschungsansatz machte."

150 Rüegg-Stürm 2001, S. 5; Maturana, Valera 1987; Berger 1993, S. 202.

151 Rüegg-Stürm 2001, S. 3, vgl. auch Berger 1993, S. 202. Backhausen, Thommen 2007a, S. 98.

152 Kneer, Nassehi 2000, 30f.

153 Kneer, Nassehi 2000, S. 35

154 Luhmann 1984; Luhmann 1987, S. 26; Kieser 2002a, S. 301. Es muss festgehalten werden, dass das Werk von Luhmann grundsätzlich in 2 Phasen eingeteilt werden kann. In einer 1. Phase kritisierte er die Arbeit von Parson und setzte die Funtion vor die Struktur und spricht dabei von einer funktional-strukturellen Systemtheorie. Der normierende Charakter von Struktur durch Handlungen wird damit aufgelöst. In der 2. Phase steht die Kommunikation als letzte nicht auflösende und damit konstitutierende Einheit im Zentrum der Betrachtung und hat damit die „Neuere Systemtheorie" geprägt. Vgl. Kneer, Nassehi 2000, S. 34ff.

155 Kieser, Kubicek 1978, S. 86.

bei ihm keine Konstruktionen von Lebewesen oder Bewusstseinssystemen – sprich von Menschen, sondern vom System selbst (= Autopoiesis).[156]

Im Sinn dieser *Neueren Systemtheorie* sind Sozialsysteme (z.B. ein Unternehmen) als selbstreferenzielle, operational geschlossene Systeme zu charakterisieren. Auf Basis von selbstreferenziell geschlossenen und hyperzyklisch verketteten Kommunikationsprozessen findet die Autonomisierung gegenüber der Umwelt statt.[157] Rüegg-Stürm hat in seinem Beitrag eine „theory of the firm" aus systemisch-konstruktivistischer Sicht entwickelt. Dabei steht nicht die Frage im Zentrum, was ein Sozialsystem ist (Kybernetik 1. Ordnung), sondern wie in einem Unternehmen beobachtet wird, wie Wirklichkeit hervorgebracht und Wissen erbaut wird und wie Beobachtung und Verhalten zusammenhängen.[158] Durch die konsequente Verzeitlichung der Elemente sind es nicht mehr primär Artefakte, Menschen oder andere Dinge die ein Unternehmen konstituieren, sondern Ereignisse. Ein Unternehmen kann deshalb als ein System von Kommunikation und Entscheidungen verstanden werden.

Die Hauptelemente der Konstruktivistischen Systemtheorie sind:

- Beobachtung und Kybernetik 2. Ordnung: System-Umwelt-Grenze wird durch Unterscheidung und Beschreibung durch den Beobachter als Teil des Systems selbst konstruiert;
- Autopoiesis: selbsterzeugender und selbsterhaltender Systembegriff mit organisationaler Geschlossenheit;
- Handlungen und Funktionen bringen Strukturen hervor (i.A. Parson);
- Kommunikation als nicht weiter auflösbare Letzteinheit bei Luhmann. Kommunikation setzt sich an Kommunikation an;
- Systeme sind organisatorisch geschlossen und energetisch/materiell offen;[159]
- Wer handeln will, muss eine Welt erschaffen, und steht damit vor dem Dreischritt Selektionszwang, Kontingenz und Risiko;[160]
- Beschreiben, Erklären und Bewerten sind drei Konstruktionsebenen.[161]

---

[156] Kieser 2002a, S. 302; Backhausen, Thommen 2007, S. 113ff.

[157] Mildenberger 2001, S. 707.

[158] Rüegg-Stürm 1998a, S. 6.

[159] Kneer, Nassehi 2000, S. 51: *„Autopoietische Systeme sind autonom, aber nicht autark."*

[160] Backhausen, Thommen 2007c, S. 67.

[161] Backhausen, Thommen 2007c, S. 86.

1.2.3.3 Radikaler Konstruktivismus

Eine zentrale Grundlage der radikalkonstruktivistischen Sichtweise haben Maturana und Varela mit ihren neurobiologischen Arbeiten geleistet.[162] Aus biologischer Sicht wurde aufgezeigt, dass im menschlichen Gehirn nicht „DIE" Wirklichkeit abgebildet wird, sondern eine Wirklichkeit als Ergebnis eines aktiven Konstruktionsprozesses des kognitiven Systems des jeweiligen Lebewesens. Dies bedeutet, dass die Informationen nicht von außen ins menschliche Gehirn direkt eindringen, sondern dass die ‚wahrgenommene Welt' von diesem geschlossenen System in sich selbst konstruiert wird.[163] Das Attribut „radikal" wird nach Mugler dann angefügt, wenn alle Erkenntnisse „nur" als Konstruktionen von Gehirnen aufgefasst werden. Dies bedeutet jedoch nicht, dass nur als wahr angesehen wird, was auch wahrgenommen wird. Vielmehr geht es in diesem Ansatz darum, dem Wahrgenommenen Sinn zuzuordnen, das heißt das Wahrgenommene in einen Zusammenhang zu stellen. *„Radikal ist am Radikalen Konstruktivismus damit [...] die Reorientierung des Forschungsziels, das nicht mehr ‚Suche nach Wahrheit' heisst, sondern Suchen nach Viabilität für die Interpretation von empfangenen Signalen.*"[164]

Die wichtigsten Vertreter des Radikalen Konstruktivismus sind Umberto Maturana, Francesco Varela, Heinz von Foerster und Ernst von Glaserfeld.[165] Im Zentrum der Betrachtung steht primär das Individuum mit seiner Wahrnehmung respektive seiner Wissenskonstruktion. Der Begriff der „Autopoiesis" unterstreicht, dass die Umwelt das in sich geschlossene System nicht determinieren kann. Das System wird vielmehr von seiner inneren Struktur bestimmt, also wie Impulse von außen und innen bearbeitet werden.[166] Die „individuelle" Wirklichkeit wird durch das kognitive System im Rahmen einer Beobachtung vom Individuum gefertigt. Wissen dient deshalb der Organisation der eigenen Erfahrungswelt und nicht der Entdeckung der Wahrheit. Diese individuumsbezogene Perspektive hat vor allem die therapeutische Anwendung und insbesondere die Familientherapie angeregt und sich dort als dienlich erwiesen.[167]

---

162 Maturana, Varela 1980, 1987; Maturana 1982; Varela 1979. Für den Eingang in die Betriebswirtschaftslehre vgl. Scherer 2002, S. 22f.; Schmidt 1987a.

163 Sander, Rüegg-Stürm, Wyss 2004, S. 191; Rüegg-Stürm 2001, S. 27; Wallner 2002, S. 7ff.; Kromery 2000, S. 24; von Glaserfeld 2003, S. 34; von Galserfeld 1996 (1995), S. 96; Kieser 2002a, S. 299ff.

164 Mugler 2003 (2005), S. 4; von Glaserfeld 1998, S. 24f. Für Gütekriterien wie bspw. Viabilität vgl. später Kapitel 1.2.4, S. 31ff.

165 weiterführende Literatur: Schmidt 1987a; Foerster, Glaserfeld, Hejl 1995; Maturana, Varela 1987.

166 Sander, Rüegg-Stürm, Wyss 2004, S. 191.

167 Reich 2002, S. 18f.

Die Hauptelemente des Radikalen Konstruktivismus sind:

- Beim biologischen System konstruiert der kognitive Apparat eine Wirklichkeit;
- Dem Wahrgenommenen wird mittels Sinnzuschreibung Bedeutung gegeben;
- Die „Suche nach Wahrheit“ weicht der „Suche nach Viabilität“ für die Interpretation.

1.2.3.4 Sozialer Konstruktivismus

Im Unterschied zum Radikalen Konstruktivismus erklärt der *Relationale Konstruktivismus* respektive der *Soziale Konstruktivismus* die Konstruktion von Wirklichkeit weniger mit Prozessen menschlicher Kognition, sondern im und durch *das soziale Alltagsgeschehen.*[168] Die Attribute „relational“ und „sozial“ unterstreichen, dass Wirklichkeit durch Interaktion mittels Sprache, Diskurs, Beziehungs- und Kommunikationsprozessen konstruiert wird. Entsprechend wird mit Wissen ein Beziehungsprozess subsumiert.[169] Durch die Interaktion von Menschen, Menschengruppen oder Gesellschaften und dem Austausch von Information wird die Bedeutung gemeinsam fortlaufend geschaffen, indem explizit oder implizit auf Gegebenheiten, Entwicklungen, Erfahrungen, Schlüsselereignisse oder Selbstverständlichkeiten Bezug genommen wird. Ein spezifischer Bedeutungsgehalt einer Information wird sich deshalb im Verlauf der Zeit auch verändern. Aus der Sicht einer aktiven Perspektive bedeutet dies für eine soziale Interaktion, dass jeweils eine Anschlussfähigkeit geschaffen werden muss, damit die Bedeutung in einem bestimmten Kontext von anderen sinnhaft nachvollzogen werden kann.

Die wichtigsten Vertreterinnen und Vertreter eines sozialen Konstruktivismus sind unter anderen Burr, Gergen, Garrison, Hosking sowie Berger und Luckmann.[170] Im Zentrum der Betrachtung steht bei diesem Ansatz die Sinnkonstitution der einzelnen menschlichen Individuen in der Alltagswelt, wobei der Sinn – in Abgrenzung zu anderen Wirklichkeitsbereichen wie beispielsweise Traum, Fiktion oder Ekstase – sich im Bereich des sozialen Handelns manifestiert.[171]

Im Rahmen der oft verwendeten abbildtheoretischen Paradigmen Positivismus und kritischer Rationalismus wird primär eine formale Sprache verwendet, um die Schnittstelle zwischen Mensch und Maschine im Rahmen von statistischen Analysen sicher zu

---

[168] Sander, Rüegg-Stürm, Wyss 2004, S. 193. Zum Teil wird auch der Begriff *Konstruktionismus* anstelle von *Konstruktivismus* verwendet, wobei in der vorliegenden Arbeit beide als Synonyme verwendet werden. Dass Wissen das Resultat von Konstruktionsprozessen ist, ist die Gemeinsamkeit des Radikalen und Sozialen Konstruktivismus, der Unterschied besteht bezüglich dem Ort dieses Prozesses. Gergen 2002, S. 4f.

[169] Sander, Rüegg-Stürm, Wyss 2004, S. 193, i.A. Dachler, Hosking 1995, S. 4.

[170] Burr 2003; Burr 1995; Gergen 1996 (1991); Gergen 1994; Hosking, Dachler, Gergen (Hrsg.) 1995; Garrison 1998; Berger, Luckann 2004 (1980).

[171] Ernst 1997; Gross 1972, S. 147.

stellen.[172] Deren Verbreitung hat indes auch zur Folge, dass das Alltagsverständnis von Sprache oft diesem Verständnis entspricht. Diese Untauglichkeit basiert dabei auf dem Hintergrundbezug (Kontext) und der Interpretation der jeweiligen Information. Im Rahmen des relationalen Konstruktivismus sollten nach Rüegg-Stürm deshalb fünf zentrale Gesichtspunkte der Sprache mit berücksichtigt werden:

- *„Erst aus dem dynamischen, wechselseitig aufeinander bezogenen Zusammenspiel von Text und Kontext erwächst Bedeutung und Wissen;*
- *Jede Beschreibung, jedes Wissen vollzieht sich als kontextabhängige Vergewisserung;*
- *Sprechen und Zuhören, d.h. der Gebrauch von Sprache, ist in erster Linie ein aktiver, kontingenter Prozess der Wirklichkeitskonstruktion. Sprechen (und Schweigen) ist aktives Handeln;*
- *Ein aktiver (und auch bewusster) Sprachgebrauch ist eine grundlegende Voraussetzung für die Gewinnung neuen Wissens;*
- *Sprache vermittelt wechselseitig zwischen Bewusstseins- und Kommunikationsprozessen und übt dabei eine (vor)strukturierte Wirkung aus.“*[173]

1.2.4 Implikationen für die vorliegende Arbeit

Die Implikationen können zum einen in Bezug auf die Rolle des Forschenden (1) als auch auf die Perspektive der an die Forschung gerichteten Gütekriterien (2) diskutiert werden. Sowohl für interne aber vor allem auch für *externe Beobachter, wie es der Forschende ist (1)*, spielt die Interpretation von Regeln, Handlungen und Entscheidungen eine zentrale Rolle.[174] Bei der Interpretation sind Skripte, Routinen und implizite Organisationstheorien der Organisationsmitglieder – auch als Schemata bezeichnet – von großer Bedeutung. Als Skripte werden dabei im Gedächtnis einer Person gespeicherte Schemata bezeichnet, die Handlungen bzw. Sequenzen von Handlungen beschreiben, die zu spezifischen Situationen oder organisatorischen Regeln gehören und einen Wissensbestand oder Wissensrahmen in abstrahierter Form darstellen.

Bezogen auf die Beziehung zwischen Erkenntnisobjekt und Forscher spielt die Beobachtung – wie oben bereits angedeutet – eine zentrale Rolle, denn das klassische Subjekt-Objekt-Modell ist in der systemisch-konstruktivistischen Sichtweise nicht mehr angebracht. Die konstruktivistische Perspektive bietet deshalb eine Epistemologie des Beobachtens, sodass der Beobachter und das Beobachtete miteinander untrennbar verknüpft sind.[175] Beim Beobachten handelt es sich um eine Beschreibung, die auf Unter-

---

[172] Rüegg-Stürm 2001, S. 34ff.

[173] Rüegg-Stürm 2001, S. 39ff, i.A. an Burr 1995, Hosking, Dachler, Gergen (Hrsg.) 1995.

[174] vgl. auch Kieser 2002a, S. 303f.

[175] Scherer 2002, S. 5. Hier wird nicht das klassische Subjekt-Objekt-Modell vertreten, das vom logischen Empirismus und kritischen Rationalismus geprägt ist. *„Die Wirklichkeit ist dem erkenntniser-*

scheidung aufbaut. Diese wiederum ermöglicht Orientierung und Interpretation. Die Schwierigkeit liegt darin, dass die Unterscheidung selbst bei der Beobachtung nicht erkannt werden kann, denn die im Moment aktualisierte Beobachtung ist sich selbst unzugänglich. Entsprechend muss der Beobachter seine Unterscheidung als „blinde Flecken" behandeln und seiner Beobachtung „unbesehen" zugrunde legen.[176] Für den Forscher ergibt sich eine Teilnehmerperspektive, wobei interpretative Methoden notwendig werden.[177]

Ob Handlungen vom Forschenden richtig gedeutet und interpretiert werden, basiert zu wesentlichen Teilen auf der Richtigkeit der Annahmen des Betrachters. Entsprechend entscheidet dann letztlich die Zustimmung des Handelnden bzw. der Konsens zwischen Akteur und Betrachter über die Richtigkeit. In einem solchen Dialog distanziert sich der Akteur in reflektierender Absicht ein Stück weit von seinem Tun und wird selbst zum Betrachter seiner Handlungen.[178] Es kann deshalb zwischen Konstruktion 1. und 2. Grades differenziert werden. Die Sinnkonstruktion der Alltagswelt kann als *Konstruktion 1. Grades* gesehen werden. Durch die Beobachtung, Interpretation und Dokumentation durch die Wissenschaft findet eine *Konstruktion 2. Grades* statt, der Forschende gelangt damit zu wissenschaftlichen Erkenntnissen. Aus systemisch-konstruktivistischer Sicht kann deshalb auch von einer (Re)Konstruktion der Konstruktion gesprochen werden. Im Unterschied zur Konstruktion 1. Grades wird im Rahmen einer wissenschaftlichen Untersuchung versucht, mittels eines Netzes von Kategorisierungen, idealtypischen Annahmen, Modellen, ex-post Schlüsseln und Kausalisierungen die Prozesse des Beschreibens, Verstehens und Erklärens so gut wie möglich zu kontrollieren.[179] Erst durch eine Beobachtung 2. Grades wird das Wie der Beobachtung 1. Grades thematisiert und die Selektion als kontingent erkannt.[180]

Da es im systemisch-konstruktivistischen Denken keine final abbildbare Welt gibt, müssen im Forschungsprozess und in Bezug auf die Forschungsergebnisse andere *Gütekriterien (2)* eingesetzt werden. Bei der Beurteilung liegt der Fokus vor allem auf der Informationsinterpretation beim externen Beobachter und weniger auf der Bewertung der Datengewinnung, wie dies in der positivistisch orientierten Forschung der Fall ist.[181]

---

*langenden Subjekt nicht mehr in schon strukturierter Weise vorgegeben, sondern wird von diesem erst konstruiert. Die Dinge der Welt besitzen keinen Sinn an sich, vielmehr wird der Sinn über Interpretationsprozesse zugeschrieb*en", Scherer 2002, S. 13.

176 Kieser 2002a, S. 300.

177 Scherer 2002, S. 11; vgl. dazu später in Kapitel 5, S. 131ff.

178 Scherer 2002, S. 28.

179 Soeffner 1993, i.A. an Ernst 1997, S. 16; vgl. auch Backhausen, Thommen 2003.

180 Backhausen, Thommen 2003, S. 75.

181 Im abbildtheoretischen Paradigma dienen primär Validität und Reliabilität als Gütekriterien. Ein Verfahren wird als valide bezeichnet, wenn es misst, was es zu messen beabsichtigt; Ein Messverfah-

Objektivität ist ein unangemessener Anspruch, weil interpretative Sozialforschung weder einen Anspruch auf die „wirkliche Verfasstheit" von Forschungsobjekten noch auf Situationsinterdependenzen erhebt.[182] Da es aus konstruktivistischer Perspektive keine logisch zwingende Eindeutigkeit gibt, sondern nur eine diskursive, mehrdeutige und damit kontingente Verbindung von Theorie, Methode und Empirie, sind empirische Ergebnisse nicht weiter differenzierbare Einheiten zwischen Beobachter und Beobachtungsgegenstand und deshalb interpretations- und diskursabhängig.[183]

In einer systemisch-konstruktivistisch orientierten Forschung ist jedoch nicht einfach alles möglich, denn zur Bewertung der Güte von Forschungsleistungen und Forschungsprozessen müssen verschiedene Kriterien dienen.[184] Das meistgenannte Kriterium ist die *Viabilität (a).*[185] Darunter wird eine Bewährung in der Auseinandersetzung mit der Welt verstanden, denn im Rahmen der Neueren Systemtheorie stehen nicht mehr Strukturen, sondern Dynamik und Prozesse im Zentrum. Im Zentrum steht die Gangbarkeit oder Brauchbarkeit eines Wegs zur Lösung eines selbst gewählten Problems unter dem Bewusstsein, dass es auch andere gangbare Lösungswege gibt. Auch muss die Wirklichkeitskonstruktion *kommunizierbar (b)* sein und im Unterschied zu „signifikant Anderem" sinnvoll erscheinen. Weitere Kriterien sind beispielsweise *Angemessenheit in Bezug auf einen kritisierbaren Diskurs (c), Annehmbarkeit (d), Nachvollziehbarkeit (e), Neuigkeitsgrad (f), Plausibilität (g), Überzeugungskraft (h) oder Verständlichkeit (i).* Die kontextabhängige Sinnhaftigkeit und die horizonterweiternde Neuartigkeit einer wissenschaftlichen Arbeit sind zentral.

Trotzdem können oder müssen Limitationen bezüglich der Aussagekraft einer systemisch-konstruktivistisch orientierten Arbeit angebracht werden. Die Beschränkungen sind vor allem dahingehend notwendig, wenn die Arbeit von Interessierten gelesen wird, die stärker in einem positivistisch geprägten Wissenschaftsverständnis zu Hause

---

ren ist reliabel, wenn seine wiederholte Anwendung zum gleichen Ergebnis führt. Vgl. Froschauer, Lueger 2003, S. 111ff.; Vgl. auch Sander, Rüegg-Stürm, Wyss 2004, S. 197. Die „klassische" Sicht geht zurück auf die Korrespondenztheorie der Wahrheit (Prinzip der Wahrheitsfähigkeit) und fordert, dass wissenschaftliche Sätze mit dieser Theorie und der deduktiven Logik auf Falsifzierbarkeit überprüft werden (Prinzip der Kritikfähigkeit). Außerdem muss eine Aussage intersubjektiv überprüfbar sein. Vgl. Steinmann, Böhm, Braun u.a. 1976, S. 55.

182 Froschauer, Lueger 2003, S. 111.

183 Scholl 2002, S. 13, so ähnlich auch von Glaserfeld 2003, S. 18.

184 Konstruktion heisst im Rahmen der Forschung weder Inszenierung noch absichtliche Täuschung. Vgl. bspw. Rüegg-Stürm 2001, S. 69; Sander, Rüegg-Stürm, Wyss 2004, S. 198. Paul Feyerabend wird der Ausspruch „anything goes" zugesprochen. Seine Kritiker unterstellen ihm oft, dass damit alles schlechthin möglich sei, vgl. Chalmers 2001, S. 122, 126; Scherer 2002, S. 21. Vielmehr meinte er aber, dass alles möglich ist, solange es als nützlich erscheint; Hacking 1999, S. 15; von Glaserfeld 1996 (1995), S. 193.

185 von Glaserfeld 2003, S. 18, 22ff.; Backhausen, Thommen 2003, S. 60f.; Scholl 2002, S. 13.

sind. Weiter kann durch das Bewusstsein der Wahrnehmung 2. Ordnung der Einfluss der subjektiven Erfahrung des Forschenden nicht gänzlich ausgeschlossen werden. Nach Seiffert wäre eine solche Unterdrückung von subjektiven Erfahrungen nicht zweckmäßig und würde unter Umständen die wissenschaftliche Einsicht erschweren oder sogar verhindern.[186] Daher kann der Vorwurf der ungenügend abgesicherten Verallgemeinerung von Aussagen gemacht werden. Da sich die Erkenntnis im Rahmen einer phänomenologisch geprägten Forschungsmethodik auf den persönlichen Lebensbereich des Autors bezieht, kann deshalb die Induktion lediglich mit einem „Ja, so ist es auch"-Eindruck geprüft werden.

1.3 Zielsetzung und Forschungsfragen

Nach dem die wissenschaftstheoretische Diskussion geführt worden ist, gilt es darauf abgestimmt die Zielsetzung und die Forschungsfragen für die vorliegende Arbeit zu formulieren.

Der Unternehmer ist Eigentümer und Führungsperson im Unternehmen, Vater und Ehemann in der Familie. Er ist Bindeglied zwischen Familie und Unternehmen und steht vor der Herausforderung, mögliche Differenzen, Widersprüche und Reibungsflächen, die durch die Parallelitäten entstehen können, abzubauen oder positiv zu nutzen. Gerade in Phasen der Veränderung und Verunsicherung, wie beispielsweise bei einer Nachfolgeregelung, stehen nicht nur „rationale" Entscheidungskriterien zur Verfügung. Die Betroffenen verlassen sich oft auf Gefühle.[187] Gerade die Gestaltung der Unternehmensnachfolge stellt im Leben eines Unternehmers i.d.R. eine einmalige Herausforderung dar. Der Nachfolgeprozess ist deshalb von Veränderungen und Unsicherheiten und in der Folge von Emotionen geprägt.

Die Ursachen und Wirkungen von Emotionen des Unternehmers im Nachfolgeprozess stellen deshalb das praktische Problem dar, denn diese können förderlich oder hinderlich auf den Nachfolgeprozess, die Familie und das Unternehmen wirken. Das *Erfahrungsobjekt* der vorliegenden Arbeit ist deshalb die Rolle der Emotionen des Übergebers im Nachfolgeprozess. Das Familienunternehmen – bestehend aus seinen beiden sozialen Subsystemen Familie und Unternehmen – wird in der vorliegenden Arbeit als Kontext für das Erkenntnisobjekt verstanden.

---

[186] Seiffert 1991, S. 30, zit. nach Ernst 1997, S. 17.

[187] Tritt 1992, S 12.

Die damit verbundene Hauptfrage der vorliegenden Arbeit lautet deshalb:

- Welche Rolle spielen die Emotionen des Unternehmers bei den im Nachfolgeprozess erfahrenen Herausforderungen?

In Anlehnung an Kapitel 1.2.1, Seite 17ff. wird das Ziel verfolgt, mittels der in der Arbeit gewonnenen Erkenntnisse das Verständnis der Komplexität und Dynamik des Nachfolgeprozesses im Allgemeinen und der Emotionen des Unternehmers im Speziellen zu verbessern. Die Arbeit soll dem Praktiker – vorliegend primär dem Unternehmer – verständnisfördernde Perspektiven zur Definition seiner Probleme und Fragen sowie Interpretationsmuster zu deren Lösung zur Verfügung stellen.[188] Durch das Schaffen von Kontingenz beim Praktiker soll erreicht werden, dass Unternehmer mit neuen Situationen, mit unbekannten Problemen oder mit persönlichen Anliegen besser umzugehen verstehen.[189] Die Ergebnisse sollen der Praxis neue Möglichkeitsräume in Form von (kognitiven) Landkarten als Navigationsinstrumente für unbekannte Landschaften zur Verfügung stellen (= Forschungsziel). Außerdem soll die Problemlösungsfähigkeit des Unternehmers durch die Erhöhung seiner Kompetenz in der Emotionsarbeit im Nachfolgeprozess verbessert werden.[190] Entsprechend handelt es sich bei der vorliegenden Arbeit um eine realwissenschaftliche Arbeit, wobei diese einem sozialwissenschaftlichen Basiskonzept unterworfen ist. Das primäre Ziel ist nicht die reine Beschreibung der im Nachfolgeprozess wahrgenommenen Emotionen, sondern das Verständnis ihrer interaktionären Bedeutung. Emotionen (vgl. dazu Kapitel 2), der Unternehmer im Familienunternehmen (vgl. dazu Kapitel 3.3, Seite 87ff.) und der Nachfolgeprozess (vgl. Kapitel 3.4, Seite 101ff.) sind komplexe und dynamische Phänomene. Durch die vorgefundene Komplexität entsteht eine heterogene Vielfalt, die mit einem abbildtheoretischen Zugang nicht erfasst werden kann, denn bei den Emotionen im Nachfolgeprozess handelt es sich um ein nicht-lineares Phänomen ohne eindeutige Ursache-Wirkungs-Beziehungen. Des Weiteren wird der Interdisziplinarität in der vorliegenden Arbeit eine hohe Bedeutung beigemessen.[191] Als Erkenntnisobjekt werden deshalb für die vorliegende Arbeit die Ursachen und Wirkungen der Emotionen des Übergebers aus einer interdisziplinär orientierten Perspektive mit Bezug auf die von ihm wahrgenommenen Herausforderungen im Nachfolgeprozess definiert.

---

188 Rüegg-Stürm 2001, S. 18, in Anlehnung an Kubicek 1977, S. 29 und Burla, Alioth, Frei, Müller 1994, S. 26.

189 Backhausen, Thommen 2003, S. 7.

190 Osterloh, Frost 2003, S. 594.

191 Kieser, Nicolai 2003, S. 592.

Die oben formulierte Hauptfrage wird nachstehend in drei Teilfragen untergliedert:

- Was sind die Herausforderungen im Nachfolgeprozess aus der Sicht des Übergebers?
- Welche Emotionen werden mit diesen Herausforderungen in Verbindung gebracht?
- Was sind mögliche Ursachen und Wirkungen dieser Emotionen auf den Nachfolgeprozess?

1.4 Forschungskonzeption und methodischer Aufbau

Um möglichst zielführend Antworten auf die Hauptfrage zu finden, wird die Arbeit in einzelne Teilschritte untergliedert. Auch wenn die *Teilschritte* zueinander in Beziehung stehen, ist es für eine systematische Auseinandersetzung notwendig, eine „künstliche" Trennung zwischen den Einzelfragen vorzunehmen.[192] Gegenstand der Arbeit sind die bestehende Literatur mit empirischen und theoretischen Erkenntnissen im ersten Teil und drei Fallbeispiele im zweiten Teil. Die Literatur wird aufgearbeitet, um das Vorverständnis offenzulegen, mit dem die Fallstudien im Anschluss betrachtet werden. Die Arbeit wird aus einer aus einer *„primär systemisch-konstruktivistisch orientierten Perspektive"* verfasst.[193] Nach der Aufbereitung der für die vorliegende Arbeit notwendigen Grundlagen werden die an die Fallstudien gerichteten Fragestellungen weiter differenziert und spezifiziert, um dem hermeneutischen Ansatz gerecht werden zu können (vgl. dazu Kapitel 5, Seite 131ff.).[194] Der eigentliche Aufbau der Arbeit wird im nachfolgend kurz dargelegt.

Die vorliegende Arbeit gliedert sich in *sieben Kapitel* (vgl. Abbildung 1). Im *ersten Kapitel der Arbeit* wurden bereits die Problemstellung, die wissenschaftstheoretischen Grundannahmen sowie die Fragestellung dargelegt. Das Kapitel wird mit der Vorstellung des Aufbaus der Arbeit abgeschlossen.

Die theoretischen *Grundlagen über die Emotionen* sind Gegenstand von *Kapitel 2.* In einem ersten Schritt gilt es den Begriff und die damit verbundenen Grundelemente zu klären, um im Anschluss das Wirkungsgefüge aus theoretischer Sicht zu erschließen. In dieser Phase der Arbeit kommt der Interdisziplinarität und Vielfalt von Analyseebenen eine besonders hohe Bedeutung zu, denn die Emotionen werden sowohl auf intra- als auch interindividueller Ebene betrachtet und miteinander in Verbindung gebracht. Ab-

---

192 Diese Trennung kann damit begründet werden, dass unsere Sprache unsere Gedanken prinzipiell in die Form von Subjekt, Prädikat und Objekt zwingt. Diese Restriktion erschwert ein Denken in Kreisläufen, denn solche verfügen typischerweise über keinen Anfang (Subjekt) und keine Ende (Objekt), vgl. Rüegg-Stürm 2001, S. 7. Die Schwierigkeit der konstruktivistischen Perspektive ist auch, dass man es immer mit den Folgen der Reflexivität zu tun hat. Vgl. Backhausen, Thommen 2003, S. 97f.

193 vgl. dazu Kapitel 1.2.3, S. 22ff.

194 vgl. dazu auch Witzel 1995a, S. 231.

schließend werden Ausprägungen, Auswirkungen und der Umgang mit Emotionen kurz diskutiert.

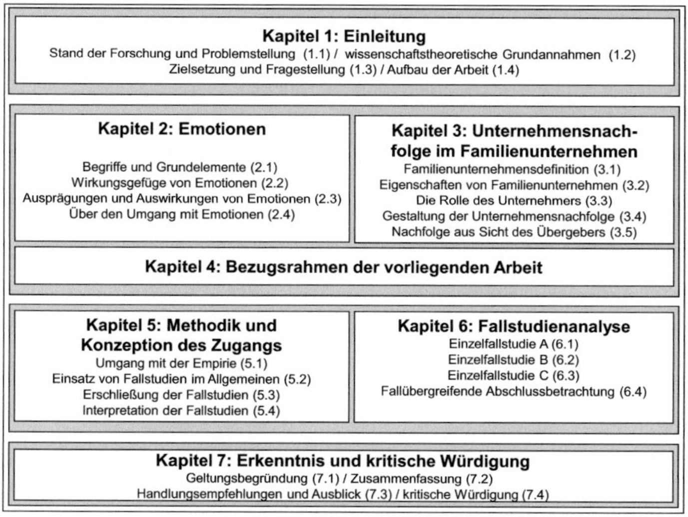

Abbildung 1: Aufbau der Arbeit[195]

In *Kapitel 3* steht das Sozialsystem Familienunternehmen, die Unternehmensnachfolge und der Unternehmer im Mittelpunkt. In einem ersten Schritt gilt es nochmals kurz eine Auseinandersetzung mit der Definition von Familienunternehmen zu führen (Kapitel 3.1), bevor anschließend im Rahmen von Kapitel 3.2 die Eigenschaften von Familienunternehmen differenziert diskutiert werden. Zu diesem Zweck werden die Eigenschaften der beiden Subsysteme Familie und Unternehmen differenziert, umschrieben und mögliche Stärken und Schwächen von Familienunternehmen abgeleitet. In Kapitel 3.3 wird schließlich der Frage nachgegangen, welche Rolle der Unternehmer im Familienunternehmen hat, eine Betrachtung die entlang der zuvor differenzierten Analyseebenen geführt wird. Im Anschluss werden in Kapitel 3.4 die wichtigsten Grundlagen über die Gestaltung der Unternehmensnachfolge gelegt. Dabei werden einerseits die wichtigsten Übertragungsformen und die wichtigsten Fragestellungen entlang der differenzierten Analyseebenen aufgezeigt, andererseits wird auch ein Grundverständnis für den Prozess der Unternehmensnachfolge gelegt. Abschließend werden die wichtigsten Erfolgs- und Misserfolgsfaktoren im Nachfolgeprozess aus der Perspektive des Übergebers hergeleitet. Zusammenfassend wird in *Kapitel 4* ein Bezugsrahmen

[195] Eigene Darstellung.

für die vorliegende Arbeit aufgezeichnet, welcher die Ausgangslage für die im praktischen Teil bearbeiteten Fallstudien und die an diese gerichteten Fragen bildet.

Kapitel 5 setzt sich mit der Methodik und der Konzeption des empirischen Zugangs mittels Fallstudien auseinander. Der Unternehmer wird dabei selber als Beobachter im Kontext Familienunternehmen gesehen, denn dieser ist in der Lage mit dem System Familienunternehmen zu interagieren und von diesen Interaktionen Repräsentationen zu erzeugen.[196] Gleichzeitig soll diese individuelle Konstruktion kritisch hinterfragt und ergänzt werden. Im Rahmen des empirischen Zugangs wird deshalb auch die Perspektive der Ehe- oder Lebenspartnerin mit einbezogen. Neben der Darlegung der Prozess- und Dokumentationsgestaltung werden am Schluss dieses Kapitels die Interpretationsschritte dargelegt, welche die Grundlagen für die Fallstudien legen.

In *Kapitel 6* werden die Einzelfallstudien präsentiert und die Rolle der Emotionen des Unternehmers im Nachfolgeprozess fallspezifisch dargestellt und herausgearbeitet. Die Fallbeispiele sind dabei in anonymisierter Form aufbereitet. Dies bedeutet, dass den Personen und Unternehmen neue Namen gegeben worden sind, um einen direkten Bezug aus Gründen der Vertraulichkeit zu vermeiden. Abschließend werden die Einzelerkenntnisse miteinander in Verbindung gebracht, um allfällige Gemeinsamkeiten und Unterschiede in der Form einer Multi-Case-Analyse herauszustellen. Anhand der in Kapitel 5 dargestellten Synopsis werden die wichtigsten Erkenntnisse aus der Analyse der Fallstudien zusammengefasst. Dabei liegt der Fokus auf den Prozessen und Dynamiken, mit denen die Emotionen des Unternehmers die Gestaltung der Unternehmensnachfolge beeinflussen, respektive wie vice versa die Emotionen durch die Nachfolge beeinflusst werden.

Abschließend beinhaltet *Kapitel 7* eine Reflexion in Bezug auf die Geltungsbegründung der Arbeit und Interpretation der Fallstudien, eine Zusammenfassung, Handlungsempfehlungen für die Praxis sowie eine kritische Würdigung der vorgelegten Arbeit und der darin gewonnenen Erkenntnisse. Nach dem *Literaturverzeichnis* weist die vorliegende Arbeit ein *Glossar*, ein *Stichwortverzeichnis* sowie einen *Anhang* mit weiterführenden Informationen zur Arbeit aus. Dabei gibt es eine Übersicht über die in der vorliegenden Arbeit verarbeiteten Beiträge in Bezug auf die Bedeutung der Unternehmensnachfolge, der Übertragungsformen sowie der verschiedenen Prozessmodelle. Weiter sind das Interviewverzeichnis in anonymisierter Form und die Interviewleitfäden abgebildet.

---

196 Das Konzept des Beobachters geht auf Maturana (1982) zurück. „Jede Beschreibung schließt notwendig den Beobachter ein. Ein Beobachter ist ein ‚Lebewesen-in-der-Sprache' und wird von Maturana und Varela (1987, S. 13) in den Mittelpunkt jeden Verstehens und jeder Realitätsauffassung gestellt." In Berger 1993, S. 211.

2 Wirkungsgefüge und Vielfalt von Emotionen

Der Nachfolgeprozess bedeutet große Veränderungen für den Unternehmer, wobei Emotionen eine Rolle spielen (vgl. Problemstellung auf Seite 10ff. und später Kapitel 3.5, Seite 113ff.). Gerade bei fundamentalen Veränderungen, die mit großen Unsicherheiten verbunden sind, verlassen sich die Betroffenen oft auf ihre Gefühle – insbesondere dann, wenn keine rationalen Entscheidungskriterien vorliegen.[197] In diesem Kapitel gilt es das Wirkungsgefüge und die Vielfalt des Phänomens Emotionen näher zu betrachten und damit eine wichtige Grundlage für den weiteren Verlauf der Arbeit zu erarbeiten. Da die vorliegende Arbeit primär einer systemisch-konstruktivistisch orientierten Perspektive unterliegt, werden verschiedene Disziplinen Eingang in Kapitel 2 finden.[198]

Das Ziel des vorliegenden Kapitels ist nicht das Phänomen der Emotionen abschließend zu erklären, sondern deren Vielfalt und mögliche Wirkungszusammenhänge aufzuzeigen. In einem ersten Schritt gilt es in Kapitel 2.1 eine Auseinandersetzung mit den verschiedenen Begrifflichkeiten und Grundelementen zu führen, um im Anschluss in Kapitel 2.2 das eigentliche Wirkungsgefüge zu betrachten, wobei gerade hier der interdisziplinären Sichtweise unter Berücksichtigung verschiedener theoretischer Ansätze Aufmerksamkeit geschenkt wird. Anschließend werden ausgewählte Aspekte über die Ausprägung und Auswirkungen von einzelnen Emotionsformen (Kapitel 2.3) sowie einige Gedanken über den Umgang mit Emotionen (Kapitel 2.4) sowohl aus der Perspektive der Betroffenen als auch aus der Perspektive des Beobachters dargelegt. Das Kapitel bildet die Grundlage, um die Komplexität und Dynamik der Emotionen des Unternehmers im Nachfolgeprozess später zu interpretieren.[199] Die konkrete Vorgehensweise für die Fallinterpretation wird später in Kapitel 5, S. 131ff. dargelegt.

2.1 Emotionen: Begriffe und Grundelemente

Neben der Begriffsklärung (Kapitel 2.1.1) wird der Versuch unternommen, verschiedene Elemente rund um den Emotionsbegriff zu lokalisieren (Kapitel 2.1.2), um später die verschiedenen theoretischen Konzepte und Disziplinen miteinander in Verbindung zu bringen.

---

197 Tritt 1992, S. 12 und 14.

198 vgl. dazu Kapitel 1.2.3, Seite 22 ff.

199 vgl. dazu später die Fallstudien in Kapitel 6, S. 153ff.

2.1.1 Begriffe

Aufgrund unterschiedlicher fachlicher und theoretischer Sichtweisen existieren verschiedene Definitionen rund um den Begriff der Emotion.[200] Die Differenzierung der Begrifflichkeiten rund um Emotionen ist deshalb nicht trivial und unterscheidet sich von Autor zu Autor. Begriffe wie Passion, Leidenschaft, Gefühl, Emotion oder Affekte werden zum Teil als Synonyme verwendet, manchmal aber auch differenziert. Außerdem hat sich im Verlauf der Zeit die Bedeutungszuschreibung der verschiedenen Begriffe verändert.[201]

In der vorliegenden Arbeit wird zwischen Emotionen im engeren und weiteren Sinn unterschieden, wobei *Gefühle* und *Emotionen im weiteren Sinn* als Synonyme und Oberbegriffe verwendet werden (vgl. Abbildung 2). Unter Gefühlen werden komplexe Befindlichkeitszustände des Bewusstseins gegenüber Aspekten des inneren und äußeren Erlebens verstanden und können in drei Gruppen untergliedert werden.[202] Zum ersten handelt es sich um *intentionale Gefühle (1)* wie beispielsweise Liebe oder Hass, also auf Personen oder Sachen gerichtete Zustände mit einer handlungs- und verhaltensorientierten Komponente. Zum zweiten handelt es sich bei Gefühlen auch um das *Erleben einer bestimmten Stimmung (2)* wie beispielsweise Niedergeschlagenheit oder Hochgefühl. Der Stimmung wird ein eher längerfristig andauernder innerer Zustand zugeschrieben, welcher sich weniger auf einen konkreten unmittelbar vorliegenden Sachverhalt bezieht.[203] Entsprechend kann Stimmung auch als eine Art emotionale Grundtönung umschrieben werden, die auch auf ihre Weise einen Einfluss auf die Wahrnehmung ausüben kann.

---

[200] Die Vielfalt der Ansätze reicht von klinischen, neurologischen, physiologischen, evolutionären, motivationalen und bedürfnisorientierten bis hin zu kognitionspsychologischen oder moralpsychologischen Betrachtungen, vgl. dazu Tritt 1992, S. 27f.; Steger 2001, S. 78; André, Lelord 2002, S. 16; Scherer, Ekman 1984. Auf einzelne theoretische Beiträge wird in Kapitel 2.2 weiter eingegangen.

[201] Für eine kulturhistorische Betrachtung der Begrifflichkeiten rund um Emotionen vgl. Tritt 1992, S. 16ff.

[202] i.A. an Tritt 1992, S. 14; Gerhards 1988, S. 12ff; Wollheim 2001, S. 15ff.; Wassmann 2002, S. 15ff.

[203] Tritt 1992, S. 132; Schmidt-Atzert 1996, S. 24. Kant differenziert in der „Anthropologie in pragmatischer Hinsicht" zwischen temporären und dafür heftigeren Affekten und den eher langfristigen Leidenschaften. *„Beide* [Begriffe] *gehören zu den ‚sinnlichen Begierden', unterscheiden sich allerdings in ihrer Wirkungsweise: Der Affekt wirkt wie ein Wasser, was den Damm durchbricht; die Leidenschaft wie ein Strom, der sich in seinem Bette immer tiefer eingräbt."*, Kant 1983, zitiert in Krell, Weiskopf 2001, S. 7.

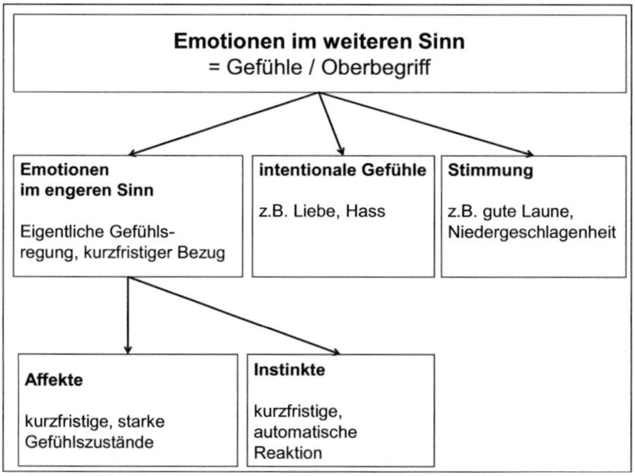

Abbildung 2: Emotion als Begriff[204]

Emotionen im engeren Sinn (3) werden in der vorliegenden Arbeit als die eigentliche Gefühlsregungen verstanden, die in unterschiedlicher Intensität und für die Außenwelt sichtbar oder unsichtbar ausgelöst werden können. Emotionen im engeren Sinn haben deshalb bezüglich ihrer Zeitlichkeit einen eher kurzfristigen Bezug, wobei Affekte und Instinkte differenziert werden können. Bei *Affekten (a)* handelt es sich um einen eher kurzfristigen Gefühlszustand, der mit einer punktuellen, zeitlich beschränkten Regung verglichen werden kann. Beim Begriff *Instinkt (b)* handelt es sich um ein Konstrukt, das die rein reaktiven, genetisch festgelegten Formen der Regelung des Verhältnisses zur Umwelt darstellt. Auch werden damit Dispositionen umschrieben, die zu automatischen Handlungsweisen führen und primär die Motorik und den rezeptorischen Bereich eines Individuums determinieren.[205] Instinkte sind im Gegensatz zu anderen Kommunikationsformen nicht sinnhaft strukturiert. Dem direkt daraus folgenden Verhalten können keine Kontingenzen und Alternativen zugesprochen werden.

Allen drei Formen (1 - 3) ist gemeinsam, dass es sich um eine bewertende Stellungnahme eines Individuums gegenüber Erfahrungen mit bestimmten Erlebnissen, Sachen oder Personen handelt. Die Unterschiede sind primär bezüglich Intensität und Zeitlichkeit festzulegen. Schlussfolgernd und in Anlehnung an Gerhards wird in der vorliegenden Arbeit eine interdisziplinäre Definition von Emotion verfolgt. *„Emotionen sind eine positive oder negative Erlebnisart des Subjekts, die als Antwort auf eine Abschätzung oder Wertung von Stimuli und Situationen entstehen, mit einer physiologischen Aktivie-*

204 Eigene Darstellung.

205 Gerhards 1988, S. 77. In der Beobachtung können klare Wenn-Dann-Beziehungen geschaffen werden, da keine kognitive Aktivitäten diese Reaktion beeinflussen.

rung einher gehen, und in Form von Emotionsexpressionen zum Ausdruck gebracht werden können.“[206] Die Definition zeigt, dass Emotionen aus verschiedenen Elementen bestehen, auf die im Folgenden eingegangen wird.

2.1.2 Zentrale Elemente von Emotionen

Das Wort „Emotion“ basiert auf dem lateinischen Begriff „emovere“, der mit aufwühlen oder heraus treiben übersetzt werden kann. Emotion hat deshalb etwas mit Bewegung, Veränderung und Lebendigkeit zu tun.[207] Emotionen und Gefühle sind dabei Ausdruck des „In-der-Welt-Seins“. Im Sinne einer Selbstreflexion bedeutet dies: „*Wir erfahren und erleben uns durch die Emotionen und spüren entsprechend unsere vorhandene oder fehlende Lebensenergie.*“[208] Gleichzeitig werden Emotionen als sprachliches Zeichensystem verstanden.[209] Mit Begriffen werden abstrakte Erlebensweisen beschreibbar gemacht. Beispiele dazu sind Angst, Furcht, Liebe, Neid, Scham oder Stolz.

Ein erstes Element stellt deshalb die *Bewegung als solches* dar, das heißt eine Veränderung zu einem unbewegten Ausgangszustand. Eine Emotion kann deshalb auch als *eine Reaktion auf ein Ereignis* verstanden werden. Aus physiologischer Sicht kann den Emotionen ein *körperliches Element* zugeschrieben werden. Veränderungen der Mimik, der Körperhaltung, des Blutdrucks und der Herzrhythmusgeschwindigkeit sowie die Veränderung der Tonlage beim Sprechen können als Anzeichen interpretiert werden, dass bei einer Person eine emotionale Reaktion ausgelöst worden ist.[210]

Ein weiteres, jedoch kontrovers diskutiertes Element von Emotionen ist die *kognitive Komponente*. Der Kognition schreiben einzelne Autoren eine emotionsbildende Funktion zu, andere hingegen lehnen dies konsequent ab.[211] Auf jeden Fall bringen Emotionen

---

[206] Gerhards 1988, S. 191, i.A. Kemper 1978. Die Vielfalt von Definitionen wird bspw. von Schmidt-Atzert 1996, S. 18ff oder Tritt 1992, S. 30ff. dargestellt.

[207] Müller-Harju 2002, S. 42. Die nachstehenden Elemente werden als Bestandteile von Emotion verstanden, die miteinander interagieren, vgl. Kiefer, Eicken 1999, S. 9.

[208] Müller-Harju 2002, S. 43; Burr 2003, S. 48.

[209] Wollheim 2001, S. 12.

[210] Die James-Lange-Theorie postuliert im Gegensatz dazu, dass eine körperliche Veränderung die Ursache für ein Gefühl respektive eine Emotion ist. Vgl. Schmidt-Atzert 1996, S. 17; Scherer 1996, S. 296ff.

[211] Wassmann 2002, S. 15; Burr 2003, S. 128f. Gerhards schreibt den einen Pol den psychophysiologischen Emotionstheorien zu, worin die Entwicklung der Emotionen allein intraorganisatorisch erklärt werden. Einen anderen Pol bilden die kognitionspsychologischen und situationsbezogenen Theorien, bei denen der Wahrnehmungsaspekt von Emotionen hervorgehoben wird und die Emotionen als Resultat eines Bewertungsprozesses dargestellt werden. „*Emotionen sind demzufolge nicht das Resultat eines physiologischen Impulses, sondern das Ergebnis der Bewertung eines externen Stimulus.*“ Vgl. Gerhards 1988, S. 15; Wassmann 2002, S. 26; Krell, Wiskopf 2001, S. 10 differenzieren i.A. an Fineman 1996 drei Varianten, wie das Verhältnis zwischen Emotion und Kognition verstanden werden kann: (i) ‚*emotions interfere with rationality*‘, (ii) ‘*that emotional processes can serve rationality;*

den Geist in Wallung und lösen entsprechend Denkprozesse aus, die es zuvor nicht gegeben hat. Aristoteles führt die Kognition bei der Differenzierung zwischen Emotionen und Gefühlen ein.[212] Er definiert das Gefühl als eine emotionale Reaktion, die im Unterschied zu Emotionen Kognition enthält. Man könnte damit Emotionen im engeren Sinn, also ohne kognitive Elemente, gleichsetzen. Emotionen im weiteren Sinn können mit Gefühlen mit kognitiven Elementen verglichen werden.

Über die Kognition lässt sich der Umgang mit der körperlichen Empfindung einer Emotion bis zu einem gewissen Grad auch über den Willen aktiv beeinflussen.[213] Entsprechend gibt es direkte sowie indirekte Reaktionen auf einen Reiz (= Emotionen im engeren Sinn). Es handelt sich dabei um subjektive Prozesse, die vom Gedächtnis gesteuert als Folge von Assoziation oder Selbstbeobachtung auftreten (= Emotionen im weiteren Sinn). Für die Bedeutungszuschreibung wird auch der Begriff der Attribution verwendet. Dies entspricht der Feststellung von Müller-Harju, dass der Mensch bis zu einem gewissen Grad im Rahmen seiner Selbstverantwortung und Selbstdisposition darüber entscheidet, wie er sich fühlt.[214]

Sowohl Emotion im engeren Sinn als auch Emotion im weiteren Sinn sind wichtige Prozesse des Bewusstseins für die Konstruktion sozialer Wirklichkeit und bedürfen einer Ausdrucksform, um überhaupt kommunizierbar zu sein.[215] Die nonverbale Variante stellt dabei die bereits angesprochene physiologische Reaktion dar, welche primär ohne bewussten kognitiven Anteil ausgelöst wird.[216] Wenn jedoch über Emotionen reflektiert und gesprochen wird, findet eine Versprachlichung von körperlichen und kognitiven Prozessen statt. Im Rahmen der Umschreibung und Bedeutungszuschreibung einer Emotion werden die im subjektiven Wissensvorrat gelagerten Vorerfahrungen miteinander in Verbindung gebracht.[217] Ein wichtiges Element spielt dabei beispielsweise die Versprachlichung von Körperzeichen mittels Symbolen. Formulierungen wie ein „herzzerreißendes Erlebnis", „ein Schlag in die Magengrube" oder „das Zerplatzen vor Wut" sind nur drei Beispiele, wie eine Verbindung zwischen Körperlichkeit und

---

and more radically, that (iii) emotions and cognitions are inextricably enwinded, that rationality is a myth'. Zur Vertiefung der kognitiven Komponente vgl. auch Ortony, Clore, Collins 1988.

212 Müller-Harju 2002, S. 42.

213 vgl. dazu später den Begriff Coping in Kapitel 2.4.1, S. 66f.

214 Müller-Harju 2002, S. 43. Dies bedingt jedoch, dass das Individuum über ein entsprechendes Bewusstsein verfügt, vgl. dazu Damasio 1999, S. 51 und den Begriff Emotionale Intelligenz in Kapitel 2.4.1, S. 66.

215 Dies wird auch als Appräsentation bezeichnet.

216 Gerhards 1988, S. 75 und 89. Als nonverbaler Ausdruck wird z.B. die Mimik verstanden, wobei zwischen bestimmten Gesichtsausdrücken und bestimmten Emotionen ein universaler Zusammenhang nachgewiesen werden konnte. Vgl. dazu Gerhards 1988, S. 90f.

217 vgl. dazu auch die Ausführungen zur Radikalkonstruktivisischen Perspektive in Kapitel 1.2.3.3, S. 29f.

Kognition mittels symbolhafter Sprache (= Metapher) zum Ausdruck gebracht werden kann.[218]

Die bisherigen Ausführungen haben gezeigt, dass nicht abschließend festgelegt werden kann, welche Komponenten als Teil einer Emotion gelten, welche Relationen zwischen diesen Komponenten bestehen und wie deren Einfluss zu gewichten ist.[219] Des Weiteren ist die Beziehung zwischen emotionalem Erleben und der Sprache, mit der wir dieses Erleben umschreiben, unzureichend geklärt, was das Arbeiten mit Emotionen im Forschungsprozess erschwert.[220]

Versucht man die bisherigen Elemente aus den Überlegungen im traditionellen Wissenschaftsverständnis des abbildtheoretischen Paradigmas miteinander in Verbindung zu bringen, so könnte das Gesagte wie in Abbildung 3 dargestellt werden.[221] Ausgangspunkt der Überlegung stellt ein Reiz dar, der als Veränderung etwas in Bewegung bringt. Bei einzelnen Autoren kann eine solche Veränderung unmittelbar (direkt und unbewusst, eher instinktiv und damit ohne Kognition), bei anderen wiederum nur mittelbar (indirekt, tendenziell bewusst und damit mit Kognition) zu einer emotionalen Reaktion führen, wobei eine affektive Komponente nicht abgesprochen werden kann (= Emotion im engeren Sinn). Die eigentliche Reaktion ist meist eine physiologische, welche vom betroffenen Individuum innerhalb von Bruchteilen von Sekunden wahrgenommen wird und mit dem kognitiven Apparat einer Interpretationsschlaufe unterzogen wird.[222] Als Resultat dieser Schlaufe sind die Emotionen im weiteren Sinn respektive die Gefühle zu verstehen. Beide Formen von Emotionen haben einen bewussten oder unbewussten Einfluss auf das Verhalten des Individuums, was sich schließlich in den physiologischen, psychologischen und sozialen Dimensionen ausdrückt.[223]

---

218 Gergards 1988, S. 100.

219 vgl. dazu auch Tritt 1992, S. 47.

220 vgl. dazu später Kapitel 2.4.2, Seite 69.

221 Entsprechend wird der Versuch unternommen, ein Ursache-Wirkungsgefüge zu modellieren. Für die wissenschaftstheoretische Diskussion vgl. Kapitel 1.2.2, S. 19ff.

222 Nach Scherers Theorie (1984) führt das Gehirn fünf Reizprüfschritte (Stimulus-Evaluation-Checks, SEC) durch, um externe und interne Reize bezüglich ihrer Relevanz für den Organismus zu bewerten. Die dabei zu beantwortenden Fragen sind: Ist ein Ereignis neu und unerwartet? Ist es angenehm oder unangenehm? Ist es relevant für die Ziele und Bedürfnisse des Organismus? Ist es bewältigbar? Ist es mit sozialen Normen und dem Selbstkonzept vereinbar? Vgl. Scherer 1984, S. 306ff.

223 Die Schachter-Singer-Zwei-Faktoren-Theorie (= kognitive Emotionstheorie) geht davon aus, dass von einer inhaltlich unspezifischen, physiologisch bedingten Erregung ausgehend, erst eine „richtungsgebende" Kognition eine spezifische Emotion entstehen lässt, vgl. Scherer 1996.

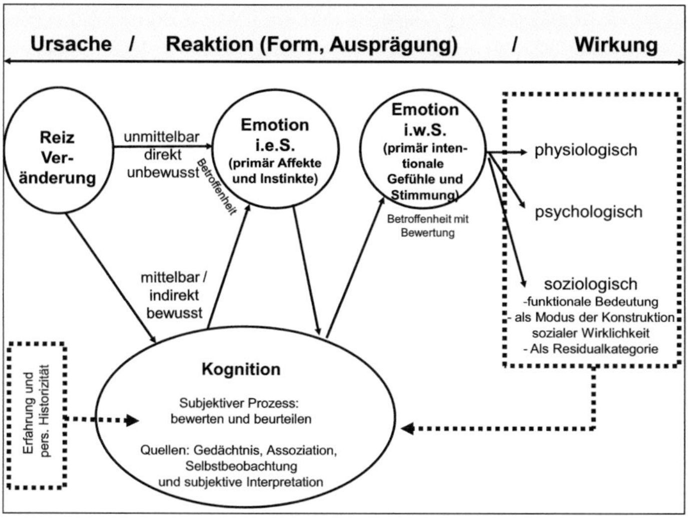

Abbildung 3: Entstehung und Wirkung von Emotionen[224]

Mit den gepunkteten Pfeilen und Kästen in Abbildung 3 auf Seite 45 soll darauf hingewiesen werden, dass der kognitive Apparat dabei von zwei zentralen Quellen gespiesen wird. Zum einen handelt es sich um die individuelle Geschichte mit der damit verbundenen persönlichen Erfahrungswelt (= radikalkonstruktivistischer Bezug). Zum anderen darf das soziale Umfeld nicht außer Acht gelassen werden. Neben der strukturierenden Funktion von Emotionen und Gefühlen werden den Begriffen im sozialen Austausch Bedeutungsinhalte zugesprochen, die im Rahmen der Interpretation des situativ Erlebten vom kognitiven Apparat als Referenzpunkte verwendet werden (= sozialkonstruktivistischer Bezug). Gemeinsam mit dem Emotionsentstehungsprozess im engeren Sinn bilden die Vorerfahrung und der soziale Kontext einen kontinuierlich sinnbildenden Prozess.[225]

Beginnend mit einem Reiz werden im Rahmen von dessen Wahrnehmung und Einschätzung die möglichen Folgen in Anbetracht der eigenen Ressourcen beurteilt. Es folgt eine Auslösung von Veränderungen in allen wichtigen Subsystemen des Organis-

---

224 Eigene Darstellung. Die Abbildung stellt die wichtigsten Grundzüge dar und hat lediglich illustrativen Charakter. Es wird bewusst keine disziplininhärente Diskussion gesucht sondern dient als Schema der Veranschaulichung. Für Schematheorie vgl. Mandl, Spada 1988 oder Holland, Quinn 1987. Eine andere Darstellung gibt es bei Frijda 1986, S. 454. Darin werden die 7 Elemente Analyser, Comparator, Diagnoser, Evaluator, Action Proposer, Physiological change generator und Actor differenziert.

225 Scherer 1996, S. 297. Er bezeichnet die Zyklizität und den Kontextbezug als Kernlemente einer modernen Theorie.

mus. Als Folge davon findet eine differenzierte und adaptive Veränderung in Physiologie, Ausdruck und Motivation statt, was sich in schnellerem Herzschlag, zitternden Knien und beispielsweise Fluchtverhalten zeigt. Diese Veränderungen werden gleichzeitig wieder wahrgenommen und innerhalb der Komponenten in einem Überwachungssystem reflektiert (Kognition), woraus eine Veränderung des Gefühlszustands erfolgt (beispielsweise die Entstehung eines Angstgefühls). Dieser wird wiederum in die Wahrnehmung und Einschätzung des Ereignisses zurückgeführt, wodurch der kontinuierliche Prozess gegeben ist.[226]

Aus einer für die vorliegende Arbeit relevanten, systemisch-konstruktivistisch geprägten Perspektive wird davon ausgegangen, dass eine subjektive Bedeutungszuschreibung und damit eine Wirklichkeitskonstruktion im Rahmen des Wahrnehmungsprozesses stattfindet und deshalb ein kognitiver Anteil nicht ausgeschlossen werden darf. So gesehen kommt eine eher *radikalkonstruktivistische Perspektive* zum Zug. Gleichzeitig wird die Bedeutungszuschreibung und damit das Verständnis der Emotionsbegriffe und Emotionsumschreibungen im Rahmen des sozialen Austauschs konstruiert, weshalb auch eine *sozialkonstruktivistische Komponente* von Relevanz ist.[227]

2.2 Das Wirkungsgefüge von Emotionen

Ursache-Wirkungs-Modelle - wie beispielsweise in Abbildung 3 auf Seite 45 dargestellt - bergen im fallspezifischen und anwendungsorientierten Umfeld die Gefahr, dass zirkulären Wirkungsbeziehungen nicht genügend Rechnung getragen wird.[228] Außerdem versuchen solche Modelle mehr das Phänomen als solches zu erklären und bieten weniger ein handlungsorientiertes Verständnis, das der praktischen Kontingenz gerecht werden kann. Emotionen im engeren Sinn, Kognition und Verhalten müssen vorliegend als miteinander verwobener Prozess im Zeitverlauf verstanden werden.[229] Darüber hinaus ist es für ein reines Ursache-Wirkungs-Modell schwierig, den interdisziplinären Anforderungen gerecht zu werden.[230] Deshalb gilt es nachfolgend, verschiedene Perspektiven und Theorien über Emotionen im Sinne einer Auslegeordnung näher zu betrachten.

[226] Auf die nähere Beziehung zwischen den Einzelkomponenten wird hier bewusst nicht eingegangen, da das Ziel der vorliegenden Arbeit nicht die Erklärung von Emotionen ist. Vgl. bspw. Schmidt-Atzert 1996, S. 127ff.

[227] Die wissenschaftlichen und v.a. forschungsmethodischen Konsequenzen für die vorliegende Arbeit werden in Abschnitt 2.4.2 auf Seite 69f. besprochen.

[228] Dabei ist die Abbildung 3 ohne die gepunkteten Pfeile gemeint, vgl. dazu auch die Ausführungen in Kapitel 1.2, Seite 17ff. über die wissenschaftstheoretischen Grundannahmen.

[229] Kiefer, Eicken 1999, S. 10.

[230] Gerhards 1988, S. 21f.

Piaget differenziert zwischen einer frühen intra-individuellen und einer späteren interpersonellen Entwicklungsphase des Menschen.[231] Entsprechend werden in der ersten Phase primär affektive Reflexe, die elementaren Gefühle wie Freude oder Schmerz und schließlich die Objektzentrierung auf individueller Ebene entwickelt. Die Wertigkeit der Emotionen und Gefühle wird nach Piaget zeitlich erst später durch die soziale Interaktion entwickelt.[232] Für die Auseinandersetzung mit Emotionen bedeutet dies, dass beide Sichtweisen ihre Berechtigung haben, insbesondere weil in der vorliegenden Arbeit Unternehmer und damit erwachsene Personen im Zentrum der vorliegenden Arbeit stehen.

Nachfolgend wird der Versuch unternommen, die besprochenen Theorien in einer Matrix mit zwei Dimensionen festzuhalten und damit so weit wie möglich zu systematisieren (vgl. dazu Tabelle 1). Auch wenn die Trennschärfe nicht immer gegeben ist, besteht die Matrix aus den Dimensionen Betroffenheit und Orientierung zusammen. Bei der *Betroffenheit (1)* wird zwischen intra- und interpersonellen Emotionstheorien differenziert. Bei der intra-personellen Perspektive (1a) kommen eher physiologische und psychologische Perspektiven zum Zug, bei der interpersonellen Perspektive (1b) sind eher soziologische Ansätze gefragt.[233] Die Dimension *Orientierung (2)* differenziert trotz der geübten Kritik zwischen Ursache (2a) und Wirkung (2b). Dabei handelt es sich um eine künstliche (akademische) Unterscheidung. Für die empirische Auseinandersetzung mit dem Phänomen Emotion bedeutet dies, dass zu analytischen Zwecken ein Fixpunkt künstlich hergestellt werden muss, um ein Ursache-Wirkungsgefüge beobachtbar zu machen.[234] Die Zwischenlinien innerhalb der Matrix sind deshalb gepunktet. Damit wird zum einen die Durchlässigkeit und zum anderen die Zirkularität zwischen den vier Feldern signalisiert. Die nachstehende Literaturanalyse orientiert sich an der Differenzierung zwischen intra- und interpersonellen Emotionstheorien und betrachtet die Ursache-Wirkungsproblematik implizit. Die nachfolgende Tabelle zeigt überblicksartig eine Literaturauswahl, wobei kein Anspruch auf Vollständigkeit erhoben wird. Die Tabelle dient im Anschluss der Interpretation von Emotionen des Unternehmers im Nachfolgeprozess unter Einhaltung einer interdisziplinären Perspektive. Gleichzeitig wird an geeigneter Stelle die Verbindung zu den wissenschaftstheoretischen Grundannahmen hergestellt.

---

231 Eiselen, Sichler 2001, S. 54.

232 vgl. dazu späteres Unterkapitel 2.2.2, S. 52ff.

233 Eine der verbreitetsten Differenzierungen ist jene zwischen Psychologie und Soziologie. Vgl. bspw. Tritt 1992, Brundin 2002. Gleichzeitig löst sich diese Differenzierung zunehmend auf, vgl. dazu bspw. Parkinson 1996, S. 663.

234 Dies gilt v.a. für positivistisch orientierte Arbeiten. Aus konstruktivistischer Sicht könnte man hier eine gewisse Willkür unterstellen, vgl. dazu Kapitel 1.2.2 auf S. 19ff.

		Betroffenheit	
		Intrapersonell (1a) (physio- und psychologisch orientiert)	**Interpersonell (1b)** (soziologisch orientiert)
Orientierung	**Ursachen (2a)**	***körperliche Reaktion als Ursache*** für Emotion [= James-Lange-Theorie]. Emotionen basieren auf der Wahrnehmung erhöhter sympathischer ***Erregung einerseits und Kognitionsprozessen andererseits***, mit denen die Situation auf der Grundlage von vergangenen Erfahrungen interpretiert wird [= Schachtes Zweifaktorentheorie]. ***Subjektive Bewertungskriterien***: primäre Bewertung (i) (angenehm vs. unangenehm; bezüglich Zieldienlichkeit); sekundäre Bewertung (ii) (inwieweit die Person mit den Folgen eines Ereignisses in Anbetracht ihrer Fähigkeiten, ihrer Ressourcen oder ihrer Macht fertig werden kann) (bspw. Arnold 1960 und Lazarus 1966, zit. in Scherer 1996, S. 312f.). Emotion als **innere** und damit **subjektive Erfahrung** (bspw. Frijda 1986).	Die ***Art und Weise über Emotionen zu sprechen*** unterliegt starken kulturellen Variationen, wobei die kulturspezifischen Werte und Interaktionsnormen zum Tragen kommen. Emotionsvokabular: (bspw. Scherer 1996, i.A. Lutz, White 1986, Mesquita, Frijda 1992, Russel 1991, Shewder 1993); ***Emotion als ein Soziales Phänomen*** (bspw. Kiefer, Eicken 1999, i.A. Parkinson 1995; Harré 1986; Fineman 1993a); ***Social Causes of Emotions***: Emotionen besitzen ausschließlich eine kulturell bestimmte oder sozial konstruierte Wirklichkeit (bspw. Scherer 1996, S. 324, i.A. Averill 1980, Harré 1986, Oatley 1993; Parkinson 1996, S. 663ff.); ***Social emotions as causes of emotions***: Sozialkonstruktivistische Theorien: Emotionen sind das Ergebnis sozialer Konstruktionsprozesse, sozialer und temporärer Rollen. (bspw. Averill 1985) Macht und Status als grundlegende strukturbildende Dimensionen (bspw. Kemper 1978).
	Wirkung (2b)	***Motorischer Ausdruck:*** wie Gesichtsausdruck; Stimmausdruck; Gestik und Körperhaltung. (bspw. Schmidt-Atzert 1996; Scherer 1996, S. 318ff.) ***Physiologische Veränderung***: z.B. Herzfrequenz, Blutdruck, Periphere Durchblutung (bspw. Schmidt-Atzert 1996, S. 102ff.); ***Ein Phänomen des Verhaltens i.e.S.***: Die positive oder negative Bewertung erfolgt jedoch im Rahmen der sozialen Interaktion (bspw. Frijda 1986).	***Emotionen zur Selbstkontrolle:*** Selbstreflexive und einfühlende Emotionen (bspw. Shott 1979); Emotionen dienen der Auswertung des Verhaltens aus einer ***Rollenperspektive*** (Averill 1980); ***Social effects of emotion:*** (bspw. Collins 1981) o Emotionen strukturieren ein soziale Situation o Emotionen sind Ressourcen die verhandelt und gehandelt werden können o Funktionale Bedeutung für die Sozietät o Gefühl und Emotion i.w.S. als Funktion des ‚sozialen Kitt'; ***Evaluation der Konformität der Emotionshandhabung*** im sozialen Austausch; Gefühlsregeln und Normen (bspw. Hochschild 1979); ***Emotionen als Modus der Konstruktion sozialer Wirklichkeit***, rationales Verständnis der Welt wird magisch (bspw. Sartre 1964); ***Gezielter Einsatz von Emotionen:*** z.B. um Kunden zu begeistern und zu gewinnen (Hochschild 1983); **Emotionen als Residualkategorie:** Wahrnehmen, urteilen, erinnern, problemlösen und Bewältigung von Aufgaben sind in der Sozialpsychologie durch Emotionen beeinflusst (bspw. Gerhards 1988, Scherer 1996, S. 294).

Tabelle 1: Entstehung und Wirkung von Emotionen (interdisziplinäre Übersicht)[235]

[235] Eigene Darstellung, ohne Anspruch auf Vollständigkeit.

2.2.1 Emotionen auf intrapersoneller Ebene

Emotionen auf intrapersoneller Ebene werden meist aus physiologischer und psychologischer Sicht betrachtet.[236] In beiden Bereichen gibt es in sich geschlossene Forschungsbeiträge. Sie betrachten Emotionen als ein individuelles Ereignis. Für die Soziologen ist jedoch primär der Output und weniger die innere Logik und Struktur des biologischen oder psychischen Systems von Interesse. Deshalb soll in Anlehnung an Gerhards der erzeugte Output als Umweltparameter in der Analyse Berücksichtigung finden.[237]

Aus einer eher physiologischen Perspektive stellt der motorische Ausdruck eine Sicht der Dinge dar. In seinen frühen Untersuchungen hat Darwin aufgezeigt, dass Emotionen insbesondere in den *Gesichtszügen* ablesbar sein können, wobei er Parallelen zwischen Mensch und Tier aufgezeigt hat.[238] Den verschiedenen mimischen Ausdrucksformen werden in der Folge einzelne Emotionen zugeordnet. Ein Teil dieser Reaktionen konnte über verschiedene Kulturkreise hinweg belegt werden.[239] Einen weiteren Einfluss haben Emotionen auf den *Stimmausdruck*. Der Stimme kommt dabei eine doppelte Funktion zu. Sie ist Träger von sprachlicher (phonetischer und morphologischer) und außersprachlicher Information. Schließlich können Emotionen auch mittels *Gestik und Körperhaltung* transportiert und dadurch von Dritten wahrgenommen werden. Starke Emotionen können zu *körperlichen Veränderungen* wie beispielsweise erhöhter Pulsfrequenz, Magenbrennen oder nervösen Zuckungen führen. Teilweise handelt es sich dabei um Reaktionen, die nicht offensichtlich von Beobachtern wahrgenommen werden (z.B. erhöhter Blutdruck) und solchen, die gut sichtbar sind (z.B. Hautrötung, Zittern am ganzen Körper).[240]

Im Rahmen der *Neurophysiologie* kann festgestellt werden, dass Emotionen und Kognition in unterschiedlichen Bereichen des Gehirns beheimatet sind. Emotionen werden dabei mehr dem Palaecortex (Riechhirn, Hypothalamus, limbisches System) zugeordnet, während Kognitionen in den Rindengebieten des Neocortexes lokalisiert werden (Grosshirnrinde, zentrale und präfrontale Gebiete).[241] Phylogenetisch ist der Neocortex dabei wesentlich jünger als der Palaecortex. Emotionen und Gefühlen stellen deshalb

---

236 Gerhards 1988 verwendet die Begriffe Persönlichkeit und Organismus zur Differenzierung der beiden Ebenen.

237 Gerhards 1988, S. 193. Gleichzeitig können die verschiedenen Ansätze auch nicht immer genau einer Disziplin oder einer theoretischen Richtung zugordnet werden, vgl. dazu bspw. Brundin 2002, S. 50.

238 Darwin 1965, zit. in Brundin 2002, S. 46. Vgl. auch Scherer 1996, S. 301f. und S. 318ff.; Emde 1984, S. 77ff.; Fridlund, Duchaine 1996, S. 259ff.

239 vgl. dazu die Forschungsarbeiten von Ekman 1980 und 1981.

240 vgl. dazu vertiefend Frijda 1986, S. 124ff.

241 Gerhards 1988, S. 100; Servan-Schreiber 2004, S. 19ff.; Frijda 1986, S. 379ff.; Damasio 1999, S. 74ff.

eine wesentlich ältere und ursprünglichere Form der Kommunikation dar. Hinter den neurologischen Ansätzen steht deshalb die Annahme, dass Emotionen im engeren Sinn physiologisch bedingt sind, bzw. dass sie sich auf physiologische Prozesse reduzieren lassen. Instinkte und Affekte können daher primär in den älteren Regionen des menschlichen Gehirns sichtbar gemacht werden.[242]

Eine der ältesten Emotionstheorien ist in diesem Zusammenhang die *James-Lange-Emotionstheorie*.[243] Die beiden Autoren gehen davon aus, dass eine Emotion durch das Bewusstsein einer körperlichen Reaktion hervorgerufen wird. Dies bedeutet, dass die Wahrnehmung eines Ereignisses ein differenziertes Muster physiologischer Erregung und entsprechender Handlungstendenzen hervorruft, die erst in der Folge als Emotion erkennbar sind. In der Zeit vor James und Lange wurde primär die Meinung vertreten, dass nach der Wahrnehmung eines Ereignisses direkt Emotionen ausgelöst werden und erst daran anschließend eine spezifische Reaktion erfolgt. Die rein physiologischen Ansätze wurden jedoch relativ rasch mit kognitiven Elementen angereichert oder gar ersetzt, weshalb auf eine weitere Vertiefung der rein physiologischen Aspekte verzichtet wird.[244]

Aus *symbolisch-interaktionistischer Sicht* werden physiologische Erregungen als diffuse Erregungen des Individuums wahrgenommen. Dabei bildet die Physiologie allein das Moment zur Suche nach Interpretationen. Die Erregung muss deshalb immer sinnhaft transportiert und bearbeitet werden.[245] Umgekehrt können Emotionen aber auch durch die Interpretation einer sozialen Situation hervorgebracht werden.

Aus einer primär psychologischen Perspektive stehen hauptsächlich die Gefühlslagen beziehungsweise die Gefühlsäußerungen von psychischen Systemen im Zentrum der Betrachtung. Dabei können allein in dieser Literaturrichtung eine Vielzahl von Beiträgen identifiziert werden, wobei einige der Aspekte bereits Eingang in die Vorüberlegungen in Kapitel 2.1.2 auf Seite 42 und Abbildung 3 gefunden haben.[246] In der klinischen Psychologie und in der Psychotherapie (= *klinische Ansätze*) steuern Emotionen maßgeblich das individuelle Verhalten und die Entscheidungsfindung. Bei den *evolutionären Ansätzen* gehen die Autoren davon aus, dass die Emotionen ihren Ursprung in der biologischen Grundausstattung des Menschen haben. Die Instinkte übernehmen dabei die Grundfunktion der Selbst- und Arterhaltung.[247]

---

242 Vgl. dazu bspw. die Arbeiten von Hüther 2001 und 2004.

243 Scherer 1996, S. 296: Der Begriff ist zustande gekommen, obwohl es sich um zwei eigenständige Beiträge aus den Jahren 1884 und 1885 handelt.

244 Scherer 1996, S. 297ff.

245 Gerhards 1988, .S 194.

246 Tritt 1992, S 28f; Kiefer, Eicken 1999, S. 9f., i.A. an Scherer 1984.

247 Keltner, Heidt 2001, S. 192; Tritt 1992; Tomkins 1984; Ekman 1992.

Eine weitere Sichtweise dreht sich um *motivationale und bedürfnisorientierte Ansätze*. Darin werden Emotionen als ein Bestandteil der Motivation und/oder der menschlichen Bedürfnisse bezeichnet, was eine eher wirkungs- als ursachenorientierte Sichtweise darstellt.[248] Emotionen nehmen dabei eine handlungsvorbereitende Funktion ein.[249] Mit den Beiträgen von Piaget und seiner Verknüpfung zwischen Emotionalität und Moralität kann von einem *moralpsychologischen Ansatz* gesprochen werden. Die *kognitionspsychologischen Ansätze* untersuchen die spezifische und viel diskutierte Beziehung zwischen Emotion und Kognition. Dabei steht die Bewertung der wahrgenommenen Reize im Zentrum der Betrachtung, also die innerpsychischen Prozesse der Sinnstiftung. Als eine der ursprünglichen Ansätze wird die *Schachter-Zweifaktorentheorie* genannt.[250] Ausgehend von der James-Lange-Theorie hat Schachter vorgeschlagen, dass die Wahrnehmung erhöhter unspezifischer Erregung (definiert als sympathische Aktivierung, angezeigt durch Wahrnehmungen wie beispielsweise beschleunigter Herzschlag, Zittern, Erröten) ausreichend zur Auslösung von Emotionen ist. Mit dem Kognitionsprozess wird die jeweilige Situation auf der Grundlage vergangener Erfahrungen interpretiert. Die Wahrnehmung und der Kognitionsprozess stellen dabei die beiden Elemente dar, die Emotionen hervorbringen.

Aus einer *symbolisch-interaktionistischen Betrachtung* entstehen Emotionen erst im Rahmen einer bewertenden Wahrnehmung. Da Emotionen durch das „Nadelöhr der Bedeutungsanreicherung" durch die Subjekte laufen, wird die Position vertreten, dass soziale und physiologische Bedingungen handlungsprägend wirken, selber aber keine handlungsfähigen Systeme sind.[251] Psychische Systeme sind dabei *„das Resultat eines Entwicklungsprozesses der symbolischen Aneignung der Umwelt, das die schematische Aneignung der äußeren Natur (Piaget), die Ausbildung von Schemata der Aneignung der symbolischen Welt von Verhaltenserwartungen und Werten (Mead) und die Bewältigung der inneren Natur (Freud) umfasst.*"[252] Bei dieser Betrachtung findet bereits eine Verbindung zwischen intra- und interpersoneller Ebene statt, weshalb eine klare Differenzierung beider Ebenen nicht möglich ist.[253]

---

248 bspw. Bertocci 1988; Bischof-Köhler 1985; Tritt 1992, S. 28.

249 Funktionale Elemente werden im Zusammenhang mit dem Umgang mit Emotionen in Kapitel 2.4 ab Seite 66 besprochen, vgl. dazu Scherer 1996, S. 304; Frijda 1986; Tomkins 1984.

250 Scherer 1996, S. 307.

251 Gerhards 1988, S. 192.

252 Gerhards 1988, S. 192.

253 Deshalb sind die beiden Perspektiven der Dimension „Betroffenheit" in Tabelle 1 auf S. 48 nur mit einer gepunkteten Linie getrennt.

2.2.2 Emotionen auf interpersoneller Ebene

Im Rahmen der soziologisch orientierten Emotionstheorien können grundsätzlich zwei zentrale Richtungen festgestellt werden.[254] Im Sinn der Ursachenforschung werden Emotionen als abhängige Variable verstanden. Dabei wird nach dem sozialen Sinnzusammenhang gefragt, der spezifische Emotionen auslöst und entsprechend als Resultat erlebt und beobachtet werden kann. Die andere Richtung geht primär der Wirkungsfrage nach, wobei Emotionen die soziale Wirklichkeit und die Sozialzusammenhänge direkt oder indirekt formen. Gleichzeitig ist auch hier die Trennung zwischen Ursache und Wirkung nicht immer gegeben, ein zirkulares Verhältnis beider wird vorliegend postuliert.[255]

Die Ausführungen von *Max Weber* über Emotionen respektive Affekte können mehr den wirkungsorientierten Überlegungen zugeordnet werden. Auch wenn er ein zweck- und wert-rationales Handeln postuliert, hält er fest, dass Affekte und Gefühlslagen eine motivierende Wirkung entfalten können.[256] Gerhards formuliert diesbezüglich zwei Kritiken. Zum einen hält er fest, dass die Affekte bei Weber eine psychologische Disposition bleiben und damit als Ursache für soziales Handeln zum Einsatz kommen, ohne dass die Affekte selbst wieder soziologisiert werden. Zum anderen kritisiert er, dass Affekte entgegen den Darstellungen von Weber sehr wohl einen intentionalen Charakter haben können.[257]

Bei *Durkheim* stellen Emotionen das zentrale Element jeglicher Konstruktion sozialer Wirklichkeit dar.[258] Die Dichotomisierung der Welt wie beispielsweise die Differenzierung zwischen nah und fern, gut und schlecht, Freund und Feind, innen und außen oder fremd und eigen wird dabei im Wesentlichen durch die gefühlsmäßige Besetzung

---

[254] Gerhards (1988, S. 21f.) macht hier den Bezug zu den Werken der Klassiker wie Durckheim, Weber oder Simmel. Hacking 1999 hält fest, dass es zwei zentral verschiedene sozialkonstruktivistische Modelle der Emotionen gibt. *„Das eine Modell betont die sozial geprägten Begriffe und beinhaltet, dass Emotionen im Grunde etwas Kognitives und Begriffliches seien, wobei es sich um die für eine bestimmte soziale Gruppe bezeichneten und von der Kultur dieser Gruppe geformten Begriffe handelt. Daneben gibt es das Modell der sozialen Rolle, wonach eine Emotion eine vorübergehende soziale Rolle (ein gesellschafliche konstituiertes Syndrom) darstellt."* Bei den Theoretikern der sozialen Konstruktion sind Emotionen ein weiterer Bestandteil des komplexen Netzwerks der Kommunikation zwischen den Menschen und sind keine Eigenschaften oder Zustände (traits bzw. states) einer Person, verstanden als innerpsychische Gegebenheiten. Vgl. Hoffman, Hennessy 1992, S. 22.

[255] bspw. später Georg Simmel, der zwischen primären und sekundären Gefühlen unterscheidet.

[256] Flam 2002, S. 45ff.; Gerhards 1988, S. 24ff. Er bezieht sich dabei auf Max Weber (1972). Im asketischen Protestantismus werden affektive Sinnesorientierungen als triebhaft und sündhaft interpretiert.

[257] Gerhards 1988, S. 27f.

[258] Gerhards 1988, S. 37ff.; Flam 2002, S. 63ff.; Durkheim 1981.

vorgenommen.[259] Durch solche Differenzierungen werden Handlungsalternativen reduziert.

Simmel differenziert zwischen primären und sekundären Gefühlen.[260] Von primären Gefühlen (a) ist dann die Rede, wenn durch Emotionen Wechselwirkungen hergestellt werden, welche dann ihre Wirkung entfalten. Von sekundären Gefühlen (b) spricht er, wenn Emotionen das Resultat von Wechselwirkungen darstellen. Damit verbindet er die vorliegend eingeführte Differenzierung zwischen den beiden Sichtweisen von Ursache und Wirkung. Im Rahmen der *Ursachenorientierung (= sekundäre Gefühle)* sind Gefühle Produkte vorangegangener Wechselwirkungen. Dabei stellt die wahrgenommene Diskrepanz zwischen eigener Wertepräferenz und der Möglichkeit der Befriedigung in der Umwelt das konstitutive Element dar. Die Bewertung von Kosten und Nutzen basiert dabei nach Simmel auf den individuellen Präferenzen. *„Sekundäre Gefühle sind* [deshalb] *psychische Reaktionen, Befindlichkeiten auf wahrgenommene Diskrepanzen zwischen subjektiven Bewertungsstrukturen und sozialen Umweltreizen.*“[261] Im Rahmen der *Wirkungsorientierung (= primäre Gefühle)* versteht Simmel Emotionen als soziale Wirklichkeit produzierendes Gebilde, wobei die Welt in Wichtiges und Unwichtiges, Gutes und Schlechtes, Nahes und Fernes und in andere dichotomisierende Strukturen zerlegt wird.[262] Die wichtigsten Determinanten von Beziehungen und Gefühlen sind bei Simmel dabei die Anzahl Personen, die an einer Interaktion teilnehmen, deren Distanz, die Beziehungsdauer, die Intensität der Beziehung und das Beziehungsmanagement.[263]

Konstruktivistische Emotions-Ansätze in der Soziologie können beispielsweise bei Shott, Hochschild und Averill gefunden werden.[264] Zurückgreifend auf den Symbolischen Interaktionismus gehen die Autoren davon aus, dass Emotionen und Reflexion miteinander interagieren. Entsprechend wird von Emotionen im weiteren Sinn gesprochen. Emotionen sind dabei in eine Interaktion eingebettet und von der Kultur, die bestimmte Deutungsmuster, ein Gefühlsvokabular und Normen anbietet, abhängig.[265] Dies bedeutet, dass Emotionen im Rahmen eines Sozialisierungsprozesses interpretiert und konstruiert werden, wobei die sozialen Strukturen und Normen das Bild einer ständigen Konstruktion darstellen. Die Physiologie hat in diesem Ansatz lediglich die Funktion

---

259 Durkheim 1981, S. 61-68; Gerhards 1988, S. 37.

260 Simmel 1922, S. 51, zitiert in Gerhards 1988, S. 43. Vgl. auch Flam 2002, S. 26.

261 Gerhards 1988, S. 44.

262 Simmel 1922 und 1977, zitiert in Gerhards 1988, S. 46.

263 Flam 2002, S. 33.

264 Hochschild 1975 und 1979; Shott 1979; Averill 1980. Alle drei in Flam 2002, S. 127-134 oder Gerhards 1988, S. 168f. Gerhards bezieht sich zusätzlich auf Peggy Thoits, Grondon Clanton, Luis Zurcher und Steve Gordon. Eine kritische Auseinandersetzung mit der konstruktivistischen Perspektive und Emotionen wird von Kemper (1981) geführt, vgl. dazu auch Gergen 1994, S. 219ff.

265 Shott 1979 und Averill 1980, S. 310 und 314, zitiert in Flam 2002, S. 127.

der Erzeugung einer diffusen Erregung, die erst durch eine spezifizierte Attribuisierung von Bedeutungen in Emotionales transponiert wird.[266]

Shott (1979) betont in seiner Arbeit, dass in der symbolisch-interaktionistischen Perspektive Emotionen erst ihre Wirkung entfalten können, wenn das Individuum die Fähigkeit besitzt, sich als Objekt zu betrachten.[267] Dies bedeutet, dass ein Individuum im Sinn einer Selbstkontrolle sich und seine Emotionalität an seinem sozialen Umfeld spiegelt und damit reflektiert. Shott differenziert zwischen *selbstreflexiven* und *einfühlenden* Emotionen, wobei beide gleichzeitig von den Interaktionspartnern verspürt werden. Erstere sind dabei auf das eigene Selbst gerichtet und können beispielsweise mit Begriffen wie Scham, Schuld, Stolz oder Eitelkeit umschrieben werden. Letztere können auch mit Empathie umschrieben werden, wobei sich ein Individuum in die Rolle des Gegenübers versetzt und fähig ist, dessen Emotionen nachzuempfinden.[268]

Hochschild (1979) betrachtet Emotionen und Gefühle mehr im Hinblick auf ihre Handhabung. Dabei geht sie davon aus, dass ein Individuum in der Lage ist festzustellen, wann die Gefühle nonkonform und deshalb managementbedürftig sind. Die im Rahmen des sozialen Austauschs entstandenen Gefühlsregeln stellen dabei die Normen dar, die als Referenzpunkte dienen. *„Sie spezifizieren, welche Gefühle, wann, wie, mit welcher Intensität und mit welcher Dauer zum Ausdruck gebracht werden sollen.“*[269] Entsprechend geht es bei Hochschild mehr um die Gefühlsarbeit bezogen auf bewusst gewordene Emotionen.[270] Dabei wird das Ziel verfolgt, eine echte Modifizierung dessen zu erreichen, was ursprünglich empfunden worden ist.[271]

Averill (1980) fokussiert sich in seiner Arbeit auf die Rolle der Emotionen, wobei er davon ausgeht, dass das Individuum lernt, den Sinn der Rollen zu verstehen und das eigene Verhalten aus dieser Rollenperspektive auszuwerten. Dabei stellt er fest, dass Emotionen mit unterschiedlicher Intensität gelebt werden.[272] Die Intensität wird dabei nach Averill durch die individuellen, breit gefächerten Anliegen, die Sozialisation und Erfahrung, die Persönlichkeit und durch die Aspekte der Situation beeinflusst. Er be-

---

[266] Gerhards 1988, S. 168f.

[267] Flam 2002, S. 128.

[268] vgl. dazu später den Begriff Emotionale Intelligenz in Kapitel 2.4.1, S. 66ff.

[269] Flam 2002, S. 130, vgl. dazu später auch den Begriff Emotionsregeln in 2.4.1, S. 66ff.

[270] Um Unterschied zu Freud, bei dem die unbewussten Gefühle im Zentrum stehen, vgl. Flam 2002, S. 130.

[271] Die eingesetzten Techniken sind kognitiv (verändern der Frames), physisch (die Symptome kontrollieren oder ihnen entgegenwirken) und expressiv (Gesten ausführen, die normalerweise vom gewünschten Gefühl begleitet werden), vgl. dazu Hochschild 1979, S. 562.

[272] Averills differenziert zwischen a) rein oberflächlich – ohne großes Engagement (z.B. bei Gratulationen oder Beileid); b) mild – aber bereits mit physischen Reaktionen; und c) sehr stark - sogar bis zu dem Grad, dass die Selbstkontrolle verloren geht, vgl. dazu Flam 2002, S. 129; Eiselen, Sicheler 2001, S. 50. Sie beziehen sich auf Averill 1980, 1985 und 1986.

nutzt im Zusammenhang mit Emotionen auch den Begriff des Syndroms. Damit bringt er zum Ausdruck, dass es sich um eine Anordnung von miteinander verknüpften Verhaltenselementen wie physiologischen Veränderungen, mimischen und gestischen Ausdrucksverhalten, Verhaltensreaktionen und subjektiven Erlebnissen handelt.[273]

Bei *Collins* kommt Emotionen eine doppelte Funktion zu.[274] Zum einen strukturieren Emotionen wie bei Durkheim eine soziale Situation, indem sie die Position von Personen im sozialen Raum durch Sympathie und Antipathie, Hass und Liebe sowie Angst und Vertrauen ordnen und dadurch Grenzen festlegen. Collins geht davon aus, dass die Welt eine sowohl sprachlich als auch emotional konstruierte Wirklichkeit darstellt. Zum anderen handelt es sich bei Emotionen aber auch um eine Ressource, die ausgetauscht werden kann und zur Verhandlung steht. *„Emotionen bilden u.a. die Motivationsbasis für soziales Handeln, wenn die individuelle Gefühlsbalance aus dem Gleichgewicht geraten ist. Soziales Handeln wiederum ist ausgerichtet auf das Erreichen einer optimalen Emotionen Ressourcenallokation.“*[275]

Bei *Sartre* sind Emotionen ein Modus des Weltverständnisses und werden intentional verstanden, wobei er zwischen reflektiertem und spontanem Bewusstsein differenziert.[276] Das reflektierte Bewusstsein verbindet er mit rationalem Handeln in der Welt. Emotionen werden bei Sartre dem spontanen Bewusstseinsbegriff zugeordnet. Als Begründung werden folgende Elemente aufgeführt: Emotionen werden nach Sartre erlitten, das Subjekt hat dabei keine Wahlmöglichkeit. Zweitens verbindet Sartre Emotionen mit körperlichen Symptomen, wodurch der Körper verwirrt wird und ein gewisses Verhalten annimmt. Außerdem schreibt er den Emotionen eine totale Einvernahme des Körpers zu, wobei das Selbst keine Distanz zu sich selbst einnehmen kann, wie dies im Rahmen des reflektierten Bewusstseins möglich ist. Schließlich konstruiert das emotionale Bewusstsein die Welt in einer Weise, dass sie dem Individuum unmittelbar - das heißt ohne Distanz - und ganzheitlich erscheint.

Aus einer soziologischen Perspektive betont *Gordon* (1990) die Bedeutung des kulturellen Einflusses auf die individuellen Emotionen.[277] Emotionen sind dabei das Ergebnis vergangener und zukünftiger Erwartungen sowie Bedingungen sozialer Beziehungen. Dementsprechend sind sie von der jeweiligen Situation abhängig. Eine Veränderung im Innern des Individuums kann durch eine Veränderung des sozialen Kontexts ausgelöst werden.

---

273 Eiselen, Sichler 2001, S. 51.

274 Collins 1984; Collins 1981, S. 992, zitiert in Gerhards 1988, S. 62; Tritt 1992, S. 42.

275 Gerhards 1988, S. 62.

276 Sartre 1964, zitiert in Gerhards 1988, S. 69 ff.; vgl. auch Tritt 1992, S. 43.

277 Brundin 2002, S. 55, vgl. Gordon 1990.

Zurückgehend auf die Beiträge von Collins und Sartre formuliert *Gerhards* (1988) eine eigene Umschreibung des Wirkungsgefüges von Emotionen.[278] Dabei differenziert er Emotionen und Kognition als zwei Modi der Weltaneignung.[279] Emotionen sind für ihn eine simultane, Kognitionen eine sequentielle Form der Weltkonstruktion. In Anlehnung an Parson leisten Emotionen eine diffuse, partikulare und qualitative, Kognition dagegen eine spezifische, universalistische und performative Orientierung. Beiden gemeinsam ist die Funktion der Komplexitätsreduktion. Beide Formen bedingen für die gegenseitige Vermittlung eine Form des Ausdrucks, was bei Gerhards als *Appräsentation* bezeichnet wird.[280] Neben Mimik und Gestik dient dabei v.a. die Sprache als Vermittler zwischen dem Subjekt und seiner Mitwelt. Gleichzeitig ist die Sprache aber auch das Hauptmedium der gesellschaftlichen Konstruktion der Wirklichkeit sowie das Hauptmedium der Vermittlung der gesellschaftlich konstruierten Welt.[281] Gleichzeitig spricht Gerhards dem Sozialen auch eine ursächliche Wirkung für Emotionen zu. Im Zentrum der Analyse kann dabei die Sozialstruktur stehen. In Anlehnung an Kemper zeigt er, dass beispielsweise die Interpretation eines Machtgefüges durch das Ego im Verhältnis zu einem Bezugspunkt direkt zu einer emotionalen Reaktion führen kann.[282] Werden die eigenen Machtverhältnisse als adäquat eingeschätzt, kann das Gefühl von Sicherheit die Folge sein. Wird die eigene Macht dagegen als ungenügend eingestuft, können daraus Angstgefühle entstehen.

Parkinson (1996) betrachtet als Psychologe die Emotionen mehr mit einer sozialen Sichtweise, wobei er verschiedene Perspektiven vereint.[283] Eine davon ist die *Ursachenperspektive (a)*. Emotionen sind dabei ein Produkt aus realen, erwarteten, imaginären und gesammelten sozialen Beziehungen, die einerseits von der Art der Beziehung mit dem Gegenüber (z.B. wohlwollend, vorwurfsvoll, kritisch), andererseits aber auch vom Kulturraum geprägt sind.[284] Des Weiteren werden Emotionen durch Werte und Normen geleitet, die aus dem Sozialen hervorgebracht werden und wurden. In seiner

---

278 Gerhards 1988, S. 72ff.

279 Außerdem differenziert er Instinkte, die er jedoch nicht als eigentliche Form der Weltaneignung versteht, da diese rein reaktiv und genetisch vorgegeben sind. Vgl. dazu Gerhards 1988, S. 77f.

280 Gerhards 1988, S. 89. Appräsentation kann mit Mitgegenwärtig-Machen oder Mitvergegenwärtigung umschrieben werden. Dies bedeutet, dass mittels Vorstellungskraft auch optisch Unsichtbares dem Sichtbaren zugesprochen wird.

281 In Anlehung an Berger und Luckmann 2004. Für Mimik und Gestik vgl. vorhergende Ausführungen.

282 Gerhards 1988, S. 130.

283 Parkinson 1996. Sein Beitrag kann der Sozialpsychologie zugeschrieben werden. Dabei negiert er die reinen psychologischen und kognitiven Ansätze nicht, sondern will diese primär ergänzen, vgl. Parkinson 1996, S. 664.

284 Dabei geht er bspw. davon aus, dass selbstbestimmende Emotionen wie Wut und Zorn in individualistischorientierten westlichen Kulturen verbreiteter sind als in östlichen Gesellschaften, die über ein ausgeprägteres Gemeinschaftsgefühl verfügen, vgl. Parkinson 1996, S. 666.

zweiten Betrachtungsweise versteht er Emotionen als Ergebnis (b) eines dynamischen sozialen Prozesses, wobei Emotionen von Drittpersonen eigene Emotionen hervorbringen und beeinflussen. Mit Empathie werden die weiteren direkten Signale wie beispielsweise Tonlage, Körperhaltung, Gestik oder Mimik wahrgenommen und interpretiert. Auf indirektem Weg kann aber auch bereits die reine Vorstellung darüber, was die Drittperson empfinden könnte, zu einer Beeinflussung der eigenen Emotionen und der Gefühlslage führen.[285] Die dritte Betrachtungsweise (c) fokussiert sich auf die sozialen Effekte von Emotionen. Parkinson stellt fest, dass die eigenen Emotionen wiederum ähnliche oder andere Emotionen des Gegenübers beeinflussen. Entsprechend ist ein Kreislauf zwischen Ursache und Wirkung von Emotionen im sozialen Austausch geschlossen.[286]

2.2.3 Vereinigung der Betrachtungsvielfalt

In Anlehnung an Tritt (1992) gilt es festzuhalten, dass es keine einheitliche Emotionstheorie gibt, wobei in drei zentralen Bereichen Uneinigkeit besteht:[287]

1. Es besteht keine Einigkeit darüber, welche Komponenten betrachtet werden müssen, wenn Emotionen umschrieben werden. Die Ausführungen haben gezeigt, dass es zwischen der intrapersonellen und der interpersonellen Perspektive eine große Vielfalt gibt.
2. Falls verschiedene Komponenten berücksichtigt werden, ist man sich nicht einig, welche Relationen zwischen diesen bestehen und welche Wichtigkeit (Gewichtung) den jeweiligen Relationen zugemessen werden darf oder muss.
3. Schließlich ist ungeklärt, welche Rolle die Emotionen im Rahmen der Sozietät spielen. Die (Aus)Wirkung der wahrgenommenen Emotionen auf die Interaktionspartner und den ganzen Interaktionsverlauf in seiner Vielschichtigkeit ist noch nicht abschließend erfasst.

---

285 Parkinson 1996, S. 669.

286 Parkinson 1996, S. 671. Auf die soziale Funktion von Emotionen und den sozialen Aufbau von Emotionen wird an dieser Stelle nicht eingegangen, da dies den Rahmen der vorliegenden Arbeit sprengen würde.

287 Tritt 1992, S. 47.

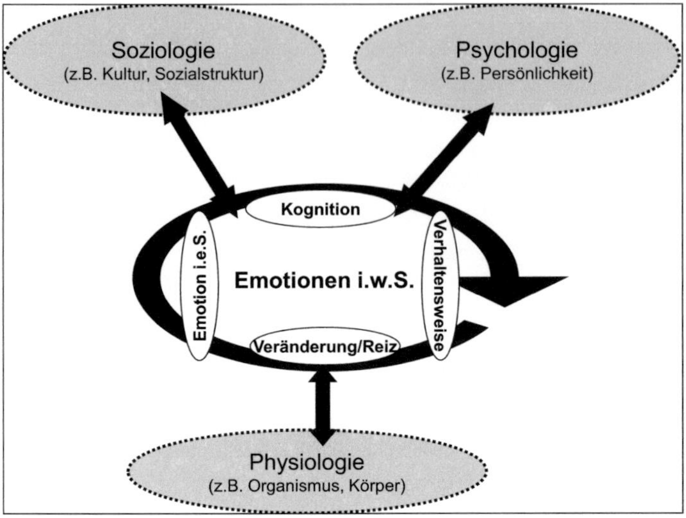

Abbildung 4: Emotionen als ein Produkt verschiedener Disziplinen[288]

Die verschiedenen Ansätze werden in der vorliegenden Arbeit in Anlehnung an Gerhards komplementär verstanden.[289] Somit gilt für die Betrachtung von Emotionen, dass sowohl intra- als auch interpersonelle Perspektiven eingenommen werden müssen, wenn Emotionen im Kontext verstanden werden sollen. Entsprechend handelt es sich um ein Zusammenspiel zwischen Soziologie (mit Sozialstruktur und Kultur als zentrale Treiber), Psychologie und Physiologie (vgl. dazu Abbildung 4).[290] Für die Beobachtung bedeutet dies, dass dem Kontext eine große Aufmerksamkeit zugemessen werden muss. Wenn sich beispielsweise eine Untersuchung auf einen Aspekt kon-zentriert, bilden die anderen Aspekte den dazu gehörenden Kontext, denn ohne Berücksichtigung der jeweils anderen Perspektiven können Emotionen nur bruchstückhaft erfasst werden.

Im Kern der Abbildung wird das zirkuläre Zusammenspiel der Elemente Veränderung/Reiz, Emotionen im engeren Sinn, Kognition und Verhaltensweise in Anlehnung an Abbildung 3 (vgl. dazu Seite 45) abgebildet. Er bildet den Motor für die Entstehung und Wirkung von Emotionen. Gleichzeitig gilt es, die drei (Haupt)Disziplinen Soziologie, Psychologie und Physiologie als Kontext-, Ursache- und Wirkungsraum zu verste-

288 Eigene Darstellung in Anlehung an Gerhards 1988, S. 205; Steger 2001; Schmidt-Atzert 1996, S. 23.

289 Gerhards 1988, S. 54. Harré, Parrot 1996, S. 2 formulieren in ihrem Vorwort ebenfalls den Wunsch nach dem Schlagen von Brücken zwischen verschiedenen Einzeldisziplinen.

290 Gerhards 1988, S. 190ff. Berger (1994, S. 203) betont v.a. die Bedeutung der Kultur und der menschlichen Beziehung (=Sozialstruktur). Eiselen, Sicheler 2001, S. 51.

hen. Die Verhältnisse können in Anlehnung an die zuvor besprochenen Autoren wie folgt umschrieben und damit zusammengefasst werden:[291]

1. Erst durch das Zusammenspiel der drei Disziplinen Soziologie, Psychologie und Physiologie kann das Phänomen Emotion wirklich erfasst werden.
2. Keine der drei Disziplinen lässt sich auf eine andere reduzieren, jede bildet für die jeweils anderen spezifische Umwelten ab. Diese verengen die Kontingenzspielräume, aber sie bestimmen nicht in der Form eines point-to-point die jeweils anderen Disziplinen. Erst im Zusammenspiel entstehen Emotionen.
3. Die drei Disziplinen konstituieren nicht für sich schon Emotionen, sondern erst durch die Konstruktionsleistungen und Interpretationen durch die handelnden Subjekte.
4. Alimentiert durch die drei Disziplinen entstehen Emotionen durch das zirkuläre Zusammenspiel der Elemente, mit einer Veränderung respektive einem Reiz als Ausgangspunkt. Emotionen im engeren Sinn werden durch die Interpretation mittels Kognition ausgelöst, was zu einer bestimmten Verhaltensweise führen kann. Die Emotionsbildung durchläuft einen verwobenen Prozess im Zeitablauf, wobei dieser Prozess bewusst oder unbewusst ablaufen kann. Deshalb können Emotionen auch Verhaltensweisen rationaler und irrationaler Natur sein.
5. Emotionen können sichtbare oder unsichtbare Auswirkungen haben.
6. Emotionen können sowohl Auslöser als auch Ergebnis von Kognition sein.
7. Ein bestimmtes Ereignis löst nicht bei allen Menschen die gleichen Emotionen aus. Die Unterschiede erklären sich aus der individuellen Ausgestaltung der drei alimentierenden Disziplinen, welche den Kontext und Vorerfahrung der Individuen bilden.[292]
8. Die Eigenschaften einer Person (Psychologie), das soziale Gefüge in dem die Sozialisation stattgefunden hat und in dem Emotionsregeln geschaffen worden sind, haben einen zentralen Einfluss auf die Art und Weise, wie Emotionen erlebt und interpretiert werden. Um Emotionen zu verstehen, muss der Sozialisation und damit der persönlichen Geschichte der Individuen eine genügend große Aufmerksamkeit zugemessen werden.

---

291 In Anlehung an Gergards 1988, S. 208; Kiefer, Eicken 1999, S. 10; Steger 2001, S. 78; Scherer 1996, S. 299. Heintel und Broer (2004, S. 311) betonen, dass die neueren Ansätze die im Rahmen der naturwissenschaflichen Modelle (willkürlich) geschaffene Spaltung zwischen Objektseite (z.B. Neuronen, Dendritten, Synapsen) und Subjektseite (z.B. Wahrnehmeung, Gefühle, Wille oder Selbstbewusstsein) wieder zu heilen versuchen. Steger (2001, S. 79) betont die sozialen Normen und die Charakteristika einer Person, welche gemeinsam das emotionale Verhalten bezüglich Inhalt, Intensität und Vielfalt beeinflussen.

292 Wassmann 2002, S. 23.

2.3 Ausprägungen und Auswirkungen von Emotionsformen

Die vorhergehenden Ausführungen haben die Vielfalt der Emotionsformen und Emotionsbegriffe aufgezeigt.[293] Die Soziologin Tritt hat im Rahmen Ihrer Arbeit 33 Worteinheiten geschaffen, die Emotionen ausdrücken.[294] Je intensiver man sich damit auseinandersetzt, desto vielfältiger werden die sprachlichen Nuancen und damit auch die Umschreibungen, wodurch das Bedürfnis nach Strukturierung der Begriffe ansteigt. Dies fällt relativ schwer, da die Abgrenzung zwischen den einzelnen Begriffen und Worteinheiten nicht eindeutig ist.[295]

Aristoteles unterscheidet zwischen praktischen und unpraktischen Emotionen. Als praktisch (a) bezeichnet er sie, wenn daraus eine klare Handlungstendenz ableitbar ist, wie beispielsweise bei Ärger oder Angst. Als unpraktisch (b) bezeichnet er Emotionen wie Scham, Entrüstung und Mitleid, da nach seiner Einschätzung hierbei keine direkte Handlung ausgelöst werden muss.[296] Bei den Stoikern gelten Emotionen generell als Denkfehler respektive als eine falsche Erwartung, die wir an die Welt richten und die uns frustriert. Im Mittelalter wurden Emotionen vor allem als schlechte Tugenden wie beispielsweise selbstsüchtige Begierde verstanden. Die höchsten Tugenden wie Liebe, Hoffnung und Glaube wurden dabei nicht den Emotionen, sondern der Vernunft zugeschrieben. Eine erste systematische Analyse der Emotionen wird Descartes zugeschrieben, wobei Emotionen außer mit psychischen und biologischen Feedback-Regelkreisen immer auch mit einer körperlichen Komponente in Verbindung gebracht werden.[297]

In der Literatur wird oft zwischen primären und sekundären Emotionen differenziert.[298] Die primären Emotionen (a) werden auch als Basis-Emotionen bezeichnet.[299] Sekundäre Emotionen (b) werden entweder als Vermischung, Differenzierung oder als qualitativ unterschiedliche Variante der primären Emotionen betrachtet.[300] Die Befürworter dieser Differenzierung gehen davon aus, dass die Welt der Emotionen auf eine kleine Zahl von Basis-Emotionen reduziert werden kann, die die Grundlage für alle sekundären Emotionen darstellen. Einigkeit über die Anzahl der Basis-Emotionen gibt es dagegen nicht. Die Bandbreite reicht dabei von sechs Basis-Emotionen bei Darwin oder

---

293 Schmidt-Atzert 1996, S. 26.

294 Tritt 1992, S. 106ff. Die Basis für die 33 Worteinheiten bildeten 1'141verschiedene Emotionsbegriffe.

295 Tritt bezeichnet dies als Problem der Demarkation, vgl. Tritt 1992, S. 121.

296 Wassmann 2002, S. 18f.

297 Wassmann 2002, S. 20. Das Buch „Die Leidenschaften der Seele“ von Descartes ist im Jahr 1649 veröffentlicht worden.

298 Tritt 1992.

299 vgl. dazu Kapitel 2.2.2 auf S. 52.

300 Tritt i.A. bspw. Plutschik 1980, Ekman, Frisen 1969, 1975, Ekman 1984, Tomkins 1970, Millenson 1967.

Shaver bis hin zu sechzehn bei Ekman.[301] Die wichtigsten Begriffe sind Freude, Überraschung, Traurigkeit, Angst, Ekel, Zorn, Interesse, Pein, Vergnügen, Verachtung, Zufriedenheit, Verlegenheit, Stimulation, Schuldgefühl, Stolz, Genugtuung, Lust und Scham. Eine solche Aufzählung ist jedoch weder abschließend, noch wird es möglich sein, sich auf eine bestimmte Auswahl zu einigen, denn die Auswahlkriterien sind vielfältig.[302] Auch wenn der Versuch unternommen wird, eine beschränkte Anzahl grundlegender und fundamentaler Emotionen festzulegen, sind die Erlebnisse und damit die Ergebnisse des situativen und individuellen Bewertungsvorgangs sehr vielfältig.[303] So haben beispielsweise Shaver, Wu und Schwartz 600 schriftlich formulierte Umschreibungen von Ärger, Angst, Glück, Liebe und Traurigkeit umschrieben und kategorisiert.[304] Für die vorliegende Arbeit ist es nicht zielführend, die verschiedenen Emotionsformen im Einzelnen darzustellen.

Wenn von *Ausprägung* gesprochen wird, stehen primär physiologische Aspekte im Zentrum der Betrachtung. Dabei werden verschiedenen Emotionsformen verschiedene physiologische Reaktionen zugeschrieben, die von Gestik, Körperhaltung und Stimmlage bis hin zu Blutdruck und Pulsfrequenzveränderungen reichen.[305] Solche Ausprägungsformen werden in der vorliegenden Arbeit nicht direkt gemessen, gleichzeitig können sie jedoch sehr wohl im Rahmen der sprachlichen Umschreibung der Emotionen Einzug in die Arbeit finden. Diese Perspektive darf deshalb nicht ganz ausgeschlossen werden.

Wenn Emotionsausprägungen wahrgenommen werden, sind damit verschiedene Interpretations- und Bewertungsmöglichkeiten verbunden. Diese fließen in die Entscheidungsfindung oder in die Verhaltensweise der Betroffenen ein, was im weitesten Sinn auch als *Auswirkungen* von Emotionen bezeichnet werden kann.[306] Da die Emotionen im Nachfolgeprozess untersucht werden, muss das Augenmerk vor allem dieser Perspektive gewidmet werden, um die Rolle der Emotionen darin zu verstehen.

Im Allgemeinen können Emotionen verschiedene Funktionen zugesprochen werden, wobei deren zwei in den Vordergrund gerückt werden sollen.[307] Emotionen sind für

---

301 vgl. dazu bspw. André, Lelord 2002; Scherer 1996, S. 322; Damasio 1999, S. 67.

302 Zur Bestimmung von Basis-Emotionen formulierte Ekman (1999) folgende Kriterien: distinctive universal signals; presence in other primates; distinctive physiology; distinctive universals in antecedent events; coherence among emotional response systems; quick onset; brief durration; automatic appraisal; unbidden oddurance.

303 Scherer 1996, S. 316.

304 Shaver, Wu, Schwartz 1992, zitiert in Parkinson 1996.

305 vgl. dazu Kapitel 2.2.1 auf S. 49.

306 Brundin 2002, S. 45; Frijda 1986; Kiefer, Eicken 1999, S. 10; Frank 1992, S. 17.

307 Wassmann 2002, S. 39ff.; Plutchik (1984, S. 200) differenziert bspw. drei Emotions-Sprachen: subjective, behavioral und functional language; für weitere Perspektiven vgl. Keltner, Haidt 2001, S.

Menschen ein *primäres Motivationssystem (a)*. Aus Freude oder Lust an einer Tätigkeit kann das Engagement erhöht, aus Frust oder Unlust eingeschränkt werden.[308] Die damit verbundenen Verhaltensmuster entwickeln sich häufig frühzeitig und bleiben über die Zeit eher stabil.[309] Emotionen bahnen Handlungstendenzen an und lösen Reaktionsmuster aus. *„Sie treten auf, wenn etwas wichtig für uns als Individuum oder als Spezies ist, und geben Hinweise, in welche Richtung wir uns bewegen sollten."*[310]

Bezogen auf unser soziales Verhalten haben Emotionen eine strukturierende und bewertende Funktion, denn sie helfen, unsere innere und äußere Umwelt zu bewerten und darauf basierend unsere Selektionen vorzubereiten. Entsprechend kann Emotionen eine *komplexitätsreduzierende Funktion (b)* zugeschrieben werden.[311] Ob intentional oder nicht-intentional – Emotionen strukturieren den sozialen Raum und stellen Sozialbeziehungen her, indem sie beispielsweise Menschen und Objekte aneinander binden oder voneinander trennen. *„Sie ordnen der beliebigen Vielfalt der Sinneseindrücke Bedeutung zu und markieren die Wichtigkeit bestimmter Personen, Ereignisse, Objekte wie Boyen im Meer der Erinnerung."*[312]

Bezogen auf einzelne Emotionsformen werden nachfolgend beispielhaft mögliche physiologische Ausprägungen, deren Interpretationsmöglichkeiten im Rahmen des individuellen Bewertungsprozesses, sowie die daran anschließenden Verhaltensoptionen diskutiert. Die Darstellung erfolgt anhand der am häufigsten genannten vier Basis-Emotionen Liebe, Ärger, Angst und Trauer.[313] Als Überblick dient Tabelle 2.

192ff.; Keltner, Gross 1999, S. 467ff. Aus eher psychologischer und physiologischer Perspektive kann Emotionen auch die Funktion der Aufmerksamkeitsfokussierung- und abwendung zugesprochen werden. Vgl. dazu Schmidt-Atzert 1996, S.178ff. Außerdem sind viele Erinnerungen mit Emotionen verbunden, sodass diese eine wichtige Funktion im Gedächtnis übernehmen. Aus eher soziologischer Sicht können Emotionen auch eine Funktion der Identitäts- und Wertschaffung oder auch eine Generalisierung des emotionalen Temperaments und Stils hervorrufen, vgl. dazu Brundin 2002, S. 55.

308 Auf einzelne Reaktionsmuster wird weiter unten eingegangen.

309 Die aktive Beeinflussung der Verhaltensweise und damit auch indirekt das Emotionserlebnis wird weiter unten unter dem Stichwort Coping behandelt. Vgl. dazu Kapitel 2.4.1 auf S. 66f.

310 Wassmann 2002, S. 70.

311 Gerhards 1988, S. 75. Gerhards differenziert an dieser Stelle zwischen Emotion und Gefühl. Emotionen haben dabei v.a. die Funktion, das Bewusstsein in die Welt zu involvieren, es intentional auf die Welt zu richten und an die Welt zu binden. Gefühle dagegen werden immer als intentional gerichtet verstanden.

312 Wassmann 2002, S. 70.

313 André, Lelord 2002; Scherer 1996, S. 322; Gergen 1996, S. 34. Diese Abstraktion geschieht im Bewusstsein, dass es sehr viele Unterformen der einzelnen Emotionen gibt. Die Ausprägung, das Bewertungsprofil und die möglichen Verhaltensweisen können nicht abschließend behandelt werden. Des Weiteren können die Kontextbedingungen oder die persönlichen Voraussetzungen wie die Persönlichkeit nicht berücksichtigt werden, ohne den Rahmen der vorliegenden Arbeit zu sprengen.

Verbale Bezeichnung	Ausprägung (z.B. Stimmausdruck, physiologische Symptome)	Bewertungsprofil	Mögliche Verhaltensweise
Liebe *Mögliche Varianten:* Leidenschaft, Verliebtsein, Freude, Lust, Verehrung, Anbetung, Herzlichkeit, Akzeptanz, Güte.	Erhöhung der Stimmhöhe, des Stimmumfangs, und der Intensität; Beschleunigung des Herzschlags; erhöhte Hauttemperatur, Ausschüttung von Glückshormonen	Das Ereignis wird als sehr wichtig für die Erreichung eines wichtigen Ziels oder zur Befriedigung eines Bedürfnisses angesehen.	Soziales Bindemittel; bringt Hilfe und Unterstützung, verbunden mit wohlwollender und friedlicher Absicht; Zugewandtheit und Aufmerksamkeit.
Ärger *Mögliche Varianten:* Wut, Jähzorn, Groll, Spannung, Streit, Verdruss, Zorn.	Erhöhte Stimmhöhe und Intensität; Anstieg der Energie in den hohen Stimmfrequenzen. Beschleunigung des Herzschlags, Anspannung der Muskeln, Veränderung des Atemrhytmus, hohe Hauttemperatur, Augen leicht geöffnet, Augenbrauen eher zusammengezogen, Lippen eher zusammengepresst.	Unerwartetes Ereignis, von einer anderen Person mit Absicht erzeugt, wird als hinderlich für das Erreichen eines Ziels oder die Befriedigung eines Bedürfnisses angesehen; das Individuum schätzt die eigene Bewältigungsfähigkeit als hoch ein und sieht die Handlung als Normverletzung.	Basierend auf Ärger wird Schlechtes schlechter gemacht und Kräfte der Veränderung werden mobilisiert. Starke strukturierende Wirkung (z.B. zwischen Gut und Böse). Auf Wut basieren oft Handlungen, die man später bereut.
Angst *Mögliche Varianten:* Furcht, Schrecken, Phobie, Besorgnis, Sorge, Bestürzung.	Stark erhöhte Stimmlage und Stimmumfang, Erhöhung der Energie in den hohen Stimmfrequenzen, Anstieg der Sprechgeschwindigkeit. Beschleunigung des Herzschlags, Anspannung der Muskeln, Veränderung des Atemrhythmus, Schweißausbruch, niedrige Hauttemperatur, Kloß im Hals.	Sehr plötzliches Ereignis, mit möglicherweise bedrohlichen Folgen für das Ziel des Erlebens oder der körperlichen Unversehrtheit, schnelle Reaktion erforderlich, das Individuum ist ungewiss über die eigene Fähigkeit, mit der Situation fertig zu werden.	Angst beinhaltet die Motivation, gefährlichen Situationen zu entkommen oder sich oder ein Objekt vor dem Ereignis zu (be)schützen. Der Überlebenstrieb kann andere Bedürfnisse außer Kraft setzen.
Trauer *Mögliche Varianten:* Niedergeschlagenheit, Unglück, Kummer, Gram, Unmut, Leid, Verzweiflung, Selbstmitleid.	Senkung der Stimmhöhe, des Stimmumfangs und der Intensität; Verringerung der Sprechgeschwindigkeit. Kloß im Hals, Weinen, Schluchzen, Anspannung der Muskeln. Einschränkung der Sprach- und Kommunikationsfähigkeit.	Ereignis verhindert dauerhaft eine Bedürfnisbefriedigung, wird als außerhalb menschlicher Kontroll- oder Einflussmöglichkeiten angesehen, das Individuum fühlt sich den Folgen gegenüber vollkommen machtlos.	Trauer verstärkt die soziale Bindung und spielt eine Schlüsselrolle bei Empathie, Sympathie und altruistischem Verhalten. Rückzug und Ablenkung als weitere Varianten

Tabelle 2: Ausprägungen und Auswirkungen von Emotionsformen[314]

[314] i.A. an Scherer 1996, S. 313, ergänzt mit verschiedenen Quellen: Wassmann 2002, S. 39f.; Tritt 1992, S. 166; Goleman 2002, S. 363; Parkinson 1996, S. 677; Briner 1999, S. 334; Plutchik 1984, S. 211; Frijda 1986, S. 16ff., ohne Anspruch auf Vollständigkeit.

Zu den mächtigsten und gleichzeitig komplexesten Emotionen wird die *Liebe* gezählt.[315] Im Rahmen einer Paarbeziehung gilt diese Emotion als die wichtigste Dimension für den Zusammenhalt, die Qualität der Beziehung und für das eigene Wohlbefinden. Bezogen auf eine Beziehung wird auch zwischen Liebe, Partnerschaft und Freundschaft differenziert. Da den verschiedenen Formen der Zugewandtheit unterschiedliche Handlungslogiken oder Leitungsvorstellungen unterstellt sind, führt dies im sozialen Austausch oft zu Missverständnissen und kann zu Konflikten führen.[316] Die Hauptfunktion von Liebe, Freundschaft und Partnerschaft ist die bindende Kraft zwischen Individuen.[317]

Bei *Ärger* und insbesondere bei Wut stellt ein Individuum fest, dass ein Ziel nicht erreicht werden kann oder dass etwas einfach nicht den eigenen Vorstellungen entspricht. Entsprechend werden Kräfte mobilisiert, um eine Herbeiführung des gewünschten Zustands oder Ziels doch noch zu erreichen.[318] Je größer die Diskrepanz ist, respektive je größer der Unterschied wahrgenommen und als bedeutend bewertet wird, desto mehr Energie kann freigesetzt werden. In der Form von Wut kann dies zu Handlungen führen, die man später bereut. Gleichzeitig kann bei dieser starken Form von Ärger die körperliche Reaktion stark sein, was sich an gesteigerter Körperaktivität ablesen lassen kann. Außerdem kann dies zu Ersatzhandlungen führen.[319] Als eine weitere Steigerung kann Hass bezeichnet werden. Dabei geht es jedoch nicht mehr darum, sich über etwas lediglich zu ärgern oder wütend zu sein. Das Motiv ist in einer potentiellen Schädlichkeit zu suchen, die vermieden werden soll.[320]

---

[315] Riehl-Emde 2006, S. 112, i.A. Person 1990; Wyss 1988. Es handelt sich dabei um eine existentielle Beziehungsdimension mit ergreifenden und bedingungslosen Elementen. Sie entwickelt eine spezifische Bindungskraft gegenüber einer Person oder einer Sache. Mögliche Differenzierungen zum Begriff der Liebe können bspw. die Verliebtheit oder die (Liebes-)Leidenschaft sein. Die Verliebtheit wird dabei als ein zeitlich eher begrenzter Gefühlszustand umschrieben, der oft schlagartig eintreten kann. Damit verbunden sind gesteigerte Selbstgefühle und Selbstachtung sowie eine gesteigerte Vitalität und Lebensmut. Die (Liebes-) Leidenschaft wird im Unterschied dazu oft mit ausgeprägter und tieferer Intensität des Erlebens umschrieben, wobei die Zuneigung über einen langen Zeitraum anhalten kann. Für Außenstehende entsteht dabei oft der Eindruck einer gewissen Besessenheit.

[316] Bei der Partnerschaft handelt es sich um ein gegenseitiges Vertrags- und Austauschverhältnis, welches Vernunft, Verständnis, dauerhafte Kooperation sowie Gleichberechtigung impliziert. Auf eine vertiefte Auseinandersetzung wird an dieser Stelle verzichtet, da ein Überblick über die zentralen Emotionen im Vordergrund steht und nicht die tiefe Auseinandersetzung mit jeder Einzelemotion. Bezüglich damit verbundener Kommunikationscodes vgl. bspw. Retzer 2006, S. 138 oder Riehl-Emde 2006. Heinrichs, Ditzen, Ehlert o.J.; S. 3.

[317] Flam 2002, S. 39f.

[318] Tritt 1992, S. 166.

[319] Tritt 1992, S. 129 spricht bspw. von Spuken.

[320] Wassmann 2002, S. 23. Unter dem Stichwort Zorn vgl. auch André, Lelord 2002, S. 29ff.

Ängste lösen Zustände von Beengtheit oder Beklemmung aus, wobei die Ursache oft eine Bedrohung durch etwas ist. Es kann beobachtet werden, dass gerade diese Emotionsform oft mit rationalen Argumenten relativiert wird, obwohl sie als Botschafter der inneren Wahrheiten bezeichnet werden kann.[321] Zwei häufige Reaktionen auf Angst sind die physische Flucht und die symbolische Flucht in andere Tätigkeiten und Aktivitäten, mit dem Ziel des Individuums, der Emotion durch aktive Vermeidung aus dem Weg zu gehen.[322] Bei Familien kann beobachtet werden, dass Ängste zu einer Art des Zusammenklebens, der Strenge und der Rigidität führen können.[323]

Trauer oder Traurigkeit kann als eine belastende Emotion bezeichnet werden, die auf einen Verlust zurückgeführt werden kann. Der Verlust und der damit verbundene Rückzug kann aus physiologischer Sicht mit Reaktionen wie weinen, schluchzen oder der Verringerung der Sprechgeschwindigkeit einhergehen. Das Individuum fühlt sich der Situation gegenüber ausgeliefert und gewissermaßen machtlos. Ein kurz- oder langfristiger Rückzug kann aber auch das Bedürfnis nach einer verstärkten sozialen Bindung erhöhen, um den Verlust zu überbrücken.[324]

Je nach Bewertung und Interpretation der individuellen Emotion gibt es eine vielfältige Palette von möglichen Handlungs- und Verhaltensmustern, die auf die psychologische Literatur zurückgeht. Diese Verhaltensweisen können dabei einem Individuum, einem Gegenüber oder aber auch einem Sozialsystem wie beispielsweise der Familie, dem Unternehmen oder der Gesellschaft entgegengebracht werden. Ohne die einzelnen Möglichkeiten näher zu umschreiben, kann eine Vielzahl von Reaktionsmöglichkeiten identifiziert werden. Beispiele dazu sind:[325] Übergang zum Handeln, Verschiebung auf jemand oder etwas anderes, Regression, Träumerei, Somatisierung, Isolierung, Reaktionsbildung, Rationalisierung, Dissoziation, Projektion, Simulierung, Verdrängung, Sublimation, Vorschreiben, Neutralisieren, Puffern, Vererben von Emotionen, Rückzug aus der Situation oder Humor. Diese Handlungs- und Verhaltensweisen können dabei nach außen gerichtet und damit „öffentlich" oder nach innen gerichtet und damit „still" erfolgen.[326] So vielfältig die verschiedenen Emotionsformen sind, so vielfältig sind auch die daran anschließenden Reaktionsformen. Weiter kann sich im Zeitverlauf eine Emotion verändern und eine andere Ausprägung und Bedeutung erhalten. Beispielsweise kann

---

321 Müller-Harju 2002, S. 51ff.

322 Kiefer, Eicken 1999, S. 45.

323 Müller-Tiberini 2001, S. 68.

324 vgl. dazu auch André, Lelord 2002, S.156ff.

325 vgl. dazu bspw. André, Lelord 2002, S. 45 oder Eiselen, Sichler 2001, S. 57.

326 Die beiden Reaktionsweisen sind nicht dichotom zu verstehen, sondern als Dimensionen, die graduell in unterschiedlicher Intensität ausgelebt werden können.

eine starke Emotion im engeren Sinn im Verlauf der Zeit in ein intentionales Gefühl oder in eine Stimmung überführt werden.

2.4 Über den Umgang mit Emotionen

Die bisherigen Ausführungen haben Emotionen primär aus einer Zeitpunktbetrachtung heraus besprochen und dargelegt. Die Betrachtung der zentralen Elemente von Emotionen in Kapitel 2.1.2 ist beispielsweise von einem Reiz oder einer Veränderung ausgegangen. Die in der Folge ausgelösten Prozesse laufen in einer relativ kurzen Zeit ab, sodass nicht wirklich von einem größeren Zeitraum gesprochen werden kann. Auch die in Kapitel 2.2 besprochenen Theorien betrachten Emotionen als ein Phänomen, das zu einem gewissen Zeitpunkt eintritt und entsprechend seine Wirkung entfaltet, gleichwohl immer nur ein Geschehnis oder eine Emotion oder ein Emotionsbündel betrachtet worden ist. Schließlich wurden auch in Kapitel 2.3 einzelne Emotionsformen und deren punktuelle Ausprägungen und Auswirkungen diskutiert. Im vorliegenden Kapitel 2.4 werden die Überlegungen deshalb aus zwei weiteren Perspektiven ergänzt. Erstens sollen die Emotionen aus der Sicht der Betroffenen in einer Zeitraumbetrachtung und zweitens aus der Sicht des Beobachtenden und damit auch des Forschenden ergänzt werden.

2.4.1 Umgang mit Emotionen aus der Sicht der Betroffenen

Aus der Sicht der Betroffenen wird nachfolgend auf die drei Begriffe *Emotionsregeln (1)*, *Emotionale Intelligenz (2)* und *Coping (3)* eingegangen. Diese haben eindeutig einen zeitübergreifenden Charakter und können gewissermaßen als Ressource des Individuums im Moment der eigentlichen Emotionsentstehung verstanden werden.[327] Dieser Schritt ist notwendig, um das Thema der Emotionen aus konzeptioneller Sich abzurunden. Die diskutierten Begriffe werden in der Alltagssprache oft verwendet, weshalb der Zusammenhang zur Arbeit aufgezeigt werden muss.

Im Unterschied zu erlebten Emotionen handelt es sich bei *Emotionsregeln (1)* um einen Aspekt mit eher langfristiger Gültigkeit.[328] Dabei können sie als Ressource auf soziologischer respektive gesellschaftlicher Ebene verstanden werden. Emotionsregeln können als emotionale Einstellungen mit gesellschaftlicher Relevanz umschrieben werden. Dies bedeutet, dass durch Schritte der Anonymisierung, denen eine Einschränkung des jeweiligen Wahrnehmungsobjekts auf das Typische und eine Loslösung von einem konkreten Erfahrungszusammenhang zugrunde liegen, Regeln entstehen wie beispielsweise „Liebe deine Eltern".[329] Aus funktionaler Sicht können Emotionsregeln das Verhalten und den Handlungsspielraum eines Individuums einschränken. Solche Regeln

[327] Tritt 1992, S. 169; Golemann 2002 (1997); Gerhards 1988, S. 211.

[328] Mit Bezug auf Familienunternehmen in der finnischen Landwirtschaft vgl. Katila 2002, S. 180ff.

[329] Tritt 1992, S. 169, u.a. i.A. Ekman, Friesen, 1969; Hochschild 1979, 1983; Averill 1986.

können aber auch der Entlastung des Einzelnen dienen, da sie als Referenzpunkt eingesetzt werden können, wodurch beispielsweise eine Rechtfertigung des Verhaltens oder einer Entscheidung nicht mehr notwendig ist.[330] Es handelt sich im Grunde um normative Annahmen, was richtig und falsch ist. Aus der Sicht der Betroffenen übernehmen Emotionsregeln auch die Funktion der Komplexitätsreduktion. Gleichzeitig beinhalten sie aber auch die Gefahr, dass Betroffene diese als an sie gerichtete Erwartungen erkennen. Wenn dies mit den eigenen Zielsetzungen, Bedürfnissen und Absichten nicht übereinstimmt, können daraus Erwartungsdruck und das Potential für intrapersonelle oder gar interpersonelle Konflikte entstehen, was wiederum neue Emotionen auslöst und erlebbar macht.

Der zweite zu betrachtende Begriff heißt *Emotionale Intelligenz (2)*. Darunter wird die Fähigkeit verstanden, sich selbst zu beruhigen, Gefühle angemessen auszudrücken und die anderen mit deren Emotionen richtig zu erkennen.[331] Die Emotionale Intelligenz kann dabei primär als individuelle Ressource verstanden werden, wobei Goleman zwischen fünf verschiedenen Elementen differenziert. Ein erstes Element der Emotionalen Intelligenz sieht er in der *Selbstwahrnehmung (a)*. Diese Fähigkeit ist entscheidend für die psychologische Einsicht und das Verstehen seiner selbst. Dabei unterscheidet er drei Personentypen.[332] Die erste Gruppe wird von den Emotionen überwältigt und ist diesen entsprechend hilflos ausgeliefert. Die zweite Gruppe bezeichnet er als achtsam. Dies bedeutet, dass die persönlichen Grenzen bewusst sind, wobei das Individuum als seelisch gesund mit einer positiven Lebenseinstellung gilt. Die dritte Gruppe bezeichnet er als hinnehmend. Solche Menschen sind sich den Emotionen zwar bewusst, nehmen jedoch die daraus folgenden Stimmungen hin und versuchen keine Änderung herbeizuführen. Auf der Selbstwahrnehmung aufbauend folgt die *Selbstregulation (b)* und damit die Handhabung der erlebten Emotionen. Darunter wird die Fähigkeit verstanden, mit den Emotionen angemessen umzugehen. Das Ziel ist, Ausgeglichenheit zu erreichen und die Emotionen nicht zu unterdrücken.[333] Wenn diese Fähigkeit gut ausgeprägt ist, erholt sich ein Individuum beispielsweise schneller von einem Rückschlag. Die Fähigkeit der Regulation des Masses und der Art von Emotionen bezeichnet Gerhards als emotionales Kapital. Dabei führt das Management der eigenen Emotionen in Abstimmung mit den situativen Erwartungen zu entsprechenden Renditen in der Form emotio-

---

[330] Tritt 1992, S. 169, Gergen 1985.

[331] Goleman kann als Vater dieses Konzeptes angesehen werden. Goleman 2002; Goleman, Boyatzsis, McKee 2003 (2002); eine ähnliche Konzeption findet sich bei Salovey, Hsee, Mayer 1993, S. 259. Für eine kritische Auseinandersetzung mit Goleman vgl. Sieben 2001, S. 135-170. Für den Kompetenzbegriff vgl. Erpenbeck, Rosenstiel 2007.

[332] Goleman 2002, S. 71f.

[333] Goleman 2002, S. 79.

naler Anerkennung durch die anderen.[334] Bei der dritten Komponente geht es um die *Fähigkeit, Emotionen auch aktiv zu nutzen (c)* und entsprechend damit zu arbeiten. Das bedeutet, dass Emotionen bewusst in den Dienst der Zielerreichung gestellt werden. Wenn die Emotionen motivierend eingesetzt werden können, kann das Individuum sich selbst oder Dritte zu mehr Effektivität und Effizienz bringen. Darunter könnte auch die Emotionsarbeit von Hochschild subsumiert werden, jedoch nicht auf der Ebene des einzelnen Individuums, sondern auf organisationaler Ebene.[335] Die vierte Fähigkeit wird mit *Empathie (d)* umschrieben. Dabei handelt es sich um die Fähigkeit, sich in andere hineinzuversetzen und die Emotionen Dritter zu erfassen und zu verstehen. Versteckte soziale Signale können besser wahrgenommen werden, wodurch auf die Bedürfnisse des Gegenübers besser eingegangen werden kann. Abschließend bezeichnet Goleman die *Soziale Fähigkeit (e)* oder auch Sozialkompetenz als wesentliches Element der Emotionalen Intelligenz. Bei starker Ausprägung verfügt das Individuum über eine hohe Kontaktfähigkeit, kann sich mit Menschen verschiedenster Prägung und Kulturen gut verstehen und mit deren Emotionen umgehen.

Schließlich gilt es den Begriff *Coping (3)* näher zu betrachten. Coping ist der Emotionsentstehung nachgeordnet. Darunter wird ein aktiver Umgang mit den erlebten Emotionen verstanden, wobei diese neu interpretiert und damit verändert und moduliert werden.[336] Durch eine solche Neudefinition werden negative Emotionen wie beispielsweise Angst und die damit verbundenen Stressreaktionen relativiert, indem der individuelle Kontext der Erlebensweise neu definiert wird. Die Wahrnehmung und Interpretation werden bewusst verändert, wodurch das Ergebnis dieser Prozesse weniger belastend ist als die ursprüngliche Emotion. Mit anderen Worten: Mittels kognitiven Prozessen findet eine Umdeutung von Situationen, des Selbstkonzepts oder der eigenen Körperlichkeit statt. Dies führt zu einer bewussten Neudeutung und schließlich zu einer Änderung der emotionalen Befindlichkeit.[337] Dabei kann zwischen adaptivem und maladaptivem Coping differenziert werden. Beim adaptiven Coping führen die Bewältigungsstrategien zu langfristigen und nachhaltigen Lösungen, wohingegen dem maladaptiven Coping eher ein Ablenkungscharakter zugesprochen wird.

Die Vielfalt der Emotionsformen und der damit verbundenen Erklärungsansätze, Auswirkungen und Ausprägungsformen zeigt, dass es sich um ein komplexes Phäno-

---

[334] Gerhards 1988, S. 121.

[335] Hochschild 1990 (1983).

[336] Gerhards 1988, S. 211. Der Begriff geht ins Englische zurück. „To cope“ heißt „bewältigen“ oder „überwinden“. Coping könnte im Konzept von Goleman als Element der Selbstregulation verstanden werden.

[337] Gerhards 1988, S. 212. Hier wird von emotionsregulierendem Coping und nicht von problem- respektive handlungsorientiertem Coping gesprochen. Vgl. dazu auch das Stressmodell von Lazarus (1982).

men handelt, das kaum abschließend erfasst werden kann. Gleichzeitig muss auch festgehalten werden, dass Emotionen im engeren Sinn per se grundsätzlich wertfrei sind. Es gibt daher keine richtigen oder falschen Emotionen, sondern immer nur diejenigen, die ein Individuum erlebt. Die individuelle Erlebensqualität hängt von der eigenen Wahrnehmung, dem bewussten Erleben, der Erfahrung und der damit verbundenen Erinnerung, der Interpretation, der persönlichen Wertung sowie von den daran anschließenden Verhaltensweisen ab.[338] Diese Komplexität und Vielfalt stellt eine große Herausforderung für den eigentlichen Forschungsprozess dar, weshalb nachfolgend auf die zentralen Elemente im Umgang mit Emotionen aus der Sicht des Beobachters (= Forschers) eingegangen werden muss.

2.4.2 Aus der Sicht des Beobachtenden

Gefühle und Emotionen sind Dinge weicher Wirklichkeit, denn sie sind physisch nicht direkt fassbar und nicht ganz immun gegen Beobachtung.[339] Für die vorliegende Dissertation bedeutet dies dahingehend eine große Herausforderung, als dass Emotionen von der betroffenen Person (= Untersuchungsobjekt) erlebt und umschrieben werden können und dadurch direkt von seinem Wesen und dem dazugehörenden Kontext abhängig sind. Da es sich bei Emotionen um ein persönliches und sensibles Gut handelt kann nicht ausgeschlossen werden, dass der Beobachtete selektiv Informationen über die eigenen Emotionen übermittelt. Außerdem besteht die Gefahr, dass eine Rückkopplung 2. Ordnung die Erkenntnisgewinnung beeinflusst. Es ist nicht auszuschließen, dass eine Person in ihren Antworten die Bewertungsinhalte auf der Grundlage gemeinsamer kultureller Vorstellungen (= sozialer Repräsentationen) konstruiert, deren Ereignisse normalerweise zu erwartende Emotionen hervorrufen.[340] Die Erkenntnisgewinnung ist deshalb dahingehend kritisch zu betrachten, als dass die Umschreibung der erlebten Emotionen nicht zwingend der effektiv erlebten Situation entspricht.

Für den Umgang mit dem empirischen Material im Rahmen der vorliegenden Arbeit spielen die Kognition und die konstruktivistische Perspektive dahingehend eine zentrale Rolle, als dass die Emotionen nicht direkt bei der originären Entstehung beobachtet und interpretiert werden, sondern da der Nachfolgeprozess und dessen Erleben rückblickend von den Unternehmern sprachlich formuliert und übermittelt werden. Der Beobachtung von Mimik, Gestik und anderen körperlichen Reaktionen kommt in der vorliegenden Arbeit deshalb ein unbedeutender Stellwert zu, wenngleich diese nicht komplett ausgeschlossen werden kann, denn die Betroffenen können über solche Reaktionen direkt

338 Müller-Harju 2002, S. 44; Erikons 1966, S. 62.

339 Backhausen, Thommen 2003, S. 87, i.A. an Simon 1990. Backhausen, Thommen 2007c, S. 35, 123.

340 Scherer 1996, S. 315.

oder indirekt berichten.[341] Für den Forschungsprozess bedeutet dies, dass von den Betroffenen zwar über die Emotionen reflektiert und gesprochen werden kann, es sich dabei in der Regel jedoch um Emotionen im weiteren Sinn handelt, da die zeitliche Verschiebung und das Forschungsdesign Zeit und Raum für kognitive Prozesse zulässt.[342]

Der dieser Arbeit zu Grunde liegende Forschungsprozess bewegt sich außerdem zwischen Selbst- und Fremdzuschreibung von Emotionen. Wenn Emotionsbegriffe mit der Verknüpfung von typischen Einstellungen und typischen Folgehandlungsweisen in Zusammenhang gebracht werden, so könnte man folgern, dass die Fremdzuschreibung von Emotionen eine größere Relevanz im Alltag aufweist als die Selbstzuschreibung.[343] Gleichzeitig ist der Forscher am eigentlichen Nachfolgeprozess nicht beteiligt und die Erhebung erfolgt ex post. Um diese Gefahr zu minimieren, werden nicht nur die Unternehmer selber befragt, sondern im Sinne der Triangulation auch die Ehe- oder Lebenspartnerinnen.[344] Damit sollen zwei Dinge erreicht werden. Zum einen handelt es sich dabei um Personen, die erwartungsgemäß den Nachfolgeprozess und dabei das Verhalten und die Überlegungen des Unternehmers sehr nahe miterlebt haben und Anzeichen für Emotionen direkt wahrnehmen konnten.[345] Die Distanz zur Emotionsentstehung kann so etwas verkürzt werden. Zum anderen wird damit der zu erwartenden Informationsselektion etwas Einhalt geboten, da die nahestehende Fremdperspektive Aspekte formuliert, die vom Untersuchungsobjekt selber zurückbehalten werden.

Im Rahmen der Interviewsituation (vgl. dazu ausführlich Kapitel 5, Seite 131ff.) werden der Nachfolgeprozess sowie die damit verbundenen Herausforderungen und Emotionen besprochen. Das bedeutet, dass retrospektiv der gesamte Prozess nochmals durchlebt wird. Es darf deshalb angenommen werden, dass auch ein solcher Prozess direkt Emotionen und Gefühle auslöst. Auch wenn diese nicht das zentrale Untersuchungsobjekt sind, muss die Stimmung in der Interviewsituation mitberücksichtigt werden. Dabei handelt es sich gleichzeitig um eine eher subjektive Wahrnehmung des Beobachters und weniger um messbare Elemente wie beispielsweise die Pulsfrequenz oder die Hirnstromtätigkeit.[346] Da der innere Zustand nicht direkt gemessen wird, muss bei der Interpretation Vorsicht geboten sein, da keine direkte Verbindung zwischen dem

341 Eine physiologische Untersuchung wie bspw. das Messen des Blutdrucks oder der Augenbewegung während des Interviews würde den Umfang und die Machbarkeit der vorliegende Arbeit sprengen.

342 Scherer geht sogar soweit, dass Emotionen ohnehin nicht direkt beobachtbar sind. Anhand einer Anzahl von Indikatoren und ihren Interaktionen muss darauf zurückgeschlossen werden. Vgl. Scherer 1996, S. 298.

343 Tritt 1992, S. 152; Laired, Apostoleris 1996, S. 285ff.

344 vgl. dazu ausführlicher Kapitel 5, S. 131ff.

345 Tritt 1992, S. 155f.

346 bspw. Luckmann 1980, S. 108, der auf das Erleben und den Umgang mit Lautmustern des Beobachteten (hier der Interviewpartner) in Kombination mit der Vorerfahrung (hier der des Forschenden) eingeht.

Gesagten, dem Verhalten und der eigentlichen inneren Erlebensweise von Emotionen des Beobachteten hergestellt werden kann.[347]

Im Rahmen der Fallstudien gilt es zwei Aspekten besonderes Augenmerk zuzumessen. Zum einen muss dem Kontext des Untersuchungsobjekts im Allgemeinen und den Emotionen im Speziellen große Aufmerksamkeit geschenkt werden.[348] Der Kontext bildet dabei den Interpretationsrahmen für die Umschreibung und Bewertung der Wichtigkeit, bezogen auf den Zeitraum, die Intensität und die Bedeutung der Emotionen im Nachfolgeprozess. Zum anderen ist der Aspekt der Sprache zu berücksichtigen, denn die Emotionen werden im vorliegenden Forschungsprojekt primär sprachlich übermittelt, wie bereits dargestellt. Deshalb ist es notwendig, im Rahmen der methodischen Auseinandersetzung auf die Techniken der Sprach- und Gesprächsanalyse kurz einzugehen.[349] Bei der Interpretation handelt es sich folglich nicht mehr um *die* eigentlichen Emotionen, sondern vielmehr um eine Auseinandersetzung *mit* diskutierten Emotionen. Nachfolgend liegt der Fokus deshalb primär auf Emotionen im weiteren Sinn.

---

347 Gerhards 1988, S. 95. Er umschreibt dies mit diffusem und mit zu geringer Tiefenschärfe verbundenem Ausdruck von Emotionen.

348 Steger 2001, S. 87.

349 Gergen 2002, S. 34 betont die Schwierigeit, innere Zustände in Worte zu fassen und wie sich die Betroffenen auf bestehende Begriffe abstützen müssen.

3 Unternehmensnachfolge in Familienunternehmen

Im vorliegenden Kapitel werden die Grundlagen gelegt, um ein gemeinsames Verständnis von Familienunternehmen in der Unternehmensnachfolge zu schaffen. Zu diesem Zweck werden nach einer kurzen definitorischen Festlegung des Begriffs Familienunternehmen (Kapitel 3.1) die spezifischen Eigenschaften von Familienunternehmen (Kapitel 3.2) sowie die Rolle des Unternehmers im Familienunternehmen (Kapitel 3.3) diskutiert. Anschließend werden einzelne Aspekte über die Gestaltung des Nachfolgeprozesses im Allgemeinen (Kapitel 3.4) und aus der Perspektive des Unternehmers (Kapitel 3.5) im Speziellen dargelegt.

3.1 Familienunternehmensdefinition in der vorliegenden Arbeit

Das Familienunternehmen als Ganzes wird als Sozialsystem (= Entität) definiert, Familie und Unternehmen bilden die beiden Subsysteme (= Elemente). Das Subsystem Unternehmen wird hier als soziotechnisches System verstanden, das eine juristische Einheit darstellt und einen wirtschaftlichen Zweck verfolgt.[350] Unter dem Subsystem Familie wird i.A. an Klein in der vorliegenden Arbeit eine Gruppe von Menschen verstanden, die in einem direkten verwandtschaftlichen Verhältnis zueinander stehen und die von einer definierten Ursprungsehe abstammen, sowie deren Ehepartner.[351] Dadurch werden Gründerfamilien, deren Kinder und Kindeskinder, aber auch Schwiegertöchter oder -söhne als Familie verstanden. Für die Arbeitsdefinition gilt es außerdem Klarheit über die Verbindung zwischen den beiden Subsystemen in Anlehnung an die bisherigen Ausführungen zu schaffen.

Der Grad des Einflusses der Familie auf das Unternehmen kann unterschiedlich stark sein, weshalb Shanker und Astrachen eine breite, mittlere und enge Definition von Familienunternehmen vorschlagen. Dabei steigen die Anforderungen an die relative Einflussnahme entsprechend an.[352] Eigenkapital, das Management, Führung und Kontrolle oder Familien- und Unternehmenskultur sind dabei aber keine Sozialsysteme i.e.S. wie dies im Rahmen der Mehrkreis-Modelle zum Teil postuliert wird (vgl. dazu Kapitel 1.1.1, Seite 1). Vielmehr handelt es sich dabei um Wege und Möglichkeiten, die gegenseitige Abhängigkeit oder Einflussmöglichkeiten zwischen Familie und Unternehmen zu beschreiben (vgl. dazu Abbildung 5). Das Ziel einer Definition sollte des-

---

[350] Rüegg-Stürm 2002, S. 20f.; Löwe 1979.

[351] Klein 2000b, S. 21; Frey, Halter, Zellweger 2004. Die Familie kann auch als kleinste menschliche Gemeinschaft, zu der die durch Ehe, Verwandtschaft und Schwägerschaft verbundenen Personen gehören, umschrieben werden. Vgl. Bertsch 1964, S. 1. Schweizerisches Zivilgesetzbuch, Art. 20 (Verwandtschaft) und Art. 21 (Schwägerschaft).

[352] Shanker, Astrachen 1996, S. 107ff.; Chrisman, Chua und Sharma 2003, S. 10 fordern deshalb eine Definition auf einem Kontinuum.

halb sein, die Verbindung zwischen den beiden Subsystemen Familie und Unternehmen fassbar zu machen und nicht mehr.[353]

Bei Familienunternehmen drehen sich die Definitionen meist um folgende drei Elemente, welche Hengstmann bereits im Jahr 1935 verwendet hat (vgl. dazu auch Kapitel 1.1.1, Seite 1ff.):[354]

- Die Personen, welche an der Gesellschaft beteiligt sind (= Gesellschafter, Aktionäre), gehören der Familie an;
- Die Familie als Ganzes oder einzelne Mitglieder der Familie sind in der Lage, das Unternehmen zu beherrschen;
- Die Familienmitglieder haben den erklärten Willen, das Unternehmen aus der Familie heraus zu gestalten.

Ergänzt wird diese Definition oft mit der Forderung, dass verschiedene Generationen im Unternehmen aktiv sein sollen, oder dass zumindest ein Generationswechsel bereits stattgefunden hat.[355]

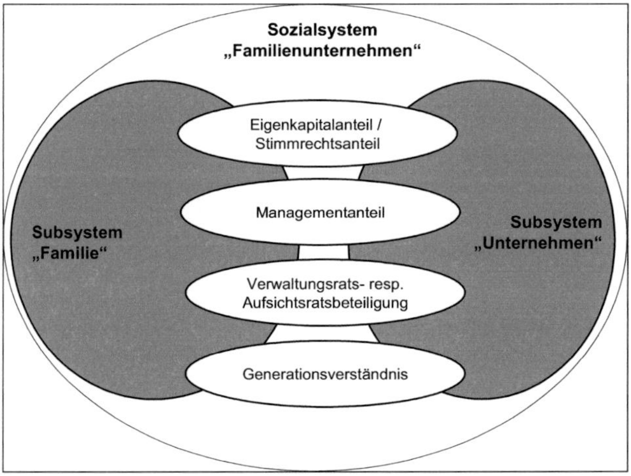

Abbildung 5: Arbeitsdefinition von Familienunternehmen[356]

[353] So geschehen bspw. im bereits vorgestellten Konzept des SFI und der F-PEC Skala, vgl. dazu Kapitel 1.1.1, S. 1f.

[354] Hengstmann 1935, zitiert in von Moos 2003, S. 15. Ähnlich auch Hennerkes 1998, S. 25f.

[355] Sharma, Chrisman, Chua 1996, S. 3.

[356] Eigene Darstellung.

Bezüglich dem *Umfang der Kapital- und Stimmrechtsbeteiligung* durch die Familie können in der Literatur unterschiedliche Forderungen identifiziert werden.[357] Viele Autoren fordern einen Mindestanteil von 50 Prozent.[358] Betrachtet man die Familienunternehmen in der Schweiz, kann festgestellt werden dass bei 66.6 Prozent aller Unternehmen die Familie im obigen Sinn 100 Prozent des Kapitals respektive der Stimmrechte hält.[359] Bei weiteren 23.2 Prozent hält die Familie zwischen 50 und 99.9 Prozent der Stimmrechtsanteile. Deshalb darf es als legitim angesehen werden, dass der Grad der Kapitalbeteiligung als „Schnellindikator" zur Differenzierung zwischen Familien- und Nicht-Familienunternehmen verwendet wird.[360] In dieser Arbeit wird von einer maßgeblichen Kontrolle durch die Familie ausgegangen, wenn diese mindestens 75 Prozent der Anteile kontrolliert und damit eine qualifizierte Mehrheit sicherstellt.[361]

Die zweite Einflussnahme erfolgt über die Wahrnehmung von Managementfunktionen. Das Management wird in der Schweiz bei 62.8 Prozent aller Familienunternehmen vollständig, bei weiteren 7.1 Prozent mehrheitlich von der Familie besetzt. Für die vorliegende Arbeit gilt, dass die Kernfamilie die Führung des Unternehmens trägt, wobei diese Funktion primär von einem Unternehmer wahrgenommen wird.[362]

Die dritte Einflussnahme stellt die *Vertretung im Verwaltungsrat respektive Aufsichtsrat* dar. In der Schweiz konnte nachgewiesen werden, dass es beim Verwaltungsrat in Familienunternehmen rascher zu einer Öffnung gegenüber Dritten kommt als beim Management, wo das operative Geschick des Unternehmens liegt. Bei lediglich 36.2 Prozent aller Familienunternehmen wird der Verwaltungsrat vollständig und bei 19.6 Prozent mehrheitlich von der Familie besetzt.[363] In der vorliegenden Arbeit werden diesbezüglich keine Forderungen gestellt.

In einzelnen Beiträgen wird gefordert, dass die Übertragung von der einen *Generation* auf die nächste ein konstitutives Merkmal eines Familienunternehmens darstellt.[364] Die Problem- und Fragestellung dieser Arbeit fokussiert sich auf die Unternehmensnachfolge. Dies bedeutet, dass die Unternehmen in der Zwischenzeit auf mindestens eine zweite Generation übertragen worden sein müssen, unabhängig davon, ob es sich um eine familieninterne oder familienexterne Nachfolgelösung gehandelt hat. Die Un-

---

357 Gallo, Garcia Pont 1988, S. 14 mit 10 Prozent Donckels, Fröhlich 1991; Klein 2000b, S. 15 mit mindestens 51 Prozent Stimmanteilen.

358 Leach et al. 1990, S. 3; Pentzlin 1976, S. 8; Clausen 1982, S. 50.

359 Fueglistaller, Halter 2005, S. 37 und Frey, Halter, Zellweger 2004a, S. 11.

360 Im Rahmen der internationalen Forschungsprojekte STRATOS und INTERSTRATOS wurde bspw. nur auf die Kapitalbeteiligung abgestützt, um zwischen Familienunternehmen- und Nicht-Familienunternehmen zu unterscheiden, vgl. Fröhlich 1995, S. 115.

361 OR 1999, Art. 704 für Aktiengesellschaften, Art. 791 für GmbH und Art. 888 für die Genossenschaft.

362 Für den Begriff des Unternehmers vgl. später Kapitel 3.3.1, S. 87.

363 Fueglistaller, Halter 2005, S. 37.

364 Löwe 1979, S. 131; Neubauer 1992, S. 174; Hinterhuber, Minraht 1991, S. 462.

ternehmen, welche Eingang in die vorliegende Arbeit finden, befinden sich zum Zeitpunkt der Interviews folglich mindestens in der zweiten Generation.

3.2 Eigenschaften von Familienunternehmen

In der bisherigen Darstellung stand vor allem die strukturelle Kopplung zwischen Familie und Unternehmen über Eigentum, Management, Verwaltungsrat und Generation im Vordergrund.[365] Diese Betrachtung gibt jedoch noch keinen eigentlichen Einblick in die mit verschiedenen Eigenlogiken ausgestatteten Subsysteme.[366] Es gilt deshalb, die verschiedenen Beziehungsmöglichkeiten und -formen in und zwischen der Familie und dem Unternehmen als Teilsysteme zu verstehen, um deren Koevolution zugänglich zu machen.[367] Die aufgezeigten Möglichkeiten dürfen jedoch nicht als abschließend betrachtet werden, denn die verschiedenen Elemente können vielschichtig zusammenwirken. Durch die emergenten Eigenschaften findet eine ständige und nur sehr begrenzt vorhersehbare Systementwicklung statt, woraus eine Varietät (= Anzahl der möglicher Zustände eines Systems) entsteht und als Maß für die Komplexität eines Familienunternehmens (= System) aufgefasst werden kann.[368]

Nachfolgend werden die Kernfunktionen von Familie und Unternehmen kurz dargelegt (vgl. Kapitel 3.2.1, Seite 76ff.). Anschließend werden in einem zweiten Schritt mögliche Unterschiede zwischen den beiden Subsystemen (vgl. Kapitel 3.2.2, Seite 79ff.) sowie Stärken und Schwächen von Familienunternehmen aufgezeigt (vgl. Kapitel 3.2.3, Seite 83ff.). Der Fokus liegt auf potentiellen Widersprüchen und Paradoxien: *„Die zum Aufbau eines erfolgreichen Geschäfts erforderlichen Prozesse können das Familienleben stören, während die Förderung harmonischer familiärer Beziehungen einem florierenden Geschäft abträglich sein können."*[369]

3.2.1 Die zwei Subsysteme Familie und Unternehmen

Für die Familie können unterschiedliche Funktionen identifiziert werden. Nachfolgend wird zwischen natürlichen, wirtschaftlichen und sozial-kulturellen Funktionen unter-

---

365 Der Begriff der „strukturellen Kopplung" stammt aus der biologischen Theorie von Humberto Maturana und zielt bewusst auf die Frage, wie autopoietische Systeme unbeschadet ihre eigene Autonomie oder operative Geschlossenheit jedoch jedoch im Umweltverbund gedacht werden müssen, vgl. Luhmann 1984 und vertiefend in Kapitel 1.2.3, S. 22ff.

366 Wimmer, Gebauer 2004, S. 245; Gersick, Davis, McCollom Hampton u.a. 1997, S. 5ff; Wimmer, Domayer, Oswald u.a. 1996. Empirisch vgl. Rutherford, Muse, Oswald 2006, S. 317ff.

367 Oswald, Wimmer 1998, S. 7.

368 Schwaninger 1998, S. 5.

369 Sorenson 2001, S. 235; Reid, Dunn, Cormie et al. 1999b, S. 150; Wohlgemunth 1993, S. 109.

schieden.[370] *Die natürliche Funktion der Familie (1)* liegt in der Verbindung zwischen Mann und Frau und damit verbunden in der Fortpflanzung zur Erhaltung des Bestands unserer Gesellschaft. Auch wenn zunehmend neue Formen des Zusammenlebens identifiziert werden können, handelt es sich um ein Idealmodell, das von vielen Menschen angestrebt wird.[371] Neben den Lebensformen verändern sich auch die Reproduktionsformen, so dass im Zug der medizinischen Weiterentwicklung die familiären Verhältnisse durch Reproduktionstechnologien wie In-vitro-Fertilisation, Leihmütter und andere Formen der Ektogenese entwickelt und eingesetzt werden.[372]

In der wirtschaftlichen Funktion der Familie (2) geht es darum, den Bedarf an Nahrung, Kleidung und Obdach zu sichern, um die heranwachsende Generation lebenstüchtig zu machen. Der eingangs verwendete Begriff „Haushalt" ist in diesem Zusammenhang zu sehen. Heute bildet die Familie zwar noch eine ökonomische Überlebenseinheit, doch ist sie nicht mehr primär der formale Ort der Wertgenerierung im wirtschaftlichen Sinn.[373] Die ökonomische Funktion verliert an Bedeutung. Bei einer Heirat stehen heute primär emotionale Gründe wie Liebe, Verzweiflung oder „Unfähigkeit allein zu sein" als Motive oder Triebkräfte im Vordergrund. Die primären Ziele sind das individuelle Lebensglück, das gemeinsame Überleben oder die gemeinsame Sinnfindung.[374] Gleichzeitig kann beobachtet werden, dass Unternehmensgründungen durch Nachkommen von Unternehmerfamilien mitgetragen werden. Eine zweite Beobachtung ist, dass Mitarbeit von Familienmitgliedern unter dem eigentlichen Marktwert von den Betroffenen akzeptiert wird. In beiden Fällen stellt die Familie eine Ressourcenquelle für eine unternehmerische Aktivität dar.[375]

Die sozialkulturelle Funktion der Familie (3) kann darin gesehen werden, dass die Familie die heranwachsenden Individuen heranbildet, formt und prägt. Im Rahmen dieser Sozialisation findet die Einführung der Kinder in die Welt der sozialen Beziehungen statt, und damit die Bildung der Tiefenschichten des Charakters und der Persönlichkeit.[376] In der Familie stehen die Individuen im Zentrum, verbunden mit gefühlsbeton-

[370] Löwe 1979, S. 20f.; Klein 2000b, S. 10; Rosenbauer 1994, S. 44; Wiedmann 2002, S. 40f.; Boungou Bazika 2005, S. 20ff.; Siebel 1984, S. 208; Sechser 2006, S. 11.

[371] Gross 1994 spricht in diesem Zusammenhang von Multioptionsgesellschaft. Das „Fräulein-Dasein" oder Junggesellen waren einst belächelte oder verpönte Lebensformen, der „Single" wurde in der Zwischenzeit zu einer attraktiven und akzeptierten Option (vgl. Gross 1994, S. 52). Die Liebesheirat und Wunschkinder können heute als Errungenschaften der modernen Familie dargestellt werden.

[372] Gross 1994, S. 52ff. Unter Ektogenese wird die vollständige Auslagerung des Vorgangs der Zeugung, der Austragung und der Geburt aus dem menschlichen Leib verstanden.

[373] Simon 2002, S. 18f.

[374] Simon 2002, S. 58.

[375] Boungou Bazika 2005, S. 24f.

[376] Rosenbauer 1994, S. 44; Belardinellie 2002. Zur Sozialisation von potentiellen Nachfolgern vgl. Halter, Frey, Zellweger 2005.

ten Beziehungserwartungen, denn die Familie dient der emotionalen Erhaltung des Individuums.[377] Sexualität, Liebe und Geborgenheit, Sicherheit, Glaube, Regeneration und Spannungsausgleich sind dabei tragende Elemente.

Das hier formulierte Bild der Familie hat einen institutionellen Charakter. Das bedeutet, dass die Familie für die Betroffenen einen stabilen Bedeutungsinhalt darstellt. Gleichzeitig handelt es sich um eine relative Stabilität, denn der Bedeutungsinhalt kann sich im Zeitverlauf verändern. Der Bedeutungsinhalt der Familie kann auch als dynamischer Prozess verstanden werden, der sich im Laufe der Lebensbiografie entwickelt und immer wieder neu gestaltet wird.[378]

Das *Unternehmen* wird in der Literatur oft als soziotechnisches System verstanden, das vier spezifische Eigenheiten ausweist, die es von anderen sozialen Systemen unterscheiden.[379] Als wirtschaftliche Systeme sind Unternehmen langfristig auf einen ausgeglichenen Geldhaushalt angewiesen (1) um zu überleben.[380] Sie sind zweitens zweckorientiert und multifunktional (2), indem sie durch Wertschöpfung Nutzen für verschiedene Anspruchsgruppen generieren und weniger für sich selbst. Drittens sind sie soziotechnische Systeme (3), in denen Menschen, unterstützt durch technische Hilfsmittel, in arbeitsteiligen Prozessen Aufgaben verrichten (4). Schließlich stehen Unternehmen in einem ökonomischen Wettbewerb mit knappen Ressourcen, mit denen sie sich gegen Konkurrenzunternehmen durchsetzen müssen. Das Unternehmen wird dabei als ein offenes System verstanden, welches dem Wettbewerb und den Absatz- und Beschaffungsmärkten ausgesetzt ist.

An die im Unternehmen tätigen Personen bestehen klare Leistungs- und Verhaltenserwartungen.[381] Systemimmanente Ziele werden mit meist rationalen, erwerbswirtschaftlichen Prinzipien zu erreichen versucht. Das Unternehmen wird bewusst mittels Lenkung, Gestaltung oder Entwicklung beeinflusst. Lenkung beinhaltet die Feinanpassung der Strukturen, Gestaltung die Neuausrichtung der Organisationsprofile und Entwicklung die Neupositionierung in den verschiedenen Lebensphasen des Unternehmens.[382]

---

[377] Wimmer, Gebauer 2004, S. 247; Klein 2000b, S. 61.

[378] Bertram 2007, S. 109; Anders 2001, S. 226f. Die Veränderung der Familie kann mit Stichworten wie Enttraditionalisierung, Wandel der Beziehungsbilder, Desynchronisierung und Flexibilisierung, Lebenslauf statt Lebenslage oder Abkehr von Sozialromantik umschrieben werden, vgl. dazu ausführlich Metzger 2001, S. 212ff.; Le Mar 2001, S. 62ff..

[379] Rüegg-Stürm 2002, S. 20f.; Löwe 1979.

[380] Simon 2002, S. 13.

[381] Wimmer, Gebauer 2004, S. 247.

[382] Gomez, Zimmermann 1997, S. 11. Diese Sichtweise entspricht primär einem systemisch-kybernetischen Grundverständnis.

3.2.2 Unterschiedliche Zielsetzungen

In Familienunternehmen werden den beiden Subsystemen oft eine menschlich-familiäre (= Familie) und eine betrieblich-finanzielle Seite (= Unternehmen) zugesprochen. Dies äußert sich in unterschiedlichen Normen, Beziehungsformen, kommunizierten Themen oder praktizierten Regeln je Subsystem. Die gegenseitige Beeinflussung kann zur Veränderung der Dynamik und Kultur von Familie und Unternehmen führen.[383] Familienunternehmen verfolgen beispielsweise ökonomische und nicht-ökonomische, respektive finanzielle und nicht-finanzielle Ziele.[384] Andere schreiben der Familie emotionale, dem Unternehmen rationale Eigenschaften zu.[385] Solche Unterschiede sind Beispiele für teils umfangreiche Differenzierungen zwischen den beiden Sozialsystemen.[386] Nachfolgend werden die wesentlichen Unterschiede der beiden Sozialsysteme herausgearbeitet. Einen Überblick gibt Tabelle 3 auf Seite 80. Um der Gefahr der dichotomen Betrachtung entgegen zu wirken, sind in der Abbildung die zweite und dritte Spalte nicht mit einer durchgezogenen Linie abgetrennt, denn es handelt sich dabei um starke Verallgemeinerungen.[387] Mit dem verbindenden Pfeil wird zum Ausdruck gebracht, dass die Darstellung Tendenzen aufzeigt, wobei unterschiedliche Schattierungen des Gesamtsystems möglich sind.[388]

Simon schreibt den Unternehmen eine primär *funktionsorientierte*, der Familie eine *personenorientierte Identität (1)* zu.[389] Demnach kann sich ein Familienmitglied nie nur körperlich oder nur psychisch in seine Familie einbringen. Es gehört immer die Person als „Ganzes" zur Familie, ihre Geschichte wird in allen biographischen Details bewusst erzählt und zelebriert. Im Zeitverlauf bleiben Eigenschaften und Rollen von Personen relativ konstant, nur einzelne Funktionen verändern sich oder werden ausgetauscht. Einem Unternehmen stellt eine Person dagegen nur seine Arbeitskraft, seine körperliche oder geistige Leistungsfähigkeit zur Verfügung und nicht die ganze „Person". Die Arbeitnehmer nehmen dabei unterschiedliche Funktionen in der Produktion, Verwaltung oder in anderen Bereichen wahr. Eine Person im Unternehmen fällt nur dann auf, wenn ihr Beitrag überdurchschnittlich ist oder sehr zu wünschen übrig lässt. Bezogen auf die Personalpolitik kann dies bedeuten, dass unter Familienmitgliedern eine konsequente

---

383 Klughardt 1991, S. 11; Simon 2002, S. 13 und 19; Sorenson 1999, S. 133.

384 Tagiuri, Davis 1996; Lee, Rogoff 1996.

385 Gudmundson, Harman, Tower 1999, S. 27. So dort auch Ward 1987; Beckhard, Dyer 1983, S. 5; McCann, Hammond, Keyt et al. 2004, S. 203; Netzhammer 2004, S. 60; Sharma, Chrisman, Chua 1996, S. 24.

386 bspw. Simon 1999a, S. 180ff.; Buchinger 1991, S. 5f.; Hammer, Hinterhuber 1993, S. 254; Rosenbauer 1994, S. 45.

387 Gerade bei solchen Aufstellungen muss einem systemisch-konstruktivistichen Ansatz der Emergenz Raum gegeben werden.

388 vgl. auch die Kritik von Whiteside, Brown 1991, S. 384ff.

389 Simon 1999a, S. 181f.; Simon 2002, S. 20ff.; Buchinger 1991, S.5f..

Gleichberechtigung herrscht, während bei Arbeitnehmern die besten zum Einsatz kommen die anderen ersetzbar sind.[390]

Merkmale	**Familie ist primär** ⟵	⟶ **Unternehmen ist primär**
Identität (1)	Personenorientierung Gleichberechtigung Leistungsunabhängigkeit	Funktionenorientierung der Beste und Ersetzbarkeit Leistungsabhängigkeit
Sprache **Kommunikationsform** **Kommunikationsmuster** **Beziehungsprinzip** (2)	mündlich unverbindlich / weich / enthemmt / beziehungsorientiert Gefühl und Verwandtschaft	schriftlich verbindlich / hart / gehemmt / sachaufgabenorientiert Vertrag
Orientierung (3)	innenorientiert über Liebe / Hingabe / Vertrauen / Tradition / Gerechtigkeit	außen orientiert über Wettbewerb / Qualitäts- und Termintreue
Risiko und Veränderungsbereitschaft (4)	risikoavers / Veränderungen als Gefahr empfunden	risikofreudig / Veränderung als Chance empfunden
Lebensdauer (5)	je Generation begrenzt	theoretisch unbegrenzt
Verhaltensweise und Leistungsverständnis (6)	emotional Leistung nicht objektivierbar persönlicher Ausgleich	rational Leistung objektivierbar monetärer Ausgleich
Werte und Wertigkeit (7)	Wert an sich Wert als Input; Verhaltenskodex	Wert durch Ertrag Wert als Output

Tabelle 3: Familie und Unternehmen - zwei unterschiedliche Sozialsysteme[391]

Unterschiede zwischen Familie und Unternehmen können auch in der eingesetzten *Sprache* identifiziert werden. Bezüglich der *Kommunikationsform (2)* und den *Kommunikationsmustern* wird in der Familie primär mündlich (= oral) und von Angesicht zu Angesicht kommuniziert. Kommunikation dient dabei in erster Linie zur Aufrechterhaltung der Beziehung. Diese sogenannte primäre Kommunikation (auch weiche oder enthemmte Kommunikation genannt) dient einem Selbstzweck, auch wenn es dabei um die Erfüllung anderer Aufgaben geht. Sie erfolgt spontan, beinhaltet emotional gefärbte Reaktionen und folgt einer beschränkten Struktur.[392] Im Unternehmen dagegen kommt zunehmend die schriftliche (= literale) und damit verbindlichere und strukturiertere Kommunikation zum Einsatz. Der Sinn der Kommunikation in Organisationen besteht entsprechend darin, Tätigkeiten und Informationen so weit miteinander zu vernetzen, dass anstehende Aufgaben gelöst werden können. Die sogenannte sekundäre Kommu-

[390] auch Wimmer, Groth, Simon 2004, S. 35. Werden Familienmitglieder trotz schlechterer Qualifikationen einem Dritten im Rahmen der Nachfolgeregelung bevorzugt, wird dies als Nepotimus bezeichnet. Damit verbunden sind auch Emotionsregeln, die in der Familie möglicherweise stärker zur Geltung kommen, als in Unternehmen. Astrachan, Kolenko 1994, S. 251.

[391] Eigene Darstellung i.A. Simon 1999a; Simon 2002; Buchinger 1991;Wimmer, Groth, Simon 2004; Netzhammer 2004; Müller-Tiberini 2001; Fröhlich 1995.

[392] Buchinger 1991, S. 5f.; Simon 1999a, S. 190f.; Simon 2002, S. 26f.; Netzhammer 2004, S. 62.

nikation (= harte oder gehemmte Kommunikation genannt) ist der Sachaufgabe untergeordnet und zeitlich codiert. Aus den Kommunikationsmustern können Beziehungsmuster abgeleitet werden, die in der Familie auf Gefühl und Verwandtschaft beruhen, bei Unternehmen auf Verträgen. In der Praxis kann die Durchmischung der Kommunikationsform und damit der Beziehungsprinzipien zu Irritationen bei den Betroffenen führen. Für Kinder kann es irritierend wirken, wenn der Vater bei wichtigen und persönlichen Mitteilungen einen maschinengeschriebenen Brief schreibt, oder wenn Eheverträge und Testamente als Verträge unmittelbar vor oder nach einer romantischen Hochzeit in der Familie aufgesetzt werden.[393]

Weitere Unterschiede können bezüglich der *Orientierung (3)* von Familie und Unternehmen festgestellt werden, die in den jeweiligen Kulturen gefunden werden können.[394] Die Familie wird dabei als ein innenorientiertes Sozialsystem verstanden, in dem Werte wie Tradition, Kontinuität und Gerechtigkeit im Vordergrund stehen. Ein Unternehmen dagegen steht in einem Wettbewerbsumfeld und muss sich täglich in Absatz- und Beschaffungsmärkten behaupten können. Im Unternehmen stehen deshalb Werte wie Qualitäts- und Termintreue, Einsatzfreude und Verantwortungsfreude im Mittelpunkt.

Damit verbunden ist auch das Verständnis *von Risiko und das Verhältnis zu Veränderungen (4)*. Familien haben den Hang dazu, dem Ungewöhnlichen und Neuen auszuweichen. Entsprechend werden Schemata entwickelt, um das Außergewöhnliche auf die bereits vorhandenen Personenkenntnisse zurück zu stufen und entsprechend keine Identitätsdifferenzen aufkommen zu lassen.[395] Familien sind deshalb als risikoavers zu bezeichnen. Unternehmen dagegen sind dem Wettbewerb ausgesetzt. Dies erfordert Risikofreude um Neues und Innovationsverdächtiges zu finden, was die Produkt- und Marktchancen erhöht.

Die *Lebensdauer (5)* einer Kernfamilie ist biologisch bedingt begrenzt und muss nicht aus rein ökonomischen Gründen zerbrechen. Es sind primär Gefühle, Liebe, Zuneigung, Verpflichtung, Dankbarkeit oder Loyalität die sicherstellen, dass die Familienmitglieder den Kontakt untereinander herstellen und pflegen.[396] Ein Unternehmen dagegen, eine gesicherte Finanzierung vorausgesetzt, hat theoretisch eine unbegrenzte Lebensdauer.[397] *„Wenn jedoch niemand mehr produziert oder Dienste leistet, finden Unternehmen einfach nicht mehr statt."*[398] Der Lebenszyklus ist bei der Familie ein biologischer und damit gewissermaßen vorbestimmt, der Lebenszyklus eines Unter-

393 Müller-Tiberini 2001, S. 78.

394 Für Kulturunterscheide vgl. Fröhlich 1995, S. 119.

395 Zahra 2005, S. 23ff.

396 Simon 2002, S. 28.

397 Simon 1999a, S. 189.

398 Simon 2002, S. 28.

nehmens ist ein soziologischer und in diesem Sinn bezüglich Verlauf und Länge nicht vorbestimmt.[399]

Bezüglich der *Verhaltensweise* und dem *Leistungsverständnis (5)* wird der Familie in der Regel ein emotionales Verhalten zugesprochen. Die Nicht-Kündbarkeit der Beziehungen in Familien hat dahingehend eine affektive Wirkung, als dass die Gefühle für und gegeneinander tiefer werden.[400] Entsprechend ist die Leistung der einzelnen Familienmitglieder kaum objektivierbar. Die Beziehung untereinander folgt langfristigen Reziprozitätserwartungen in Tauschbeziehungen durch einen persönlichen Ausgleich. Im Unternehmen dagegen sind kurzfristige Reziprozitätserwartungen anzutreffen, welche durch Geldzahlungen erfüllt werden. Dies drückt aus, dass die von den Arbeitnehmern erbrachte Leistung in der Regel objektivierbar ist und nach Maßgabe des Arbeitsmarkts, der erzielten Ergebnisse und des Leistungspotentials erfolgt, in der Familie erfolgt diese nach den individuellen Bedürfnissen.[401] Flam umschreibt in diesem Zusammenhang Unternehmen als gezähmte Organisationen, in denen legal-rationale Regeln ein Gefühlsmanagement sicherstellen, um die launischen und unvorhersehbaren Gefühle zu ersetzen.[402] Ein anderes Beispiel stellt die Aus- und Weiterbildung dar. Diese steht beim Unternehmen im Dienst der Strategie und der Organisationsentwicklung, in der Familie im Dienst der individuellen Entwicklungsbedürfnisse.

Eine Familie zieht den *Wert (6)* aus der Existenz als solches. Werte werden in Familien primär als Verhaltenskodex verstanden, die im Sinne einer Inputfunktion ihre Wirkung entfalten. Dies bedeutet, dass Notbedürftigen geholfen wird, ohne die Leistung in Rechnung zu stellen. Der Wert eines Unternehmens ergibt sich durch den Ertrag, den dieses erwirtschaftet. Entsprechend kommt die Orientierung der beiden Systeme hier zum Tragen. In Unternehmen werden Werte primär als Output im Sinne von Erfolg verstanden.

Die einzelnen Eigenschaften der Familie und des Unternehmens können in Familienunternehmen unterschiedlich stark vertreten sein, woraus die emergenten Formen entstehen.[403] Eine zentrale Frage ist deshalb, ob primär das Unternehmen im Dienst der Familie oder die Familie im Dienst des Unternehmens steht. Familienorientierte Firmen

---

399 Eine vertiefte Auseinandersetzung mit Lebenszyklen findet sich bei Fueglistaller, Halter 2006; Wimmer, Domayer, Oswald, Vater 1996, S. 245ff.

400 Simon 2002, S. 23.

401 Hammer, Hinterhuber 1993, S. 254.

402 Flam 2002, S. 175. Gleichzeitig hält sie aber auch fest, dass Manager in Wirtschaftsunternehmen nur mühsam ihre Rolle spielen und ihren Gefühlen der Furcht, Angst und Desillusionierung trotzen können. Bürokratische Regeln und Routinen werden als Selbstschutzmechanismen betrachtet, vgl. dazu Flam 2002, S. 177.

403 Hildenbrand betont, dass letztlich ohnehin nur je Einzelfall zu entscheiden ist, ob die Akteure ihre Wirklichkeit eher als Familie mit einem Betrieb oder vice versa verstehen, denn jede scholastische Begriffsklauberei verstellt den Blick auf die jeweilige Wirklichkeit, vgl. Hildenbrand 2002, S. 121.

können beispielsweise rigider in ihrer Betrachtungsweise der Dinge, risikoaverser und weniger mit strategischem Denken vertraut sein.[404]

Aus systemisch-konstruktivistischer Sicht findet durch die Überlagerung und gegenseitigen Durchdringung der beiden Sozialsysteme eine gegenseitige Beeinflussung statt. Diese geht damit weiter als die bei der Definition verwendeten systemisch-kybernetisch orientierten formalen Strukturkriterien wie beispielsweise Eigenkapitalanteile und Managementfunktion (vgl. dazu Abbildung 5, Seite 74). Die gegenseitige Prägung über die Zeit führt in der Folge zu Merkmalsunterschieden zwischen Familien- und Nichtfamilienunternehmen. Aus einer ressourcenorientierten Perspektive wird in diesem Zusammenhang auch von „Familiness" gesprochen, wobei die Eigenschaften als ein spezifisches und einzigartiges Bündel von Ressourcen angesehen werden. Dieses drückt den Familienbezug und die Familienprägung eines Unternehmens aus, die sowohl Stärke als auch Schwäche sein kann.[405]

3.2.3 Stärken und Schwächen von Familienunternehmen

Durch die dargelegten Möglichkeiten entstehen je nach Ausgestaltung oder Prägung des Familienunternehmens spezifische Stärken und Schwächen.[406] Der Rückhalt einer Familie kann einem Unternehmen Stabilität verleihen, da die Kontinuität grundsätzlich gesichert ist oder das unternehmerische Gedankengut auf einem engen Eigentums-Leistungs-Zusammenhang beruht.[407] Gleichzeitig können daraus aber auch Schwächen hervorgehen und zu einer Gefahr für das Familienunternehmen werden.[408] Durch die

---

404 Reid, Dunn, Cromie u.a. 1999a, S. 55ff.; Reid, Dunn Cromie u.a. 1999b. Dunn 1995. Ward 1987. Andere Autoren formulieren spezifische Vor- und Nachteile von Familienunternehmen. Solche Bewertungen sind jedoch mit Vorsicht zu genießen, denn es muss davon ausgegangen werden, dass dahinter subjektive Idealbilder versteckt sind, die für die vorliegende Arbeit eher ungeeignet erscheinen. Vgl. bspw. Müller-Tiberini 2001, S. 25ff.; Carlock, Ward 2001, S. 192ff.; Stöhlker, Müller-Tiberini 2005, S. 10; Hildenbrand 2002, S. 122f.; Kets de Vries 1996, S. 23; Tagiuri, Davis 1996, S. 199ff.

405 Für Stärken und Schwächen vgl. nachfolgendes Kapitel 3.2.3, S. 83. Für Vertiefung des Begriffs „Familiness" vgl. Mühlebach 2004; Habbershon, Williams 1999; Habbershon, Williams, MacMillan 2003; Tokarczyk, Hansen, Green, Down 2007; Sorenson 2001, S. 235; Netzhammer 2004, S. 60.

406 Wohlgemuth 1993, S. 108; Le Mar 2001, S. 34ff. Ausführliche Darstellung bei Neubauer 1992, S. 13f.; Simon 2002, S. 31ff.; Carlock, Ward 2001, S. 192ff.; Sharma, Chrisman, Chua 1996, S. 24; Kets de Vries 1996, S. 23; Jorissen, Laveren, Martens, Reheul 2005, S. 229; Duh 2002; Brundin, Melin, Samuelsson 2005, S. 7ff.; Höring 2005, S. 19f.

407 Als weitere mögliche Stärken werden genannt: loyale Mitarbeiter, persönliche Beziehungen zwischen Arbeitgeber und Arbeitnehmer, Vertrauensbeziehungen, Integrität im Namen des Familiennamens. Vgl. Donnelly 1964; Sharma, Chrisman, Chua 1996, S. 24; Aronoff, Ward 1995, S. 122ff.; Sorenson 2001.

408 In der Literatur kann eine Vielzahl von Beiträgen identifiziert werden, die sich mit Unterschieden zwischen Familien und Nicht-Familienunternehmen auseinandersetzen. Familienunternehmen suchen mehr die Privatsphäre, verfügen über weniger Unternehmenskapital, sind risikoaverser, weniger wachstumsorientiert und benutzen weniger sozioökonomische Netzwerke. Ward 1987; Whisler 1988;

Konzentration von Eigentum und Führung in einer Person besteht die Gefahr der Versteinerung von Strukturen und damit einer Gefährdung der Wettbewerbsfähigkeit; oder eine ungenügende Nachfolgeregelung kann den Fortbestand des Unternehmens ernsthaft in Frage stellen.[409]

Eine der meistgenannten Stärken von Familienunternehmen ist die *langfristige Perspektive (1)*, welche Entscheidungen und Verhalten prägt.[410] Diese Eigenschaft hinterlässt dabei Spuren in der strategischen Ausrichtung, im Investitionsverhalten und tendenziell in einer stabilen Personalpolitik.

Gleichzeitig werden Familienunternehmen aber auch eine *flexible Organisation und schnelle Entscheidungswege (2)* zugesprochen, was rasche und unbürokratische Entscheidungen ermöglicht.[411] Insbesondere das Zusammenfallen von Kapital und Management vereinfacht die Entscheidungsfindung, da die Principal-Agent-Problematik und die damit verbundenen Transaktionskosten wegfallen.[412]

Als weitere Stärke wird eine *starke Identifikation (3)* dank familiärer Unternehmenskultur genannt. Normen und Werte ermöglichen sowohl den Familienmitgliedern als auch den Mitarbeitenden eine hohe Identifikation mit dem Unternehmen und fördern die Leistungsmotivation.[413] Die im Unternehmen aktiven Personen haben einen höheren Stellenwert, sind weniger leicht austauschbar und nicht nur auf ihre Funktion reduziert.

Familienunternehmen werden auch mit einer hohen *Produktqualität und guten Marktkenntnisse (4)* assoziiert, da dieses Wissen unter Umständen über Jahrzehnte akkumuliert und tradiert wird.[414] Gleichzeitig gilt es jedoch kritisch anzumerken, dass sich der Wettbewerb im Rahmen von Globalisierung und neuen Technologien radikal verändert und dementsprechend auch eine Offenheit gegenüber Neuem unabdingbar ist. Deshalb kann daraus auch ein Risiko für Familienunternehmen abgeleitet werden.

Eine der größten Gefahren und damit Schwäche von Familienunternehmen ist, dass *Konflikte aus der Familie ins Unternehmen übertragen werden (5)* können und vice versa. Dies ist vor allem dann von Bedeutung, wenn mehrere Familienmitglieder im

---

Litz 1997; Daily, Dollinger 1993; Gallo 1995, S. 95f.;Gallo, Garcia Pont 1988; Lyman 1991; Gallo, Vilaseca 1996, S. 387f.; Donnelly 1964.

409 Als weitere Schwächen werden genannt: Mangel an Professionalität und Disziplin und Einfluss von Familienkonflikten auf das Unternehmen, vgl. Sharma, Chrisman, Chua 1996.

410 Rosenbauer 1994, S. 147ff.; Zellweger 2006; Carlock, Ward 2001, S. 192; Kets de Vries 1996, S. 16f.

411 Carlock, Ward 2001, S. 192; Le Mar 2001, S. 36.

412 Mühlebach 2004, S. 26. Die Agency-Cost-Theory geht auf Jensen und Meckling zurück (1976). Die Theorie geht dabei von einem rational handelnden Menschenbild aus. Im Zusammenhang mit Familienunternehmen, vgl. Chrisman, Chua, Litz 2004; Schulze, Lubatkin, Dino, Buchholtz 2001; Schulze, Lubatkin, Dino 2003.

413 Kets de Vries 1996, S. 17; Tagiuri, Davis 1996; Le Mar 2001, S. 35.

414 Rosenbauer 1994, S. 149ff.

Unternehmen arbeiten und/oder die Differenzierung zwischen Unternehmen und Familie nicht bewusst gepflegt wird.[415]

Bei der starken Dominanz von familiären Eigenschaften im Subsystem Unternehmen kann es schwierig werden, Mitarbeitende und vor allem *professionelle Manager (6)* zu finden, welche die Rahmenbedingungen akzeptieren und damit umgehen können. Gerade in patriarchalisch geführten Familienunternehmen mit einer starken Präsenz des Unternehmers kann die Motivation und Entfaltung von Angestellten eingeschränkt werden.[416]

Die dargestellten Beispiele für Stärken und Schwächen haben einen illustrativen Charakter, denn eine fallspezifische Betrachtung kann jederzeit anders ausfallen. Wimmer, Groth und Simon formulieren entsprechend sieben Paradoxien, respektive sieben systemkonstituierende Widersprüche (vgl. Tabelle 4, Seite 86). Zur Sicherung des Familienunternehmens fordern die Autoren eine Entparadoxierung, wobei diese durch eine klare Priorisierung des Unternehmens vor der Familie erreicht werden soll.[417]

Durch die Überlagerung der beiden Subsysteme mit ihren Eigenlogiken und -dynamiken und den daraus entstehenden Paradoxien besteht ein inhärentes Konfliktpotential innerhalb und zwischen Familie und Unternehmen.[418] Je stärker der Familieneinfluss im Unternehmen ist, desto schwieriger wird es mit diesen Paradoxien umzugehen. Im Kontext der Unternehmensnachfolge wird dabei oft von der Gefahr gesprochen, dass Familienmitglieder bevorzugt werden, wenngleich sie die nötigen Anforderungen nicht erfüllen (= *Nepotismus*) oder die Wahl auf den Erstgeborenen fällt, wenngleich jüngere Geschwister geeigneter wären (= *Primogenitur*).[419] Ungelöste Familien- oder Generationenkonflikte können die Führung des Unternehmens und schließlich dessen Fortbestand gefährden.[420] Insbesondere im Zeitverlauf verändern sich beispielsweise gesellschaftliche Rahmenbedingungen oder die individuellen Wert- und Rollenvorstellungen, was die der klassischen Familie unterstellten Kohäsionskräfte schwächt.[421]

---

415 Carlock, Ward 2001, S. 197; Terberger 1998, S. 105ff.

416 Kets de Vries 1996, S. 21f.

417 Wimmer, Groth, Simon 2004, S. 18.

418 Terberger 1998, Klein 2000b, S. 86ff; Neubauer, Lank 1998, S. 73ff; Handler 1994, S. 144; Reid, Dunn, Cromie u.a. 1999b, S. 150; Wimmer, Groth, Simon 2004, S. 9. Die Konfliktpotentiale entstehen v.a. dadurch, dass die Rollenverteilungen nicht mehr eindeutig zugeordnet werden können. Vgl. Simon 1999a, S. 196.

419 Mühlebach 2004, S. 26; Kets de Vries 1996, S. 19; Rosenbauer 1994, S. 152f. Haberman, Danes 2007, S. 163; Royer, Simons, Boyd u.a. 2008, S. 15. Weitere Probleme im Kontext der Unternehmensnachfolge werden in Kapitel 3.4.4, S. 113 aufgezeigt.

420 Carlock, Ward 2001, S. 192ff.; Danco 1982; Kets de Vries 1996, S. 19f.

421 Beck 1986; Wimmer, Groth, Simon 2004, S. 10; Bertram 2007, S. 109; Anders 2001, S. 226f.

Paradoxie I	Familieneinflüsse als Ressource und Gefährdung des Unternehmens
Paradoxie II	Loyal sein gegenüber der eigenen Kernfamilie und dem größeren Familienverband
Paradoxie III	Kurzfristige (Einzel-)Investoreninteressen berücksichtigen und langfristig die Zukunft des Unternehmens sichern
Paradoxie IV	Gleichheitserwartungen der Familie erfüllen und den Ungleichheitsanforderungen des Unternehmens nachkommen
Paradoxie V	Wachsen unter Wahrung der unternehmerischen Autonomie
Paradoxie VI	Unternehmerische Wandlungsfähigkeit erhalten und (Familien-) Traditionen bewahren
Paradoxie VII	Schutzerwartungen der Familie befriedigen und Leistungsfähigkeit des Unternehmens und seiner Führung sichern

Tabelle 4: Sieben Paradoxien in Familienunternehmen[422]

Für die Unternehmensnachfolge kann dies bedeuten, dass die familieninterne Nachfolgelösung nicht mit derselben Selbstverständlichkeit vollzogen werden kann, wie es vor 30 Jahren der Fall sein mochte.[423] Konfliktpotentiale entstehen auch durch die unterschiedliche Entwicklung der Lebenszyklen von Familie und Unternehmen. Deshalb sind besondere Managementleistungen gefordert, um geeignete Grenzen zwischen der emotionalen Familiensphäre und der Unternehmensführung zu schaffen und zu erhalten sowie um geeignete Instrumente für die Koexistenz einzuführen.[424] Je unklarer die Rollen- und Funktionsverteilungen innerhalb der Familie und dem Unternehmen sind, desto größer werden die Unsicherheiten und desto vielschichtiger die Konfliktpotentiale.[425]

Zusammenfassend kann festgehalten werden, dass die Eigenlogik der beiden Subsysteme zu berücksichtigen ist. In Kombination führen sie zu einer fallspezifischen Konstellation von Familienunternehmen. Gleichzeitig verändern sich Werte, Strukturen und Normen im Zeitverlauf, was für die Unternehmensnachfolge im Allgemeinen und für den Unternehmer im Besonderen eine große Herausforderung darstellt. Er ist es, der primär mit den Paradoxien umzugehen hat; er muss die anderen Beteiligten für einen gemeinsamen Weg gewinnen und durch das aktive Verknüpfen und Pflegen der verschiedenen Charaktereigenschaften eine gemeinsame Familienunternehmensidentität schaffen.[426]

---

422 Wimmer, Groth, Simon 2004, S. 18.

423 vgl. dazu später Kapitel 3.4, Seite 101ff.

424 Mugler 1998, S. 22f.

425 Danes, Rueter, Kwon, Doherty 2002, S. 34.

426 Die Zwei-Faktoren-Theorie nach Herzberg (1968) wäre ein möglicher konzeptioneller Weg, um das Sowohl-als-auch der Familien- und Unternehmenswelt darzustellen.

3.3 Die Rolle des Unternehmers in Familienunternehmen

Der Unternehmer in Familienunternehmen bewegt sich in den beiden Subsystemen Familie und Unternehmen und nimmt deshalb verschiedene Aufgaben und Rollen wahr.[427] Nachfolgend wird in einem ersten Schritt der Begriff des Unternehmers geklärt (Kapitel 3.3.1). In einem zweiten Schritt wird der Versuch unternommen, die Rolle des Unternehmers darzustellen, wobei zwischen verschiedenen Analyseebenen differenziert wird (Kapitel 3.3.2, Seite 88ff.).[428]

3.3.1 Begriffe und die Rolle des Unternehmers im Allgemeinen

Nachdem das Familienunternehmen als Ganzes betrachtet wurde, liegt der Fokus der nachfolgenden Ausführungen auf dem Individuum. Auch wenn der Erfolg eines Unternehmens verschiedensten Faktoren und Personen zugesprochen werden kann, steht oft jene Person im Mittelpunkt, welche formell an der Spitze des Unternehmens steht.[429] Dazu werden Begriffe wie *Unternehmer, Entrepreneur, Familienunternehmer, Selbständigerwerbende oder Owner-Manager* verwendet. Die Gemeinsamkeit dieser Begriffe kann darin gesehen werden, dass alle angesprochenen Personen das Schicksal des Unternehmens zu wesentlichen Teilen mitgestalten und entsprechend eine große Verantwortung für das Unternehmen tragen. Gleichzeitig werden mit diesen Begriffen unterschiedliche Vorstellungen assoziiert, auf die kurz eingegangen werden soll.

Alleine für den Begriff des *Entrepreneurs (1)* gibt es eine Vielzahl von unterschiedlichen Definitionen.[430] Entrepreneurship kann als Theorie oder Lehre davon bezeichnet werden, wie Chancen (Opportunities) unter der Restriktion von eingeschränkten Ressourcen entdeckt und umgesetzt werden können. Diese eher breite Definition umfasst damit nicht nur die eigentliche Gründung eines Unternehmens, sondern auch dessen Weiterentwicklung in einem unsicheren Umfeld.[431] Entrepreneurship kann auch als Kultur, Gedankengut oder treibende Kraft interpretiert werden, welche ein Unternehmen kontinuierlich verändert um die Überlebens- und Entwicklungsfähigkeit desselben sicherzustellen. Der Entrepreneur kann damit als die Person verstanden werden, die das Unternehmen im Sinne von „entreprendre" durch ihr tägliches Initiieren und Organisieren vorantreibt.[432] Gleichzeitig muss festgehalten werden, dass auch Mitarbeitende in

---

427 Tagiuri, Davis 1996, S. 199ff.

428 Für die Umschreibung der Rolle von Mutter und Kindern vgl. bspw. Le Mar 2001, S. 87ff.

429 Für die Bedeutung des Unternehmers als alleiniger Entscheidungsträger vgl. Feltham, Feltham, Barnett 2005.

430 Moran 1998, S. 17.

431 Kao 1992, S. 5.

432 Boutillier, Uzunidis 1999, S. 18.

unterschiedlichen Funktionen und Hierarchien Ideen einbringen und damit die gleichen Effekte erzielen können.[433]

In unterschiedlichen Kontexten wird auch der Begriff *Owner-Manger (2)* verwendet. Er drückt die konkrete Kombination von Besitz und Leistung eines unabhängigen Unternehmens aus.[434] Die Funktion des Besitzes impliziert gewisse Vermögensbestände, worunter umgangssprachlich Immobilien, Büroräumlichkeiten, Apparaturen und Maschinen verstanden werden, welche vom Owner-Manger und seinen Mitarbeitenden betrieben werden.

Der Begriff des *Selbständigerwerbenden (3)* geht in die gleiche Richtung, wobei die Selbstverantwortung ins Zentrum der Betrachtung rückt. Entsprechend muss ein Unternehmen im obigen Sinn nicht zwingend vorhanden sein. Auch freischaffende Mitarbeiter, Freelancer oder Berater, welche über keine Mitarbeitenden und entsprechende Infrastruktur verfügen, können dieser Gruppe zugesprochen werden.

Mit dem *CEO (= Chief Executive Officer) (4)* wird mehr eine ausführende Funktion im Sinne von Executive verbunden, was umgangssprachlich nicht zwingend mit Besitzstand und Selbständigkeit in Verbindung gebracht werden muss. Gerade der Besitzstand wird jedoch als wesentliches Merkmal betrachtet, um den Begriff von Unternehmern oder Familienunternehmern abzugrenzen, denn die Principal-Agent Problematik soll hier nicht im Vordergrund stehen.[435]

In der vorliegenden Arbeit wird der Begriff *Unternehmer (5)* verwendet. Darunter wird eine Person verstanden, die an der Spitze eines Unternehmens steht, als treibende Kraft für die Überlebens- und Entwicklungsfähigkeit des Unternehmens eine zentrale Rolle spielt und gleichzeitig das Unternehmen zu wesentlichen Teilen auch besitzt. Dabei werden hier ausschließlich männliche Personen betrachtet. Zum einen lässt sich dies damit begründen, dass die meisten Übergeber zur Zeit männlich sind, zum anderen liegt der Fokus der vorliegenden Arbeit auf den Emotionen des Individuums, weshalb allfällige Gendereffekte auszuschliessen sind.[436] Unternehmer, Entrepreneur, Selbständigerwerbende und Owner-Manager werden vorliegend als Synonyme verwendet.

3.3.2 Der Unternehmer im Kontext Familienunternehmen

Der Unternehmer als Individuum ist in die beiden Sozialsysteme Familie und Unternehmen eingebettet und befindet sich mit diesen in einem prozessualen, interaktionellen und koevolutionären Verhältnis. Dabei sind typische Konstellationen der Familien- und Beziehungsdynamik mit spezifischen sozialen und psychischen Anforderungen auf der

433 In diesem Zusammenhang wird auch von „Intrapreneurship“ gesprochen.

434 Moran 1998, S. 17; Shailer 1994, S. 33ff.

435 Poza, Hanlon, Kishida 2004, S. 103. Als Gegenmodell wird auch von der Stewardship-Theory gesprochen, vgl. dazu Davis, Schoorman, Donaldson 1997; Eddleston, Kellermanns 2007.

436 Wassmann 2002, S. 81.

Ebene des Individuums verbunden.[437] Deshalb steht in dieser Arbeit der Unternehmer als Mensch mit seiner Persönlichkeit und Motiven im Zentrum der Betrachtung.[438]

In Anlehnung an die Forderung von Sharma wird primär zwischen der intrapersonellen, interpersonellen, organisationalen und gesellschaftlichen Analyseebene differenziert.[439] Damit verbunden ist eine analytische Festlegung von Grenzen zwischen System (= Entität) und Umwelt und zwischen Subsystemen (= Elemente).

Abbildung 6 zeigt in abstrahierter Form das Sozialsystem Familienunternehmen mit seiner Abgrenzung zur Umwelt, das den Kontext für die vorliegende Arbeit darstellt. Das Familienunternehmen besteht aus den beiden Subsystemen Familie und Unternehmen. Dabei handelt es sich – wie bereits beschrieben – um zwei Sozialsysteme mit jeweils eigenen Logiken und Dynamiken, die im Zusammenspiel zu einer Eigenlogik und -dynamik des Gesamtsystems führen (vgl. dazu vorhergehende Diskussion in Kapitel 3.2, Seite 76ff.). Das Subsystem Familie wird in Abbildung 6 mit einem Stammbaum symbolisiert, das Subsystem Unternehmen mit einem Organigramm. Wie bereits in Kapitel 3.1 auf Seite 73ff. definiert, wird unter Familie i.A. an Klein eine Gruppe von Menschen samt Ehepartnern verstanden, die in einem direkten verwandtschaftlichen Verhältnis zueinander stehen und die von einer definierten Ursprungsehe abstammen.[440] Das Subsystem Unternehmen wird vorliegend als soziotechnisches System verstanden, das eine juristische Einheit darstellt und einen wirtschaftlichen Zweck verfolgt.[441]

Das Gesamtgefüge von Familie und Unternehmen kann aus einer systemisch-kybernetischen Sicht in Abgrenzung zu einer Umwelt betrachtet werden. Das heißt, dass die beiden Subsysteme inklusive ihrer Teilkomponenten als Elemente des Sozialsystems Familienunternehmen verstanden werden. Aus systemisch-kybernetischer Sicht kann der Unternehmer deshalb auch als Element des Familienunternehmens respektive der beiden Subsysteme Familie und Unternehmen verstanden werden. Durch seine Tätigkeit im Sinne von Lenken und Gestalten der anderen Elemente nimmt er gleichzeitig bewusst und unbewusst Einfluss auf die Entwicklung der dargestellten Sozialsysteme. Entsprechend findet er auch einen zentralen Platz in Organigramm und Stammbaum, welche die Strukturen von Unternehmen und Familie abbilden.[442] Aus systemisch-

437 Sieder 2002, S. 354; Simon 2002, S. 36. Für die soziale Ebene vgl. Gudmundson, Hartman, Tower 1999, S. 37.

438 Auf psychologischer Ebene vgl. bspw. Schein 1983; Kets de Vries 1996; Gudmundson, Hartman, Tower 1999, S. 37.

439 Sharma 2004; Sharma, Chrisman, Chua 1996; Sharma 2004; Pieper, Klein 2007; vgl. dazu auch Stand der Forschung in Kapitel 1.1.1, S. 1ff.

440 Klein 2000b, S. 21.

441 Rüegg-Stürm 2002, S. 20f.; Löwe 1979.

442 Für die systemischen Grundlagen vgl. Kapitel 1.2.3, S. 22ff. Auf eine weitere Vertiefung in Bezug auf das Familienunternehmen wird nachfolgend verzichtet, da dies nicht der Haupforschungsfrage

konstruktivistischer Sicht ist der Unternehmer mit seiner Wahrnehmungs-, Interpretations- und Kommunikationsfähigkeit wesentlich an der sozialen Konstruktion des Familienunternehmens beteiligt.

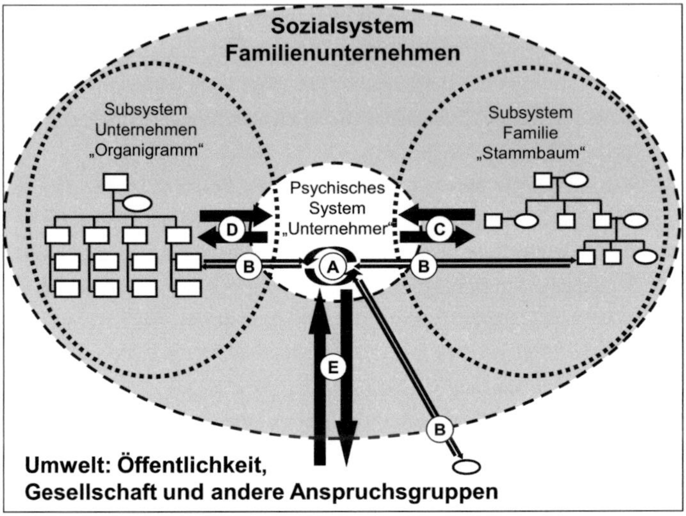

Abbildung 6: Rollen des Unternehmers in Familienunternehmen[443]

Aus systemischer Sicht kann der Unternehmer auch als psychisches oder biologisches System verstanden werden. So stellt er eine weitere Analyseebene als die Sozial(sub)systeme Familie, Unternehmen und Familienunternehmen dar. In Anlehnung an Scherer und Tenne, die einen Beitrag über die Psyche aus systemisch-konstruktivistischer Sicht verfasst haben, können die Analyseebenen wie folgt differenziert werden.[444] Ausgehend von einem Lebewesen 1. Ordnung (= Einzeller oder Metazellen ohne Nervensystem) kann ein Nervensystem als Lebewesen 2. Ordnung verstanden werden. Kommen kognitive Prozesse dazu und ist die Komplexität und Flexibilität genügend ausgeprägt, kann von einem Lebewesen 3. Ordnung gesprochen werden, welches hier mit einem Menschen respektive Individuum gleichgesetzt wird. Aus systemisch-konstruktivistischer Sicht kann mittels Kommunikation zwischen Lebewesen 3. Ordnung ein Sozialsystem und damit ein Lebewesen 4. Ordnung entstehen (vorliegend Familie und Unternehmen). Durch die enge Verquickung von Familie und Unternehmen

---

entspricht. Eine Anwendung der verschiedenen Sichtweisen wird später im Zusammenhang mit den Emotionen erfolgen, vgl. dazu Kapitel 2, S. 39.

443 Eigene Darstellung.

444 Scherer, Tenne 2001, S. 292.

entsteht ein neues Sozialsystem (= Familienunternehmen) mit spezifischen Eigenschaften und Dynamiken, wie vorhergehend beschrieben. Treibt man den Gedanken von Scherer und Tenne weiter, könnte das Familienunternehmen als Lebewesen 5. Ordnung verstanden werden, basierend auf der Interaktion zweier Sozialsysteme.

Wird vom Unternehmer als psychisches System und von Familienunternehmen als Sozialsystem gesprochen, müssen die Analyseebenen deutlich differenziert werden. Die Diskussion der Rolle des Unternehmers in Familienunternehmen erfolgt deshalb in vier Teilschritten (vgl. dazu Abbildung 6, Seite 90). Als erste Analyseebene steht wie bereits angedeutet der Unternehmer, verstanden als *psychisches System (1)* im Zentrum der Betrachtung (vgl. A in Abbildung 6, Seite 90 und vertiefend Kapitel 3.3.2.1, Seite 91). Als zweite Analyseebene bieten sich die *interpersonellen Beziehungen (2)* des Unternehmers mit Individuen im Unternehmen, der Familie und in der Umwelt an (vgl. B in Abbildung 6, Seite 90 und vertiefend Kapitel 3.3.2.2, Seite 95). Die Einzelpersonen stellen dabei Elemente des Subsystems Familie (z.B. Ehefrau) und/oder des Subystems Unternehmen (z.B. Mitarbeiter) oder der Systemumwelt (z.B. Verwaltungsangestellter der Steuerbehörde) dar. Die *organisationale Analyseebene (3)* folgt als dritte Analyseebene. Darunter wird das Familienunternehmen als Ganzes verstanden. Aus analytischen Gründen wird nachfolgend eine getrennte Betrachtung zwischen *Familie* und *Unternehmen* angestrebt. Deshalb wird in einem dritten und vierten Schritt die Rolle des Unternehmers in der Familie (vgl. C in Abbildung 6, Seite 90 und vertiefend Kapitel 3.3.2.3, Seite 97) und im Unternehmen (vgl. D in Abbildung 6, Seite 90 und vertiefend Kapitel 3.3.2.4, Seite 99) behandelt. Die vierte Analyseebene beschäftigt sich mit dem Verhältnis zwischen dem Unternehmer und der Umwelt, sprich der Gesellschaft und der verschiedenen Anspruchsgruppen (vgl. E in Abbildung 6, Seite 90, und vertiefend Kapitel 3.3.2.5, Seite 100). Diese Beziehung ist in mit den beiden dicken Pfeilen symbolisiert, die das psychische System mit der Umwelt verbinden. In Anlehnung an Sharma handelt es sich dabei um die Analyseebene Gesellschaft, jedoch aus der Perspektive des Unternehmers.

3.3.2.1 Der Unternehmer als psychisches System (A)

Das psychische (Sub)System Unternehmer stellt eine wesentlich kleinere, wenn auch nicht einfachere Analyseeinheit dar. Als die großen Theorien der Psyche können die dynamischen Modelle Freuds und die Konstruktionen des amerikanischen Behaviorismus angesehen werden, wobei die verschiedenen Theorien an dieser Stelle nicht vertieft betrachtet werden können.[445]

---

[445] Scherer, Tenne 2001, S. 275: „*Kognitive Theorieprodukte gibt es einige, doch haben sie weder Breite und Kohärenz noch umfassende Intention, um Psyche einigermassen erschöpfend zu konzeptualisieren.*" Insbesondere auf das Leib-Seele-Problem kann an dieser Stelle nicht eingegangen werden.

Aus der Perspektive der biologischen respektive konstruktivistischen Systemtheorie in Anlehnung an Maturana und Varela bilden der Rand, interne Elemente und Prozesse die Struktur von biologischen Systemen. Diese machen Selbstgenese und Selbstaufrechterhaltung und schließlich die Differenz zur Umwelt aus.[446] *„Da Zellprozesse in den Grenzen ihrer Existenz wesentlich durch sich selbst und eben nicht durch Umweltfaktoren determiniert sind, sprechen sie von Strukturdeterminiertheit und in der Folge von der prinzipiellen Autonomie eines Lebewesens.“*[447] Das Familienunternehmen bildet dabei eine von verschiedenen möglichen Umwelten für das psychische System Unternehmer. Aus radikalkonstruktivistischer Sicht wird das Familienunternehmen auf den Ebenen der Wahrnehmung, Definition und Umschreibung vom Geist des jeweiligen Individuums konstruiert. Dabei werden Signale und Informationen auf der Basis von bisherigen Erfahrungen zu sinnhaften Informationen und Bildern zusammengebaut. Diese Basis wird dabei sowohl durch Lebenserfahrung als auch durch konzeptionelles, theoretisch abstraktes Wissen geprägt.

Umgekehrt kann das konstruierte Bild mit Hilfsmitteln wie Sprache oder Schriftzeichen vom Individuum externalisiert werden. Dies bedeutet jedoch nicht, dass die abgegebenen Informationen beim Empfänger zum gleichen Bild führen. Aus radikalkonstruktivistischer Sicht sind nur die innere Informationsverarbeitung und der Konstruktionsprozess von Wissen und Erfahrung beim einzelnen Individuum für das Bild Familienunternehmen verantwortlich.

Neben den kognitiven Fähigkeiten eines Individuums kann auch ein Individuum selbst in unterschiedliche Analyseebenen aufgegliedert werden. Zur Beschreibung einer Unternehmerpersönlichkeit bietet sich die Unterteilung von Catell an, der drei Persönlichkeitsbereiche unterscheidet, welche vor allem in der Entrepreneurship-Forschung (hier als Gründerforschung verstanden) eingesetzt wurden.[448] Zum einen differenziert er *Persönlichkeitseigenschaften (1)*, die auch als Charaktereigenschaften, Traits oder „stilistische Wesenszüge“ bezeichnet werden können. Diese Eigenschaften sind für Außenstehende oft nicht direkt zugänglich und können zum Beispiel über umfangreiche Fragebögen erfasst werden.[449] Mittels Studien konnte beispielsweise nachgewiesen werden, dass Charakterzüge wie „Geselligkeit und Ungezwungenheit im zwischenmen-

---

446 Maturana, Varela 1987.

447 Scherer, Tenne 2001, S. 277.

448 Catell 1943, 1946, 1947 und 1948, alle zitiert in Golla, Halter, Fueglistaller u.a. 2006.; Von Glaserfeld bezeichnet Empiriker im Sinne der Behavioristen als „naive Realisten“, da sie von einer gegebenen Realität ausgehen, die über statistische Methoden erschlossen werden kann, vgl. von Galserfeld 1996, S. 334. Viele Unternehmer die vor der Unternehmensnachfolge stehen sind Gründer, vgl. Frey, Halter, Zellweger 2004a und 2004b.

449 Kauranen 1994, S. 217. Ein verbreitetes Konstrukt sind die fünf großen Persönlichkeitseigenschaften (= Big Five), vgl. dazu Schallberger and Venetz 1999, Tupes, Christal 1961; Norman 1963; Borgatta 1964; McCray, Costa 1987; Amelang and Zielinski 1997.

schlichen Umgang“ oder „Extrovertiertheit“ eine positive Wirkung auf den langfristigen Unternehmenserfolg haben, oder dass Unternehmensgründer als signifikant offener und verträglicher bezeichnet werden können als Nichtgründer.[450]

Auf einer zweiten Ebene spricht Catell von *Motiven und Interessen (2)*, welche er auch als dynamische Wesenszüge umschreibt. Die Motive stellen dabei die Triebfedern, Ur- und Beweggründe für Ziele, daraus abgeleitete Entscheidungen, Handlungen und schließlich die implizierte Verantwortung dar.[451] Die Motivforschung ist für die Einschätzung von Gründern von hoher Bedeutung, bei der Einschätzung von Unternehmensnachfolgern müssen diese jedoch kritisch hinterfragt werden.[452] Als die meist gewünschten Eigenschaften innerhalb eines Familienunternehmens werden Integrität und Engagement genannt.[453] Das Engagement von Nachfolgern kann dabei affektiver, normativer, berechnender oder zwingender Natur sein.[454]

Schließlich differenziert Catell auch *Fertigkeiten und Kompetenzen (3)*, die er auch „Wesenszug der Begabung“ nennt.[455] Die persönliche Ausstattung auf allen drei Ebenen hat einen Einfluss auf die Art und Weise, wie ein Unternehmer beispielsweise mit den Spannungen, Paradoxien oder Ängsten umgeht, die mit den vorgängig dargestellten Verantwortungsbereichen verbunden sind. Das Gefangensein in familienunternehmensspezifischen Situationen und die Unmöglichkeit, das Konfliktfeld ohne zerstörerische Wirkung auf die Familie und/oder das Unternehmen zu verlassen, können stark von der Person geprägt sein.[456] Simon hält deshalb fest, dass die psychischen Anforderungen an einen Unternehmer eines Familienunternehmens ungleich größer sind, da er gleichzeitig unterschiedlichen und sich manchmal ausschließenden Spielregeln gerecht werden muss. Daher muss den genannten Persönlichkeitsbereichen eine größere Bedeutung zugemessen werden.[457]

Die Konstrukte rund um Persönlichkeitseigenschaften, Motive, Fertigkeiten und Kompetenzen werden vor allem in der psychologischen Literatur sehr oft als etwas Ge-

---

450 Kauranen 1994, S. 217, verweisend auf Kauranne, hat sich auf den EPI-C (NESIU) Persönlichkeitstest abgestützt (Neurotizimus / Extrovertiertheit / Geselligkeit / Impulsivität und Ungeduld / Gewissenhaftigkeit). Vgl. auch Golla, Halter, Fueglistaller, Klandt 2005.

451 Leihner 1977, S. 130; Ajzen 1991, S. 181; Autio, Keeley, Klofsten u.a. 2001; Bird 1988; Low, Mac Millan 1988; Kolvereid 1996a und 1996b.

452 Halter, Baldegger, Zellweger 2007; Zellweger, Halter 2007.

453 Chrisman, Chua, Sharma 1998; Sharma, Rao 2000.

454 Sharma, Irving 2005.

455 Für Kompetenzen vgl. bspw. Thommen 1997, S. 230ff.; Thommen, Behler 2004, S. 188ff; Fueglistaller, Zwick 2001; Fueglistaller 2002; Erpenbeck, Rosenstiel 2007.

456 Haas 2002, S. 110; Kotey 1995, S. 409ff.

457 Simon 2002, S. 30. Auf mögliche Formen von Typologienbildung soll nicht vertieft eingegangen werden, vgl. dazu bspw. Williams, Miller 2002, S. 73ff. (Denker, Skeptiker, Folger, Kontoller); Müller-Tiberini 2001, S. 42f. (der Pate; der Zauderer, der Profi).

gebenes angesehen, wobei insbesondere die Persönlichkeit als etwas nur schwer Veränderbares betrachtet wird. Die daran anknüpfenden Erfahrungen und Erlebensweisen im Alltag werden deshalb oft als etwas rein Internales verstanden.[458] Entsprechend werden emotionale Reaktionen in den meisten Fällen direkt der Person zugeschrieben. Gleichzeitig darf davon ausgegangen werden, dass psychologische Elemente nicht nur rein biologisch und internal definiert sind sowie über die Zeit unveränderbar sind.[459] Die Umschreibung von Personen, die Zuschreibung von Reaktionen und vor allem die Bewertung der Reaktionen erfolgt im sozialen Austausch mittels Kommunikation. Im Rahmen dieser Kommunikation werden die Begrifflichkeiten inhaltlich geformt, über den Dialog jeweils umschrieben und damit definiert. In Anlehnung an Burr hat dies zwei Konsequenzen.[460] Zum einen ist das was ein Individuum ausmacht, wie zum Beispiel Motive, Wünsche und Emotionen, nicht Teil des naturgegebenen Menschenbildes, das mit oder ohne Kommunikation existiert. Diese Aspekte werden erst mittels Sprache für uns zugänglich, welche hier als Weg der Erfahrungsstrukturierung verstanden wird. Zweitens hat dies zur Folge, dass das was wir als Persönlichkeit verstehen auch anders umschrieben werden könnte, da die Vielfalt der Sprache größer ist.

Neben einer eher analytischen oder definitorischen Betrachtungsweise sind im Zusammenhang mit Emotionen vor allem die Wirkungszusammenhänge von Interesse. Es kann festgestellt werden, dass Menschen mit einem hohen Selbstwertgefühl über Werte und Prioritäten verfügen, mit denen sie sich im Einklang verhalten.[461] Im Rahmen der Psychologie kann diesbezüglich ein Paradigmenwechsel erkannt werden, wobei eine Veränderung weg von einer vorwiegend klinischen Psychologie hin zu einer Psychologie der Gesundheit stattfindet.[462] Die seelische Gesundheit kann dabei als Fähigkeit zur Bewältigung externer und interner Anforderungen gesehen werden. Es handelt sich dabei um eine zeitlich relativ stabile Eigenschaft. Bezogen auf die Konfliktfähigkeit und die damit verbundene emotionale Stabilität besteht ein positiver Zusammenhang zwischen der seelischen Gesundheit und der Leistungsfähigkeit, dem Gütekriterium der Bewältigung einer komplexen Problemsituation.[463] Dies bedeutet, dass das seelisch-körperliche Wohlbefinden, die Selbstaktualisierung oder die selbst- und fremdbezogene

---

[458] Burr 2003, S. 29 umschreibt dies damit: „Persons have their own particular essence of nature"; Burr 1995, S. 19ff.

[459] vgl. dazu Kapitel 2.2, S. 46 mit Bezug auf Emotionen.

[460] Burr 2003, S. 48.

[461] Müller Tiberini 2001, S. 70ff.

[462] vgl. Korunka, Frank, Becker 1993, S. 176, i.A. an Becker 1982, S. 246ff.; Zapf, Frese 1992, Sp. 1953ff.

[463] Korunka, Frank, Becker 1993, S. 177.

Wertschätzung eine positive Wirkung auf die Konfliktfähigkeit und emotionale Stabilität eines Individuums haben.[464]

Der persönliche Erfolg des Unternehmers ist oft an den Erfolg des Unternehmens geknüpft. Im Zusammenhang mit der Unternehmensnachfolge kann deshalb beobachtet werden, dass viele Unternehmer und besonders Gründer vor der Nachfolge Angst haben, da sie damit einen Identitätsverlust verbinden.[465] Deshalb bezeichnet Ward den Gründer als „the most important factor“ bei der Nachfolge.[466] Dabei kann die Persönlichkeit des Unternehmers sowohl als Stärke wie auch als Risiko für das Familienunternehmen im Allgemeinen und den Nachfolgeprozess im Besonderen eingestuft werden.[467]

3.3.2.2 Der Unternehmer und seine interpersonellen Beziehungen (B)

Die interpersonellen Beziehungen des Unternehmers sind vielfältig. Die verschiedenen Individuen können in den beiden Subsystemen Familie und Unternehmen als auch in der Umwelt des Familienunternehmens verortet werden, wobei nachstehend der Fokus auf den Familienmitgliedern liegt. Geht man von einem Unternehmer aus und betrachtet seine Beziehungen zu den verschiedenen Familienmitgliedern, so können unterschiedliche Rollen beobachtet werden. Im Bewusstsein, dass auch weitere Beziehungen möglich sind, liegt der Fokus im Folgenden auf den Ehe- oder Lebenspartnern, den Kindern, Geschwistern und den Eltern des Unternehmers.

Die *Partnerin oder Ehefrau (1)* eines Unternehmers wird in der Forschung rund um Familienunternehmen noch relativ wenig berücksichtigt.[468] Bezogen auf den Unternehmer ist eine wichtige Differenzierung dahingehend zu machen, ob die Partnerin im Unternehmen selbst engagiert ist oder nicht. So kann festgestellt werden, dass Frauen, die im Unternehmen operativ tätig sind, zu einer vermeintlichen „Neutralität” neigen, indem sie in ihrem Verlangen nach Harmonie und Gleichbehandlung unter den Familienangehörigen ausgleichend wirken wollen, anstatt Partei zu beziehen.[469] Insbesondere im

---

464 Konzeption der seelischen Gesundheit vgl. bspw.: Trierer Persönlichkeitsfragebogen (TPF). Zitiert aus Korunka, Frank, Becker 1993, S. 181. *Seelisch-körperliches Wohlbefinden*: Sinnerfülltheit, Selbstvergessenheit / Beschwerdefreiheit; *Selbstaktualisierung:* Expansivität, Autonomie; *Selbst- und fremdbezogene Wertschätzung:* Selbstwertgefühl, Liebesfähigkeit.

465 Lansberg 1988, S. 125.

466 Ward 1987. So auch Handler, Kram 1988, S. 365; Lansberg 1988, S. 126; Gerke-Holzhäuer 1996, S. 23; Habig, Berninghaus 2004, S. 64.

467 Ausführlich bei Klein 2004, S. 236ff. Fopp spricht vom Alpha-Syndrom, vgl. Fopp 2004.

468 Rowe, Hong 2000, S. 1. In der vorliegenden Arbeit wird von einem männlichen Unternehmer ausgegangen. Für Frauen als Unternehmerinnen vgl. Watson 2003, S. 262ff.; Solomon, Fernald 1988, S. 24ff.; Welsch, Young 1984, S. 11ff.; Dumas 1998, S. 219ff.

469 Müller Tiberini 2001, S. 153. Barnes, Hershon 1994, S. 390. Poza, Messer 2001, S. 25. Müller Tiberini (2001, S. 147f.) differenziert zwischen traditionellen, eigenständigen und flexiblen Frauen. Poza und Messer (2001, S. 29) differenzieren 6 verschiedene Rollen: The Jealous Spouse (1), the Chief

Rahmen eines Nachfolgeprozesses, in dem potentielle Generationenkonflikte ausgetragen werden, kann die Partnerin eine wichtige Rolle spielen.[470] Außerdem kann beobachtet werden, dass Ehefrauen, die an der Seite des Unternehmers tätig sind, oft keine Führungsansprüche erheben. Sie üben primär Aufgaben im Hintergrund aus, wie zum Beispiel die Administration.[471] Auch in denjenigen Familienunternehmen, in denen die Partnerin offiziell nicht im Unternehmen tätig ist und auch kein Gehalt ausbezahlt bekommt, ist sie eine ganz zentrale Bezugsperson für den Unternehmer, um unternehmerische und persönliche Herausforderungen zu diskutieren und Entscheidungen zu evaluieren. Es kann beobachtet werden, dass sie oft eine wesentliche Triebkraft ist, um hinausgeschobene Entscheidungen voranzutreiben.[472] Es darf deshalb vermutet werden, dass die Ehe-frau in der Gestaltung des Nachfolgeprozesses eine zentrale Rolle spielen kann.

Gegenüber den *Kindern (2)* – sofern es solche gibt – haben die Eltern dahingehend eine große Verantwortung, als dass diese im Rahmen der Sozialisation stark geprägt werden.[473] Gerade die Kommunikation und die Art und Weise wie mit Konflikten umgegangen wird formt den Umgang der Kinder mit zukünftigen Konflikten. Das Erziehen, Fördern, Beschützen, Ernähren und Unterhalten der Kinder ist eine ganz zentrale Aufgabe der Eltern. Gleichzeitig stehen die Eltern aber auch vor der Herausforderung, die Kinder zu eigenständigen, unabhängigen Menschen zu erziehen und diese beim Älterwerden auch „loslassen" zu können.[474] Gerade in den Jahren, in denen der Unternehmer noch jung ist und seine Leistungsfähigkeit im Unternehmen unter Beweis stellen will, steigen die Ansprüche der noch jungen Familie. *„Getrieben von der Verpflichtung, nun – jedenfalls vorläufig – allein für das Haushaltseinkommen sorgen zu müssen, laden sich die meisten Männer in dieser Phase besonders viel Arbeit auf [...] und die Familie traditionalisiert sich."*[475] Der Kinderpsychiater Coles stellte in seinen Untersuchungen wiederkehrend fest, dass Unternehmer nur selten mit den Kindern über das

---

Trust Officer (2), the Business Partner or Copreneur (3), The Vice President of Human Recources, Finance and Facilities (4), the Senior Advisor & Values Keeper(5) and the Free Agent (6).

470 Janjuha-Jivrai, Woods 2002, S. 85.

471 Müller Tiberini 2001, S. 33. Marschack 1994, S. 62. Für Ehepartner, die gemeinsam die Verantwortung tragen, wurde der Begriff „Copreneurs" geschaffen. Vgl. Muske, Fitzgerald 2006, S. 203; Marshack 1994, S. 49ff. und Poza, Messer 2001, S. 27. Dieselbe Studie hat auch ergeben, dass das Rollenverständnis zwischen Mann und Frau bei „Copreneurs" signifikant traditioneller ist, als bei „dual-career couples".

472 Rowe, Hong 2000, S. 1ff.

473 Das Ur-Vertrauen ist der Eckpfeiler einer gesunden Persönlichkeit. *„Das Gefühl der Gesundheit [...] sind Weisen bewussten Erlebens, die der Intoropsektion zugänglich sind; Weisen des Verhaltens, die von anderen beobachtet werden können, und unbewusst innere Zustände, die man durch Test und Analyse feststellen kann."* vgl. dazu Erikson 1966, S. 62f. Eine vertiefte Betrachtung des Erziehungsaspektes kann an dieser Stelle nicht vorgenommen werden.

474 Müller Tiberini 2001, S. 74.

475 Buchhorn 2004, S. 152.

Unternehmen sprechen.[476] Das führt dazu, dass die Kinder nicht lernen, zwischen Arbeit, Engagement und Stressfaktoren im Beruf auf der einen Seite und Ansehen, Freiheiten und eventuell einem höheren Einkommen auf der anderen Seite zu differenzieren. Die Folgen können sein, dass Kinder von Führungskräften sich als etwas Spezielles und die Lebensumstände als zugesichert und selbstverständlich betrachten. Gleichzeitig wird in der Nachfolgeliteratur oft gefordert, dass Kinder möglichst bald einen natürlichen Umgang und Kontakt mit unternehmerischen Fragestellungen bekommen sollen, um mit der unternehmerischen Vielfalt frühzeitig konfrontiert zu werden.

Die *Geschwister (3)* können ebenfalls einen Einfluss auf die Persönlichkeit und das Sozialverhalten eines Unternehmers haben.[477] Rivalitäten aus der Kindheit können im Erwachsenenleben weiter eine Rolle spielen. Unterschiedliche Vorstellungen bezüglich der Geschäftspolitik können die Entscheidungsfreiheit eines Unternehmers beeinträchtigen und herausfordern. Die Gefahr von aufkommenden Differenzen ist hoch, wenn die Geschwister zum Beispiel durch Erbfolge am Unternehmen beteiligt sind, jedoch keine operative Funktion übernehmen oder fachlich nicht adäquat qualifiziert sind.

Schließlich kann der Unternehmer gegenüber seinen *Eltern (4)* in unterschiedlichster Form verpflichtet sein. Insbesondere wenn die Eltern zur Gründergeneration gehören, kann deren emotionale Bindung an das Unternehmen und die damit verbundene Schwierigkeit des „Loslassens" zu Konflikten führen.[478] Neben finanziellen Verpflichtungen wie zum Beispiel der Rückerstattung eines Darlehens, das von den Eltern im Rahmen der Nachfolgeregelung gewährt worden ist, oder der Zahlung einer Art von Rente, spielen auch emotionale Verpflichtungen eine Rolle. Dabei gilt es für beide Seiten eine Balance zwischen der Wahrung und Anerkennung der von den Eltern geleisteten Arbeit einerseits und der eigenständigen Wandlungs- und Entwicklungsfähigkeit des Familienunternehmens andererseits zu finden. Gleichzeitig ist der Unternehmer auch in fortgeschrittenem Alter immer Sohn.

3.3.2.3 Der Unternehmer und das Subsystem Familie (C)

Wie bereits aufgezeigt stellt das Sozialsystem *Familie* eine der wichtigsten Grundeinrichtungen der menschlichen Gesellschaft dar. Es ist in der Regel die erste soziale Gruppe der ein Mensch in seinem Leben angehört.[479] Auch in der Familie können im Zeitverlauf Veränderungen beobachtet werden. Durch die körperliche und psychische Entwicklung sowie die Wachstums-, Reifungs-, Alterungs- und Abbauprozesse der Individuen verändern sich die Spielregeln bezüglich der Interaktion und Kommunikati-

[476] Coles 2001, S. 63ff.

[477] Müller Tiberini 2001, S. 70-72.

[478] Davis, Harveston 1999, S. 311ff.

[479] Hermann 1987, S. 23; Schelfsky 1960, S. 27.

on zwischen den Familienmitgliedern.[480] Gleichzeitig bleiben die einzelnen Rollen unter den Familienmitgliedern jedoch relativ stabil. Damit ist gemeint, dass ein Kind in Bezug auf seine Eltern immer ihr Kind bleibt oder die Mutter immer seine Mutter.[481]

Hermann spricht der Familie primär eine Sozialisations-, eine Privatisierungs- und eine Regenerationsfunktion zu.[482] Die *Sozialisationsfunktion (1)* hat vor allem eine prägende Wirkung auf die Kinder.[483] Der Unternehmer hat dabei primär eine konstituierende Wirkung auf die Kinder und weniger vice versa, da davon ausgegangen werden darf, dass es sich beim Unternehmer in der Regel bereits um eine Persönlichkeit mit relativ stabilen Routinen, Sicht- und Verhaltensweisen handelt. Dabei kann beispielsweise festgestellt werden, dass die Eltern und der Vater insbesondere einen nicht unwesentlichen Einfluss auf die unternehmerische Einstellung von Kindern hat.[484] Im Rahmen der *Privatisierungsfunktion (2)* stellt die Familie durch ihre relativ scharfe Abgrenzung gegenüber ihrer sozialen Umwelt sowohl für die Kinder als auch für die Eltern einen Spiel- und Erlebnisraum für Verhalten bereit, was für die Ausbildung und Erhaltung der individuellen Identität als unerlässlich erscheint. Schließlich wird der Familie insbesondere für den Unternehmer eine wichtige *Regenerationsfunktion (3)* zugesprochen. Die Kernfamilie ist dabei ein Ort emotionaler Geborgenheit und bietet einen Ausgleich zu beruflichen Belastungen, die wiederum mit den Beziehungen zu anderen Menschen und Gruppen zusammenhängen.[485]

Die Qualität der Familienbeziehungen kann mit dem Begriff „Kohäsion" umschrieben werden. Dabei handelt es sich um die Art und Weise respektive Stärke der Verbundenheit und emotionalen Bindung zwischen Familienmitgliedern. Nach Ohlson folgt aus einer sehr starken Bindung eine eher kollektivistische Verhaltensorientierung. In Familien mit eher schwachen Bindungen sind unterschiedliche Verhaltensorientierungen möglich.[486] Lansberg und Astrachan ergänzen die Kohäsions-Dimension mit der Dimension der Anpassungsfähigkeit. Dabei geht es um die Fähigkeit des Familiensystems, sich in Folge von eintretenden Stresssituationen neu zu organisieren. Dabei unterscheiden sie zwischen flexiblen Familien, die über eine hohe Anpassungsfähigkeit verfügen, und stark strukturierten Familien mit niedrigerer Anpassungsfähigkeit. In flexib-

---

480 Simon 2002, S. 38.

481 Für die verschiedenen Rollen vgl. weiter oben Kapitel 3.3.2.2, S. 95f.

482 Hermann 1987, S. 24.

483 Halter, Frey, Zellweger 2005; Bratscher 1982; Rotthaus 1998; Schmidt 1975; Erdmann 1999.

484 Lang-von Wins 2004, S. 22ff.

485 Hermann 1987, S. 36. Verschiedene Funktionen der Familie werden jedoch auch an Institutionen ausgegliedert. Vgl. Buchinger 1991, S. 4. Hermann stellt einen solche Funktionsverlust bspw. bezüglich Sozialbeziehungen, Selbstversorgung und der Einheit von Wohn- und Arbeitsplatz, Erziehungs- und Ausbildungsfunktion sowie an der familienzentrierten Geselligkeit fest. Vgl. Hermann 1987, S. 18.

486 Olson 1988, zitiert in Lansberg, Astrachan 1994, S. 42.

len Familien werden die Rollen und Regeln den externen Veränderungen angepasst und die Verantwortung wird miteinander geteilt.[487]

3.3.2.4 Der Unternehmer und das Unternehmen (D)

Mit dem Unternehmer wird im Schumpeterschen Sinn primär die Person assoziiert, die unbeschränktes finanzielles Risiko mit persönlicher Arbeit an der Spitze ihres Familienunternehmens verbindet, wobei auch noch weitere Rollen und damit Verantwortungsfelder identifiziert werden können.[488] Neben Kapitalgeber, Risikoträger und Unternehmensleiter wird der Unternehmer auch als Innovator, Entscheidungsträger in operativen und strategischen Fragen, Wirtschaftsführer, Manager, Organisator und Koordinator der knappen Ressourcen, Benutzer von Produktionsfaktoren, Contractor oder Arbitrageur bezeichnet.[489]

Eine zentrale Rolle spielt das Eigentum am Unternehmen.[490] Dabei wird primär von einem juristischen Eigentumsverständnis ausgegangen. Der Besitz im juristischen Sinn kann dabei als soziales Konstrukt angesehen werden, womit Rechte und Pflichten verbunden werden.[491] Ergänzend kann auch von einem psychologischen Eigentumsverhältnis gesprochen werden (psychological ownership). Dabei geht es um Gedanken, Gefühle und Verhalten.[492] Verhaltensweisen die daraus abgeleitet und beobachtet werden können sind beispielsweise ein hohes Kontrollbedürfnis, ein sehr hohes persönliches Engagement für das Unternehmen sowie ein sehr tiefes und intimes Wissen über jenes. Daraus ergibt sich eine starke Identifikation des Unternehmers mit dem Unternehmen, was sich unter anderem in der Unternehmenskultur wiederspiegeln kann. Durch diese emotionale Bindung rücken die beiden Welten Familie und Unternehmen noch näher zusammen, weshalb Whesslock von einer „familial economic unit" spricht.[493] Aus dem hohen Engagement und der starken Identifikation mit dem Unternehmen können familienähnliche Beziehungen mit den Mitarbeitenden entstehen.[494]

Im Rahmen von Lebenszyklusbetrachtungen wird an verschiedenen Stellen betont, dass sich neben dem Unternehmer als Person mit all seinen Fähigkeiten, Kompetenzen

---

487 Lansberg, Astrachan 1994, S. 39ff.

488 Brauchlin 1982, S. 157. Vgl. dazu auch die allgemeinen Ausführungen unter 3.3.1 auf S. 87f.

489 Rosenbauer 1994, S. 25; Fueglistaller, Zwick 2001, S. 4.

490 vgl. dazu auch die Definition von Familienunternehmen in Kapitel 3.1, S. 73ff.

491 Hall 2005, S. 3. Werden diese Rechte und Pflichten nicht wahrgenommen, so können diese auf juristischem Weg eingefordert werden.

492 Hall 2005, S. 4; Pierce, Kostova, Dirks 2001.

493 Holliday, Letherby 1993, S. 42f. Umgekehrt haben Feltham, Feltham, Barnet (2005) nachgewiesen, dass sehr viele Familienunternehmen von einer Person – sprich dem Unternehmer selbst – abhängig sind.

494 Holliday, Letherby 1993, S. 56f.; Netzhammer 2004, S. 60.

und seiner Leistungsfähigkeit auch das Unternehmen selbst wandelt.[495] Dies stellt neue Anforderungen an den Verantwortungsträger. Wenn ein Unternehmen in der Gründungs- und Etablierungsphase steckt, sind Fähigkeiten wie Intuition, fachtechnischer Ausbildungsstand, Kreativität, Phantasie, Stehvermögen, Durchsetzungsfähigkeit, Selbstbewusstsein, Zielstrebigkeit, Initiative, Pionierbereitschaft oder Extrovertiertheit gefordert. In einer späteren Phase des Unternehmens werden jedoch dem Denken in Zusammenhängen, psychischer Belastbarkeit, Genauigkeit und Gewissenhaftigkeit, Konsequenz, Autorität, Umsicht in finanziellen Dingen oder Erfahrung einer höhere Bedeutung zugemessen.[496]

Wird der Unternehmer älter, stellt sich die Frage nach dem Nachfolger in Bezug auf die Führung und das Eigentum, wie der Nachfolgeprozess gestaltet werden soll oder wie die Verantwortung an jüngere Leute übertragen werden kann. Das Loslösen des Unternehmers vom Unternehmen, die Neuorientierung an anderen Tätigkeiten und das Wiederfinden in einer neuen Rolle bilden dabei oft die größte Herausforderung für die abtretende Generation – ins-besondere in emotionaler Hinsicht.[497]

3.3.2.5 Der Unternehmer und die Umwelt des Familienunternehmens (E)

Das Familienunternehmen steht im Austausch mit seiner Umwelt. Eine Unternehmerfamilie, die über viele Jahrzehnte in einer Region tätig ist, kann dabei zu einer Institution mit Öffentlichkeitscharakter werden und genießt unter Umständen großen Status und Ansehen.[498] Dabei wird es unumgänglich, dass familiäre Funktionen mit gesellschaftlichen Erwartungen in Verbindung gebracht werden.[499] Die Rolle als Arbeitgeber mit sozialer Verantwortung ist bei vielen Unternehmern von großer Bedeutung, was verschiedene Studien in der Vergangenheit nachgewiesen haben – eine Diskrepanz zu dem in der Öffentlichkeit oft gepflegten Bild. So hat das Bild von gewinnmaximierenden Managern zum Teil auch Schatten auf das Bild des Unternehmers geworfen. Gleichzeitig kann auch eine Art von Renaissance des Guten gerade in Verbindung mit dem Begriff Familienunternehmen beobachtet werden, dem zur Zeit eine erhöhte Aufmerksamkeit mit meist positiver Konnotation zugesprochen wird.[500]

Der Unternehmer wird in der vorliegenden Arbeit als zentrale Figur und damit als personalisierter Verantwortungsträger und Repräsentant des Familienunternehmens ge-

---

495 Ein Überblick bieten Fueglistaller, Halter 2006.

496 Mugler 1998, S. 148; Goehler 1993; Fueglistaller, Halter 2006.

497 Terberger 1998, S. 18ff.

498 von Moos 2003, S. 18; Klein 2000b, S. 30.

499 Hermann 1987, S. 41.

500 Lang-von Wins 2004, S. 2. In Deutschland wurde in der Vergangenheit von Heuschrecken gesprochen. Vgl. bspw. das Handbuch für die Deutsche Wirtschaft 2007 mit dem Untertitel „5000 Firmen und die Heuschrecken“. Für die soziale Dimension vgl. auch Brundin, Melin, Samuelsson 2005, S. 5f.; Hall 2005.

genüber internen und externen Anspruchsgruppen verstanden. Neben Familienmitgliedern und Mitarbeitenden im Innern des Gesamtsystems haben Öffentlichkeit, Gesellschaft, Lieferanten und Kunden, der Staat oder beispielsweise Banken als außenstehende Anspruchsgruppen Erwartungen und Ansprüche gegenüber dem Familienunternehmen.[501] In Anlehnung an das Neue St.Galler Managementmodell hat der Unternehmer als Vertreter des Familienunternehmens Rechte und Pflichten gegenüber den verschiedenen Anspruchsgruppen wahrzunehmen.[502] Bezogen auf Einzelaspekte im Zusammenhang mit der Unternehmensnachfolge sei an dieser Stelle auf Kapitel 3.4.4, Seite 113 verwiesen. Da das Familienunternehmen und nicht die Umwelt als primärer Kontext für die Fragestellung angesehen wird, wird auf eine weitere Diskussion der Beziehung zur Umwelt an dieser Stelle verzichtet.

3.4 Die Gestaltung der Unternehmensnachfolge

Die Literaturanalyse zum Thema Unternehmensnachfolge hat gezeigt, dass diese sehr umfangreich und vielfältig ist. Dies ist zunächst darauf zurückzuführen, dass die Unternehmensnachfolge eines der ältesten Themen in der Familienunternehmensforschung ist.[503] Gleichzeitig ist es ein Thema, das zum heutigen Zeitpunkt in der Öffentlichkeit wieder vermehrt an Aufmerksamkeit gewonnen hat. Die Literatur kann als heterogen bezeichnet werden. Dabei kann eine Vielzahl von Studien identifiziert werden, die die allgemeine Bedeutung aus volkswirtschaftlicher Sicht und damit verbundene Probleme und Problemlösungswege untersuchen.[504] Einen weiteren Literaturstock gibt es im Bereich der Praxis.[505] Es handelt sich dabei um Beschreibungen, Leitfäden und Handlungsanleitungen inklusive Arbeitsblätter und Checklisten. Diese werden von Einzelberatern, Beratungsgesellschaften oder anderen Anbietern von Dienstleistungen wie beispielsweise Banken, Branchenverbänden oder Anwaltskanzleien verfasst und sind als Bücher oder Broschüren verfügbar. Schliesslich gibt es eine rel. breite Literatur zum

---

501 Anspruchsgruppenkonzept von Freeman 1984; Janisch 1992, S. 119f.; Selchert 1988, S. 32; Rüegg-Stürm 2002, S. 30.

502 Rüegg-Stürm 2002.

503 Für Literaturüberblick vgl. bspw. Handler 1994a; Wortman 1994; Sharma, Chrisman, Chua 1996 und 1997; Dyer, Sanchez 1998; Sharma 2004; Zahra, Sharma 2004; Sonfield, Lussier 2004, S. 189f.

504 bspw. L-Bank 2002; Frey, Halter, Zellweger 2005, DIHK 2007. Viele dieser Beiträge wurden von Fachhochschulen oder Universitäten erstellt oder begleitet, jedoch unter dem Label eines Dienstleisters veröffentlicht.

505 bspw. UBS 2002 und 2005; KPMG 2002; Giger, Markstalle, Zimmermann 2001; Salzmann 1998, Liebermann 2003; Aargauische Kantonalbank 2007; Credit Suisse 2007; Bindschedler o.J. Darauf basiert auch die Kritik durch Zahra und Sharma, welche der Nachfolgeforschung vorwerfen, zu wenig rigide und zu sehr auf Beratungsprojekte abstützende Forschungsergebnisse zu erschließen und aufzubereiten, Zahra, Sharma 2004, S. 333f.

Thema in der Sicentific Community in der Form von Journalbeiträgen.[506] Das vorliegende Teilkapitel basiert dabei auf der betriebenen Literaturanalyse, wobei alle drei Literaturarten Eingang finden. An vereinzelten Stellen werden Ergebnisse aus einer eigenen empirischen Untersuchung mitberücksichtigt, um das aktuelle Bild in der Schweiz darzulegen.[507]

In einem ersten Teil gilt es einen Blick auf die Übertragungsform von Unternehmen zu werfen (vgl. Kapitel 3.4.1), um anschließend die Komplexität und Vielfalt von Fragestellungen rund um die Unternehmensnachfolge zu skizzieren (vgl. Kapitel 3.4.2, Seite 106ff.). Anschließend wird der Nachfolgeprozess (vgl. Kapitel 3.4.3, Seite 109ff.) kurz dargelegt um danach die zentralen Erfolgs- und Misserfolgsfaktoren (vgl. Kapitel 3.4.4, Seite 113ff.) zu diskutieren.

3.4.1 Die Unternehmensübertragungsformen

Die Bedeutung der Unternehmensnachfolge aus quantitativer Sicht wurde in Bezug auf die Nachfolge-, Scheiterungs- und Überlebensquote in Kapitel 1.1.2, Seite 10ff. bereits dargelegt und wird deshalb hier nicht wiederholt. Mit Bezug auf Familienunternehmen stellt sich dabei vielmehr die Frage, an wen und in welcher Form die Unternehmen übertragen werden. Dabei wird nachfolgend zwischen der Übertragungsform im weiteren und engeren Sinn unterschieden. Bei der Übertragungsform im weiteren Sinn stellt sich die Frage, an wen die Unternehmen jeweils übertragen werden. Bei der Übertragung im engeren Sinn stellt sich die Frage nach der Ausgestaltung der Transaktion, denn eine Übertragung kann beispielsweise mittels Schenkung, Verkauf oder auf testamentarischem Weg gelöst werden.

Die *Übertragungsform im weiteren Sinn (1)* wird nachstehend mit Fokus auf den deutschsprachigen Raum betrachtet (vgl. dazu Überblickstabelle im Anhang II auf Seite 295). Dabei können zwei Feststellungen gemacht werden. Zum einen gibt es weniger Datenmaterial im Vergleich zur Häufigkeit der Unternehmensnachfolgen. Zum anderen ist die Vergleichbarkeit der Zahlen noch stärker zu hinterfragen, da unterschiedliche Antwortkategorien abgefragt worden sind, um die Absicht ex ante oder die effektive gewählte Form ex post zu erfassen. Außerdem bilden Stichproben unterschiedliche Ausschnitte aus der Unternehmenslandschaft ab.

Die Tabelle zeigt, dass der familieninternen Unternehmensnachfolge im deutschsprachigen Europa nach wie vor eine hohe Bedeutung zugemessen wird. In Österreich werden rund 60 Prozent der Unternehmen familienintern übertragen, rund ein Drittel wird außerhalb der Familie über eine Verkaufslösung an die nächste Generation übertra-

---

[506] Einen aktuellen Überblick bietet die Arbeit von De Massis, Chua , Chrisman 2008. Für die verschiedenen Prozessmodelle sei an dieser Stelle auf Anhang III verwiesen.

[507] Frey, Halter, Zellweger 2005.

gen.[508] In Deutschland bewegt sich der Anteil von familieninternen Unternehmensnachfolgen zwischen 42 und 70 Prozent.[509] Gleichzeitig betonen verschiedene Autoren, dass dieser Anteil abnehmend ist und familienexterne Lösungen an Bedeutung gewinnen.[510]

	Familien-mitglieder	MBO	MBI	Verkauf an Dritte	Börsengang (IPO)
	Angaben in Prozent				
Geplante Übergaben (2005 – 2009)	57.9	17.0	5.0	26.3	0.4
Realisierte Übernahmen (2000 – 2004)	63.0	16.6	14.4	1.0	0.0

Tabelle 5: Unternehmensübertragungen im weiteren Sinn in der Schweiz[511]

Die Unternehmensübertragung im weiteren Sinn sieht in der Schweiz sehr ähnlich aus.[512] Es ergibt sich die in Tabelle 5 dargestellte Situation. Es sind die Übertragungsformen sowohl der realisierten Übertragungen der vergangenen 5 Jahre ab Erhebungszeitpunkt (2005) als auch der geplanten Unternehmensnachfolgen der anschließenden 5 Jahre abgebildet. Die familieninterne Unternehmensübertragung verliert auch in der Schweiz an Bedeutung. Gleichzeitig liegt der Verkauf an das bestehende Management konstant bei rund 17 Prozent. Dafür wird der Verkauf des Unternehmens nach außen an Bedeutung gewinnen.[513] Der Börsengang (IPO = Initial Public Offering) ist vernachlässigbar, was mit der Dominanz der Kleinst- und Kleinunternehmen in der Schweiz begründet werden kann.

Ein erster Grund für die abnehmende Bedeutung von familieninternen Nachfolgelösungen ist, dass die heutige Generation von potentiellen Nachfolgern viel mehr Möglichkeiten bezüglich Berufswahl und Lebensgestaltung hat als ihre Vorfahren. Aus soziologischer Sicht kann dabei auch von Multioptionsgesellschaft gesprochen werden.[514] Auch kann beobachtet werden, dass das Gefühl der Verpflichtung nicht mehr so stark

---

508 Pichler, Bornett 2005, S. 148, Mandl 2005, S. 2. Für familieninterne Unternehmensnachfolgen (Typologien) vgl. Miller, Steier, Le Breton-Miller 2003.

509 DIHK 2007; Freund, Kayser, Schröer 2005; L-Bank 2002, S. 12; Albach 2002, S. 166; German Wealth Report 2000, Kailer, Weiss 2005, S. 19 oder Martin 2000, S. 4.

510 Kailer, Weiss 2005, S. 19 und 31; Chini 2004, S. 272; Pichler, Bornett 2005, S. 148; Mandl 2005, S. 2; Zürcher Kantonalbank 2005, S. 13; Voithofer 2004.

511 Eigene Darstellung i.A. an Frey, Halter, Zellweger 2005. S. 16. Mehrfachnennungen waren möglich.

512 Frey, Halter, Zellweger 2005.

513 MBO und Verkauf an Dritte sollten zusammengefasst betrachtet werden, da die beiden Kategorien semantisch so nahe beieinander liegen, dass diesem Unterschied bei der Befragung nicht genügend Rechnung getragen werden kann.

514 Gross 1994.

ausgeprägt ist und sich die Form der Drei-Generationen-Familie fundamental geändert hat.[515] Dies äußert sich darin, dass der meistgenannte Grund für familienexterne Nachfolgelösungen das fehlende Interesse der Kinder ist.[516] Das aus der Zeit vor der Französischen Revolution stammende Prinzip der Primogenitur und die damit verbundene Gefahr von Nepotismus sind heute mehrheitlich dem Wunsch nach Einsatz des Besten respektive Geeignetsten gewichen.[517] Gleichzeitig kann aus demografischer Sicht festgestellt werden, dass die Lebenserwartungen steigen. Dies führt dazu, dass im Jahr 2040 auf einen Pensionär nur noch 1.6 Erwerbstätige kommen, im Unterschied zu deren drei zum heutigen Zeitpunkt.[518]
Es überrascht nicht, dass verschiedene Autoren von einer tiefen Wahrscheinlichkeit ausgehen, wenn sie von der Übertragung eines Familienunternehmens an die nächste Generation sprechen.[519] Für Deutschland wird vermutet, dass die Wahrscheinlichkeit, dass ein Unternehmen von der 1. in die 2. Generation übertragen wird, 50 Prozent beträgt. Wimmer und Gebauer gehen in ihrer Studie davon aus, dass dies auf 35 Prozent aller Unternehmen zutrifft. Von der 2. in die 3. respektive von der 3. in die 4. Generation werden es 65 Prozent bzw. 85 Prozent nicht schaffen.[520] In den USA scheint die Bedeutung der familieninternen Unternehmensnachfolge noch geringer zu sein als im deutschsprachigen Europa.[521]

Bei der *Unternehmensübertragung im engeren Sinn (2)* wird die Art und Weise betrachtet, wie das Eigentum auf die nächste Generation (familienintern oder -extern) übertragen wird. Dabei wird in der Regel nicht nur eine Technik verwendet, sondern es werden verschiedene Varianten miteinander kombiniert.[522]

Für die Schweiz kann aus der Studie der Zürcher Kantonalbank entnommen werden, dass bei *familieninternen Unternehmensübertragungen* der Erbfolge (31%) und der Be-

---

[515] Schefer 2002, S. 4; Katila 2002, S. 180.

[516] Frey, Halter, Zellweger 2005, S. 21; L-Bank 2002, S. 13.

[517] Fischer, Retzer 2001, S. 305f.; Bruppacher 2005, S. 26ff.; Kropfberger, Mödritscher 2002, S. 111.

[518] Schefer 2002, S. 5.

[519] Dies darf nicht verwechselt werden mit der oben ausgeführten Scheiterungsquote, denn diese drückt aus, dass ein Unternehmen nicht mehr am Markt bestehen kann. Die hier formulierte Überlegung richtet sich vielmehr an das „Quasiüberleben" innerhalb einer Familie über mehrere Generationen. Damit wird implizit die normativer Behauptung verknüpft, dass familieninterne Nachfolgen wünschenswerter seien und zum Beispiel ein Verkauf an Dritte einen nachrangigen Charakter habe.

[520] Wimmer, Gebauer 2004, S. 244; ähnliche Zahlen bei Kropfberger, Mödritscher 2002, S. 108, i.A. and Oswald, Wimmer 1998, S. 6; in ländlichen Regionen ist die Wahrscheinlichkeit einer familieninternen Unternehmensnachfolge größer.

[521] Beckhard, Dyer; Dyer 1986; Westhead 2003, S. 371; Getz, Petersen 2004, S. 259.

[522] für Deutschland vgl. bspw. L-Bank 2002.

teiligung durch Anteilserwerb (24%) die höchste Bedeutung zugemessen werden.[523] Der Verkauf von Anteilen an Familienmitglieder (17%) oder die Schenkung von Anteilen (13%) liegen an 3. und 4. Stelle. Die Übernahme von Aktiven und Passiven sowie die Pacht sind von untergeordneter Bedeutung. Bei der *familienexternen Übertragung* hat der Verkauf des Unternehmens erwartungsgemäß die höchste Bedeutung (56%), gefolgt von der Beteiligung durch Anteilserwerb (26%) und der Übernahme der Aktiven und Passiven (11%). Die Schenkung (1%) spielt eine vernachlässigbare Rolle.[524]
Die eigene Untersuchung zeigt ein ähnliches Bild (vgl. dazu Tabelle 6). Bei der familieninternen Unternehmensübertragung kommt der Erbfolge und der Schenkung unbestritten die höchste Bedeutung zu. Gleichzeitig gibt es noch einen kleineren Teil, der mittels Verkauf von der einen Generation auf die Nächste übertragen wird. Bei den unternehmensinternen Übertragungen (MBO) ist die Veräußerung von Anteilen die verbreitetste Form (16.7%), gefolgt von Erbfolge (11.9%) und Pacht (7.1%). Bei der unternehmensexternen Übertragung steht der Verkauf mit knapp 70 Prozent deutlich im Vordergrund.

	Schenkung	Erbfolge	Unentgeltlich im Rahmen einer Aktiv-Passiv-Übernahme	Pacht	Verkauf	Beteiligung durch Anteilserwerb	Andere oder weiss noch nicht
	Angaben in Prozent						
Familienintern (n = 146)	34.9	36.3	5.5	4.1	6.9	2.0	10.3
Unternehmensintern (MBO) (n = 42)	4.8	11.9	4.8	7.1	0.5	16.7	4.8
Unternehmensextern (MBI; Verkauf an Dritte, IPO) (n = 67)	3.0	0.0	3.0	14.8	68.7	6.0	4.5

Tabelle 6: Übertragungsformen im engeren Sinn in der Schweiz[525]

Zusammenfassend kann festgehalten werden, dass die Unternehmensnachfolge ein wiederkehrendes Phänomen in jeder Volkswirtschaft ist. Für die betroffenen Generationen stellt sie jedoch meist eine einmalige Angelegenheit dar. Ein Wandel kann dahingehend erkannt werden, als dass familieninterne Unternehmensübertragungen im deutschsprachigen Europa an Bedeutung verlieren. Jedoch wird diese Nachfolgevariante im

523 Zürcher Kantonalbank 2005.

524 Weitere 6 Prozent geben „andere" als Antwort an.

525 Eigene Darstellung i.A. an Frey, Halter, Zellweger 2005. S. 16. Mehrfachnennungen waren möglich.

internationalen Vergleich immer noch relativ häufig gewählt und vollzogen; deshalb darf der Schenkung und der Erbfolge eine relativ hohe Bedeutung zugemessen werden.

3.4.2 Komplexität durch Vielfalt von Fragestellungen

Modelle und Frameworks sind Ansätze, um Komplexität zu systematisieren und zu ordnen. Damit verbunden ist eine starke Vereinfachung durch Abstraktion. Es kann beispielsweise zwischen Beschreibungs-, Erklärungs- und Entscheidungsmodellen unterschieden werden, wobei die ersten beiden Typen die Nachfolgeliteratur dominieren.[526] Um die Unternehmensnachfolge zu beschreiben, wird vereinzelt auf das weit verbreitete *Lebenszyklusmodell* zurückgegriffen, das Veränderungen im Zeitverlauf darstellt.[527] Durch die Kombination des Familien- und Unternehmenslebenszyklusses kann die Abfolge von verschiedenen Generationen im Zeitverlauf abgebildet werden. Damit kann der Versuch unternommen werden, den optimalen Zeitpunkt für die Unternehmensnachfolge zu bestimmen.[528] Gleichzeitig sind diesem Modell im abbildtheoretischen Sinn wesentliche Grenzen gesetzt, da neben dem Zeitfaktor jeweils nur eine limitierte Anzahl von Dimension abgebildet werden kann.[529] Da die Vielfalt der Aspekte sehr groß ist und derartige Vereinfachungen nicht zielführend sind, können in der Literatur unterschiedlichste Modelle und Frameworks identifiziert werden. Vereinzelt wird der Versuch unternommen möglichst alle Aspekte zu erfassen, andere Ansätze wiederum fokussieren sich auf Einzelaspekte.[530]

Die dargestellten Dimensionen sind sehr vielfältig. Dabei erscheint es sinnvoll, zwischen *verschiedenen Analyseebenen* klar zu differenzieren, wenngleich diese auch miteinander interagieren. In Anlehnung an Handler kann dabei zwischen individueller, intrapersoneller und organisationaler Ebene sowie der Umwelt differenziert werden.[531] Der Vorteil dieser Differenzierung ist darin zu sehen, dass die verschiedenen Ebenen

---

[526] Fueglistaller, Halter 2006, S. 49. Beispiele im Kontext der Unternehmensnachfolge und Familienunternehmen sind bspw. Le Breton-Miller, Miller, Steier 2004; Handler 1994a und 1988; Chittoor, Das 2007; Trefelik 2002; Kropfberger, Mödritscher 2002, S. 114; Goehler 1993; Wimmer, Domayer, Oswald u.a. 1996, S. 245ff.; Barach, Ganitsky 1995, S. 132; Ip, Jacobs 2006, S. 342.

[527] Kepnter 1983; Morris, Williams, Nel 1996, S. 68f.; Morris, Williams, Allen, Avila 1997, S. 388ff. Dunemann, Barret 2004, S. 22ff; Westhead 2003, S. 391.

[528] So zum Beispiel Kimhi 1997, S. 310ff.

[529] Fueglistaller, Halter 2006, S. 70. Alternativ können auch verschiedene Zyklen in das gleiche Raster eingetragen werden. Dies bedingt jedoch, dass die vertikale Achse mit verschiedenen Parametern versehen wird.

[530] Gerade bei Erklärungsmodellen wird meist ein kleiner Ausschnitt betrachtet.

[531] Handler 1994, S. 146 und Handler 1988, S. 375. Im Original heisst es "Individual Level; Interpersonal Group Level; Organizational Level; Environmental Level". Vgl. dazu auch Kapitel 3.3.2, S. 88ff.

unterschiedliche Systeme und Subsysteme darstellen.[532] Davis und Harveston ersetzen in ihrer Studie die Umwelt-Ebene mit einer Ressourcen-Ebene, um Einflussfaktoren auf eine gelungene Unternehmensnachfolge zu untersuchen.[533] Hammer und Hinterhuber differenzieren die vier Dimensionen Unternehmer, Familie, Umwelt und Management.[534] Ein gelungenes Modell findet sich bei Le Breton, Miller und Steier, welche den Prozess ins Zentrum der Betrachtung stellen, wobei die obigen Analyseeinheiten den Kontext für den Prozess darstellen.[535] Die Autoren differenzieren dabei zwischen Branchenkontext (analog Umwelt-Ebene), Familienunternehmenskontext mit Übergeber und Unternehmer (= organisationale und intrapersonelle Ebene), Familienkontext (= organisationale und intrapersonelle Ebene) sowie dem sozialen Kontext mit Elementen wie Kultur, Ethik, Religion und Werten. Andere Autoren differenzieren primär zwischen funktionalen Dimensionen wie beispielsweise privatrechtlichen, steuerrechtlichen, betriebswirtschaftlichen, gesellschaftsrechtlichen oder menschlich-psychologischen Fragen und ergänzen diese mit den Aspekten Familie und Unternehmen oder Übergeber und Nachfolger.[536] Gerade bei solchen Modellen besteht die Gefahr der Vermischung verschiedener Analyseeinheiten oder -ebenen, weshalb in dieser Arbeit an der Unterscheidung i.A. an Handler und Sharma festgehalten wird.[537]

Auf individueller (intrapersoneller) Ebene (1) handelt es um Themen wie persönliche Wertvorstellungen, Erwartungen, Persönlichkeitseigenschaften, Motive, Kompetenzen und Fähigkeiten, Gesundheit oder Identifikation mit dem Unternehmen und der Familie.[538] Diese Aspekte haben einen Einfluss auf die Interaktion zwischen Übernehmer und Übergeber und damit auf die Gestaltung der nächsten Analyseebenen. Ein zentrales Element auf individueller Ebene stellen die psychologischen Aspekte und insbesondere die Emotionen (vgl. dazu ausführlich Kapitel 2, Seite 39ff.) dar, die gerade beim Übergeber eine zentrale Rolle spielen.[539] Habig und Berninghaus bezeichnen den Nachfolgeprozess als psychologisch-menschliche Herausforderung und messen den steuerlichen,

---

532 Für die systemische Differenzierung von Analyseeinheiten vgl. auch Kapitel 1.1.1, S. 1ff. und Kapitel 3.3.2, S. 88ff.

533 Davis, Harveston 1998, S. 33 und 39.

534 Hammer, Hinterhuber 1993, S. 258.

535 Le Breton-Miller, Miller, Steier 2004, S. 306.

536 Clausen 1982, S. 52; Wiedmann 2002, S. 54.

537 Handler 1994, S. 146; Handler 1988, S. 375; Sharma 2004; Sharma, Chrisman, Chua 1996; Sharma 2004 und Abbildung 6 auf S. 90.

538 Howorth, Assaraf Ali, 2001, S. 242; Kailer 2003, S. 185f.; Wiedemann 2002, S. 54.

539 Hegi 2001, S. 25; Dunemann, Barret 2004, S. 18f.

rechtlichen und betriebswirtschaftlichen Aspekten eine wesentlich untergeordnete Bedeutung zu.[540]

Auf interpersoneller Ebene (2) stehen individuelle und persönliche Beziehungen im Zentrum der Betrachtung, allen voran die Beziehungen zwischen Übergeber und Übernehmer, zwischen Familienmitgliedern und zwischen Familien- und Nicht-Familienmitgliedern.[541] Es darf davon ausgegangen werden, dass einvernehmliche Beziehungen für die Gestaltung der Unternehmensnachfolge förderlich sind. Zentrales Element ist eine konstruktive, ehrliche und offene Kommunikation, wodurch eine Auseinandersetzung mit den individuellen Gefühlen, Ängsten, Sorgen und Widerständen offen gelegt werden kann.[542]

Auf organisationaler Ebene (3) kann in Anlehnung an die Definition von Familienunternehmen zwischen Familie und Unternehmen differenziert werden. Eine wichtige Rolle spielt dabei die Ausgestaltung der Strukturen und Prozesse innerhalb und zwischen den beiden Subsystemen.[543] Damit verbunden stellt auch die Strategie und Kultur des Familienunternehmens ein zentrales Element dar.[544] In Ergänzung dazu spricht Kailer bei der organisationalen Ebene von den Ressourcenbedingungen im engeren Sinn und meint damit finanzielle, personelle und technische Ressourcen in der Familie oder im Unternehmen.[545]

Auf der Ebene der Umwelt (4) spielen die Stakeholder und die makroökonomischen Rahmenbedingungen eine zentrale Rolle. In Anlehnung an das Neue St.Galler Managementmodell müssen Banken, Lieferanten, Kunden und Mitarbeiter als wichtige Partner für das Unternehmen sowie der Staat berücksichtigt werden.[546] Die Stakeholder haben das Interesse, möglichst wenige Risiken durch die Unternehmensnachfolge einzugehen. In diesem Zusammenhang kommt der Gestaltung der institutionellen Beziehungen eine hohe Bedeutung zu.[547] Kailer spricht dabei auch von Ressourcenbedingungen

---

540 Habig, Beringhaus 2003. Sie gehen davon aus, dass 80 Prozent der Probleme im psychologisch-menschlichen Bereich zu lösen sind, welche in der Forschung vernachlässigt werden. Vgl. auch Klein 2004, S. 317; Le Mar 2001, S. 19; Hennerkes 2004, S. 266.

541 Dunemann, Barret 2004; Morris, Williams, Allen, Avila 1997; Chua, Chrisman, Sharma 2003.

542 Handler 1994a, S. 146.

543 Die Diskussion rund um Familienunternehmen wurde in Kapitel 2, S. 39ff. geführt.

544 Handler 1994, S. 146; Howorth, Assaraf Ali 2001, S. 242.

545 Kailer 2003, S. 185.

546 Rüegg-Stürm 2002; Sharma, Chrisman, Chua 2003, S. 669. In der Schweiz hat ein Bundesgerichtsentscheid aus dem Jahr 2004 in den vergangenen 2 Jahre für Aufmerksamkeit gesorgt, da eine familieninterne Unternehmensnachfolge unter gegebenen Umständen als Teilliquidation behandelt werden kann, was zu hohen Steuerbelastungen führt. Dieser Entscheid wurde im Rahmen der Unternehmenssteuerreform II per 1. Januar 2007 korrigiert.

547 Dunemann, Barret 2004, S. 10ff.

im weiteren Sinn und meint damit die Wirtschaftslage, das Gründer- und Nachfolger-Ambiente oder die Branchenentwicklung.[548]

Die verschiedenen Ebenen werden in der vorliegenden Arbeit nicht als allein stehende und in sich geschlossene Analyseeinheiten verstanden. Vielmehr stehen sie im fortwährenden *Austausch und in Interaktion* mit den anderen Ebenen und beeinflussen sich damit gegenseitig. Zwischen allen Ebenen können Beziehungen hergestellt werden.[549] So kann neben der Beziehung zwischen Individuen auch die Beziehung eines Individuums mit dem System Familienunternehmen respektive mit dessen beiden Subsystemen betrachtet werden. Eine weitere Möglichkeit ist die Beziehung des Familienunternehmens zu den Stakeholdern aus der Umwelt, welche gerade in Familienunternehmen oft wieder personalisiert auf der individuellen Ebene beim Unternehmer vollzogen wird.

3.4.3 Die Unternehmensnachfolge als Prozess

Verschiedenste Autoren sind sich einig, dass eine Unternehmensnachfolge nur mittels Zeitraumbetrachtung erfasst werden kann und nicht auf die formale Führungs- und/oder Eigentumsübergabe reduziert werden darf. Die Unternehmensnachfolge wird deshalb allgemein als Prozess verstanden. Dabei gilt es, verschiedene Aspekte bezüglich der zeitlichen Dimension als auch der Prozessgestaltung und -schritte anzusprechen.[550]

Wissenschaft und Praxis fordern eine frühzeitige Planung der Unternehmensnachfolge.[551] In der Praxis kann festgestellt werden, dass in den meisten Fällen zwischen 1 und 5 Jahren für die Abwicklung der Unternehmensnachfolge benötigt werden, wobei die Initialisierungsphase relativ viel Zeit in Anspruch nimmt. Es darf davon ausgegangen werden, dass die Mehrheit der Übergeber dazu mehr als 2 Jahre benötigt.[552] Bei der eigentlichen Abwicklung der Nachfolge wird in der Regel zwischen familieninterner und -externer Übertragung differenziert. Die Suche nach einem Nachfolger beansprucht bei der externen Lösung mehr Zeit (deutlich mehr als 1 Jahr) als bei der internen (mehrheitlich weniger als ein halbes Jahr). Umgekehrt beansprucht die eigentliche Übernahme durch den Nachfolger bei der externen Lösung weniger Zeit (mehrheitlich weniger als ein Jahr). Außerdem wird auch die Zeit der gemeinsamen Führung bei der externen Lösung als wesentlich kürzer eingestuft als bei einer familieninternen Nachfolge.

---

548 Kailer 2003, S. 185; Handler 1994, S. 146.

549 Fox, Nilakant, Hamilton 1996 sprechen dabei von einem Beziehungsmodell, zit. in Chittoor, Das 2007, S. 67.

550 Die Kombination des Zeitaspekts und der Prozessgestaltung findet Eingang in die Forderung nach Planung, was als wesentlicher Erfolgsfaktor bei der Nachfolgeplanung angesehen wird. Vgl. dazu später Kapitel 3.4.4 auf Seite 113ff.

551 Ibrahim, Soufani, Lam 2001, S. 256; Pohlmann 1997, S. 134. Vgl. später auch Planung als Erfolgsfaktor.

552 Zürcher Kantonalbank 2005.

Die eigene Untersuchung zeigt das Bild aus der Perspektive des Übernehmers (vgl. dazu Tabelle 7). Das Sammeln von Erfahrung in anderen Unternehmen sowie eine zielgerichtete Aus- oder Weiterbildung beanspruchen am meisten Zeit während der Vorbereitung. Auch die konkrete Einarbeitung ist aus zeitlicher Sicht nicht zu unterschätzen.

	Durchschnitt Anzahl Monate
Erfahrung sammeln in anderen Unternehmen (n = 73)	48
Zielgerichtete Aus- oder Weiterbildung (n = 63)	42
Einarbeitungszeit im Unternehmen (n = 55)	37
Übernahme von (mehr) Führungsverantwortung (n = 63)	28
Übergangszeit mit gemeinsamer Führungsverantwortung (n = 59)	26
Suche nach einem Unternehmen (n = 108)	19
Entscheidungsfindung in der Familie (n = 54)	15
Rückzug des Übergebers (n = 50)	14
Konkrete Planung der Übernahme (n = 42)	12
Auswahl eines Unternehmens (n = 104)	8
Vertragsverhandlung (n = 42)	6

Tabelle 7: Dauer der einzelnen Übernahmetätigkeiten/Phasen[553]

Die Tabelle zeigt weiter, dass vor allem in der Vorbereitung viel Zeit investiert werden muss. Die formale und operative Abwicklung wie beispielsweise die Vertragsverhandlung sind im Vergleich dazu schon fast unbedeutend. Deshalb ist es nicht verwunderlich, dass Bergamin in seiner Dissertation die Empfehlung abgibt, für eine fundierte Vorbereitung der Unternehmensnachfolge 3-7 Jahre vorzusehen und die eigentliche Übertragung in einer möglichst kurzen Zeitspanne (1-1.5 Jahre) abzuwickeln.[554] Zu diesem Zeitpunkt sollte der Nachfolger bei familieninternen Übertragungen im Idealfall zwischen dem 25. und 40. Lebensjahr sein.[555]

Vor dem Hintergrund der Komplexität und Zeitraumbetrachtung gibt es verschiedene Versuche, den Nachfolgeprozess in unterschiedliche Phasen zu gliedern. Gleichzeitig dürfen solche Phasenmodelle aus praktischer Sicht nicht zu rigide verfolgt werden, denn oftmals sind Fragestellungen sowohl revolvierend als auch nicht zwingend in der vorgeschlagenen Reihenfolge und Vollständigkeit zu „absolvieren“, da die Heterogenität der Nachfolgeaspekte hoch ist.

Die Literaturanalyse hat ergeben, dass es eine Vielzahl von Prozessbeschreibungen sowohl aus wissenschaftlicher als auch aus praktischer Sicht gibt. Eine Übersicht über ausgewählte Phasenmodelle findet sich in Anhang III auf Seite 296. Die Analyse zeigt, dass der Differenzierungsgrad und damit verbunden das Abstraktionsniveau sehr unter-

---

[553] Frey, Halter, Zellweger 2005, S. 23.

[554] Bergamin 2005, S. 104. Eine kurze Übertragungszeit i.e.S. erhöht für die Beteiligten und die Stakeholder zudem die Prozesssicherheit.

[555] Handler 1994, S. 135; Clausen 1982, S. 55.

schiedlich ist. Auch kann festgestellt werden, dass einzelne Prozessmodelle verschiedene Phasen ohne spezifische Reihenfolge anbieten, andere wiederum geben eine klare Reihenfolge vor. Schließlich zeigt sich, dass einzelne Modelle sehr allgemein gehalten werden, während andere wiederum bewusst aus einer Perspektive (meist Übergeber oder Übernehmer) formuliert sind.

In der vorliegenden Arbeit wird von einem konsolidierten und relativ abstrahierten Modell ausgegangen, wobei nicht nur auf den Übergeber fokussiert wird. Als erstes wird der Prozess in einen Nachfolgeprozess im engeren und im weiteren Sinn differenziert. Die *Unternehmensnachfolge im engeren Sinn (1)* umfasst die Teilphasen Vorbereitung auf die Nachfolge (II), Suche des Nachfolgers (III), Einarbeitung des Nachfolgers (IV) und definitive Umsetzung der Nachfolge (V) (vgl. dazu Abbildung 7). Die einzelnen Prozessphasen sind bewusst mit unterbrochenen Linien voneinander getrennt, um die Durchlässigkeit zu unterstreichen. Das bedeutet, dass verschiedene Teilschritte auch parallel abgewickelt werden können. Wenn von der *Unternehmensnachfolge im weiteren Sinn (2)* gesprochen wird, werden die Vorgeschichte (I) sowie die Gestaltung der Zeit nach der Unternehmensübertragung (VI) mit einbezogen. Insbesondere die Vorgeschichte ist dahingehend von Bedeutung, als dass diese den Kontext und die Historizität darstellt, welche Entscheidungen, Verhaltensweisen oder Handlungen beeinflussen.[556]

Sowohl für den Übernehmer als auch für den Übergeber gibt es in jeder Phase verschiedene Aufgaben und Tätigkeiten. Um den Rahmen der vorliegenden Arbeit nicht zu sprengen, werden je Phase nur einzelne Aspekte im Sinne von Beispielen kurz ausgeführt, ohne den Anspruch auf Vollständigkeit zu erheben. Die Beispiele haben dabei einen primär illustrativen Charakter und fokussieren sich dabei auf die Unternehmensnachfolge im engeren Sinn.

[556] Wenn das Unternehmen bereits einmal von der einen Generation auf die nächste übertragen worden ist, schwingen Erfahrungen mit, die in der neuen Unternehmensübertragung mit berücksichtigt werden. Janjuha-Jivraj und Woods 2002, S. 79 sagen dazu: "*The emotional traumas and family splits experienced during transition without planning resulted in a determined effort to ensure this was avoided in the future. This is achieved by greater communication across the generations, resulting in goal congruence and a commitment to the long-term strategy.*" Insbesondere aus einer systemisch-konstruktivistisch orientierten Perspektive muss dem ganzheitlichen Bild eine große Bedeutung zugemessen werden.

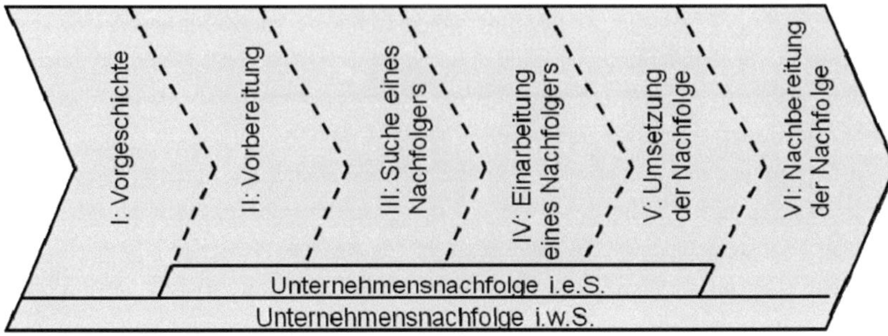

Abbildung 7: Der Nachfolgeprozess [557]

Die *Vorbereitungsphase (Phase II)* kann auch mit der Initiierungsphase gleichgesetzt werden.[558] Auf der Ebene des Individuums gilt es eine Verstärkung des Veränderungswunschs beim Übergeber zu erreichen.[559] Der Übergeber muss die innere Bereitschaft entwickeln und die Notwendigkeit sehen, dass er sich mit der Unternehmensnachfolge aktiv auseinandersetzt. Damit verbunden ist die Akzeptanz seiner eigenen Vergänglichkeit. Bezogen auf das Unternehmen gilt es dieses leistungs- und entwicklungsfähig zu halten, denn nur Unternehmen mit Zukunftsperspektiven können gut übertragen werden.[560] Auch innerhalb der Familie muss die Unternehmensnachfolge thematisiert werden, mit dem Ziel, die verschiedenen Vorstellungen und Erwartungen zu erfassen. So wird ein gemeinsames Wertgefüge geschaffen, das für die Ausgestaltung des ganzen Nachfolgeprozesses i.e.S. bestimmend sein kann.

In der Folge geht es um die *Suche eines geeigneten Nachfolgers (Phase III)*. Innerhalb der Familie kann die Suche relativ rasch abgeschlossen werden. Die primäre Frage dabei ist: Gibt es Familienmitglieder (Kinder), die das Unternehmen übernehmen wollen und dazu auch in der Lage sind? Nur wenn beide Teilfragen positiv beantwortet werden können, wird ein Weiterverfolgen der familieninternen Unternehmensnachfolge empfohlen. Eine familienexterne Nachfolge ist über einen MBO, MBI, Verkauf an Dritte oder durch einen Börsengang möglich, wobei jede Nachfolgeform eigene Fragestellungen in sich birgt, auf die an dieser Stelle nicht weiter eingegangen werden soll. Die Erfahrung zeigt, dass nach Möglichkeit in Szenarien vorgegangen werde sollte, denn eine einmal gewählte Nachfolgelösung muss bis zum Vollzug nicht zwingend als die geeignetste Form erachtet werden.

---

557 Eigene Darstellung.

558 Cadieux 2005, Cadieux, Lorrain, Hugron 2002; Davis, Harveston 1998.

559 Churchil, Hatten 1987, zitiert in Handler 1994, S. 135.

560 vgl. dazu Erfolgsfaktoren in Kapitel 3.4.4, S. 113.

Der *Einarbeitung des Nachfolgers (Phase IV)* kommt vor allem bei der familieninternen Unternehmensnachfolge eine große Bedeutung zu. Die Schwierigkeiten liegen dabei in der Akzeptanz bei den Mitarbeitenden, in der Erschließung von eigenen Kompetenzfeldern für den Nachfolger und im langsamen aber kontinuierlichen Rückzug des Übergebers. Bei einer familienexternen Nachfolge ist diese Phase meist eher kurz. Die Gestaltung des Rückzugs kann dabei unterschiedlich erfolgen. Einige Übergeber werden versuchen, nach dem Rückzug wieder ins Unternehmen einzusteigen um beispielsweise Fehler auszumerzen, andere ziehen sich sofort und unwiderruflich zurück.[561] Manche Übergeber wiederum ziehen sich aus dem bisherigen Unternehmen zurück, nutzen die gewonnene Zeit und Mittel jedoch zum Aufbau eines neuen Unternehmens. Die dabei beobachtbaren Motive können mit Unrast, Not, Image, Neugierde oder einfach Freude und Erfüllung umschrieben werden.[562]

Mit der *Umsetzung der Nachfolge (Phase V)* ist primär die operative Umsetzung gemeint. Diese umfasst die finanzielle, rechtliche und steuerliche Abwicklung der Übertragung sowie die Kommunikation gegenüber den Mitarbeitenden sowie den anderen Stakeholdern. Ziel an dieser Stelle muss es sein, in möglichst kurzer Zeit den verschiedenen Stakeholdern Sicherheit zu vermitteln.

3.4.4 Erfolgs- und Misserfolgsfaktoren im Nachfolgeprozess

Verteilt über die Phasen der Nachfolge können verschiedene Schwierigkeiten und Probleme auftauchen, die den Erfolg der Übertragung beeinträchtigen können. Dabei soll der Fokus nicht primär auf den operativen Problemen liegen, die bei der eigentlichen Umsetzung anfallen können (vgl. dazu Phase V in Abbildung 7).[563] Ziel des vorliegenden Unterkapitels ist es, einen Überblick über die meistgenannten Probleme, oder positiv formuliert Erfolgsfaktoren zu geben.[564]

Wenn von *Erfolgs- und Misserfolgsfaktoren* gesprochen wird braucht es vorgängig eine Auseinandersetzung mit dem Erfolgsbegriff.[565] Dabei können verschiedene Perspektiven gewählt werden. Für Mitarbeiter kann die Nachfolge beispielsweise erfolg-

561 Sechser 2006, S. 54 differenziert dabei vier Formen die sie als Monarch, General, Botschafter und Gouverneur bezeichnet.

562 Schuppli 2005, S. 39.

563 In dieser Phase sind operative Probleme zu diagnostizieren. Dabei handelt es sich um Dinge wie die Berechnung und Festlegung des Unternehmenswerts oder das Führen der Verhandlungen, vgl. dazu L-Bank 2002, S.23 oder Frey, Halter, Zellweger 2005, S. 18f.; Zürcher Kantonalbank 2005.

564 Eine systematische Literaturanalyse über Erfolgs- und Misserfolgsfaktoren bei der Unternehmensnachfolge findet sich bei Le Breton-Miller, Miller, Steier 2004, S. 307. Sie kommen zum Schluss, dass sehr vieles vom Übergeber selbst abhängt und er deshalb die zentrale Figur im Nachfolgeprozess darstellt. Venter, Boshoff, Maas 2005, S. 283ff.

565 Ein großer Teil der Nachfolgeliteratur zählt Erfolgs- oder Misserfolgsfaktoren auf. Jedoch nur wenige beschäftigen sich dabei vorgängig mit dem Erfolgsbegriff.

reich sein, wenn deren Arbeitsplätze ohne Lohneinbußen auch nach der Übertragung gesichert sind. Aus der Sicht von Kapitalgebern ist die Unternehmensnachfolge dann erfolgreich, wenn zum Beispiel die Kredite vom Übergeber vollständig zurückbezahlt sind oder die Verpflichtungen dank des Engagements eines solventen Nachfolgers und dank guter Geschäftsperspektive nicht gefährdet sind.[566] Aus der Perspektive des Übergebers kann der Erfolg noch vielfältiger umschrieben werden. Für den einen zählt die Verkaufspreisoptimierung, für den anderen ist die Nachfolge ein Erfolg, wenn der Produktionsstandort und die Arbeitsplätze gesichert sind.[567] Für Nachfolger und Forschende wiederum kann der Geschäftsverlauf des übertragenen Unternehmens von Bedeutung sein. Sie knüpfen die Erfolgsmessung folglich an verschiedene Kennzahlen wie das Wachstum der Mitarbeiterzahl, des Umsatzes oder des Ertrags.[568] Aus der Perspektive von Familienunternehmen können bei einer familieninternen Nachfolge auch das Aufrechterhalten des Wettbewerbsvorteils gegenüber Nicht-Familienunternehmen oder das Aufrechterhalten der „familiness“ und der damit verbundenen spezifischen Eigenschaften als Erfolgsgröße gewählt werden.[569]

Es ist hervorzustreichen, dass die Erfolgsfaktorenforschung nicht unumstritten ist.[570] Gerade aus einer systemisch-konstruktivistisch orientierten Perspektive sind Erfolgsfaktoren bezüglich ihrer Wirkungsweise kritisch zu betrachten, da lineare Ursache-Wirkungsbeziehungen die Komplexität zu sehr vereinfachen und daher der Wirklichkeit nicht gerecht werden können. Außerdem wird das Messkriterium für den Erfolg in der umfangreichen Nachfolgeliteratur nur sehr selten explizit festgelegt. Da in der vorliegenden Arbeit die Perspektive des Unternehmers und seine Emotionen im Zentrum der Betrachtung stehen, wird die Erfolgsdefinition bewusst weggelassen, um die nötige fallspezifische Offenheit sicherzustellen. Der Erfolg soll vom Übergeber selbst definiert werden.[571] Die möglichen Erfolgs- und Misserfolgsfaktoren werden nachstehend entlang dem in Abbildung 6 auf Seite 90 vorgeschlagenen Familienunternehmensmodell diskutiert, wobei wieder die verschiedenen Analyseebenen differenziert werden – je-

---

566 Deshalb ist die Regelung der Unternehmensnachfolge auch ein fixer Bestandteil der qualitativen Kriterien in einem Bankenrating, vgl. Halter 2003.

567 Für die Motive vgl. später Kapitel 3.5, S. 120.

568 Morris, Williams, Allen, Avila, 1997, S. 390 und Le Breton-Miller, Miller, Steier 2004, S. 306 differenzieren zwischen klassischen Erfolgskriterien und der durch die Betroffenen erlebten Qualität der Unternehmensnachfolge. Für klassische Kriterien vgl. bspw. St-Cyr, Richer 2005, S. 62; Helbling 2000, S. 5; Chittoor, Das 2007, S. 66; Morris, Williams, Allen, Avila, 1997, S. 392; Mandl 2005, S. 124.

569 Sharma, Chrisman, Chua 2003, S. 669. Für familiness vgl. Kapitel 3.2.3, S. 83.

570 Haenecke 2002.

571 Für die Motive und Ziele der Unternehmer, die vor der Unternnehmensnachfolge stehen vgl. 3.5, S. 120ff.

doch ergänzt mit der Perspektive Zeit in Anlehnung an den oben eingeführten Prozessgedanken (vgl. Abbildung 7, Seite 112).

Auf der *Ebene des Individuums (1)* (intraindividuelle Ebene, = A in Abbildung 6, Seite 90) wird auf die Perspektiven des Übergebers und des Nachfolgers fokussiert. Beim *Übergeber* wird das zentrale Problem darin gesehen, dass sich dieser nur sehr schwerlich vom Unternehmen distanzieren kann, was als *„mangelndes Loslassen"* bezeichnet wird – ein Problem das bei Gründern besonders stark ausgeprägt ist.[572] Da der Unternehmer im Zentrum der vorliegenden Arbeit steht, wird später in Kapitel 3.5 ab Seite 120 noch spezifischer auf die Perspektive des Übergebers eingegangen.

Bei der Wahl des *Nachfolgers* wurden bereits die beiden Phänomene Primogenitur und Nepotismus angesprochen (vgl. dazu Kapitel 3.4.1). Zum einen besteht die Gefahr, dass Nachfolger nicht die notwendigen *Fähigkeiten und Erfahrungen* mitbringen, die eine zeitgemäße und branchenspezifische Unternehmensführung erfordern.[573] Untersuchungen haben ergeben, dass der Ausbildungsstand eine positive Korrelation mit dem Erfolg des Unternehmens nach der Übertragung hat, gleichzeitig aber auch eine Zunahme des Bildungsstands der Nachfolger beobachtet wird.[574] Die zweite Gefahr liegt darin, dass der Nachfolger nicht über den notwendigen *Willen* verfügt, das Unternehmen auch in Eigenregie zu führen und dessen Zukunft zu gestalten. Gerade bei familieninternen Unternehmensnachfolgen muss der Nachfolger den Willen haben, sich in den Dienst des Unternehmens zu stellen. Der Entscheid sollte aus eigenem Antrieb erfolgen, denn nur aus der inneren Stärke heraus können die familienspezifischen Rollenverhältnisse und die damit verbundenen Erwartungen getragen werden.[575]

Aus individueller Perspektive lassen sich deshalb folgende drei Erfolgsfaktoren ableiten:

- Der Übergeber muss sich bewusst und aktiv mit der Zeit nach dem Unternehmen auseinandersetzen und dadurch einen Lebensinhalt ohne Unternehmen aufbauen;
- Der Nachfolger muss über wettbewerbsfähige Fähigkeiten und Kompetenzen verfügen;
- Der Nachfolger muss den freien Willen haben, sich mit vollem Einsatz in den Dienst des Unternehmens zu stellen. Er braucht eine hohe Selbstmotivation.

---

572 Morris, Williams, Allen, Avila, 1997, S. 390f., er zitiert Handler 1990; Handler 1991; Kepner 1983; Sharma, Chrisman, Chua 2003, S. 668; Chini 2004, S. 270; Getz, Petersen 2004, S. 261; Kailer, Weiß 2005, S. 34f.; St-Cyr, Richer 2005, S. 58; Cadieux 2005, S. 34.

573 Mandl 2005, S. 128; Morris, Williams, Allen, Avila 1997, S. 390f; Sechser 2006, S. 47f.; Chini 2004, S. 270 fordert unternehmensexterne Erfahrung für Familiennachfolger.

574 Mandl 2005, S. 124; St-Cyr, Richer 2005, S. 58; Morris, Williams, Nel 1996, S. 78.

575 Sechser 2006, S. 50; Trefelik 2002, S. 123; Sharma, Chrisman, Chua 2003, S. 668. Für die Familiendynamik vgl. Kapitel 3.2, S. 76 in der vorliegenden Arbeit.

Der *interpersonellen Ebene (2)* (= B in Abbildung 6, Seite 90) rechnen Morris u.a. die meisten Schwierigkeiten im Nachfolgeprozess zu, da es sich um einen höchst interaktiven Prozess handelt.[576] *Innerhalb der Familie* besteht die Gefahr, dass es zu Spannungen kommt, da die verschiedenen Interessen ungenügend oder zu spät in der Planung mitberücksichtigt werden.[577] Dies bedeutet, dass frühzeitig die verschiedenen Erwartungen erfasst werden müssen. Eine offene und ehrliche Kommunikation innerhalb der Familie steht im Zentrum um Transparenz und Sicherheit zu vermitteln.[578] Der Reduktion von Familienkonflikten und die Erhöhung der Familienharmonie durch Schaffung gemeinsamer Werte, Traditionsverständnis und Vorstellungen über die Anforderungen und die Zukunft des Unternehmens haben einen positiven Effekt auf die Gestaltung der Unternehmensnachfolge.[579] Gesunde Familienbeziehungen und eine effektive Kommunikation beruhen auf der Fähigkeit die sozialen Beziehungen zu initiieren und aufrecht zu erhalten.[580]

Eine weitere Herausforderung stellt die *Beziehung zwischen Übergeber und Nachfolger* dar – insbesondere während der Einarbeitungs- und Übergabezeit (vgl. dazu Phase IV und V in Abbildung 7). Neben der offenen Kommunikation braucht es vor allem die Bereitschaft zur Zusammenarbeit und zum Wissenstransfer zwischen den Generationen.[581] Differenzen können auf unterschiedliche Rollen oder alte Rollenmuster, unterschiedliche Charaktere und Begabungen oder unverbindliche Bestimmungen für die Gestaltung der Zusammenarbeit zurückgeführt werden. Gerade im Zeitverlauf verändert sich sowohl die Rolle des Übergebers als auch die des Nachfolgers. In Anlehnung an Handler verändert sich die Rolle des Übergebers vom alleinigen Operator über den Monarchen zum Overseer/Delegator bis hin zum Berater.[582] Umgekehrt verändert sich der Nachfolger vom „Kein-Rolleninhaber“ über den Helfer zum Manager bis hin zum Leader, der eigene Entscheidungen fällen kann und darf. Innerhalb der Familie kann erschwerend dazu kommen, dass ein Nachfolger immer das Kind des Vaters und der Mutter ist und daher familiäre Rollenmuster auf das Unternehmen übertragen werden können.[583] Um solchen Differenzen vorzubeugen, wird eine vorgängige Reglung der Kompetenzzuteilung, Festlegung von einigen Basisregeln sowie der Einbezug einer externen

---

[576] Morris, Williams, Allen, Avila 1997, S. 391f.; Cadieux 2005, S. 45.

[577] Mandl 2005, S. 128;

[578] Sechser 2006, S. 50. Trefelik 2002, S. 123; Cadieux 2005, S. 45; beim MBO vgl. Scholes, Westhead, Burrows 2008, S. 8ff.

[579] Lansberg, Astraschen 1994, S. 41f.; Morris, Williams, Allen, Avila, 1997, S. 390f.

[580] Diese Fähigkeit wird auch Bindungsfähigkeit (= connectedness) genannt.

[581] Chini 2004, S. 270.

[582] Handler 1994, S. 134. Sechser 2006, S. 54 spricht beim Übergeber vom Monarch, General, Botschafter und Gouverneur.

[583] vgl. dazu Grundlagen über Familienunternehmen in Kapitel 2, S. 39f.

und damit neutralen Person empfohlen, wobei alle Maßnahmen von beiden Generationen akzeptiert sein müssen.[584]

Aus interpersoneller Perspektive lassen sich zusammenfassend die folgenden zwei Erfolgsfaktoren ableiten:

- Mittels offener und vertrauensvoller Kommunikation innerhalb der Familie können die verschiedenen Erwartungen frühzeitig erfasst und ein gemeinsames Verständnis entwickelt werden;
- Die gemeinsame Zeit von Übergeber und Nachfolger sollte strukturiert und verbindlich vorbereitet werden.

Auf *organisationaler Ebene (3)* (= C und D in Abbildung 6, Seite 90) und damit vor allem mit Blick auf das Unternehmen kann beobachtet werden, dass das *Investitionsvolumen* nach der Übernahme oft höher ist als in den Jahren zuvor oder im Branchendurchschnitt.[585] Untersuchungen haben ergeben, dass das Investitionsverhalten sowohl des Übergebers als auch des Übernehmers einen positiven Einfluss auf den Erfolg des Unternehmens nach der Übertragung hat.[586] Investitionen in die wirtschaftliche Leistungs- und Entwicklungsfähigkeit sind notwendig, um im (internationalen) Wettbewerb zu bestehen.[587] Vor dem Hintergrund, dass die Bedeutung des Unternehmensverkaufs als Übertragungsform steigt, ist eine viel versprechende Zukunft des Unternehmens von zentraler Bedeutung, denn Käufer und Investoren investieren lieber in ein Unternehmen mit Potential.[588]

Ein zweites Problem ist die *Sicherung des expliziten und intangiblen Wissens*.[589] Es sollten frühzeitig Strukturen und Prozesse etabliert werden, die einen Abgang des Unternehmers erleichtern und die Sicherheit des Unternehmens auch im Fall eines überraschenden Abgangs oder Ausfalls gewähren. Das Wissen und das Beziehungsnetzwerk sollten deshalb auf mehrere Personen verteilt sein.

Aus organisationaler Perspektive lassen sich deshalb folgende zwei Erfolgsfaktoren ableiten:

- Der Übergeber muss in die Leistungs- und Entwicklungsfähigkeit des Unternehmens investieren, damit dieses für Nachfolger attraktiv ist;

---

[584] Chini 2004, S. 270; St-Cyr, Richer 2005, S. 58.

[585] Pichler 2002, S. 128f. Kropfberger, Mödritscher 2002, S. 111; Letmathe, Hill 2006.

[586] Mandl 2005, S. 124.

[587] Albach 2002, S. 167.

[588] Damit kann auch die mangelnde Kapitalverfügbarkeit in Verbindung gebracht werden. Pichler 2002, S. 132. Chini (2004, S. 270) empfiehlt eine Übergabe in einer Wachstums- oder Konsolidierungsphase.

[589] Zimmermann 2006a.

- Der Übergeber muss Prozesse und Strukturen aufbauen, damit explizites und intangibles Wissen sowie das Beziehungsnetzwerk im Unternehmen gesichert sind.

Auf der *Ebene der Umwelt (4)* (= E in Abbildung 6, Seite 90) können Probleme beispielsweise aus rechtlicher oder konjunktureller Sicht entstehen. Sich ändernde *gesetzliche Regelungen (a)* können für die Unternehmensnachfolge hinderlich oder förderlich sein.[590] In der Schweiz hat ein Bundesgerichtsentscheid aus dem Jahr 2004 dazu geführt, dass familieninterne Unternehmensnachfolgen eine steuerliche Benachteiligung erfuhren, wenn die jüngere Generation die Anteile erworben hat und der Übergeber das Geld zu wesentlichen Teilen gleichzeitig als Darlehen im Unternehmen stehen ließ.[591] Aus *konjunktureller Sicht (b)* kann festgestellt werden, dass in einer Wachstumsphase einfacher Investoren gefunden werden können, die ein Unternehmen oder Anteile daran erwerben.[592] Auf weitere umweltbezogene makroökonomische Probleme wird nachfolgend nicht weiter eingegangen. Es werden auch keine Erfolgsfaktoren formuliert, da diese vom Unternehmer nicht oder nur marginal direkt beeinflusst werden können und da das Familienunternehmen den primären Kontext für die vorliegende Arbeit bildet. Schliesslich gilt es i.A. an das Neue St. Galler Management Modell die *Stakeholder (c)* aus den verschiedenen Umwelten rechtzeitig mit den richtigen Informationen zu versorgen, um die gewünschte Sicherheit zu vermitteln.

Aus makroökonomischer/umweltorientierter Perspektive lassen sich deshalb folgende drei Erfolgsfaktoren ableiten:

- Gesetzliche Rahmenbedingungen (Vertrags-, Gesellschafts-, Steuer-, Ehe- und Erbrecht) sind zu berücksichtigen
- Insbesondere für einen familienexternen Verkauf kann die konjunkturelle Stimmung von Bedeutung sein.
- Aktives Stakeholder-Management

In Kapitel 3.4.3 wurde die Bedeutung der Prozessperspektive und die damit verbundene Zeit aufgezeigt, weshalb vorliegend die *Zeitachse als weitere Analyseebene* eingeführt wird. Direkt daraus können vier Probleme identifiziert werden. In der Praxis fehlt

---

590 Pichler 2002, S. 132; Bjuggren, Sund 2005; Kunz 2004a und b.

591 Weiterführende Literatur: Holenstein 2004; Uebelhart, Arnold 2005; Gurtner, Giger 2004; Eidgenössische Steuerverwaltung ESTV 2004. Familienunternehmen unterlagen der indirekten Teilliquidation. Der Wertzuwachs der Anteile musste vollumfänglich versteuert werden, auch wenn kein Geld vom Nachfolger an den Übergeber geflossen war. Die Benachteiligung wurde im Rahmen der Unternehmenssteuerreform II überwunden.

592 Branchenspezifische Umstände können dabei eine Rolle spielen, Getz, Petersen 2004, S. 261.

es oft an einer *Planung* der Unternehmensnachfolge.[593] Dabei sollten sowohl der Nachfolgeprozess im Allgemeinen als auch Einzelaspekte wie beispielsweise die Steuerbelastung geplant werden.[594] Zudem wird der *Zeitbedarf* für eine gelungene Unternehmensnachfolge oft unterschätzt.[595] Vorteile der frühzeitigen Planung können darin gesehen werden, dass eine transparente Diskussionsbasis geschaffen wird, Unsicherheiten beim Senior reduziert werden, die Motivation beim Nachfolger erhöht wird und zukünftige Schritte frühzeitig erkannt werden.[596]

Der relativ hohe Zeitbedarf über den gesamten Nachfolgeprozess birgt die Gefahr, dass sich anfangs getroffene *Annahmen im Verlauf des Prozesses verändern*. Ein als Nachfolger definiertes Familienmitglied oder ein Mitarbeiter ist eventuell unverhofft nicht mehr gewillt oder fähig, die Nachfolge anzutreten. Auch die Rahmenbedingungen können sich in einer Art verändert haben, dass eine Übertragung zum gewünschten Zeitpunkt nicht mehr möglich ist. Eine Planung in Szenarien erhöht deshalb die Sicherheit und den Nachfolgeerfolg.[597]

Mit der Prozessgestaltung verbunden ist das Problem, dass *Drittpersonen* nie oder zu spät beigezogen werden. Eine Drittperson kann sowohl Fachkompetenz und Erfahrung im Nachfolgeprozess ergänzen als auch der Planung mehr Verbindlichkeit verleihen. Mögliche Partner sind entweder ein externes Verwaltungsrats- oder Beiratsmitglied oder ein persönlicher Coach oder Berater.[598] Alternativ oder in Ergänzung dazu ist auch ein Familienrat denkbar.

Aus prozessualer Sicht lassen sich deshalb folgende vier Erfolgsfaktoren ableiten:

- Die Planung der Unternehmensnachfolge muss frühzeitig und konsequent angestrebt werden;
- Prozessphasen, Meilensteine und Dokumentation müssen festgelegt werden;

---

593 Christensen 1953; Handler 1989; Lansberg 1988; Ward 1987; Handler 1994, S. 133; Lang-von Wins 2004, S. 189f. Dunemann, Barret 2004 halten fest, dass 70 Prozent eine Planung als wichtig erachten, jedoch lediglich 12 Prozent über eine solche verfügen; Kailer, Weiß 2005, S. 34f.; Kropfberger, Mödritscher 2002, S. 111; Wang, Watkins, Harris, Spicer 2004, S. 59ff.

594 Morris, Williams, Nel 1996, S. 71.

595 Stöckling 2001, S. 24. Vgl. dazu auch Kapitel 3.4.3.

596 Trefelik 2002, S. 117; St-Cyr, Richer 2005, S. 55f. Zwischen dem langfristigen Erfolg des Unternehmens und der Planung konnte dagegen keine Korrelation festgestellt werden. Zwischen Erfolg und einer ausgiebigen Steuerplanung wurde sogar eine negative Korrelation nachgewiesen, vgl. dazu Mejaard, Uhlander, Flören u.a. 2005, S. 7; Christensen 1953; Dyer 1986; Handler 1989; Lansberg 1988; Ward 1987; Handler 1994, S. 133; St-Cyr, Richer 2005, S. 54. Sechser 2006, S. 50. Trefelik 2002, S. 123; Morris, Williams, Allen, Avila, 1997, S. 390f; Sharma, Chrisman, Chua 2003, S. 668; Chini 2004, S. 270.

597 Albach 2002, S. 166; von Moos 2003, S. 94f.

598 Morris, Williams, Nel 1996, S. 71; Pohlemann 1997, S. 134; Aargauische Kantonalbank 2007, S. 8. Sechser 2006, S. 50; Trefelik 2002, S. 123; Morris, Williams, Allen, Avila, 1997, S. 390f; Mandl 2005, S. 128.

- Der Einbezug einer familienexternen Vertrauensperson (Coach, Managementberater, Familienfreund, Verwaltungsrats- oder Beiratsmitglied) und/oder die Institutionalisierung eines Familienbeirats erhöhen den Handlungsdruck und die Verbindlichkeit;
- Für jede Unternehmensnachfolge sollten Szenarien vorbereitet werden.

3.5 Die Unternehmensnachfolge aus der Sicht des Übergebers

Im Zentrum der vorliegenden Arbeit steht der Unternehmer als Übergeber. Im Nachfolgeprozess spielt er eine höchst zentrale Rolle, wie im vorhergehenden Teilkapitel bereits angedeutet worden ist.[599] Nachstehend gilt es zentrale Gründe, individuelle Hindernisse, Zielsetzungen und Erwartungen aus der Sicht des Übergebers darzustellen.

Die Gründe für die Unternehmensnachfolge (1) aus der Sicht der Übergeber sind vielfältig. Eine vergleichbare Studie aus Deutschland und die eigene Erhebung in der Schweiz haben ergeben, dass primär das eigene Alter der Grund für die Regelung der Nachfolge ist (vgl. dazu Abbildung 8).[600] An zweiter Stelle folgt der Wunsch nach mehr Freizeit. An dritter Stelle in der Schweiz steht die Möglichkeit, das Unternehmen an geeignete Mitarbeitende zu übertragen, ein Argument das in Deutschland weniger stark gewichtet wird, dicht gefolgt vom Wunsch der Kinder nach mehr Verantwortung. Einen bemerkenswerten Unterschied gibt es in Bezug auf die Bedeutung der Gesundheit, ein Nachfolgegrund der in Deutschland stärker zum Tragen kommt als in der Schweiz. Die Möglichkeit einen guten Preis zu erlösen oder wirtschaftliche Probleme stellen eher unbedeutende Gründe dar, das Unternehmen zu übertragen. Gerade Letzteres deckt sich mit dem formulierten Erfolgsfaktor bezüglich der geforderten Leistungs- und Entwicklungsfähigkeit des Unternehmens.[601] Die dargestellten Gründe decken sich auch mit anderen Studien, welche ähnliche Kriterien untersucht oder umschrieben haben.[602] Die dargestellten Ergebnisse zeigen, dass die ersten beiden Gründe vom Unternehmer ausgehen (intrapersonell), während der dritte und vierte Grund „von außen“ an den Unternehmer herangetragen werden.

---

599 Le Breton-Miller, Miller, Steier 2004, S. 307.

600 L-Bank 2002, S. 17. Frey, Halter, Zellweger 2005. Für die Gestaltung der Freizeit vgl. Van de Kimmenade 2004, S 112.

601 vgl. dazu Kapitel 3.4.4, S. 113ff.

602 Zürcher Kantonalbank 2005; Krüger 2006, S. 240.

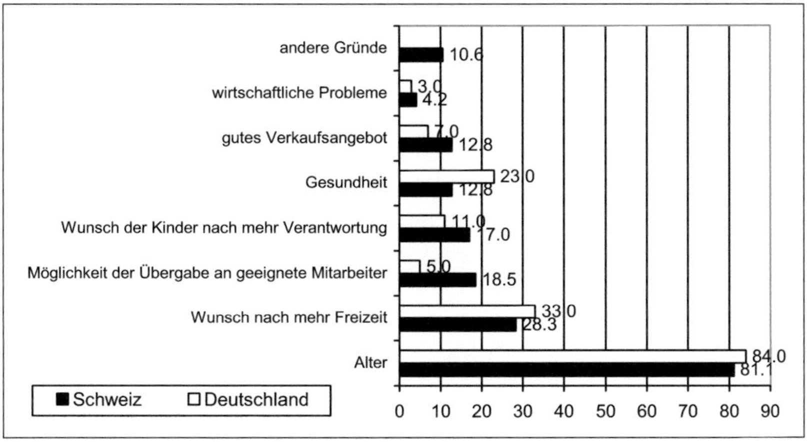

Abbildung 8: Gründe für die Unternehmensnachfolge (Angaben in Prozent)[603]

Nachfolgende Gründe können auch als *Hindernisse oder Hürden (2)* aus der Sicht des Übergebers umschrieben werden. Die Hindernisse können vielfältig sein und auf unterschiedlichen Ebenen zum Tragen kommen (vgl. dazu auch Erfolgsfaktoren in Kapitel 3.4.4, Seite 113ff.). Auf organisationaler Ebene sehen die Übergeber die größten Herausforderungen vor allem bei der Leistungs- und Entwicklungsfähigkeit des Unternehmens, denn Firmenprobleme, das Generieren von Cash-Flow, Führungsrisiken und die Wahrung der Unabhängigkeit des Unternehmens werden am häufigsten genannt.[604] Bezogen auf den Prozess geben die Unternehmer Hindernisse wie der Mangel an Objektivität, emotionale Probleme oder Überforderung mit der Komplexität des Nachfolgeprozesses an. Ein wesentliches Hindernis ist jedoch, wie bereits in Kapitel 3.4.4 angedeutet, auf intrapersoneller Ebene zu suchen. Auch wenn eine Unternehmensnachfolge nicht ewig verschiebbar ist, wird sie innerhalb der Familie und insbesondere beim Unternehmer oft als Tabuthema behandelt. Fopp bezeichnet dieses Phänomen als Alpha-Syndrom.[605] Zentrale Merkmale umschreibt er mit Begriffen wie Dominanzstreben, Erfolgskonditionierung, Selbstüberschätzung, Flucht in die Hektik, Angst vor dem Verhungern, Furcht vor dem schwarzen Loch oder Vertrauen auf eine höhere Macht. Diese hemmenden Verhaltensweisen können zum Teil stark ausgeprägten Persönlichkeitseigenschaften zugesprochen werden. Eigenschaften wie das Bedürfnis nach Erfolg und Macht (need for achievement and power), einen hohen Grad der Selbstbestimmung (in-

603 Eigene Darstellung i.A. Frey, Halter, Zellweger 2005, S. 14 und L-Bank 2002, S. 17. Mehrfachnennungen waren möglich.

604 Knobel, Schumacher 2005, S. 63.

605 Davis, Harveston 1998, S. 32; Fopp 2005.

ternal locus of control) oder ein tief verankertes Gefühl von Unsterblichkeit und Unfehlbarkeit sind dabei klassische zu beobachtende Merkmale.[606]

Eine weitere Sichtweise sind die von Unternehmern an die Nachfolge herangetragenen *Zielsetzungen und Erwartungen (3)*. Die eigene Untersuchung zeigt, dass der langfristige Fortbestand sowie die Selbständigkeit und Unabhängigkeit des Unternehmens beim Übergeber einen sehr hohen Stellenwert haben (vgl. Abbildung 9). Die Zielsetzung kann mit dem Motiv in Verbindung gebracht werden, dass das Unternehmen das eigene Lebenswerk darstellt und der Nachwelt erhalten bleiben soll.[607] Im gleichen Zusammenhang kann auch von psychologischem Unternehmenswert gesprochen werden.[608] Andere das Unternehmen betreffende Zielsetzungen sind der Erhalt von möglichst vielen Arbeitsplätzen, das Wachstum oder die Neuausrichtung des Unternehmens.

An dritter Stelle der Zielsetzungen folgt die finanzielle Absicherung der Familie, welche mit verschiedenen Motiven in Verbindung gebracht werden kann. Die persönliche Vorsorge darf nicht vernachlässigt werden, da viele Unternehmer einen Großteil ihres Vermögens im Unternehmen investiert haben.[609] Ein anderes Motiv kann auch sein, dass die Früchte der Arbeit der vergangenen Jahrzehnte genossen werden können.[610]

Gleichzeitig haben die Vermeidung von Streitigkeiten in der Familie und die gerechte Verteilung des Erbes einen hohen Stellenwert. Dies bedeutet, dass die Motive auch im Bereich der Familiensituation gesucht werden sollen. Die Ziele den Namen weiter zu führen und der Verbleib des Unternehmens in der Familie sind in der eigenen Untersuchung eher schwach bewertet worden. Diese Zielsetzungen können einem ausgeprägten Traditionsverständnis zugesprochen werden. Gleichzeitig kann festgestellt werden, dass die beiden Prinzipien Primogenitur und Nepotismus an Bedeutung verlieren.

Mit der Unternehmensnachfolge kann auch eine psychologische Entlastung verbunden werden. Diese stellt aber nicht das primäre Ziel dar, denn die Minimierung der Haftung und die Beschränkung des Einflusses der Familie und der Gesellschafter im Unternehmen stehen fast respektive ganz am Schluss der untersuchten Zielsetzungen der vor der Nachfolge stehenden Übergeber.[611]

---

606 Handler 1994, S. 137. Diese Aspekte wurden in den vergangenen Jahren intensiv im Rahmen der Entrepreneurship-Forschung untersucht, vgl. dazu auch Kapitel 3.3.2.1, S. 91.

607 Kropfberger, Mödritscher 2002, S. 110; Wimmer, Gebauer 2004, S. 247; Handler 1994, S. 137.

608 Van de Kimmenade 2004, S. 109. In seiner Untersuchung weisen die beiden Aussagen „Is the most important value of my life“ und „Is an extension of myself“ die höchsten Mittelwerte aus.

609 Kropfberger, Mödritscher 2002, S. 110; Van de Kimmenade 2004, S. 109. Für Vorsorgeaufbau vgl. Wiedmann 2002, S. 252ff.; Schuppli 2005, S. 38.

610 Kropfberger, Mödritscher 2002, S. 110.

611 Kropfberger, Mödritscher 2002, S. 110.

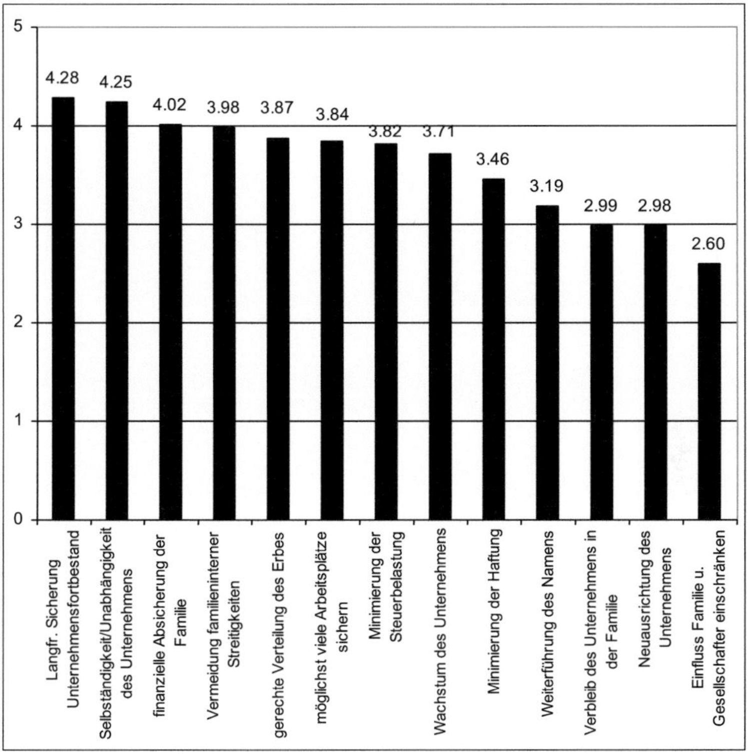

Abbildung 9: Persönliche Ziele bei der Unternehmensnachfolge[612]

[612] Eigene Darstellung i.A. Frey, Halter, Zellweger 2005, S. 15, Mittelwertvergleich, wobei 5 = sehr wichtig; 0 = völlig unwichtig.

4 Bezugsrahmen der vorliegenden Arbeit

Im Rahmen der bisherigen Ausführungen wurden die Grundlagen für die Betrachtung der Emotionen des Unternehmers im Nachfolgeprozess gelegt. Zum einen wurden im Rahmen von Kapitel 2 die wesentlichsten Konzepte, Theorien und Sichtweisen über Emotionen dargelegt. In Kapitel 3 wurden schließlich die Grundlagen über das Familienunternehmen im Allgemeinen und der Unternehmensnachfolge im Speziellen gelegt. Nachfolgend werden im Sinne eines Überblicks die wesentlichen Aspekte zusammengefasst und als Bezugsrahmen dargestellt.[613]

Die vorliegende Arbeit wird aus einer primär systemisch-konstruktivistisch orientierten Perspektive geschrieben. Deshalb spielt die Konstruktion als solche eine zentrale Rolle. Einerseits wird die Konstruktion als etwas Prozesshaftes verstanden.[614] Das bedeutet, dass im Zeitverlauf Ideen, Bilder oder Entscheidungen hervorgebracht werden. Andererseits kann es sich bei der Konstruktion auch um eine Art von Produkt handeln – also etwa ein Ergebnis am Ende eines Prozesses. Diese Produkte sind zumindest für einen gewissen Zeitraum als stabil zu betrachten.[615]

Die Erarbeitung und Niederschrift der Kapitel 1 bis 3 ist deshalb als Konstruktionsprozess zu verstehen, dessen Erkenntnisse nachstehend in einem Bezugsrahmen zusammengefasst werden, im Wissen, dass die dadurch gewonnenen Erkenntnisse selber wiederum als kontingent verstanden werden können. Gleichwohl wird es als notwendig erachtet, einen Bezugsrahmen zu erstellen, der eine Beobachtung und damit Diskussion in der Praxis ermöglicht. Der Bezugsrahmen wird in Abbildung 10 dargestellt.

In vielen qualitativen Forschungsarbeiten wird in Anlehnung an die quantifizierenden Sozialwissenschaften ein Modell erstellt, um im Anschluss Hypothesen abzuleiten und diese in einem nächsten Schritt empirisch zu überprüfen.[616] Als Gegenstück kann die Grounded Theory angesehen werden, bei der die Empirie mit der maximalen Offenheit erschlossen wird, um erst im Anschluss mögliche Hypothesen und Theorien zu bilden. Die maximale Offenheit geht dabei soweit, dass z.T. gefordert wird, jegliches Vorwissen aus Lebenserfahrung und Literatur zu vergessen.[617] In der vorliegenden Arbeit wird ein Mittelweg angestrebt. Auf eine explizite Hypothesenbildung wird verzichtet, wobei der Gefahr einer impliziten Hypothesenbildung im Rahmen der Interview-

---

613 Mit dem Bezugsrahmen (= Framework) wird der aktuelle Stand der Arbeit offengelegt. Er hat damit sowohl strukturierenden wie auch dokumentierenden Charakter, vgl. Rößl 2005, S. 42f.; Sachs, Hauser 2002, S. 43f.

614 i.A. Hacking 1999, S. 63ff.

615 Dabei kann auch von latenter Stabilität gesprochen werden, denn Produkte aus einer Konstruktion heraus können im Zeitverlauf wieder verändert werden.

616 Flick 1995, S. 150; vgl. dazu auch wissenschaftstheoretische Grundlagen in Kapitel 1.2.2, S. 19ff.

617 Flick 1995, S. 150 i.A. an Glaser, Struss 1967.

vorbereitung und -durchführung nicht ganz ausgeschlossen werden kann. Der Bezugsrahmen kann dafür als strukturierendes Vorwissen verstanden werden.

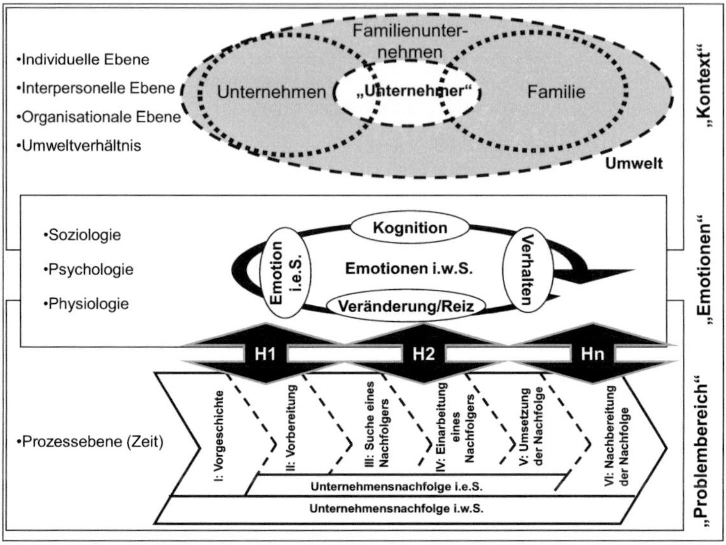

Abbildung 10: Bezugsrahmen der vorliegenden Arbeit[618]

Mit der eigentlichen Fragestellung wird versucht, die Rolle der Emotionen des Unternehmers im Nachfolgeprozess zu verstehen (vgl. Kapitel 1.3, Seite 34). Zu diesem Zweck wurden eingangs von Kapitel 2 die Grundbegriffe und Grundelemente von Emotionen diskutiert und dargelegt (vgl. Kapitel 2.1, Seite 39ff.). Die anschließende Betrachtung der gängigen Emotionstheorien (Kapitel 2.2, Seite 46ff.) hat gezeigt, dass eine interdisziplinäre Betrachtung als zielführend erachtet wird, um die Rolle der Emotionen des Unternehmers im Nachfolgeprozess zu verstehen. Dabei wird im Sinne einer ersten Annahme von einem *Wirkungskreislauf (a)* ausgegangen, bei dem ausgehend von einem Reiz - vorliegend als Herausforderung im Nachfolgeprozess verstanden - über Emotionen im engeren Sinn Denkprozesse ausgelöst werden (= Kognition). Diese führen wiederum zu einem Verhalten in der Form von Handlungen und Entscheidungen. Dabei wird die Annahme getroffen, dass dieser Wirkungskreislauf einen zyklischen Prozess darstellt.[619] So gesprochen kann beispielsweise eine durch Emotionen verursachte oder geprägte Verhaltensweise zu einer neuen Herausforderung im Nachfolgeprozess führen

618 Eigene Darstellung. „H" steht für Herausforderung.

619 Backhausen, Thommen 2003, S. 76.

und diese erneut mit Emotionen belegen. Auch können innerhalb einer zu meisternden Herausforderung mehrere Gefühlszustände erwartet werden. Die zweite Annahme ist, dass der *Emotions-Wirkungskreislauf vom sozialen Umfeld (= Soziologie), dem psychischen System (= Psychologie) und der Physis (= Physiologie) geprägt wird und diese wiederum prägt (b)*. Es findet also ein fortwährender Austausch und gegenseitige Beeinflussung im Zeitverlauf statt.

Bei einer psychologischen und physiologischen Perspektive liegt der Fokus primär auf dem psychischen System des Unternehmers.[620] Deshalb geht es primär um seine persönlichen Wertvorstellungen und Erwartungen, seine Selbstwahrnehmung und Selbstdefinition sowie um seine individuelle Vorgeschichte. In Bezug auf die Unternehmensnachfolge geht es dabei primär um die Berücksichtigung der auf individueller Ebene besprochenen Aspekte. In der vorliegenden Arbeit wird dabei im Rahmen der Diskussion rund um die Entstehung und Wirkung von Emotionen (vgl. dazu Abbildung 3, Seite 45) von der intrapersonellen Betroffenheit (= 1a) – im Rahmen des Familienunternehmensmodells von der intrapersonellen respektive individuellen Analyseebene (= A in Abbildung 6, Seite 90) gesprochen.

Die soziologische Perspektive wird dahingehend berücksichtigt, als dass beispielsweise neben den individuellen auch die aus dem sozialen Umfeld hervorgebrachten Wertvorstellungen und damit entstandenen Emotionsregeln berücksichtigt werden. In Anlehnung an Abbildung 6 (Seite 90) werden drei weitere Analyseebenen differenziert. Zum einen handelt es sich um die Interpersonelle Analyseebene (= B), bei der die Beziehungen zwischen dem Unternehmer und Einzelpersonen aus dem Unternehmen, der Familie und der Umwelt wie beispielsweise in der Form von Stakeholdervertretern gemeint sind. Weiter wird die Familie (= C) und das Unternehmen (= D) als Subsysteme des Familienunternehmens als organisationale Analyseebene bezeichnet. Schließlich wird die Analyseebene Umwelt (= E) mit den verschiedenen Stakeholdern differenziert. Im Rahmen der Diskussion rund um die Entstehung und Wirkung von Emotionen (vgl. dazu Abbildung 3, Seite 45) handelt es sich folglich primär um die interpersonelle Betroffenheit (= 1b).

Wie eben aufgezeigt, können die verschiedenen Analyseebenen des Familienunternehmensmodells (vgl. Abbildung 6 auf Seite 90) als Kontext für die Emotionen des Unternehmers verstanden werden. Dies bedeutet, dass die Emotionen im zirkulären Verständnis in diesem Kontext entstehen und gleichzeitig auf diesen wiederum wirken. Das Familienunternehmen stellt gleichzeitig aber auch den Kontext für die Unternehmens-

[620] Dies hat primär damit zu tun, dass die physiologischen Reaktionen nicht direkt beobachtet werden können, da die Veränderung respektive die Herausforderungen im Rahmen der Untersuchung rückblickend aufbereitet werden, vgl. dazu Kapitel 2.4.2, Seite 69.

nachfolge dar. Die beiden Abbildungen werden mit der nachstehenden Tabelle zusammengefasst und bilden eine weitere Grundlage für die Analyse der Fallbeispiele.

	Intrapersonelle Betroffenheit (1a)	**Interpersonelle Betroffenheit (1b)**			
	(A) Intra-personell	(B) Inter-personell	(C) Familie	(D) Unter-nehmen	(E) Anspruchs-gruppen
Ursachen-orientierung (2a)	**UA**	**UB**	**UC**	**UD**	**UE**
Wirkungs-orientierung (2a)	**WA**	**WB**	**WC**	**WD**	**WE**

Tabelle 8: Entstehung und Wirkung von Emotionen im Familienunternehmen[621]

Mit dem Prozess wird schließlich auch die Analyseebene Zeit eingeführt und damit die Notwendigkeit einer dynamischen Betrachtungsweise der Emotionen des Unternehmers im Nachfolgeprozess hervorgehoben. Entsprechend gilt es, die im Zeitverlauf wahrgenommenen Herausforderungen im Rahmen des Nachfolgeprozesses zu identifizieren und in deren Kontext zu verstehen. Der Kontext wird dabei sowohl aus dem Familienunternehmen selbst als auch aus den jeweils bereits vergangenen Geschehnissen zum jeweiligen Zeitpunkt gebildet.

Die Herausforderungen werden in Abbildung 10 (Seite 126) mit H1 bis Hn symbolisiert. In der vorliegenden Arbeit wird davon ausgegangen, dass der Unternehmer selbst die verschiedenen Herausforderungen wahrnimmt und im Zeitverlauf hauptsächlich zu bewältigen hat. Die Person des Unternehmers und die damit verbundenen Rollen, Erwartungen und Motive stehen dabei im Zentrum der Betrachtung (vgl. dazu Kapitel 3.5, Seite 120).

Damit ist der Bezugsrahmen der vorliegenden Arbeit offen gelegt. Die Emotionen werden individuell erlebt und wahrgenommen. Für die Beobachtung bedeutet dies, dass nur Konstellationen angegeben werden können, welche die Art und Weise der intra- und inter-individuellen Konstruktion von Emotionen beeinflussen. Vor diesem Hintergrund

621 Eigene Darstellung i.A. an Tabelle 1 auf S. 48 und Abbildung 6 auf S. 90. U steht für Ursache, W für Wirkung.

wurde es deshalb als sinnvoll erachtet, gerade vor dem systemisch-konstruktivistischen Hintergrund mit Fallstudien und nicht mit einem standardisierten Fragebogen zu arbeiten. Dies ermöglicht es, dem jeweiligen Kontext gerecht werden zu können und die Entstehung und Wirkung von Emotionen des Übergebers besser zu verstehen.[622] Da diese Beobachtung retroperspektiv geschieht, sind nur Geschichten und Umschreibungen der Zustände erfassbar, nicht jedoch die Zustände (= Emotionen) selbst.[623] Um Wiederholungen zu vermeiden, wird für die konkreten Fragestellungen, welche an die Fallstudien gerichtet werden, auf Kapitel 5.4 auf Seite 145 verwiesen.

---

622 Denzing, Lincoln (Hrsg.) 2005, S. 24. Gerade mit der kognitiven Komponente im Emotionen-Wirkungskreislauf muss die Forderung nach einer konstruktivistischen Betrachtung laut werden, denn die Emotionen im weiteren Sinn werden damit als individuelle Konstruktion verstanden.

623 Hermanns 1995, S. 183f. In den Worten von Gergen 2002, S.34: *„Denken Sie an Emotionen. Wie können sie den komplexen und sich ständig verändernden Strom des Bewusstseins mit einem einzigen Wort wie Traurigkeit oder Liebe wiedergeben? Und was ist überhaupt das Objekt des Wortes? Welcher Teil der Erfahrung wird durch das Wort zum Ausdruck gebracht? Außerdem haben Sie sich die Wörter, mit denen Sie Ihre inneren Zustände ausdrücken, nicht selbst ausgesucht. Sie müssen auf das Vokabular zurückgreifen, das Ihre Kultur Ihnen vorgibt. Sind diese Wörter angemessen, um Ihre Zustände zu beschreiben? Welche Zustände werden durch diese Wörter abgebildet? Wie können wir also behaupten, dass Wörter mit Erfahrungen korrespondieren bzw. die Wahrheit über unser Erleben zum Ausdruck bringen?"*

5 Methodik und Konzeption des empirischen Zugangs

Das vorliegende Kapitel befasst sich sowohl mit der Erhebung, Aufbereitung und Interpretation der Daten als auch mit der Forschungsmethodik, um die intersubjektive Nachvollziehbarkeit des empirischen Vorgehens sicherzustellen.[624] In Kapitel 5.1 werden kurz einige Gedanken über die Rolle des Beobachters dargelegt, um im Anschluss in Kapitel 5.2 (Seite 134ff.) den Einsatz von Fallstudien im Allgemeinen zu diskutieren. In Kapitel 5.3 (Seite 137ff.) wird die eigentliche Erschließung der Fallstudien im Rahmen der vorliegenden Arbeit dargestellt. Dabei wird zum einen der Prozess (Kapitel 5.3.1), andererseits auch die Dokumentation (Kapitel 5.3.2) dargelegt. In Kapitel 5.4 (Seite 145ff.) steht schließlich die Interpretation der Fallbeispiele im Zentrum, wo in Anlehnung an Kapitel 1 bis 4 die konkreten Interpretationsschritte und Fragen festgehalten werden.

5.1 Der Umgang mit der Empirie

Im Allgemeinen handelt es sich bei der Forschungskonzeption und -methodik einer Arbeit um die Gestaltung der Beziehung zwischen dem Subjekt (hier der Forschende) und einem Objekt (hier das Forschungsobjekt). Die Gestaltung dieser Beziehung bildet das Grundverständnis der wissenschaftlichen Grundannahmen und damit verbunden den Umgang mit der wahrgenommenen Beschaffenheit der konstruierten Wirklichkeit (vgl. dazu vertieft Kapitel 1.2, Seite 17 und Kapitel 1.2.3, Seite 22ff.).[625]

Beim Begriff „Emotion“ handelt es sich um ein individuelles Phänomen intra- und interpersoneller Prozesse (vgl. Kapitel 2, Seite 39ff.). Es reicht deshalb nicht, sich auf Methoden abzustützen, die sich auf naturgesetzliche Erklärungen ausrichten.[626] Vielmehr müssen hermeneutische Elemente eingesetzt werden, um zu neuen Erkenntnissen zu gelangen. Entsprechend ist vorliegend auch der Wahrheitsbegriff heuristischer Natur. Dies bedeutet, dass erkenntnisorientierte Wahrnehmung der Beschaffenheit der Dinge durch entdeckende Forschung entsteht, die von Beschreibung ausgeht, diese aber immanent kritisiert und dadurch „aufhebt“.[627] Mit anderen Worten: "*Sobald sich die Interpretation auf Aussagen über real Beobachtbares bezieht, wird die hermeneutische Methode zu einer qualitativen oder subjektiven empirischen Forschungsmethode. Dies hilft vor allem dort weiter, wo ein Zerlegen eines Phänomens in Bausteine oder Bruchstücke (also eine reduktionistische Methode) die Bedeutung des beobachteten Phänomens nicht*

---

[624] Mayring 1988 und 2000. Die in der vorliegenden Arbeit eingearbeiteten Fallbeispiele wurden anonymisiert, respektive es wurden neue Namen vergeben, um die Vertraulichkeit zu gewährleisten.

[625] Ulrich 1981, S. 9. Dabei geht es um die Frage, wie „reale“ Systeme von hoher Komplexität wissenschaftlich erfasst und modellhaft abgebildet werden können.

[626] vgl. dazu auch die Diskussion rund um den kritischen Rationalismus in Kapitel 1.2.2, Seite 19.

[627] Kleining 1995, S. 15.

ausreichend erfassen kann.“[628] Im Rahmen eines Forschungsprojekts heißt dies, dass in einem ersten Schritt eine durch den Forschenden erstellte abbildende Wiedergabe der Beschaffenheit des Untersuchungsobjekts mittels seiner Sprache stattfindet. „*Da die psychischen und die sozialen Welten sinnhaft sind, interpretiert durch Individuen und Kollektive, kann diese Interpretation durch Forscher die bloße Reproduktion der vorinterpretierten Welt sein. Interpretative Sozialforschung ist in diesem Sinne qualitativ.*“[629]

Sowohl bei der *Datenerhebung (1)* als auch im Rahmen der *Interpretation (2)* wird Sprache für die Rekonstruktion eingesetzt. Vor dem systemisch-konstruktivistischen Hintergrund muss das Augenmerk deshalb auf die Bedeutung der Sprache im Forschungsprozess gelegt werden. In Anlehnung an die sozialkonstruktivistische Literatur bildet die Sprache nicht einfach die Wirklichkeit ab, sondern das Bild der Beschaffenheit des Untersuchungsobjekts wird durch die Sprache erst retrospektiv konstruiert.[630] Für die vorliegende Arbeit bedeutet dies, dass die Gestaltung des Nachfolgeprozesses und die darin erlebten Herausforderungen und Emotionen durch die Nennung der Dinge durch die Befragten nachträglich rekonstruiert werden.

Für die *Datenerhebung (1)* bedeutet dies, dass der Interviewte in der Interviewsituation das Selbstbild im Moment des Diskurses rekonstruiert. Entsprechend besteht das Risiko darin, dass das gebotene Bild und die Selbstwahrnehmung nicht dem entsprechen, wie es sich zum Zeitpunkt der jeweiligen Geschehnisse dargestellt hat. Der Bedeutungszusammenhang des zu Deutenden ist dem Forscher deshalb nie wirklich zugänglich.[631]

Die im Forschungsprozess erhobenen Daten sind als eine neue Form von Wirklichkeit zu verstehen und dienen als Ausgangspunkt für die Interpretation. Eine oft verwendete Methode, die für die *Interpretation des Datenmaterials (2)* zum Einsatz kommt, ist die Diskursanalyse, auf die in Kapitel 5.4 ab Seite 145 noch kurz eingegangen wird.[632] Das bedeutet, dass im Rahmen der Auswertung und Interpretation eine Sprach- respektive Textanalyse vorgenommen werden muss.

---

628 Mugler 2005, S. 20. Hall, Nordqvist, Melin 2005 unterstreichen i.A. an Burr, Berger, Luckmann und Gergen, dass es die beobachtbare Wahrheit in der sozialkonstruktivistischen Perspektive nicht gibt. Vgl. auch Gadamer 2000 und 1972 sowie Heidegger 2007. Beide prägten den Begriff „Hermeneutischer Zirkel“.

629 Kleining 1995, S. 16.

630 Edley 2001b, S. 435, zitiert in Nentwich 2004, S. 67; Dachler, Hosking 1995; Gergen 1994, S. 30ff.

631 Heidegger und Gadamber beschreiben das Dilemma, dass der Interpret und das zu Interpretierende in einem Bedingungsgefüge stehen, als „hermeneutischen Zirkel.“ Deshalb ist es notwendig, um das Ganze zu verstehen, die Teile zu vestehen und umgekehrt. Vgl. Gadamer 2000 und 1972 sowie Heidegger 2007.

632 Burr 2003, S. 149.

Während der Rekonstruktion von Ereignissen und Erlebnissen im Rahmen eines Forschungsprozesses spielt der Interviewer und Interpret selbst eine wichtige Rolle, da er mit seinen Fragen die nun neu interpretierte Wirklichkeit mitkonstruiert.[633] Es muss die Frage nach der Rolle von Konzept- und Theorie(vor-)wissen des Interpreten im Erhebungs- und Interpretationsprozess gestellt werden. In Anlehnung an Witzel handelt es sich um Vorwissen, das als heuristisch-analytischer Rahmen für Frageideen im Erhebungs- und Auswertungsprozess dient.[634] Die theoretischen Grundlagen - hier dargelegt in Kapitel 2 und 3 - dienen am Anfang des Forschungsprozesses zur Sensibilisierung und stellen quasi den Wissenskontext für den Forscher dar, der in den Bezugsrahmen von Kapitel 4 einfließt.[635]

Da die Kontextualisierung und damit das Verstehen der Emotionen des Unternehmers im Nachfolgeprozess im Zentrum der Betrachtung stehen, verfolgt die vorliegende Arbeit einen qualitativen Forschungsansatz. Deshalb kann die empirische Arbeit nicht auf wenige Ursache-Wirkungs-Regeln reduziert werden.[636] Erst durch das Verstehen bekommt das Untersuchungsobjekt einen Sinn. Dabei ist der Sinn etwas, das im Prinzip verstehbar ist. Verstehen ist auf Sinnhaftes gerichtet.[637] Die Sinnhaftigkeit wird dabei durch die Intentionalität des Beobachteten respektive dessen umschriebene Handlungen, durch sein Verhalten oder Denken gegeben.[638] Die Funktion der qualitativen Forschungsmethode ist deshalb nicht eine Exploration oder Hypothesenbildung wie im abbildtheoretischen Forschungsparadigma.[639] Da es sich in der Arbeit um ein interpretati-

---

[633] Nentwich 2004, S. 101 bezeichnet die Wissenschaftlerin als aktive Ko-Konstrukteurin.

[634] Witzel 1995b, S. 52.

[635] Brüsenmeister 2000, S. 29, vgl. dazu auch die Funktion des Bezugsrahmens in Kapitel 4, Seite 125.

[636] Froschauer, Lueger 2005, S. 123. Für die Charakterisierung von qualitativer Forschung vgl. bspw. Hopf 1995, S. 180; Denzin, Lincoln (Hrsg.) 2005, S. 11. Die qualitative Sozialforschung kann als Sammelbegriff für eine Vielzahl von methodischen Ansätzen verschiedener Disziplinen verstanden werden. Für den Streit zwischen qualitativer und quantitativer Sozialforschung vgl. Kleining 1995, S. 11ff. Verschiedene Möglichkeiten qualitativer Forschungsansätze werden bspw. von folgenden Autoren aufgezeigt: Denzin, Lincoln 2005, S. 3; Brüsemeister 2000. Vorteile qualitativer Ansätze sind: die eigentliche Bedeutung, der Kontext sowie der Prozess eines Forschungsgegenstandes können erfasst werden (Nordqvist 2003, S. 52), stärkerer Praxisbezug, die Möglichkeit der Interdisziplinarität und gute Deskription des Gegenstandsbereiches. Mögliche Gefahren sind: das Risiko, dass der Forscher den Forschungsprozess zu wenig umschreibt, sich im Fallmaterial verliert oder zu schnell in die Interpretations- und Deutungsphase übergeht.

[637] Graumann, Mètraux, Schneider 1995, S. 67, vgl. auch Kapitel 1.2.2, Seite 19ff.

[638] Bezogen auf die Emotionen stellt sich diesbezüglich die nicht abschließend zu beantwortende Frage, ob Emotionen immer intentional sind oder nicht. Vgl. dazu die Differenzierung zwischen Emotionen im engeren und weiteren Sinn in Kapitel 2.1, Seite 39. ff.

[639] vgl. Kapitel 1.2.2, S. 19.

ves Paradigma zur sozialen Wirklichkeit handelt, steht die Einzelperson in ihrer Totalität im Zentrum der Einzelfallstudie.[640]

5.2 Der Einsatz von Fallstudien im Allgemeinen

Die Unternehmensnachfolge und die dabei vorhandenen Emotionen des Unternehmers werden fallspezifisch erlebt und müssen deshalb primär fallspezifisch erforscht werden, um die innere Dynamik besser zu verstehen. Außerdem handelt es sich bei der Unternehmensnachfolge um einen Prozess mit verschiedenen Herausforderungen im Zeitverlauf.[641] Das bedeutet, dass die dem Nachfolgeprozess vorangegangene Geschichte berücksichtigt werden muss. Damit wird verdeutlicht, dass der Zustand und die Dynamik einer Situation das Ergebnis von vergangenen Prozessen ist.[642] Fallstudien sind gerade in einem dynamischen Umfeld empfehlenswert wie beispielsweise in der Familienunternehmensforschung, wo die beiden Sozialsysteme Familie und Unternehmen miteinander interagieren.[643] Der Forscher kann dabei nahe an das Untersuchungsobjekt kommen, flexibel verschiedene Methoden einsetzen und verschiedene Informationsquellen nutzen.

Eine Hauptunterscheidung bei der Fallstudienforschung wird nach der Anzahl der berücksichtigten Fälle vorgenommen (Einzelfall- und Mehrfallbetrachtung), wobei Yin die Meinung vertritt, dass Einzelfallstudien nur in bestimmten Grenzsituationen verwendet würden, da sie als weniger robust im Vergleich zur Betrachtung von mehreren Fällen gelten.[644] Diese Aussage ist dahingehend zu relativieren, als dass es sich dabei primär um eine Einschätzung aus abbildtheoretischer Perspektive handelt, bei der Validität und Reliabilität als Gütekriterien maßgebend sind.[645] Die Einzelfallstudie hat vor einem systemisch-konstruktivistischen Hintergrund den Vorteil, dass die reichhaltige und dichte Umschreibung des Falls ein tiefes Verständnis für das Untersuchungsobjekt ermöglicht. Für die Interpretation bedeutet dies, dass eine fallimmanente Interpretation notwendig ist, bei der die individuelle und spezifische Einheit im Vordergrund steht.[646] Deshalb werden die in der vorliegenden Arbeit bearbeiteten Fallstudien in einem ersten Schritt als Einzelfallstudien behandelt, um die Handlungsmuster, welche zu Emotionen im Nachfolgeprozess führen, sowie die Emotionen, die zu erneuten Handlungsmustern führen, in Erfahrung zu bringen.

---

640 Lamnek 2005, S. 313.

641 Lamnek 2005, S. 299; Sachs, Hauser 2002, S. 117, vgl. auch Kapitel 3.4.3, S. 109ff.

642 Dies gilt nach Hejl 2000, S. 48 sowohl für lebende wie auch für technische Systeme.

643 Hall, Nordqvist, Melin 2005, S. 8.

644 Yin 1994, S. 55ff.

645 vgl. dazu Kapitel 1.2.2, S. 19.

646 Hall, Nordqvist, Melin 2005, S. 9.

Nach der Einzelfallanalyse hat der Forscher die Möglichkeit, die Erkenntnisse auch im Vergleich zu anderen Fallstudien zu betrachten (= Cross-Case Interpretation respektive Multi-Case Study). In einem ersten Schritt liegt der Fokus auf den Unterschieden und Gemeinsamkeiten zwischen den verschiedenen Einzelfallstudien. In einem zweiten Schritt können theoretische Annahmen oder Überlegungen an den verschiedenen Fällen gespiegelt werden, um gemeinsame Themen abzuleiten und daraus möglicherweise neue Theorieelemente zu formulieren.[647] Werden mehrere Fälle untersucht, so muss zunächst ein Ordnungsrahmen erstellt werden, der die Ergebnisse der Untersuchung des gleichen Sachverhalts vergleichbar macht. Die fallübergreifende Betrachtung erfolgt in der vorliegenden Arbeit ganz am Schluss der Einzelfallanalyse.[648]

Bei der Fallstudie handelt sich nicht um eine Methode im engeren Sinn, sondern um einen Forschungsansatz. Bei der Analyse einer Fallstudie können entsprechend mehrere Methoden zum Einsatz kommen, wobei es kein Standardverfahren gibt.[649] Die Auswahl einer Methode oder eines Methodensets hat dabei mit Entscheidungen des Forschenden zu tun.[650]

Das Methodenspektrum reicht von der teilnehmenden Beobachtung bis hin zur retrospektiven Befragung oder Experimenten.[651] Eine teilnehmende Beobachtung ist in der vorliegenden Arbeit nicht möglich, da die Unternehmensnachfolgen bereits vollzogen sind und deshalb nur retrospektiv erschlossen werden können. Auch müsste für eine umfassende Beobachtung ein regelmäßiger Kontakt über mehrere Jahre möglich sein, denn ein kompletter Nachfolgeprozess (= Nachfolgeprozess i.w.S. in Abbildung 7, Seite 112) umfasst mehrere Jahre. Deshalb sind alle weiteren Methoden, die direkt in der Situation zum Einsatz kommen können, für das Forschungsprojekt ungeeignet.[652]

---

647 Hall, Nordqvist, Melin 2005, S. 9. Lamnek 2005, S. 1999: *„Das Interesse richtet sich auf die Erfassung und Rekonstruktion eines grundlegenden Musters für ein Einzelinterview und für die Gesamtanalyse aller Interviews der Erhebung, in denen dieses Muster wahrscheinlich in vielfältiger Variation auftaucht.“*

648 Stake 2005, S. 445 unterscheidet in diesem Zusammenhang zwischen drei Formen von Fallstudien: „an intrinsic case study“ fokussiert sich dabei auf einen spezifischen Fall, um diesen in seiner Tiefe und Komplexität zu verstehen, die „instrumental case study“ hat mehr eine veranschaulichende oder darlegende Funktion. Bei der „multiple case study“ steht der Vergleich von mehreren Fällen im Zentrum der Betrachtung, um Gemeinsamkeiten und damit theorieorientierte Aussagen abzuleiten.

649 Lamnek 2005, S. 356ff. Beim Einsatz von mehreren Methoden wird auch von Methodentriangulation gesprochen, vgl. dazu Lamnek 2005, S. 299 und 317.

650 Hilfreich ist dabei die Differenzierung von Flick, der verschiedene Bezugspunkte zur Strukturierung der Auswahl formuliert hat, vgl. Flick 1995, S. 157f.

651 Kleining 1995, S. 14f.: Der Formalisierungsgrad kann dabei unterschiedlich sein. Auch Befragung und Textanalyse enthalten die rezeptiv-beobachtenden und die aktiv-experimentellen Grundmuster und haben ihren Ursprung in Alltagstheorien.

652 Flick 1995, S. 158. Bei der Beobachung steht die möglichst genaue Erfassung der verhaltenssteuernden Aspekte im Zentrum, vgl. dazu Dittrich, Flaschberger, Frank 1995, S. 197.

In einer Arbeit zur Untersuchung der Emotionen des Unternehmers wäre auch der Einsatz von *biologischen und neurophysiologischen Messmethoden (a)* möglich, auf die jedoch bewusst nicht eingegangen wird.[653] Eine weitere denkbare Methode ist der Einsatz von *strukturierten Fragebögen (b),* um Emotionen einzuschätzen. Es sei jedoch darauf hingewiesen, dass die Vielfalt der möglichen Emotionen nur schwerlich auf einige wenige reduziert werden kann.[654] Außerdem kann dem situativen Kontext nicht genügend Aufmerksamkeit geschenkt werden. *Experimentalkonstellationen (c)* wie beispielsweise der Einsatz von zu bewertenden Vignetten (Karten mit Bildern oder Szenen) oder die strukturierte Beobachtung sind für die vorliegende Arbeit ebenso wenig geeignet.[655] Deshalb kommen in dieser Arbeit *Formen der Befragung (d)* zum Einsatz, um über die Selbst- und Fremdbeschreibung zur Wahrnehmung, sowie zu den Einstellungen, Meinungen und Erfahrungen rund um die Emotionen der Unternehmer im Nachfolgeprozess zu gelangen.[656]

Der Einsatz von qualitativen Interviews ist deshalb die meist verwendete Erhebungsmethode im Zusammenhang mit Emotionen.[657] Auch wenn damit ein relativ hoher Dokumentations- und Analyseaufwand verbunden ist, darf davon ausgegangen werden, dass der Vielfalt der Aspekte damit am besten Rechnung getragen wird (auf die eigentliche Ausgestaltung wird im folgenden Kapitel 5.3 eingegangen). Für die konkrete Umsetzung bedeutet dies, dass der Kontext der beobachteten und interviewten Personen möglichst gut erfasst werden muss, denn nur dann kann angemessen und sinnhaft interpretiert werden. Bei der befragenden Datenerhebung können beispielsweise narrative, halbstrukturierte oder problemzentrierte Interviews zum Einsatz kommen. Die Datenaufbereitung kann anschließend in wörtlichen oder kommentierten Transkriptionen oder in zusammenfassenden oder selektiven Protokollen erfolgen. Bei der Datenauswertung werden in der Regel kategoriale Bezugsrahmen oder verschiedene Themen gebildet, die

---

[653] Solche Messmethoden entsprächen zum einen nicht primär dem systemisch-konstruktivistischen Paradigma, dem diese Arbeit primär unterstellt ist. Zweitens wäre dies ohne maßgebliche Unterstützung durch die entsprechenden Fachgebiete nicht möglich. Drittens müssten die dazu notwendigen Apparaturen idealerweise zum Zeitpunkt des Geschehens zum Einsatz kommen – die vorliegenden Fälle werden jedoch retrospektiv aufgearbeitet. Für die verschiedenen Methoden vgl. Steger 2001, S. 86ff; Gabriel 1993; Parkinson, Manstead 1993; Kets de Vries 1999. Im Rahmen der Forschung rund um Familienunternehmen werden zur Zeit meist quantitativ orientierte Methoden eingesetzt, vgl. dazu Hall, Nordqvist, Melin 2005.

[654] vgl. dazu die Ausführung in Kapitel 2.3, S. 60ff.

[655] Eine ähnliche Vorgehensweise kann bei dramaturgischen oder literarischen Ansätzen gesehen werden, mit denen Emotionen ausgelöst werden sollen.

[656] Loosen, Scholl, Woelke 2002, S. 42. Bei der Beobachtung stehen meist Verhaltensweisen im Zentrum der Betrachtung.

[657] Steger 2001, S. 86.

am Schluss der Interpretation noch zu validieren sind. Letzteres bedeutet vor allem, dass das Verfahren detailliert zu dokumentieren ist.

5.3 Erschließung der Fallstudien in der Arbeit

Das Ziel dieses Kapitels ist es, zum einen aufzuzeigen, wie der Forschungsprozess gestaltet wurde (= Datenerhebung, Kapitel 5.3.1), zum anderen werden einige Hinweise bezüglich der Datendokumentation (Kapitel 5.3.2) gegeben. Der Interpretation (vgl. Kapitel 5.4, Seite 145ff.) wird ein eigenes Unterkapitel gewidmet.

5.3.1 Prozessgestaltung der Untersuchung

Der Zugang zu den Fallstudien wurde in vier Teilschritten erreicht: Nach der *Identifikation und der ersten Kontaktaufnahme (1) gab es ein erstes Telefongespräch (2). Anschließend* wurde das Hauptinterview mit dem *Unternehmer (3) geführt* und getrennt davon ein Interview mit seiner *Ehe- oder Lebenspartnerin (4).*

Erster Schritt: Identifikation und erste Kontaktaufnahme (1)

Dank zahlreicher Kontakte zu Familienunternehmen des Schweizerischen Instituts für Klein- und Mittelunternehmen (KMU-HSG) und des Centers for Family Business an der Universität St. Gallen (CFB-HSG) konnten die Identifikation und die erste Kontaktaufnahme mit den Zielfällen relativ rasch umgesetzt werden.[658] Für die *Auswahl der Fälle* wurden folgende Kriterien festgelegt:[659]

- Erstens sollte die Unternehmensübertragung *in den vergangenen 5 Jahren* vollzogen worden sein. Das heißt, dass der Prozess der Übertragung in wesentlichen Bereichen (Übertragung der Führung und/oder des Eigentums) zum Zeitpunkt der Erhebung abgeschlossen war.
- Zweitens sollte *ein männlicher Unternehmer (= Übergeber)* zumindest nach außen auch als solcher in Erscheinung treten, unabhängig davon, ob die Ehe- oder Lebenspartnerin im Unternehmen gearbeitet hat oder nicht.[660] Die Festlegung auf ein Geschlecht des Untersuchungsobjekts ist notwendig, um mögliche Einflüsse daraus zu vermeiden.[661]

---

[658] Für die Ausgestaltung des Forschungsprozesses im Rahmen von qualitativen Forschungmethoden werden verschieden Phasen differenziert, auf die jedoch nicht tiefer eingegangen wird, vgl. dazu bspw. Denzin, Lincoln (Hrsg.) 2005, S. 21ff.

[659] Lamnek 2005, S. 313 spricht in diesem Zusammenahang von „theoretical sampling“ im Unterschied zu „statistical sampling“ im Rahmen der quantitativen Sozialforschung.

[660] Dies entspricht für die heutige Zeit einem eher traditionellen Bild, ist jedoch nach wie vor die häufigste Familienunternehmenssitutation vor der Unternehmensnachfolge.

[661] Wassmann 2002, S. 81: z.B. zeigt sich bei Frauen deutlich mehr Hirnaktivität bei der Reaktion auf negative Bilder, während Männer tendenziell stärker auf positive Bilder reagieren.

- Drittens sollten die Unternehmen in der *deutschsprachigen Schweiz (c)* angesiedelt sein, um die Erreichbarkeit zu erleichtern und um mögliche kulturelle Unterschiede auszuschließen. Die eingesetzte identische Sprache ist dabei ein wichtiger Punkt.[662] Die drei formulierten Bedingungen sollten zu einer minimalen Ähnlichkeit der Fälle führen.

Im Anschreiben wurde die Bitte formuliert, mit dem Unternehmer ein Interview zum Thema Unternehmensnachfolge zu führen. Den adressierten Personen wurde ebenfalls mitgeteilt, dass die Erkenntnisse aus den Interviews in verschiedene Forschungsprojekte einfließen werden.[663] Im Anschreiben wurde darauf hingewiesen, dass in den kommenden Tagen telefonisch Kontakt aufgenommen wird.

Zweiter Schritt: Telefoninterview (2)

Im zweiten Schritt wurden die Zielpersonen telefonisch kontaktiert. Neben der Abklärung der Bereitschaft für ein Interview wurden einige zentrale Elemente struktureller und prozessualer Art anhand eines teilstandardisierten Fragenkatalogs in Erfahrung gebracht.[664] Die Telefongespräche dauerten zwischen 10 und 30 Minuten. Im Zentrum standen Fragen rund um den Zeitpunkt der Unternehmensnachfolge, die Größe des Unternehmens, die Struktur desselben sowie die der Familie unmittelbar vor der Unternehmensübertragung. Die Interviewten konnten ihre Antworten dabei frei artikulieren.[665] Im Anschluss an das Gespräch wurden ein Organigramm und Stammbaum aufbereitet. Damit konnte sichergestellt werden, dass sich der Forscher möglichst rasch in den jeweiligen Fall versetzen konnte und somit im anschließenden Interview Bezüge zu einzelnen Personen effizient nachvollziehbar wurden. Vereinzelt wurden auch weitere Unterlagen wie beispielsweise ein Geschäftsbericht oder sonstige Dokumentationen über das Unternehmen zur Verfügung gestellt. Dank dem Vorgespräch konnte sichergestellt werden, dass es sich um die Personen handelt, die den Nachfolgeprozess miterlebt haben und deshalb über eine Primärerfahrung verfügen.[666]

---

[662] Lamnek 2005, S. 361. Es kann auch von Sprachcodes gesprochen werden.

[663] Dabei handelt es sich neben dem vorliegenden Forschungsprojekt um ein KTI-Forschungsprojekt in Zusammenarbeit mit kmuNEXT. Dort liegt der Fokus auf dem Nachfolgeprozess. Ebenfalls werden einzelne Erkenntnisse in die Masterarbeit von Frau Nora Spiller eingearbeitet. In ihrer Arbeit fokussierte sie sich auf die Rolle der Frau im Nachfolgeprozess. Es ist denkbar, dass die Fälle später auch in der Lehre oder Weiterbildung zum Einsatz kommen.

[664] Der Leitfaden für das teilstandardisierte Interview kann Anhang IV auf Seite 299 entnommen werden.

[665] Hopf 1995, S. 177. Damit wird das Interview im dritten Schritt auch nicht mit sozialstatistischen Fragen belastet.

[666] vgl. Froschauer, Lueger 2005, S. 144.

Dritter Schritt: Interview mit dem Unternehmer (3)
In einem dritten und vierten Schritt wurden die eigentlichen Interviews durchgeführt. Je Fallstudie wurden zwei Interviews geführt, wobei zuerst der Unternehmer und anschließend seine Ehe- oder Lebenspartnerin Gesprächspartner waren. Die Interviews haben in dem für die Personen gewohnten Umfeld stattgefunden, das heißt entweder bei diesen privat zu Hause oder in den noch zur Verfügung stehenden Büroräumlichkeiten. Die Interviews wurden mit einem Tonband aufgezeichnet, wobei das Angebot unterbreitet wurde, das Mikrofon bei persönlichen Fragen abzuschalten. Das Angebot wurde in den vorliegend berücksichtigten Fallstudien nie in Anspruch genommen. Den interviewten Personen wurde die Vertraulichkeit der Rohdaten und eine Anonymisierung der im Rahmen der Analyse verwendeten Daten versprochen. Deshalb sind die verwendeten Namen, Vornamen, Firmen und Ortschaften in der vorliegenden Arbeit mit fiktiven Namen ersetzt worden.

Das Interview mit dem Unternehmer wurde mit einem oder zwei Interviewern durchgeführt und dauerte zwischen 90 und 180 Minuten. Das Interview wurde in zwei Teile untergliedert. Nach der Begrüßung und einer gemeinsamen kurzen Überprüfung des vorgängig aufgezeichneten Organigramms und des Stammbaums auf ihre Richtigkeit wurde im ersten Hauptteil eine Form des *problemzentrierten Interviews (a)* durchgeführt. Im zweiten Teil des Interviews wurde eine vereinfachte Form der *Strukturlegetechnik (b)* eingesetzt.[667] Instrumente des gewählten Interviewverfahrens sind dabei der im zweiten Schritt verwendete Kurzfragebogen, ein Interviewleitfaden, Karten für die Strukturlegetechnik, die Tonbandaufzeichnung und das im Nachgang erstellte Postskriptum.[668]

Bei der Gestaltung einer Interviewsituation, die eine möglichst große Offenheit anstrebt, sind verschieden Formen möglich.[669] Beim *problemzentrierten Interview (a)* handelt es sich um eine Art Kompromisslösung zwischen leitfadenorientierten und narrativen Gesprächsformen, wobei der Begriff der Problemzentrierung als nicht trennscharf bezeichnet werden muss.[670] Unter Problemzentrierung wird hier die thematische Fokus-

---

667 Die beiden Begriffe werden nachstehend näher ausgeführt.

668 Witzel 1995a, S. 236.

669 Flick 2005, S. 163ff. Beim *semistrukturierten Inteview* ist der Gesprächsinhalt vorab festgelegt, aber keine zwingende Sequenzierung. Dabei gelten folgende vier Prinzipien: Nichtbeeinflussung; Spezifität; Erfassung eines breiten Spektrums; Tiefgründigkeit und personaler Bezugsrahmen. Beim *narrativen Interview* werden Informationen von Personen in einer bestimmten individuell-biografischen Lebenssituation oder kollektiv-historischen Geschichtssituation gewonnen. Dabei wird herausgearbeitet, wie diese Information vom Befragten (spontan) als Erzählung konstruiert und strukturiert wird.

670 vgl. Hopf 1995, S. 178. Das Konzept geht zurück auf Witzel 1982. „*Bei diesem Verfahren handelt es sich um eine Methodenkombination bzw. -integration von qualitativem Inteview, Fallanalyse biographischer Methode, Gruppendiskussion und Inhaltsanalyse.*“, zitiert in Lamnek 2005, S. 364f.; Flick 1995, S. 105ff. Nach Witzel 1995a, S. 230 kann das problemzentrierte Interview i.w.S. auch als Me-

sierung auf einzelne Themengebiete verstanden, die durch den vom Forscher gestalteten Leitfaden angestrebt wird. Neben dieser Problemzentrierung bestimmen außerdem die Gegenstandsorientierung – verstanden als die Anpassung der Methode an den jeweiligen Gegenstand – sowie die Prozessorientierung die Programmatik des problemzentrierten Interviews.[671] Bei der Prozessorientierung geht es um das Spannungsverhältnis zwischen theoriegeleiteter Arbeit und Offenheit gegenüber den subjektiven und inneren Strukturen und Relevanzsetzungen der Interviewpartner.

Bezüglich der Frageform wurden primär offene Fragen im Sinne eines narrativen Forschungsansatzes formuliert. Nach einer kurzen inhaltsunabhängigen Einführung in die Interviewsituation und der Darlegung der Zielsetzung und Methodik im Allgemeinen wurden die Unternehmer gebeten, die Unternehmensnachfolge aus ihrer Sicht mit den damit verbundenen relevanten Ereignissen frei zu erzählen.[672] Dabei wurden vorbereitend je Problemfeld eine Hauptfrage und verschiedene Unterfragen formuliert und in einem Leitfaden zusammengestellt.[673] Die Hauptfrage wurde dabei im Gesprächsverlauf explizit vom Interviewer gestellt. Die Nebenfragen dienten mehr dazu sicherzustellen, dass alle im voraus bekannten relevanten Aspekte angesprochen wurden. Auch halfen sie bei der Gesprächsführung, falls das Gespräch ins Stocken geriet.[674]

Eine solche offene Interviewsituation birgt auch einige Gefahren in sich, insbesondere wenn die Erfahrung des Interviewers mit dieser Methodik noch nicht sehr ausgeprägt ist. Zum einen besteht das Risiko, dass zu viele Suggestivfragen gestellt werden, zum anderen besteht die Gefahr, dass der Interviewer zu rasch von der einen Frage zur nächsten springt, obwohl die interviewten Personen die Gedankengänge noch nicht fertig ausformuliert haben. Im gleichen Zusammenhang besteht das Risiko, dass der Leitfaden in seinem Umfang zu groß ausfällt. Zur Reduktion dieser Risiken wurde der Leitfaden von einer erfahrenen Person gegengelesen. Auch kam es zu einer Testanwendung in einem dem Autor nahe stehenden Fall, der jedoch in der vorliegenden Arbeit nicht in die Auswertung einfließt.

Im zweiten Teil des Interviews wurde eine *Strukturlegetechnik (b)* eingesetzt. Die Strukturlegetechnik umschreibt ursprünglich eine Methodik, bei der die Interviewten beschriebene Karten, die zum Untersuchungsobjekt Bezug nehmen, vor sich anordnen,

---

thodenkombination bzw. Integration aus qualitativen Interviews, Fallanalyse, biografischen Methoden, Gruppendiskussionen und Inhaltsanalyse verstanden werden.

[671] Nentwich 2004, S. 118f.

[672] Für die Phasenbeschreibung des problemzentrierten Interviews vgl. Lamnek 2005, S. 365f.

[673] Der Leitfaden findet sich in Anhang V, auf S. 302ff.

[674] Die Leitfadenorientierung unterstützt dabei das Interview mit Personen, die sich lieber führen lassen, lässt aber trotzdem offene Fragen zu. Interviewpartner sind es z.T. nicht gewohnt, sich in eine Erzählsituation hineinzuversetzen, da das Grundverständnis von einem Interview meist mit einem Frage-Antwort-Spiel in Verbindung gebracht wird. Vgl. dazu Lamnek 2005, S. 345; Flick 2005, S. 166; Hermanns 1995, S. 184f.

um eine Struktur und einen Zusammenhang der Karten zu generieren. In der vorliegenden Arbeit war das Hauptziel, eine wiederkehrende Auseinandersetzung mit dem Nachfolgeprozess und den darin erlebten Herausforderungen, den dabei involvierten Personen und erlebten Emotionen zu provozieren. Dabei handelt es sich einerseits um eine Festigung des im ersten Teil bereits Gesagten, andererseits konnten Ergänzungen oder Spezifizierungen durch den Befragten erreicht werden.[675] Zu diesem Zweck wurde mittels Klebeband ein Zeitstrahl auf dem im Interviewraum befindlichen Tisch abgebildet. Der Interviewte wurde im Anschluss aufgefordert, die wichtigsten Momente und die damit verbundenen Herausforderungen auf dem Zeitstrahl festzuhalten. In einem zweiten Schritt wurden für jede formulierte Phase respektive Herausforderung die darin involvierten Personen sowie die Emotionen genannt und umschrieben. Beides wurde erneut auf verschiedenfarbigen Karten niedergeschrieben und den Herausforderungen durch den Unternehmer zugeordnet.

Im Unterschied zur Heidelberger Strukturlegetechnik wurden keine Kausaldiagramme, sondern lediglich eine explizite und möglichst unverzerrte Zustimmung von Seiten des Interviewten bezüglich der Herausforderungen im Nachfolgeprozess angestrebt.[676] Das Verfahren wurde gewählt, um die subjektiven Wahrnehmungen der Befragten explizit zu machen. Das dadurch erhaltene Bild wurde im Rahmen der Nachbereitung auf einer Folie festgehalten und diente als Ausgangspunkt für das spätere Interview mit den Lebens- oder Ehepartnerinnen (vgl. dazu vierter Schritt weiter unten). Außerdem wurde damit der Vorteil ausgenutzt, dass die interviewte Person bei der Strukturierung der Daten mit involviert wurde. Durch das „Sichtbarmachen" des Nachfolgeprozesses mit der Legetechnik konnte die Vergangenheit rekonstruiert werden, was erkenntnisführende Informationen im Zeitverlauf generierte. Schließlich wurde am Schluss des Interviews nach einer abschließenden Gesamtbeurteilung gefragt, was einem Bilanzierungsteil des autobiographisch-narrativen Interviews nahe kommt.[677] Dabei wurde auch nach den Emotionen gefragt, die durch diesen strukturierten Rückblick angesprochen wurden.

Bei der Umschreibung der Herausforderungen im Nachfolgeprozess und der damit verbundenen Emotionen handelt es sich bei den interviewten Männern um eine Selbstdeskription. Damit verbunden sind mögliche Verzerrungen der Rekonstruktion des damals Erlebten. Die interviewte Person formuliert möglicherweise nur die ihr angenehmen Seiten eines Problems, oder die Schattenseiten werden entweder komplett ausgeklammert, anders dargelegt oder gar bewusst als „falsche oder fiktive" Wahrheit kon-

---

675 Scheele, Groeben 1988, S. 21: „*Kommunikative Validierung besteht also aus einem verstehenden Beschreiben (z.B. von subjektiven Theorien), dessen Rekonstruktions-Adäquanz im Dialog durch den Konsens des Erkenntnis-Objeks festgestellt wird.*"

676 Scheele, Groeben 1988, S. 48ff.

677 Hopf 1995, S. 179.

struiert. In Anlehnung an Mead hält Hahn fest, dass die Fähigkeit zum Selbstbezug ursprünglich der Übernahme von Fremdperspektiven oder sozialen Festlegungen auf ein Bild, das der einzelne von sich hat, entspricht.[678] Bezogen auf den Forschungsprozess kann dies auch bedeuten, dass der Befragte auf ein implizites Bild reagiert, das dieser meint für den Forschenden erfüllen zu müssen.

Andererseits kann auch das Problem gesehen werden, dass gerade im vorliegenden Themenkontext eine gewisse Zurückhaltung und Scheu vor der öffentlichen Selbstenthüllung besteht.[679] In diesem Zusammenhang kann auch vom Phänomen der „sozialen Erwünschtheit" gesprochen werden.[680] Das bedeutet, dass die Antworten der Befragten auf Grund situationsspezifischer oder gesellschaftlicher Normenerwartungen von den wissenschaftlichen Erfordernissen der korrekten Wiedergabe von Einstellungen, Meinungen und Verhaltensweisen abweichen. Damit versuchen die Befragten, den (vermeintlichen) Verlust ihres Ansehens beim Interviewer zu vermeiden. Ein weiteres Problem stellt die Gefahr der Reaktivität dar. Da es sich beim wissenschaftlichen Fragestellen und Antworten um keine alltägliche Interaktion zwischen zwei Fremden handelt, kann das Verhalten beider Personen sich verändern, da sich beide beobachtet fühlen.[681]

Vierter Schritt: Interview mit der Ehe- oder Lebenspartnerin (4)

Im vierten Schritt wurde das Interview mit der Ehe- oder Lebenspartnerin des Unternehmers durchgeführt, um den eben genannten Gefahren entgegen zu wirken. Bei diesem Interview handelt es sich deshalb um eine Art prozessuale Triangulation. Für diesen Zweck wurde die Frau gewählt, da davon ausgegangen wird, dass diese dem Unternehmer im Nachfolgeprozess besonders nahe stand.[682] Die Evidenz der durch die Frau beobachteten Intention liegt oft in Kohärenz mit anderen sinnstiftenden Strukturen und Handlungen. Das bedeutet, dass eine Äußerung oder eine Verhaltensweise von dem Untersuchungsobjekt nahe stehenden Personen einfacher, wenn nicht sogar offensichtlicher erschlossen werden kann, als dies für einen Dritten und am Nachfolgeprozess Unbeteiligten der Fall wäre. Gleichzeitig ist aber auch Vorsicht geboten, da die intentionale Deskription perspektivisch ist. Die Beschreibung erfolgt auf der spezifischen Perspektive als Ehe- oder Lebenspartnerin. Die Chance der anvisierten Verhaltensdeskription durch die Frau wird darin gesehen, dass damit die Schwäche der Selbstdeskription des Mannes entschärft werden kann. Deshalb gilt es bei der Interpretation der Fälle mögliche Diskrepanzen der Selbst- und Verhaltensdeskription zu berücksichtigen.

---

678 vgl. Hahn 1987, S. 10.

679 Graumann, Métraux, Schneider 1995, S. 70.

680 Loosen, Scholl, Woelke 2002, S. 46.

681 Loosen, Scholl, Woelke 2002, S. 45. Die verdeckte Beobachtung wäre eine Maßnahme, die im vorliegenden Forschungsdesign jedoch nicht eingesetzt werden kann.

682 vgl. auch Nentwich 2004, S. 97.

Die Interviews mit den Frauen dauerten ebenfalls zwischen 90 und 180 Minuten. Das Gespräch wurde dabei von einer weiblichen Interviewerin durchgeführt. Durch diese Maßnahme konnten mehr Informationen generiert werden, als wenn ein Mann das Gespräch geleitet hätte.[683] Nach einer allgemeinen Kontaktaufnahme wurden die Zielsetzung und der Ablauf des Interviews offengelegt. Das eigentliche Interview wurde mit einer offenen Frage (= narrative Frage) zur Rolle des Mannes im Nachfolgeprozess eröffnet. Im Anschluss wurde die im Rahmen des Interviews mit dem Mann erstellte Abbildung (= Strukturlegemodell mit den Hürden, involvierten Personen und erlebten Emotionen) offengelegt und mit der Frau diskutiert. Die Diskussion ist anhand eines Leitfadens erfolgt, der in Anhang VI auf Seite 305 ff. zu finden ist.

5.3.2 Dokumentation und Aufbereitung der Fallstudien

Die Interviews wurden digital aufgezeichnet und im Anschluss transkribiert. Während den Gesprächen wurden vereinzelt auch Handaufzeichnungen gemacht, die vor allem in die Strukturaufbereitung (z.B. Organigramm und Stammbaum) eingeflossen sind. Auf eine Aufzeichnung per Video wurde verzichtet, da die körperlichen Reaktionen weniger im Zentrum der Untersuchung standen. Die Interviews wurden als Einzelinterviews und nicht als Gruppendiskussion aufgebaut, weshalb auch der Dokumentation von gruppendynamischen Prozessen keine Bedeutung zukommt.

Die Transkription stellt eine erste Phase der Auswertung dar.[684] Dabei wurde der Empfehlung gefolgt, dass nur so viel und so genau zu transkribieren ist, wie für die Fragestellung tatsächlich notwendig erscheint, bei gleichzeitig möglichst geringem Verlust von Informationen.[685] Mit der Transkribierung der Interviews wird sichergestellt, dass die Auswertung und Interpretation der Fälle unverzerrt und authentisch sind, intersubjektiv nachvollzogen und beliebig reproduziert werden können. Gegenstand der Transkription ist primär der geäußerte Wortlaut. Sekundär wurden auffällige prosodische Merkmale wie z.B. Tonhöhe oder Lautstärke mittels Sonderzeichen im Text festgehalten. Ebenfalls festgehalten wurden Situationsbeschreibungen, beispielsweise falls das Gespräch unterbrochen wurde. Nicht dokumentiert wurden parasprachliche Merkmale wie z.B. Gesten oder Blickkontakte. Für die vorliegende Arbeit gelten folgende Zeichen für die Transkription:

---

683 Damit konnte ein Vertrauensverhältnis geschaffen und eine größere Offenheit erreicht werden. Vgl. Hermanns 1995, S. 185.

684 Für Lamnek (2005, S. 402) handelt es sich dabei um die erste von vier Auswertungsphasen, die da sind: Transkription, Einzelanalyse, generalisierende Analyse und Kontrollphase.

685 Flick 1995, S. 162.

A:234:567	Fallnummer:Zeilennummer Zitat Anfang:Zeilennummer Zitat Ende
GROSS GESCHRIEBEN	Besonders stark betont
[Text in eckigen Klammern]	„Regieanweisungen“: z.B. lachen
(unverständlich)	Gespräch ist unverständlich
(Text in normalen Klammern setzen)	Schwer verständliche Passagen
(Pause)	Pause länger als 5 Sekunden
-	Kürzere Pause: ein Strich pro Sekunde

Tabelle 9: Transkribierschlüssel[686]

Im Transkriptionsprozess wurden die Interviews von einer Erstperson niedergeschrieben. Von einer Zweitperson wurde der Entwurf gegengelesen und mit der Tonaufnahme verglichen. Dies war zum einen notwendig, da die Interviews in Schweizerdeutsch (Dialekt) durchgeführt worden sind und im Rahmen der Transkription eine Umformulierung ins Hochdeutsche stattgefunden hat. Dabei wurde der Grundsatz verfolgt, möglichst nahe am Original bezüglich der Wortwahl zu bleiben und die Satzstruktur möglichst nah am Originalton zu lassen. Entsprechend sind die später in der Arbeit berücksichtigen Zitate aus grammatikalischer Sicht nicht immer korrekt, sondern bilden den Originalton der interviewten Personen ab. Da keine Sprachanalyse im engeren Sinn durchgeführt wird, muss eine Lautgenauigkeit nicht angestrebt werden. Zum anderen konnten Tipp- und allfällige Hörfehler durch die Überarbeitung reduziert werden. Weiter wurden auffällige Pausen oder Störelemente in der Transkription festgehalten, um längere Denkpausen und ähnliches zu dokumentieren. Durch diese Maßnahmen wurde das Ziel verfolgt, mit der Überarbeitung eine inhaltlich möglichst exakte Rekonstruktion dessen zu erreichen, was mit der Wahrnehmung des Interviewers übereinstimmt.

Nach der Transkription und der Korrektur wurde für jeden Fall ein definitives Dokument angelegt. Dieses setzt sich zusammen aus den Transkripten der Interviews mit dem Mann und der Frau, aber auch mit dem Organigramm, Stammbaum und weiteren Unternehmensangaben aus dem ersten Interview. Im Anschluss wurden die Zeilen der Transkripte durchnummeriert, um eine Zitation zu ermöglichen. Als letztes wurden die Fallstudien anonymisiert. Die richtigen Namen wurden mit frei erfundenen ersetzt. Diese Falldokumentation stellt im Anschluss die Analyseeinheit im engeren Sinn dar.[687]

686 Eigene Darstellung i.A. an Transkribierschlüssel bei Ostendorp, Nentwich, Resch, Dachler 2003; Nentwich 2004, S. 123; Peräkylä 2005, S. 882.

687 vgl. dazu Kowall, O'Connel 2002, S. 437ff.

5.4 Interpretation der Fallstudien

Vor der Interpretation der Fallstudien müssen zwei Fragen geklärt werden. Einerseits muss sichergestellt werden, was der Gegenstand der Interpretation ist (WAS), andererseits muss die Art und Weise der Interpretation (WIE) beantwortet werden. *Gegenstand der Analyse (1)* sind die transkribierten Interviews, also Textvorlagen.[688] Um die Nachvollziehbarkeit sicherzustellen, ist der Erkenntnisgewinnungsprozess entsprechend aufzuzeichnen. Gleichzeitig ist es notwendig, im Rahmen der Interpretation den Kontext des Gesagten zu erfassen.[689] Der Inhalt der Transkripte kann in primären und sekundären respektive manifesten und latenten Inhalt differenziert werden. Beim *primären Inhalt (a)* handelt es sich um das, was explizit gesagt worden ist, beim *sekundären Inhalt (b)* handelt es sich um Informationen, die lediglich durch Interpretation im Kontext erschlossen werden können.[690] In diesem Zusammenhang ist deshalb immer zu unterscheiden, ob es sich um eine vom Untersuchungsobjekt formulierte Interpretation oder um eine Interpretation des Forschenden handelt. Erstere ist dabei primär von Alltagswissen und -theorien geprägt, die Interpretation des Forschenden primär vom Vorwissen aus der Literaturanalyse.

Ausgehend von der Transkription müssen *drei wesentliche Textarten* vergegenwärtigt werden.[691] Bei der *Erzählung (a)* wird ein Geschehnis oder ein Erlebnis dargelegt, wobei der Anfang, die Entwicklung und auch das Ergebnis Gegenstand der Kommunikation sind. Es wird davon ausgegangen, dass die Struktur der Orientierung, das Handeln und der Ereignisablauf abgebildet werden, weshalb die Erzählung auch mit einer Beschreibung umschrieben werden kann. Bei einer *Beschreibung (b)* wird ein Zusammenhang vor allem erklärend dargestellt. Das bedeutet, dass Beschreibungstexte psychische Situationen und ihre Veränderungen oder routinisierte Handlungs- und Ereignisläufe einfangen. Beschreibungen können sich dabei auf innere und äußere Zustände beziehen. Schließlich können auch *Argumentationstexte (c)* differenziert werden. Dabei handelt es sich um eine Ebene der praktischen Erklärung unter Zuhilfenahme von Alltagstheorien und anderen sekundären Legitimationen. Für die vorliegende Arbeit bedeuten die drei Textarten, dass der Nachfolgeprozess im narrativen Teil des Interviews um-

---

688 Lengwiler 2005, S. 12 spricht in diesem Zusammenhang auch von Kommunikation, Dialog und damit von Sprache, die Gegenstand der Analyse ist.

689 Froschauer, Lueger 2005, S. 148. Dachler (1997) betont, dass eine Information erst durch ihre „Bedeutung“ in einem spezifischen Kontext zu Wissen wird. Wissen ist demnach kontextabhängig. Vgl. dazu auch Nentwich 2004, S. 95. Wittgenstein bezeichnet diese Kontextabhängigkeit als Sprachspiel. Der kulturelle Rahmen, durch den Sprachspiele begrenzt und erschaffen werden, wird von Wittgenstein auch als Lebensform umschrieben, vgl. auch Nentwich 2004, S. 68ff.

690 Mayring 2000, S. 2; Lamnek 2005 S. 484, i.A. an Ritsert 1975 (latent) und Berelson 1952 (manifest).

691 Lamnek 2005, S. 208f. und S. 357; Hermanns 1995, S. 183, i.A. Kallmeyer, Schütze 1977. In der Praxis erscheinen diese Textformen oft in Verbindung mit- und zueinander.

schrieben und damit erzählt werden kann. Die darin erlebten Gefühle und Emotionen können jedoch nicht erzählt, sondern nur beschrieben werden. Bei der Reflexion respektive Begründung der Emotionen handelt es sich primär um Argumentationstexte.

Als nächstes gilt es die Frage zu klären, wie die *Interpretation gestaltet (2)* wird. Dabei kann in einem ersten Schritt bezüglich der Textanalyse erneut zwischen quantitativen und qualitativen Ansätzen differenziert werden.[692] Quantitative Auswertungen sind beliebt, da sie vor allem in sozial heterogenen Kontexten eine allgemein anerkannte Sprache für die Komplexitätsreduktion bereitstellen.[693] In der vorliegenden Arbeit soll jedoch auch bei der Auswertung ein qualitativer Ansatz gewählt werden, da – wie bereits mehrfach ausgeführt – der Sprache eine hohe Bedeutung zugemessen wird.

Die Interpretation der Fälle wird vorliegend auf zwei Ebenen erfolgen. Bei der hier primär eingesetzten *Einzelfallanalyse (a)* stehen die einzelnen transkribierten Interviews im Zentrum der Betrachtung. In einer ersten Phase werden die Texte um nicht Relevantes reduziert. Im Anschluss werden die zentralen Aussagen zusammengetragen und mit einer Interpretation des Forschenden versehen. Abschließend werden einzelne Zitate mit der Interpretation im engeren Sinn verbunden. Bei der *fallübergreifenden Analyse (b)* steht die Suche nach Gemeinsamkeiten und Unterschieden im Zentrum der Betrachtung.[694] Damit wird der Versuch unternommen, trotz der geringen Fallzahl mögliche Syndrome oder Grundtendenzen herauszuarbeiten. Es wird also versucht, mittels der Formulierung von fallübergreifenden Themen situationsspezifische Handlungs- und Deutungsmuster herauszuarbeiten.[695]

Da das Verstehen von Kommunikationsinhalten und damit der Transkripte im Vordergrund steht, sind sowohl Inhaltsanalysen als auch hermeneutische Interpretationsverfahren respektive bestimmte Formen der Diskursanalyse zweckdienlich.[696] Die *qualitative Inhaltsanalyse* wird dabei von verschiedenen Autoren umschrieben, wobei verschiedene Analyseformen und Vorgehensweisen dargestellt werden.[697] In der vorliegenden Arbeit wird eine Einzelfallinterpretation über verschiedene Schritte erfolgen, wobei nachstehend zwischen vier Schritten (Kapitel 5.4.1 bis 5.4.4) differenziert wird.

---

692 Froschauer, Lueger 2005, S. 146ff. Für die quantitativ orientierte Analyse stehen auch Softwareprogramm zur Verfügung, auf die vor dem hermeneutischen Hintergrund bewusst verzichtet wurde. Alexa, Zuell 2000.

693 Lengwiler 2005, S. 12.

694 Diese Analyse wird auch Multi-Case-Analyse genannt.

695 Witzel 1995b, S. 68.

696 Lengwiler 2005, S. 12. Für eine erste Übersicht von verschiedenen Formen der Diskursanalyse vgl. Burr 2003, S. 160ff. Sie differenziert: Conversation Analysis; Discursive Psychology, Interpretative Repertoires und Foucaudian Discurse Analysis.

697 Fink 2005, S. 161ff; Mayring 1995, S. 22f.; Witzel 1995b, S. 58ff.; Lamnek 2005, S. 483ff.

5.4.1 Schritt I: Rahmenbedingungen der Unternehmensnachfolge

In einem *ersten Schritt (I) werden das Unternehmen und die Familie kurz umschrieben.* Auch wird der Versuch unternommen, den gesamten Nachfolgeprozess auf 4-6 Seiten chronologisch strukturiert zusammenzufassen und darzustellen. Das primäre Ziel ist es, dass sich der Leser mit dem Fall vertraut machen kann und die Zeitlichkeit zum Ausdruck kommt. Entsprechend handelt es sich hierbei primär um eine zusammenfassende und strukturierende Inhaltsanalyse, wobei explizite Informationen Gegenstand der Interpretation sind.[698] Um die Authentizität sicherzustellen, werden die Informationen aus den Interviews selbst zusammengetragen und mit Zitaten belegt, wo sinnvoll. Inhaltlich geht es dabei um folgende Fragen:

- Wie, wo und unter welchen Bedingungen (Umfeld und Prozess wie z.B. mögliche Unterbrechungen) haben die Interviews stattgefunden?
- Wie ist das Unternehmen und die Familie strukturiert (z.B. Organigramm und Stammbaum) und was sind spezifische Eigenschaften (z.B. Gründungs- respektive Geburtsjahre, Beziehungsgefüge)?
- Was ist der Werdegang des Unternehmers?
- Was ist Gegenstand der Unternehmensnachfolge (Kapital(anteile) und/oder die Unternehmensführung)?
- Welche Nachfolgeform wurde angestrebt und welche wurde realisiert?
- Wie wurde der Nachfolgeprozess im Zeitverlauf gestaltet?
- Was sind die im Rahmen des Nachfolgeprozesses verfolgten Hauptziele resp. Motive?

5.4.2 Schritt II: Herausforderungen im Nachfolgeprozess

In einem *zweiten Schritt (II)* liegt der Fokus auf den im Nachfolgeprozess erlebten Herausforderungen. Ausgangslage dieser Interpretation ist das Interview mit dem Unternehmer, wobei sowohl der narrative als auch der strukturierte Teil des Interviews Eingang finden. Im Anschluss wird im Sinne einer inhaltlichen Triangulation das Interview mit der Ehe- oder Lebenspartnerin beigezogen, um die vom Unternehmer formulierten Herausforderungen zu bestätigen oder allenfalls durch unterschiedliche Bedeutungszuschreibungen zu reflektieren. Ziel dieses Interpretationsschritts ist es, die Herausforderungen zusammenzufassen und nach Möglichkeit zu charakterisieren. Gegenstand der Interpretation sind wieder manifeste Informationen aus den Interviews mit dem Unternehmer und seiner Ehe-/Lebenspartnerin.[699]

---

698 Witzel 1995b. S. 60f. Mit dieser Aufbereitung sind gewisse biografische Elemente verbunden.

699 Fink 2005, S. 161. Fink unterscheidet formale, inhaltliche, typisierende und skalierende Vorgehensweisen.

Je Herausforderung wird der Versuch unternommen, zentrale Themen abzuleiten, was einen ersten theoriegenerierenden Interpretationsschritt darstellt.[700] Dabei gilt es, die Themen auf eine prägnante Aussage zu verdichten, wobei eine Verbindung zwischen Originaltextstellen, Paraphrasierung und analytischer Aussage erreicht werden muss. Diese Themen müssen im Anschluss im Kontext des Nachfolgeprozesses (vgl. erster Schritt i.A. an Kapitel 5.4.1) gespiegelt werden, um die subjektive Relevanzsetzung durch den Interviewten als auch durch den Forschenden zu überprüfen. Bei diesem Interpretationsschritt handelt es sich primär um eine strukturierende Inhaltsanalyse. Inhaltlich geht es dabei um die folgenden Fragestellungen:

- Welche Herausforderungen formuliert der Unternehmer bezogen auf den Nachfolgeprozess?
- Werden die formulierten Herausforderungen in ihrer Charakterisierung von der Ehe- oder Lebenspartnerin gleich wahrgenommen?
- Wie lauten die mit den Herausforderungen verbundenen zentralen Themen?
- Widersprechen die formulierten Themen den Kontextbedingungen?

5.4.3 Schritt III: Emotionen und deren Rolle im Nachfolgeprozess

In einem *dritten Schritt (III)* gilt es die vorhandenen Emotionen zu identifizieren und anschließend deren Rolle im Nachfolgeprozess zu interpretieren (vgl. Zielsetzung und Forschungsfrage in Kapitel 1.3). Um die Rolle der Emotionen im Nachfolgeprozess zu verstehen, muss die Analyse in zwei Richtungen vorangetrieben werden. Zum einen gilt es der Frage nachzugehen, wie die emotionale Reaktion zustande kommt, respektive was die Emotionen auslöst und wie diese umschrieben werden können. Gleichzeitig muss aber auch eine Umschreibung der Wirkungsweise auf das Individuum, sein Verhalten, sein Handeln und seine Entscheidungsfindung im Nachfolgeprozess diskutiert werden.[701]

Bezüglich der zu analysierenden Textart handelt es sich nicht mehr primär um Erzähltexte, sondern vor allem um Beschreibungs- und Argumentationstexte. Neben der Inhaltsanalyse kommen diskursanalytische Elemente hinzu, da der Dialog und damit die Sprache im Vordergrund der Betrachtung stehen.[702] Für die vorliegende Arbeit bedeutet

---

[700] Witzel 1995b. S. 65.

[701] Für die Diskussion der Dimensionen vgl. Kapitel 2.2, Seite 46ff. und Lamnek 2005, S. 484. Auf eine Analyse welche die Sprechgeschwindgkeit, Stimmhöhe oder Intonation berücksichtigt, wie es in der psychologischen Inhaltsanalyse vorgeschlagen wird, wird verzichtet. Vgl. dazu Gotschalk, Gleser 1969, zit. in Lamnek 2005, S. 488.

[702] Berger 1993, S. 204; Burr 2003, S. 149. Ab S. 160ff. formuliert Burr verschiedene Varianten der Diskursananlyse. In der diskursanalytischen Vorgehensweise wird die Sprache nicht als Ressource verstanden: *„Im Rahmen einer solchen Fragestellung wird Sprache nicht als eine Ressource verstanden, welche umfassenden Aufschluss über innerpsychische Vorgänge geben kann. Vielmehr werden unter diesen Vorzeichen innerpsychische Vorgänge zu diskursiv konstruierten Vorgängen. Damit*

dies, dass die vom Unternehmer verwendeten Emotionsbegriffe im Kern zu verstehen sind. Die verwendeten Emotionsbegriffe in ihrer Entstehung und Bedeutungszuschreibung sind im Kontext des jeweiligen Fallbeispiels zu betrachten. Deshalb sind nicht nur inhaltliche Aussagen per se, sondern auch die Begriffe in ihrer formalen Textstruktur zu betrachten, um Erkenntnis aus der Erfahrungsqualität der Betroffenen zu erlangen.[703] Davon zu unterscheiden ist der Umgang mit latenten Informationen, wo der Forscher durch die analytische Abstraktion Erkenntnis im Rahmen einer Theoretisierung schafft. Deshalb werden nachfolgend zwei Teilschritte differenziert.

In einem *ersten Teilschritt (a)* liegt der Fokus auf der *manifesten Information* der transkribierten Interviews und damit auf den Formulierungen und Umschreibungen von Emotionen, die durch den Unternehmer ausgesprochen worden sind. Zu diesem Zweck werden in einem ersten Arbeitsschritt die Transkripte systematisch nach möglichen Formulierungen abgetastet, die mit Emotionen in Verbindung gebracht werden können. Dabei kommt auch Metaphern eine große Bedeutung zu.[704] Bei dieser Metaphersuche und -auswahl werden zuerst alle möglichen Emotionsmetaphern herausgearbeitet. Die Auswahl erfolgt nach den Kriterien der Auffälligkeit und des Bezugs auf den Nachfolgeprozess, respektive den darin formulierten Herausforderungen. In einem zweiten Arbeitsschritt findet die Metapher-Analyse statt. Das bedeutet, dass die Aussagen im allgemeinen Kontext betrachtet werden, wobei eine Loslösung vom eigentlichen Text empfohlen wird. Schließlich findet in einem dritten Arbeitsschritt eine textimmanente Metapher-Analyse statt. Das bedeutet, dass die individuellen und spezifischen Bedingungen und Hintergründe respektive der Kontext mitberücksichtigt werden. Nachdem Emotionen im Nachfolgeprozess identifiziert sind, gilt es der Frage nach Ursache und Wirkung nachzugehen.[705] Als wichtiger Referenzpunkt wird dabei das Interview mit der Ehe- oder Lebenspartnerin eingearbeitet, um Gemeinsamkeiten und Unterschiede in der Wahrnehmung der Emotionen des Mannes herauszuarbeiten, womit wieder eine inhaltliche Triangulation sichergestellt wird.

In einem *zweiten Teilschritt (b)* wird die Betrachtung der Emotionen dahingehend vertieft, als dass auch *latente Informationen* in den transkribierten Interviews Eingang in die Interpretation finden sollen. Gedanken und Überlegungen des Forschenden sollen stärker berücksichtigt werden. Es wird der Versuch unternommen, sich von der reinen Textanalyse zu lösen, um schließlich die Rolle der Emotionen über den gesamten Nach-

---

wird ein grundsätzliches Um- und Neudenken von psychologischen Themen, wie z.B. Gedächtnis und Attribution oder Persönlichkeit und Einstellung, erklärtes Anliegen einer diskursiven Psychologie." Zitiert aus Ostendorp, Nentwich, Resch, Dachler 2003, S. 10f.; Ostendorp, Nentwich 2004, S. 5f.

703 Hermanns 1995, S. 185.

704 vgl. dazu Steger 2001, S. 90.

705 Auf die Gleichzeitigkeit von Ursache und Wirkung im konstruktivistischen Kontext wird an dieser Stelle nicht mehr eingegangen.

folgeprozess hinweg zu reflektieren und zu bewerten. Dabei soll der Versuch unternommen werden, mögliche Verhaltens-, Handlungs- und Entscheidungsbegründungen in den formulierten Herausforderungen im Nachfolgeprozess aus den Emotionen herzuleiten.[706] Dabei wird versucht, die identifizierten und umschriebenen Emotionen mit den Herausforderungen und den darin formulierten Themen in Verbindung zu bringen und so weit wie möglich zu systematisieren.

Im Rahmen der beiden Teilschritte geht es inhaltlich um die folgenden Fragestellungen:

- Welche Formulierungen rund um Emotionen können im Textmaterial identifiziert werden (inkl. Metaphern)?
- Welche Bedeutung haben diese Formulierungen im Allgemeinen (ohne Kontextbezug)?
- Welche Bedeutung oder welchen Stellenwert haben diese Formulierungen im Kontext der Unternehmensnachfolge und der darin formulierten Herausforderungen (mit Kontextbezug)?
- Was sind mögliche Ursachen und Wirkungen der formulierten Emotionen im Kontext der Unternehmensnachfolge mit Bezug auf die verschiedenen Analyseebenen (textimmanente Interpretation, i.A. an Tabelle 8, Seite 128)?
- Was sind mögliche Ursachen und Wirkungen der formulierten Emotionen im Kontext der Unternehmensnachfolge mit Bezug auf die verschiedenen Analyseebenen (offene Interpretation, i.A. an Tabelle 8, Seite 128)?
- Welche Rolle spielen die Emotionen und damit die Ursachen und Wirkungen auf dem Gesamtprozess der Unternehmensnachfolge der Einzelfallstudie (offene und zusammenfassende Interpretation)?

5.4.4 Schritt IV: Fallübergreifende Betrachtung

Im *vierten Schritt (IV)* werden die Emotionen und die herausforderungsspezifischen Themen fallübergreifend zusammengefasst und kurz diskutiert (= Multi-Case Betrachtung). Damit wird das Ziel verfolgt, über die Fälle hinweg Gemeinsamkeiten und Unterschiede bezogen auf die Kernfrage herauszuarbeiten und im Sinne der Induktion theoretisierende Aussagen abzuleiten. In den Worten von Rüegg-Stürm bedeutet dies: *„Aus konstruktivistischer Sicht bedeutet sozialwissenschaftliche Theoriebildung, gewachsene Alltagstheorien und Wirklichkeitsordnungen und vor allem die Beziehungs- und Kommunikationsprozesse, in denen diese Wirklichkeitsordnungen verfertigt und reproduziert*

[706] In Anlehung an Witzel 1995b, S. 60f. Bei dieser Betrachtung ist davon auszugehen, dass gewisse biographische Elemente im Rahmen der Interpretation mitberücksichtigt werden, denn um das soziale Handeln zu verstehen, muss nach wechselseitigen Konstituionssbedingungen von lebensgeschichtlichen Erfahrungen und gesellschaftlich-biografischen Vorgaben gefragt werden. Vgl. dazu Fischer-Rosenthal 1995, S. 254f. i.A. an Weber, Mead und Schütz.

werden, mit Hilfe von Sprache zu rekonstruieren und zu explizieren. Dabei gilt es, implizite Annahmen, Voraussetzungen und deren Wirkungen offen zu legen und damit die Kontingenz der entsprechenden Wirklichkeit sichtbar zu machen."[707]

Für die Interpretation bedeutet dies, dass mögliche Gedanken- und Wahrnehmungsmuster aus der Alltagstheorie aufgebrochen und neu formuliert werden können, um Emotionen des Unternehmers im Nachfolgeprozess praktisch und theoretisch besser zu verstehen.[708]

Inhaltlich geht es dabei um die folgende Fragestellung:

- Gibt es in der Verbindung zwischen Herausforderungen (Themen) und Emotionen (Emotionsmetaphern) Gemeinsamkeiten und Unterschiede?

---

707 Rüegg-Stürm 2001, S. 75.

708 Nordqvist 2003, S. 51, i.A. an Giddens 1979, 1993, Brunson 1982 und Mead 1934.

6 Fallstudienanalyse

Im vorliegenden Kapitel steht die Einzelfallanalyse im Vordergrund. Grundlage der Analyse sind die in Kapitel 5.4, Seite 145ff. formulierten Fragen, welche an die einzelnen Fälle gerichtet werden.[709] Da es sich im Wesentlichen um drei einzelfallspezifische Fragerichtungen handelt, werden die Fallanalysen in jeweils drei Unterkapiteln aufbereitet. Im ersten Schritt gilt es dabei die Verhältnisse in der Familie, im Unternehmen sowie die Unternehmensnachfolge im Allgemeinen zu erfassen, um im zweiten Schritt eine Auseinandersetzung mit den darin angetroffenen Herausforderungen des Unternehmers zu suchen. Im dritten Schritt werden die Emotionen des Unternehmers besprochen, mit dem Ziel deren Ursachen und Wirkungen im und auf den Nachfolgeprozess zu verstehen. Das Kapitel wird am Schluss mit einer fallübergreifenden Betrachtung abgeschlossen, um Gemeinsamkeiten und Unterschiede herauszuarbeiten.

6.1 Einzelfallstudie A: Bauunternehmen

6.1.1 Rahmenbedingungen der Unternehmensnachfolge

Die *Datenerhebung* begann mit einem ersten telefonischen Kurzgespräch am 16.11.2006 zwischen dem Unternehmer und dem Interviewer (vgl. Interviewverzeichnis in Anhang IV auf Seite 299). Neben einer Terminvereinbarung für das zentrale Interview mit dem Übergeber wurden parallel der Stammbaum der Kernfamilie und das aktuelle Organigramm des Unternehmens skizziert. Das eigentliche Interview mit dem Übergeber (Alfred Baumann) hat am 04.12.2006 in den Büroräumlichkeiten am Unternehmensstandort stattgefunden. Das Gespräch wurde durch einen Mitarbeiter ganz am Anfang des Interviews kurz unterbrochen. Das Interview mit der Ehepartnerin (Adelheid Baumann) hat am 19.12.2006 im Privathaus stattgefunden. Auch dieses Gespräch wurde einmal kurz unterbrochen, als eine Nachbarin etwas abgeben wollte. Es darf davon ausgegangen werden, dass die beiden Unterbrechungen keine behindernde Auswirkung auf den Gesprächsverlauf hatten, da dieser inhaltlich unmittelbar an der gleichen Stelle wieder hat aufgenommen werden können.

Die *Familienverhältnisse* können als stabil und ausgeglichen bezeichnet werden.[710] Herr Alfred Baumann ist zum Zeitpunkt des Interviews 63 Jahre alt und mit seiner Ehefrau Adelheid Baumann bereits im 36. Jahr verheiratet (vgl. dazu Stammbaum in Abbildung

---

[709] Grundlage der Analyse sind die Transkripte, allfällige Unternehmensbeschreibungen aus Geschäftsberichten oder andere vom Unternehmen zur Verfügung gestellte Materialien. Querverweise zu den Transkripten werden in Klammern angegeben, vgl. dazu die Transkribierregeln in Tabelle 9, Seite 144.

[710] Sowohl im Interview mit dem Mann (A:352:362), als auch im Interview mit der Frau (A:1250:1252) kommt gegenseitiger Respekt zum Ausdruck.

11). Adelheid Baumann ist 5 Jahre jünger als ihr Mann. Sie ist seit vielen Jahren Hausfrau und Mutter und hegt und pflegt das gemeinsame Haus inklusive eines großen Gartens. Sie hatte nie eine vertragliche Anstellung im Unternehmen und nimmt auch sonst keine Funktion im Unternehmen wahr. Aus der gemeinsamen Ehe stammen zwei Söhne mit den Jahrgängen 1972 (Beat Baumann) und 1975 (Bruno Baumann). Beide Söhne sind heute verheiratet. Beat Baumann ist diplomierter Bauingenieur und arbeitet im zu übertragenden Unternehmen. Der jüngere Sohn Bruno Baumann ist Assistenzarzt und hat eine vom Unternehmen losgelöste Karriere eingeschlagen.

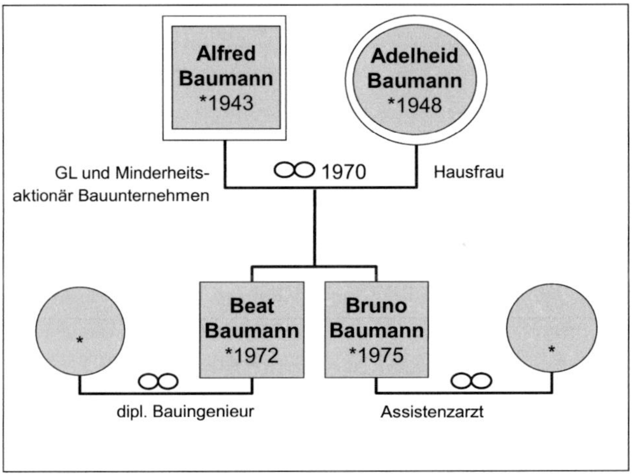

Abbildung 11: Familienstammbaum der Familie Baumann[711]

Die *Unternehmensverhältnisse* zum Zeitpunkt der Nachfolgeregelung können dahingehend umschrieben werden, als dass drei Aktiengesellschaften unter einer Holding zusammengefasst sind (vgl. dazu Abbildung 12, Seite 155). Die älteste Betriebsgesellschaft wurde vor 130 Jahren gegründet, die zweitälteste ist bereits 75 Jahre alt (A:573:575). Es handelt sich bei diesem Bauunternehmen um ein traditionsreiches und erfolgreiches Familienunternehmen. Die Mehrheit der Aktien wird von einer Familie aus der Region gehalten. Hauptaktionär ist heute Ernst Gutersohn, der Sohn des verstorbenen Fritz Gutersohn. Alfred Baumann ist als Kleinaktionär an der Betriebsgesellschaft A beteiligt und hat dessen Geschäftsleitung inne. Die Gesellschaften A und B sind heute Betriebsgesellschaften, welche je Hoch- und Tiefbau als Kerngeschäft betreiben. Beide Unternehmen decken mit dem gleichen Leistungsangebot geografisch unterschiedliche Märkte ab. Die Betriebsgesellschaft C kann heute als Dienstleistungs-

[711] Eigene Darstellung.

gesellschaft für die beiden anderen Unternehmen verstanden werden. Dies bedeutet, dass Leistungen wie Projektierung, Immobilienverwaltung, Technik und Innovation, Buchhaltung und Logistik in dieser Gesellschaft zusammengefasst sind. Der Gesamtverbund umfasst zum Zeitpunkt des Interviews rund 500 Mitarbeitende.

Herr Alfred Baumann ist seit 1983 Geschäftsführer und Minderheitsaktionär der Betriebsgesellschaft A. Wenn nicht anders erwähnt, beziehen sich die nachfolgenden Ausführungen immer auf die Betriebsgesellschaft A, da vorliegend die Nachfolgeregelung dieser Gesellschaft im Zentrum der Betrachtung steht.[712] Alfred Baumann hat das Unternehmen wesentlich geprägt und aufgebaut. Die Zahl der Mitarbeiter ist von ursprünglich 80 im Verlauf seines Wirkungszeitraums auf rund 300 vor der Nachfolgeregelung angestiegen. Der Aufbau des Unternehmens wurde primär durch inneres Wachstum erreicht. Erst in den letzten Jahren ist die Zahl der Mitarbeitenden durch eine Reorganisation der Unternehmensgruppe und die Übernahme und Integration eines ehemaligen Konkurrenten sprunghaft ausgebaut worden.

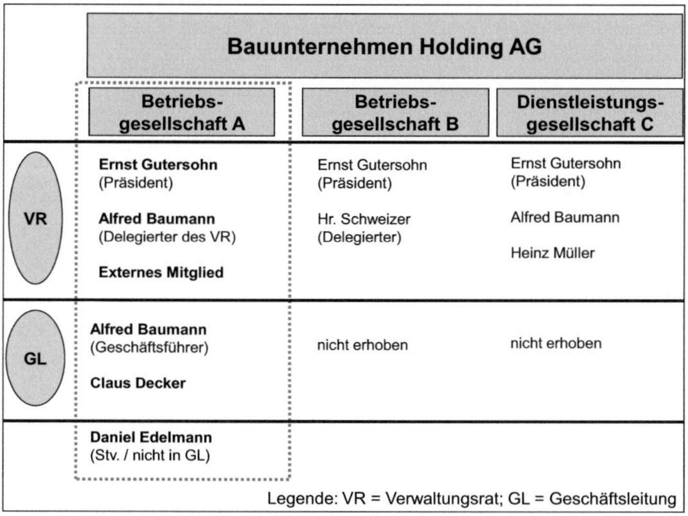

Abbildung 12: Unternehmensstruktur der Bauunternehmen Holding AG[713]

Vor der Nachfolgeregelung setzt sich der Verwaltungsrat in der Betriebsgesellschaft A aus Ernst Gutersohn (Inhaber der Holding AG), Alfred Baumann (Kleinaktionär und Delegierter des Verwaltungsrats) und einem externen Verwaltungsratsmitglied zusammen. Die Geschäftsleitung der Betriebsgesellschaft A setzt sich aus Alfred Baumann

---

[712] Deshalb wurde die Geschäftsleitung der Betriebsgesellschaften B und C auch in Abbildung 12, S. 155 nicht erfasst.

[713] Eigene Darstellung.

(Geschäftsführer) und einem langjährigen Mitarbeiter (Claus Decker) zusammen. Außerdem ist Daniel Edelmann stellvertretender Geschäftsleiter, jedoch nicht Mitglied der Geschäftsleitung.[714] Im vorliegenden Fallbeispiel handelt es sich folglich um die Führungsnachfolge von Alfred Baumann.

Um die Unternehmensnachfolge besser zu verstehen, werden basierend auf den beiden Interviews kurz der *Werdegang* und die dabei wahrgenommenen *Aufgaben und Tätigkeiten* von Alfred Baumann dargelegt. Die wichtigsten Meilensteine sind in Abbildung 13 auf Seite 157 zusammengefasst.

Alfred Baumann hat ursprünglich eine Maurerlehre in einem schweizerischen Bauunternehmen absolviert und erfolgreich abgeschlossen. Basierend auf dem Wunsch nach einer Weiterbildung, um sich später die Möglichkeit einer Bürotätigkeit zu erschließen, hat er im Anschluss ein Praktikum in einem Zeichnungsbüro gesucht und bei der heutigen Dienstleistungsgesellschaft C gefunden (vgl. Abbildung 12). Zum damaligen Zeitpunkt handelte es sich noch um ein Bauunternehmen, das auf eigene Rechnung die ganze Palette des Hoch- und Tiefbaus angeboten hat. Nach einer halbjährigen Tätigkeit verstärkte sich sein Wunsch eine Zusatzausbildung zu absolvieren. Nach bestandener Aufnahmeprüfung am Technikum Winterthur hat er im Anschluss die dreijährige Ausbildung zum Tiefbauingenieur HTL angetreten. Während der Schulferien konnte Alfred Baumann weiterhin im Bauunternehmen C arbeiten. Dabei hat er v.a. die Funktion als stellvertretender Bauführungsleiter inne gehabt. Rund ein halbes Jahr vor Abschluss der Weiterbildung wurde er von der damaligen Geschäftsleitung des Bauunternehmens C angefragt, ob er als Bauführer ins Unternehmen einsteigen möchte, ein Angebot das er per 01.04.1967 angenommen hat. Im Verlauf der Zeit wurde er Chefbauführer. Außerdem übernahm er die Tiefbauabteilung und baute diese weiter auf, bis sie 100 Mitarbeiter umfasste. Ende 1982 wurde Alfred Baumann angefragt, ob er innerhalb der Holding an den Hauptstandort wechseln möchte, um dort die Geschäftsleitung für die Betriebsgesellschaft A mit 180 Personen zu übernehmen. Dieses Angebot hat er auf den 01.01.1983 angenommen.

---

714 Aus der Sicht des Unternehmens handelt es sich vorliegend um ein Familienunternehmen. Gleichzeitig muss festgehalten werden, dass im vorliegenden Fall der Unternehmer primär als Angestellter im Familienunternehmen fungiert und nur einen Minderheitskapitalanteil hat. Daher entspricht die Situation nicht ganz der eingangs aufgestellten Familienunternehmens-Unternehmer-Definition, vgl. dazu Kapitel 1.1.1, Seite 1 und Kapitel 3.1, Seite 73. Gleichzeitig fühlt er sich mit dem Unternehmen so stark verbunden, wie wenn es sein eigenes Unternehmen im Sinne von Eigentum wäre (A:1230:1233).

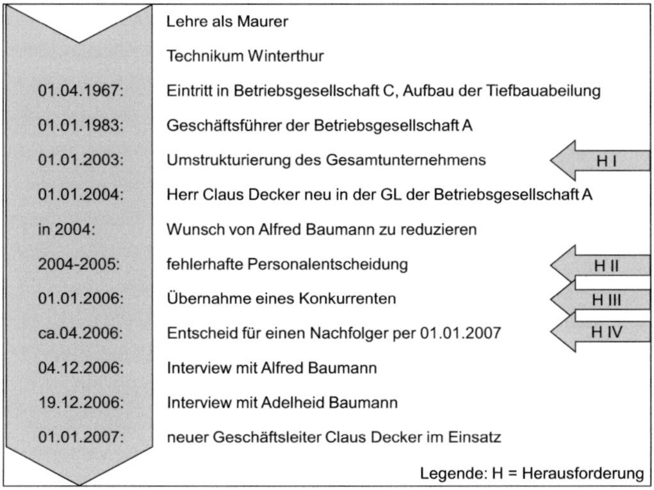

Abbildung 13: Aktivitäten und Geschehnisse im Zeitverlauf[715]

Per 01.01.2003 wurde das Gesamtunternehmen (Holding und Betriebsgesellschaften A, B und C) reorganisiert. Das operative Geschäft mit Hoch- und Tiefbau wurde in der Folge an den Standorten der Betriebsgesellschaften A und B konzentriert.[716] Rund 100 Mitarbeitende aus der Gesellschaft C wurden dabei in die Betriebsgesellschaft A integriert. Gleichzeitig wurde damit das zu verantwortende Marktgebiet wesentlich erweitert. Außerdem hat die Betriebsgesellschaft C einige Supportprozesse für die Gesellschaften A und B übernommen, was über das Gesamtunternehmen zu einer Matrixorganisation geführt hat.

Weiter wurden per 01.01.2006 mit der Übernahme eines anderen Unternehmens weitere 70 Mitarbeiter in die Betriebsgesellschaft A integriert und ein weiteres Marktgebiet erschlossen. In der Summe ergibt sich zum Zeitpunkt des Interviews eine Betriebsgesellschaft A mit rund 300 Mitarbeitenden, für die Alfred Baumann die Verantwortung als Geschäftsleiter trägt.

Per 01.01.2007 gab Alfred Baumann die Geschäftsleitung und damit die operative Leitung und Verantwortung der Betriebsgesellschaft A an seinen Nachfolger Claus Decker ab. Alfred Baumann bleibt jedoch vorerst noch während 3 Jahren (A:112:113) mit einem Pensum von 50 bis 60 Prozent im Verwaltungsrat. Dieses Engagement wurde vom Hauptaktionär primär deshalb gewünscht, da in der Baubrache die persönlichen Beziehungen von großer Bedeutung sind, um frühzeitig an neue Aufträge zu gelangen.

[715] Eigene Darstellung.

[716] Im ersten Teil des Interviews spricht er vom Jahr 2004, später korrigiert er dies mit 2003.

So konnte sichergestellt werden, dass das gute Beziehungsnetz von Alfred Baumann nicht sofort verloren geht (A:101:102).

Alfred Baumann arbeitet seit 1967 für das gleiche Gesamtunternehmen, was einem Engagement von fast 40 Jahren entspricht. Seit 1983 hat er die operative und finanzielle Verantwortung für die Betriebsgesellschaft A. Seine Identifikation mit dem Unternehmen ist sehr ausgeprägt: *„Für mich ist die Firma immer an erster Stelle gestanden. Wenn ich irgendetwas gehabt habe - Verpflichtungen, Aufsichten oder so – hat sich die Frau arrangieren müssen"* (A:372:374).[717] Der Einsatz ist auch daran ersichtlich, dass Alfred Baumann binnen Jahresfrist mit der Übernahme der Geschäftsleitung im Jahr 1983 auch privat an den neuen Standort umgezogen ist und dafür sein altes Haus verkauft und ein neues gekauft hat (A:634:635).

Bei der gewählten *Unternehmensnachfolgeform* handelt es sich um eine unternehmensinterne Führungsnachfolge. Als Nachfolger ist Claus Decker eingesetzt worden. Dieser ist seit 20 Jahren für das Unternehmen tätig und seit 01.01.2004 in der Geschäftsleitung der Betriebsgesellschaft A vertreten (A:244:249). Er wurde auf Grund seiner Erfahrung, seines Könnens, seines Auftretens und seines Einsatzes als idealer Nachfolger angesehen. Claus Decker wurde Beat Baumann, dem ältesten Sohn von Alfred Baumann, vorgezogen. Beat Baumann ist zum Zeitpunkt des Interviews erst 2 Jahre im Unternehmen und wird per 01.01.2007 neu in die Geschäftsleitung der Betriebsgesellschaft A aufgenommen (A:250:256). Gleichzeitig übernimmt dieser mit dem Jahreswechsel auch die Verantwortung für das zuletzt dazugekommene Marktgebiet.

Die Führungsnachfolge wurde von Alfred Baumann primär selbst gewünscht und angestrebt.[718] Sogar für seine Frau war der dem Pensionierungsalter vorgezogene Zeitpunkt anfangs etwas überraschend (A:396:398; A:436.437; A:1340:1340 und A:1552:1553). Der Entscheid ist im Zeitverlauf entstanden, wobei drei Motive identifiziert werden können, welche für die gewünschte Führungsnachfolge sprechen. Alfred Baumann hatte während all den Jahren einen Vorgesetzten, den ehemaligen Hauptaktionär und Brigadier im Militärdienst Fritz Gutersohn, welcher für ihn immer eine Vaterfigur war (A:139:141). Nach dessen Tod im Jahr 2002 (ca.) ist dessen Sohn Ernst Gutersohn ins Unternehmen eingestiegen. Auch wenn Alfred Baumann das Verhältnis zum neuen Hauptaktionär als gut bezeichnet, stellt er *„einen anderen* [Führungs]*Stil"*

---

[717] Die hohe Identifikation mit dem Unternehmen wird auch von der Ehefrau unterstrichen: *„Ja, ich denke mir, wenn man nochmals von vorn anfangen könnte, würde man etwas Eigenes anfangen. Ich weiss es nicht. Aber 40 Jahre in einer Firma zu sein - oder - ist ja eigentlich wie die eigene Firma"* (A:1230:1233).

[718] Diese Einschätzung stammt aus dem Interview mit Alfred Baumann und wird später von seiner Frau relativiert, vgl. dazu weiter hinten.

fest (A:145:146). Ihm schreibt Alfred Baumann auch die zusätzlich übernommenen Arbeitskräfte per 01.01.2006 zu, was zu einem weiteren Grund für den frühzeitigen Nachfolgewunsch geführt hat.

Durch die Integration eines wesentlichen Teils der Gesellschaft C in die Betriebsgesellschaft A sowie die Übernahme und Integration eines weiteren Unternehmens wurde die Betriebsgesellschaft A in relativ kurzer Zeit stark erweitert. In der Folge wurde eine weitere Hierarchiestufe eingeführt, was zu einer größeren organisatorischen Distanz zwischen Alfred Baumann und den Bauleitern geführt hat (A:147:162). Damit ist der direkte Kontakt zu den Kunden und Baustellen reduziert und vereinzelt verloren gegangen, da er mehr *„an den Bürostuhl gefesselt worden“* (A:160:161) ist. Aus organisatorischer Sicht wurde der Bauführer-Rapport durch einen Abteilungsleiter-Rapport ersetzt. Durch diese zusätzliche Leitungsebene sind höhere Anforderungen an die Kommunikation entstanden, um Missverständnisse zu vermeiden (A:422:430). Alfred Baumann zieht dabei Parallelen mit dem Militärdienst: *„Mit der Kompanie, da ist man noch bei der Kompanie und da befiehlt man etwas und dann wird es gemacht* (klopft dabei mehrmals auf den Tisch). *Und dann hat man auch das ganze Kader um sich und sobald man höher kommt, dann hat man nur noch einen Stab. Und hier* [im Unternehmen] *bin ich vom Kompanie- zum Bataillonskammandant geworden - - - Und ich habe immer gesagt, Hauptmann ist der schönste militärische Grad“* (A:166:172). Mit der Umstrukturierung wurde gleichzeitig eine Matrixorganisation eingeführt, was nicht mehr vollumfänglich den Vorstellungen und Gewohnheiten von Alfred Baumann entsprochen hat, *„denn ich will einfach, dass eine saubere Verantwortlichkeitsabgrenzung da ist“* (A:107:108).

Als ein weiteres Motiv kann angeführt werden, dass Alfred Baumann den Anschluss an die modernen Arbeitsmethoden verpasst hat und bis heute nie mit einem PC gearbeitet hat. *„Sie sehen es, an meinem Arbeitsplatz hat es keinen PC. Heute hat eigentlich bald jeder einen PC auf dem Tisch. Jeder arbeitet mit EDV. Den Wandel habe ich nicht mehr geschafft. Also, ich bin so engagiert gewesen und hab so viel Zeug am Hals gehabt mit der ganzen Integration und Umstrukturierung, Akquisition, Organisation der Firma“* (A:321:325).

Vor dem definitiven Entscheid hat er seine private finanzielle Lage kritisch überprüft. *„Ich musste auch über die Bücher und musste sagen, finanziell reicht es - gut. Also, was soll ich mich noch mal ein Jahr oder zwei auf Deutsch gesagt abrackern? Noch mal 110 Prozent Belastung - - laufend“* (A:342:345).

6.1.2 Herausforderungen im Nachfolgeprozess

Im Rahmen des narrativen Interviews hat Alfred Baumann einige Herausforderungen formuliert, die im zweiten strukturierten Teil mit Strukturlegekarten explizit dokumentiert worden sind (vgl. dazu Abbildung 13).[719] Nachfolgend gilt es die Herausforderungen zu umschreiben und die darin involvierten Personen und deren Rollen festzuhalten. Außerdem werden die Herausforderungen auch aus der Sicht der Ehefrau kurz reflektiert. Alfred Bauman hat im Kontext Unternehmensnachfolge vier Herausforderungen formuliert. Von der Ehefrau wurden mit Bezug auf Alfred Baumann keine weiteren aufgezählt. Bei den Herausforderungen handelt es sich um:

- Die Integration der Mitarbeitenden aus der Betriebsgesellschaft C;
- Personalentscheidungen innerhalb der Betriebsgesellschaft A;
- Integration des akquirierten Unternehmens;
- Entscheidung bezüglich Wahl der Führungsnachfolge.

6.1.2.1 Herausforderung I: Integration von Mitarbeitenden

Die Integration der rund 100 Mitarbeitenden, welche im Rahmen der Umstrukturierung von der Betriebsgesellschaft C in die Betriebsgesellschaft A übernommen worden sind, war die erste und gleichzeitig größte Herausforderung für Alfred Baumann. Der Entscheid für die Integration ist im Herbst 2002 gefallen. Zum damaligen Zeitpunkt gab es für die betroffenen Mitarbeitenden einen Arbeitsvorrat von 2-3 Millionen CHF, was im Verhältnis zur Zahl der Mitarbeitenden sehr wenig war (A:479:481). Deshalb musste Alfred Baumann in der Folge umgehend für neue Aufträge sorgen, damit die Auslastung sichergestellt werden konnte.

Die zusätzliche Marktbearbeitung bewertet Alfred Baumann anfänglich als schwierig, da sich ein Konkurrent in diesem Marktgebiet gut etabliert hatte und er selbst nur über wenige direkte Kontakte verfügte. Im eigenen Heimmarkt hat er quasi alle Akquisitionen selbst vorgenommen. *„Ich habe meine Bauführer verwöhnt. Klar haben sie auch mitgeholfen durch gute Arbeit, durch Qualitätsarbeit, durch Termineinhaltung, durch gute Bauführung - - - Aber trotzdem, das war eigentlich mein Grundsatz, ich muss die Verantwortung tragen für den Geschäftserfolg. Folglich will ich auch wissen, zu welchen Konditionen wir eine Arbeit übernehmen. Da habe ich praktisch alles selber gemacht. Und dann kommen 100 Mann"* (A:494:501). In dieser Phase hat Alfred Baumann Unterstützung vom heutigen Geschäftsführer Claus Decker bei der Akquisition im Stammgebiet erhalten. Gleichzeitig schätzt Alfred Baumann dessen Wirkungsgrad als gering ein, da die lokale Einbindung von Claus Decker in einer wenig bauintensiven

[719] In Abbildung 13, Seite 157 wurde die Herausforderung mit einem Pfeil H (I bis IV) symbolisiert.

Region war (A:503:507). Die Erschließung von neuen Aufträgen brauchte deshalb viel Zeit und Geduld (A:537:538).

Ein zweiter Teilaspekt dieser Herausforderung ist darin zu sehen, dass die neuen Mitarbeitenden zwar in der gleichen Unternehmensgruppe angestellt waren, im Rahmen der früheren Betriebsgesellschaft C jedoch durch eine andere Firmenphilosophie geprägt waren (A:524:526). Auch wenn zu früheren Zeiten befristet Mitarbeitende zwischen den Unternehmen ausgetauscht worden waren, musste im Rahmen der Veränderung zunächst neues Vertrauen geschaffen werden. Dabei musste relativ viel Zeit in die Kommunikation investiert werden, um die neuen Bauleiter und die weiteren Mitarbeitenden kennen zu lernen (A:526:539). Es dauerte rund zwei Jahre, bis sich die Integration auch auf der Ebene des Bewusstseins bei allen Mitarbeitenden etabliert hatte (A:862:863).

Als erste wichtige Person im Rahmen dieser Herausforderung wird der Verwaltungsratspräsident und Hauptaktionär Ernst Gutersohn genannt. Alfred Baumann geht davon aus, dass Ernst Gutersohn die Integration unterschätzt hat. *„Meiner Meinung nach hat er alles ein wenig unterschätzt. Gegenüber mir hat er auf alle Fälle das Gefühl gehabt - ja ja, denen fallen die Aufträge schon in den Schoß“* (A:674:676). Als zweite wichtige Person nennt er seinen Stellvertreter Daniel Edelmann. Daniel Edelmann konnte im Rahmen der Integration keine Entlastung bringen, jedoch in vielen anderen Bereichen der Unternehmensführung wie beispielsweise im Rahmen der Qualitätssicherung (ISO-Zertifizierung). *„Er ist auch wie ich am Samstagmorgen hier. Ist auch am Abend länger und am Morgen früher. Also, er war eine wichtige Entlastung“* (A:685:687). Bei der Integration der Mitarbeitenden aus der Betriebsgesellschaft C in die Betriebsgesellschaft A hat Claus Decker, der heutige Führungsnachfolger, eine zentrale Rolle gespielt. Da er selber ursprünglich auch in der Betriebsgesellschaft C gearbeitet hatte, kannte er bereits alle Mitarbeitenden und konnte damit als Brückenbauer wirken (A:699:701).

Die Herausforderung wird von der Ehefrau Adelheid Baumann gleich umschrieben und als Kernelement für den vorgezogenen Nachfolgeentscheid angesehen (A:1132:1144). Im Rahmen der ersten Herausforderung können zusammenfassend folgende Themen identifiziert werden:[720] Einführung der Matrixorganisation und Verantwortungsverteilung; Einführung von zusätzlicher Hierarchiestufe; Reduktion der direkten Kundennähe; akut schlechte Auftragslage; persönliche Verantwortung für die Bauaufträge; unterschiedliche Führungsphilosophien zwischen Alfred Baumann und dem Eigentumsnachfolger; Vertrauensbildung zu den neuen Bauführern und Arbeitnehmern (vgl. dazu Zusammenfassung der zentralen Themen in Tabelle 10, Seite 165). Gleichzeitig können keine Kontextwidersprüche identifiziert werden.

720 vgl. dazu zusammenfassend Tabelle 10, Seite 165.

6.1.2.2 Herausforderung II: Fehlerhafte Personalentscheidung

Gleichzeitig zur Umstrukturierung gab es in einem der geografischen Marktgebiete einen Baustellenleiter, der nicht die gewünschte und notwendige Leistung brachte. Verschiedene seiner Baustellen haben in dieser Zeit zu Verlusten geführt, da die Kosten höher waren als die erwirtschafteten Erträge (A730:732). Daraus ist eine weitere Mehrbelastung für Alfred Baumann entstanden, da er die Arbeiten viel stärker überprüfen musste und später auch für eine Neubesetzung zu sorgen hatte (A:714:718).

Gleichzeitig handelt es sich dabei um eine Fehlbesetzung, die Alfred Baumann selber verantwortet und die ihm deshalb nahe ging. Bei deren Lösung war er ganz auf sich allein gestellt (A:778:780). Von der Ehefrau wurde diese Herausforderung nicht sonderlich betont oder weiter ausgeführt. Als Themen können in diesem Zusammenhang selbstverantwortete Fehlentscheidung, das „auf sich allein gestellt sein", verlustbringende Baustellen sowie hoher Kontrollaufwand in einer Randregion genannt werden (vgl. dazu Zusammenfassung der zentralen Themen in Tabelle 10, Seite 165). Es können keine Kontextwidersprüche identifiziert werden.

6.1.2.3 Herausforderung III: Integration des neuen Unternehmens

Die Integration des dazu gekauften Unternehmens wird von Alfred Baumann weniger kritisch eingeschätzt als die Überführung von Mitarbeitenden aus der Gesellschaft C (vgl. dazu Kapitel 6.1.2.1, Seite 160). Den Verwaltungsrat des Übernahmekandidaten umschreibt er als überaltert, was zur Folge hatte, dass sich die Nachfolgeregelung dieses Unternehmens als Problem darstellte. In der Vergangenheit wurden einige Bauprojekte gemeinsam ausgeführt, weshalb sich die beiden Unternehmen bereits kannten. Mit der Übernahme konnten zwei Vorteile genutzt werden: Zum einen konnte das Marktgebiet der Gesamtgruppe abgerundet werden, zum anderen konnte das Unternehmen zu einem relativ guten Preis erworben werden, da dieses in den letzen Jahren defizitär gearbeitet hatte und bereits rund 50 Prozent der Arbeitsplätze im Vorfeld abgebaut worden sind (A:550:562).

Alfred Baumann umschreibt die Bekanntmachung der Übernahme bei den betroffenen Mitarbeitenden wie folgt. *„Das darf ich Ihnen sagen, wir sind mit offenen Armen empfangen worden. - - - Die, die mich gekannt haben, sind spontan zu mir gekommen und haben quasi dafür gedankt, dass sie jetzt in einer Firma sind. - - Und dann haben sie gedacht, jetzt haben wir wieder eine Firma, wo wir zu Hause sind"* (A:570:576). Die eigentliche Integration ist im Anschluss sehr leicht gefallen, da die Mitarbeitenden mit der neu gewonnenen Perspektive wieder sehr motiviert waren. Gleichzeitig ist damit jedoch auch weiterer Akquisitionsaufwand für Alfred Baumann verbunden, um die neuen Mitarbeitenden auszulasten.

Bei der Integration dieses Unternehmens hat vor allem Claus Decker, der heutige Führungsnachfolger, eine wichtige Rolle gespielt. Außerdem spricht Alfred Baumann dem Verwaltungsratspräsidenten Ernst Gutersohn eine wichtige Rolle zu, da dieser verschiedene Informationsabende organisiert und den Kontakt mit dem alten Verwaltungsrat gepflegt hat. Gleichzeitig äußert er sich ihm gegenüber aber auch kritisch: *„Aber wissen Sie, reden und schöne Worte ist eines, aber nachher Taten ist das andere. Das spüren die Mitarbeiter, der will den Lohn jeden Monat, der will eine schöne Arbeit, der will anerkannt werden, der will akzeptiert werden, der will gut sein. Ja, das hat auch alles mitgespielt"* (A:796:801).

Von der Ehefrau wird diese Herausforderung ähnlich bewertet, wenngleich die Mehrbelastung von ihr in den Vordergrund gerückt wird. Als damit verbundene Themen können die Rettung von Arbeitsplätzen, die Erschließung eines zusätzlichen Marktgebiets sowie eine zeitliche Mehrbelastung genannt werden (vgl. dazu Zusammenfassung der zentralen Themen in Tabelle 10, Seite 165). Widersprüchlichkeiten können keine identifiziert werden.

6.1.2.4 Herausforderung IV: Wahl des Nachfolgers

Als weitere Herausforderung formuliert Alfred Baumann den Personalentscheid für die Besetzung seiner Führungsnachfolge. Dabei hat er dem Verwaltungsratspräsidenten und Hauptaktionär Ernst Gutersohn ein Empfehlungsblatt mit verschiedenen Varianten gegeben. Dessen Entscheid für den heutigen Nachfolger Claus Decker entsprach Alfred Baumanns zweiter Wahl. Alfred Baumann kann mit dem Vorzug von Claus Decker gut leben und wertet seine erste Variante als Übergangslösung, da die von ihm vorgeschlagene Person zum damaligen Zeitpunkt bereits 59jährig war und auch bereits einmal gesundheitliche Probleme hatte (A:604:607). Gleichzeitig meint er, dass der Verwaltungsratspräsident wahrscheinlich froh war, dass er der heutigen Lösung zugestimmt hat.

Im Rahmen der eigentlichen Bestimmung des Führungsnachfolgers hat vor allem der Hauptaktionär Ernst Gutersohn eine zentrale Rolle gespielt. Gleichzeitig kommt bei Alfred Baumann vor dem Hintergrund seiner zweiten Wahl auch eine gewisse Konsternierung zum Ausdruck: *„Wissen Sie, ich habe das schon vor 3 Jahren gespürt. Der* [Ernst Gutersohn] *und der Herr* [Claus Decker] *haben zusammen Militär gemacht. Er hat ihn schon geholt. Da sind sehr enge persönliche Kontakte*" (A:811:813).

Für Alfred Baumann ist es wichtig, dass die Übergabe der Verantwortung sofort und umfassend vollzogen wird. Die Wichtigkeit dieses Anliegens geht dabei auf die eigene Erfahrung zurück, als er selbst als Geschäftsführer eingestellt worden war. Sein Vorgänger war noch während 1.5 Jahren dabei, was in der Folge *„zu Schnittstellen geführt hat, die nicht gut sind"* (A:619:621). Gleichzeitig fordert Alfred Baumann von seinem Nachfolger, dass dieser seinen Wohnort auch in die Region der Betriebsgesellschaft A verlegen soll, so wie er dies selber im Jahr 1983 gemacht hat. Damit soll sichergestellt werden, dass der Nachfolger möglichst rasch in das für die Baubrache sehr wichtige Beziehungsnetz eingebunden werden kann (A:630:632).

In Ergänzung kann aus dem Interview mit der Ehefrau entnommen werden, dass der Hauptaktionär auch gefordert hat, dass Herr Alfred Baumann ein Jahr früher die Führungsverantwortung abgeben soll, denn ursprünglich ist Adelheid Baumann davon ausgegangen, dass ihr Mann bis zu seinem 67. Lebensjahr arbeiten wird (A:1557:1560). Als zentrale Themen können genannt werden: der Nachfolger entspricht der zweiten Wahl von Alfred Baumann, die Nachfolgeregelung wurde vom Hauptaktionär eingefordert, die erste Wahl von Alfred Baumann hätte einer Übergangslösung entsprochen, enge Beziehung zwischen Führungsnachfolger und dem Hauptaktionär (vgl. dazu Zusammenfassung der zentralen Themen in Tabelle 10, Seite 165). Auch hier können keine Widersprüche identifiziert werden.

Mit Bezug auf Alfred Baumann formuliert Adelheid Baumann keine zusätzlichen Herausforderungen (A:1326:1326). Die formulierten Herausforderungen widersprechen dabei nicht den erfassten Kontextbedingungen. Wenngleich der Mann im Zentrum der vorliegenden Arbeit steht, gilt es im Sinne eines kleinen Exkurses kurz auf die Frau einzugehen.

Die häufige Abwesenheit des Mannes in der Familie stellt für Adelheid Baumann eine Herausforderung dar. Gleichzeitig hat sie nach eigener Aussage gelernt sich zu wehren. *„Das muss sofort raus, wenn einen etwas stört. Und es muss sofort geändert werden, wenn einen etwas stört“* (A.1266:1267). Gerade in Bezug auf die Erziehung der Kinder ist es dabei vereinzelt zu „Reibereien“ gekommen, wenn die Kinder in der seltenen Zeit mit dem Vater von diesem großzügiger behandelt worden sind als dies bei der Mutter der Fall war. Gleichzeitig ist der unerfüllte Wunsch nach einer Tochter durchgedrungen, wobei Adelheid Baumann sich selbst eine Schuld zuschreibt, da sie nicht noch ein drittes Kind habe zur Welt bringen können (A:1305:1308).

Für die Zeit ab dem 01.01.2007 hofft Adelheid Baumann, dass ihr Ehemann auch wirklich mehr zu Hause ist. Dabei ist sie noch unsicher, ob er sein Versprechen einlösen wird, ist aber auch bereit sich dafür einzusetzen: *„Da muss ich mich dann auf die Hinterbeine stellen und sagen, so geht es nicht. Und wenn er dann doch das Gefühl hat, er müsste wieder 100 Prozent arbeiten, dann würde ich sicher reklamieren. Dann würde ich sagen, so nicht. Jetzt hast Du gesagt, Du gehst nur noch 50 Prozent, dann hältst Du dich auch daran“* (A:1716:1720).

Die Herausforderungen von Alfred Baumann können wie folgt zusammengefasst werden:

Herausforderung	Damit verbundene Themen
I. Integration von Mitarbeitenden aus Gesellschaft C in A	• Matrixorganisation, damit Verantwortungsverteilung; • Zusätzliche Hierarchiestufe anlässlich wesentlich größerer Mitarbeiterzahl; • Reduktion der Kundennähe und Nähe zur Baustelle; • Akut schlechte Auftragslage; • Persönliche Verantwortung für Bauaufträge; • Vertrauensbildung zu Mitarbeitenden; • Unterschiedliche Führungsphilosophien.
II. Fehlerhafte Personalentscheidung	• Eigenverantwortliche Fehlentscheidung; • Auf sich alleine gestellt sein; • Verlustbringende Baustellen; • Hoher Kontrollaufwand in Randregion.
III. Integration des neuen Unternehmens	• Alfred Baumann ist Retter von Arbeitsplätzen; • Zusätzliches Marktgebiet für die Akquise; • Zeitliche Mehrbelastung.
IV. Wahl des Nachfolgers	• Nachfolger ist Alfred Baumanns 2. Wahl; • Nachfolge wurde von VR-Präsident gefordert (Aussage von Adelheid Baumann); • Wahl wäre Zwischenlösung gewesen; • Enge Beziehung zwischen Nachfolger und VR-Präsident.

Tabelle 10: Herausforderungen im Nachfolgeprozess (Fall A)[721]

6.1.3 Emotionen im Nachfolgeprozess

Entsprechend dem dritten Analyseschritt stehen nachfolgend die Emotionen von Alfred Baumann im Zentrum der Betrachtung. Dabei gilt es in einem ersten Schritt Formulierungen zu identifizieren, die mit Emotionen in Verbindung gebracht werden können. Anschließend wird versucht, deren Bedeutungsinhalt sowie Ursachen und Wirkungen der identifizierten Emotionen im Kontext zu verstehen. Dabei wird sowohl eine kontextbezogene (= Herausforderung) wie auch eine davon losgelöste (= offene/freie) Interpretation angestrebt.[722] Die Emotionen je Herausforderung werden am Schluss des Kapitels in Tabelle 11, Seite 173 zusammengefasst und in den Kontext der verschiedenen Analyseebenen gestellt.

721 Eigene Darstellung.

722 vgl. dazu die formulierten Fragen in Kapitel 5.4, Seite 145.

6.1.3.1 Emotionen während der Herausforderung I

Die Analyse des Transkripts hat ergeben, dass verschiedene Emotionen während und nach der Integration der Mitarbeitenden aus der Betriebsgesellschaft C identifiziert werden können. Alfred Baumann umschreibt sich in dieser Zeit selbst als verletzlicher: *„Ja, wissen Sie, mit über 60 ist man nicht mehr 45. Man wird nicht abgeklärter und ruhiger. Ich bin eher dünnhäutiger* [(a)] *geworden. Es hat mich schneller etwas aufgeregt"* (A:306:308, sinngemäss auch in A:418:421). Im Rahmen einer wörtlichen Interpretation kann „dünne Haut" als Ausdruck einer gesteigerten Verletzlichkeit verstanden werden, welche das verletzliche Innenleben nicht mehr genug schützt. Ähnlich kommt dieser Umstand zum Ausdruck, wenn er seine Rolle als Geschäftsführer umschreibt: *„Als Geschäftsführer steht man ‚füdliblut'* [(b)] *alleine da"* (A:663:664). Bildlich gesprochen fehlt auch hier eine Schutzmöglichkeit. Weiter werden in diesem Kontext auch die expliziten Emotionsbegriffe wie *„Stress"* und *„Versagensangst"* (c) (A:821:827) zum Ausdruck gebracht. Schließlich kann aus dem Textmaterial entnommen werden, dass es Alfred Baumann *peinlich* und *unangenehm* (d) ist, wenn er einen Kunden als potentiellen Kunden anspricht, obwohl das Unternehmen den Bauauftrag bereits erhalten hat (A:991:998).

Neben primär negativen Emotionen können mit Bezug auf das Ende von Herausforderung I auch positive Gefühle identifiziert werden. Auch wenn die Integration der Mitarbeitenden von Alfred Baumann primär als Belastung wahrgenommen wurde, bezeichnet er diese aber auch als *„gutes Gefühl"* (e) – insbesondere mit Bezug auf die Tatsache, dass er 10-15 Prozent der zu integrierenden Mitarbeitenden bereits kannte (A:857:858). Im Zentrum steht dabei der Wunsch, die Mitarbeitenden zu behalten. Frei interpretiert könnte damit auch der Umstand verbunden werden, dass er sein Gesicht vor den bekannten Personen wahren kann, da er keine weiteren Arbeitnehmer hat entlassen müssen. Entsprechend könnte hier sein Ansehen in der Öffentlichkeit damit verbunden werden.

Nach Abschluss der Integration der Mitarbeitenden umschreibt Alfred Baumann seinen emotionalen Zustand als *„Befreiung" (A:832:833) und „Erleichterung" (A:320:322)* (f). Bildlich gesprochen konnten die Fesseln abgelegt oder das Gittertor geöffnet werden. Seine Ehefrau spricht Alfred Baumann auch ein bisschen *„Stolz"* zu, wenngleich sie seine Persönlichkeit nicht als stolzen Menschen umschreiben möchte. Sie betont jedoch, dass das Gelingen primär auf den Verdienst von Alfred Baumann zurückgeht. Eine gewisse innere Genugtuung kann ihm auf jeden Fall zugesprochen werden.

Bei den ersten beiden Emotionsformulierungen (a und b) handelt es sich mehr um eine belastende Stimmung, die Alfred Baumann durch den Alltag begleitet. Der dritten Formulierung (c) kann eine gewisse Intention zugesprochen werden, denn der Stress und vor allem die Versagensangst können mehr Aktivität auslösen mit dem Ziel, sich und das Unternehmen aus der misslichen Situation heraus zu bringen. Schließlich kann die vierte Emotionsform (d) primär den Affekten zugeschrieben werden, denn Pein und Unannehmlichkeit sind situativ und auf den Moment bezogene Reaktionen im Rahmen der Interaktion mit den Kunden. Die beiden positiven Gefühle (e und f) können wiederum als Stimmung qualifiziert werden.

Als nächstes gilt es nach den Ursachen und Wirkungen der Emotionen zu fragen. Die Mehrbelastung ist im Rahmen der ersten Herausforderung merklich gestiegen. Frau Adelheid Baumann verwendet in diesem Kontext den Begriff des *„breiten Rückens"*, der nicht mehr alles tragen kann (A:1670:1670). Die schnelle Vergrößerung des Unternehmens und der damit einhergehende Kontrollverlust beschäftigt Alfred Baumann sehr und darf als zentrale Ursache für die Belastung angesehen werden. *„Ja, wie ich gesagt habe, ich habe einfach die Firma besser im Blick gehabt. Ich konnte nach dem Kommandieren und Kontrollieren korrigieren - - - und weil ich praktisch früher jede Woche auf die Baustelle bin, habe ich genau gewusst - da hat mir keiner ein A für ein U vormachen können"* (A:966:970). In dieser Aussage können zwei Aspekte identifiziert werden. Einerseits geht es um die finanzielle Kontrolle und Verantwortung, die er für jeden Auftrag trägt, *„auch weil ich sage, den Preis will ich letztendlich machen und nicht er"* (A:1014:1014). Erschwerend kommt hinzu, dass bei knapper Auslastung gerade in der Baubranche auch Aufträge angenommen werden, die nicht zwingend kostendeckend sind (A:252:355). Im Unterschied zur Betriebsgesellschaft A gingen in derselben Region gleichzeitig einige Bauunternehmen Konkurs. *„Dann ist natürlich auch immer wieder, äh ja, ... man will ja dann die Leute behalten. Man will ja keine Leute entlassen, dann nimmt man auch mal Arbeit an, die sich nicht rentiert. Das ist dann halt eben auch die Belastung gewesen in all den Jahren"* (A:1171:1174).

Parallel zu diesen Umständen stellt Alfred Baumann aber auch fest, dass er bürotechnisch nicht mehr mithalten kann. Durch den Einsatz von E-Mails im Geschäftsverkehr gelangen nicht mehr alle Informationen bis zu ihm, sondern werden zum Teil von den Mitarbeitenden selbständig und autonom abgewickelt. *„Heute wird ja alles gemailt. Es geht nicht mehr über meinen Tisch. Wenn einer reklamiert, dann tut er das direkt beim Bauführer. Und nur bei gravierenden Sachen geht es über meinen Tisch, dass ich Einfluss nehmen kann. Und sonst geht es an mir vorbei"* (A:972:977). Die Dünnhäutigkeit kommt bei Alfred Baumann vor allem dann zum Ausdruck, wenn etwas nicht geklappt hat (A:418:421). Der Bataillonskommandant kann seinen direkten Führungsstil aus der Zeit als Kompaniekommandant nicht mehr aufrechterhalten (vgl. dazu weiter oben).

Zusammenfassend kann festgehalten werden, dass vor allem das Unternehmen und die Mitarbeitenden und damit indirekt auch die Gesellschaft / Öffentlichkeit als Quelle für die intentionalen Gefühle und die belastende Stimmung verstanden werden können.

Dabei geht es um den inneren Konflikt mit Bezug auf die Paradoxie, dass die eigene Erwartung von Alfred Baumann, möglichst viele Arbeitsplätze zu erhalten und die Verantwortung gegenüber dem Unternehmen und dem Hauptaktionär möglichst gewinnbringende Aufträge zu realisieren sich widersprechen. Dabei steht vor allem ein Kontrollverlust in verschiedenen Bereichen im Zentrum. Die Uninformiertheit über einzelne Kunden führte ergänzend auf intrapersoneller Ebene zu einzelnen affektiven Emotionen.

Den belastenden Emotionen können zwei Wirkungen zugesprochen werden. Gerade im Augenblick wenn etwas nicht funktioniert hat und insbesondere wenn eine Offerte abgelehnt wurde, war Alfred Baumann gereizt. Aus der Perspektive der Ehefrau: *„Aber eben, das ist, äh, manchmal ein wenig aufreibend gewesen, eben immer Arbeit haben zu müssen.... Äh, dann je nachdem war er dann gereizt am Mittag. Da haben dann manchmal die Buben schon gesagt, ich glaub heute darfst du nichts mehr sagen - Mami. Papa hat den Auftrag nicht bekommen. Heute ist er ein bisschen hässig"* (A:1190:1196). Solche Frustrationen hat Alfred Baumann in der Regel zu Hause deponiert und damit auch seine Frau belastet, ein Phänomen das bereits in den 90er Jahren während der Immobilienkrise seine Wirkung entfaltet hat. *„Und er hat immer erzählt und erzählt und erzählt vom Geschäft. Und da habe ich ihm gesagt, du belastest mich wahnsinnig. Also ich habe dann manchmal auch nicht gut geschlafen - - jetzt musst du dann langsam aufhören. Da hat er mich also ganz fest belastet, eine Zeit lang. Und jetzt war es wenig besser*" (A:1385:1389).

Außerdem konnte Alfred Baumann nicht mehr so gut schlafen. Dieses Phänomen wurde vor allem von seiner Frau wahrgenommen (A:291:293). *„Ja, als ich dann nicht mehr so gut schlafen konnte, hat sie gesagt: ‚Du regst Dich viel zu viel auf'"*(A:418:421). Dies wird auch im Interview mit der Ehefrau bestätigt: *„Und, äh, er konnte natürlich selbst auch nicht mehr so wahnsinnig gut schlafen während den letzten paar Jahren ... Es ist natürlich schon noch ein Unterschied, ob man für 130 oder 300 Leute Arbeit haben muss*" (A:1153:1559). Zusammen mit den Schlafschwierigkeiten fand in der Folge auch eine Auseinandersetzung mit der eigenen Gesundheit statt. *„Ja, also gut geschlafen ... ich fühle mich eigentlich kerngesund. Ja, man kann ja nie sagen ... ich fühl mich einfach gut. Aber man sollte ja aufhören, solange man noch gesund ist, oder"* (A:312:314). Dies bedeutet, dass die eigene physiologische Leistungsfähigkeit und vor allem deren Grenzen in Frage gestellt worden sind.

Zusammenfassend kann festgehalten werden, dass die Wirkung der Emotionen sich vor allem bei Alfred Baumann selbst und in seinem familiären Umfeld bemerkbar machten, wenngleich die Ursachen primär im Unternehmen und Unternehmensumfeld zu suchen sind.

6.1.3.2 Emotionen während der Herausforderung II

Die personelle Fehlbesetzung in einem Marktgebiet umschreibt Alfred Baumann als *„kopfzerbrechende" (g)* und mit der Zeit *„nervenaufreibende" (h)* Angelegenheit, womit zwei physiologische Umschreibungen für den emotionalen Zustand verwendet werden (A:872:875). Die erste Formulierung drückt aus, dass kognitive Prozesse ausgelöst worden sind und werden vorliegend eher als intentionales Gefühl bewertet, denn es ist davon auszugehen, dass die Suche nach einer Lösung im Vordergrund stand. Die zweite Formulierung wird vorliegend mehr als Stimmung verstanden, welche aus der Herausforderung hervorgebracht worden ist.

Im Kontext der ersten Herausforderung handelt es sich bei der Vorliegenden im Grunde um eine Randerscheinung. Ursache für die Problemwahrnehmung war der Umstand, dass Alfred Baumann die entsprechende Person keiner anderen unterstellen konnte und deshalb selber direkt kontrollieren und korrigieren musste. Dies konnte er in der notwendigen und gewünschten Form und Umfang nicht mehr sicherstellen (A:893:901). Dass die betroffene Person geographisch in einer Randregion tätig war erschwerte den Zugang noch mehr. Für die Fehlbesetzung übernimmt Alfred Baumann persönliche die Verantwortung. Die Fehlentscheidung könnte auch als Symbol für die eigene Ressourcenknappheit und die damit verbundene Fehleranfälligkeit verstanden werden. Gleichzeitig kann die Herausforderung II auch als Symbol für das im Rahmen der Herausforderung I eher allgemein formulierte Unwohlsein mit Bezug auf die Mehrbelastung und den damit verbundenen Kontrollverlust verstanden werden – lediglich mit dem Unterschied, dass sich Herausforderung II auf ihn selbst und auf ein Individuum (= Arbeitnehmer) richtet.

Der erhöhte Kontrollaufwand kann sowohl als Ursache als auch als Ergenibs der emotionalen Belastung angesehen werden. Weiter hatte die emotionale Belastung zur Folge, dass Alfred Baumann eine Neubesetzung vornehmen musste und zu diesem Zweck einen guten Mitarbeiter bei einem Konkurrenten abgeworben hat. In Bezug auf den gesamten Nachfolgeprozess kann keine direkte Wirkung abgeleitet werden. Es handelt sich lediglich um einen konkreten Sachverhalt im Unternehmensalltag, der aufgefallen ist und die Grundschwierigkeiten analog der ersten Herausforderung zum Ausdruck gebracht hat. Deshalb darf davon ausgegangen werden, dass die Schlaflosigkeit, Gereiztheit und Frustration aus Herausforderung I weiter verstärkt worden sind und damit die Selbstreflexion mit Bezug auf die eigene Gesundheit weiter gefördert wurde.

6.1.3.3 Emotionen während der Herausforderung III

Die dritte Herausforderung ist in der Integration des zusätzlich akquirierten Unternehmens zu sehen. Damit verbunden kommt bei Alfred Baumann vor allem am Anfang des Prozesses *„Skepsis"* und *„Zurückhaltung"* (i) zum Ausdruck (A:906:907), Gefühle die im Kontext der ersten Herausforderung zu verstehen sind. Diese Gefühlslage kann sowohl als Stimmung als auch als intentionales Gefühl bewertet werden, wobei die Intention weniger Aktivität und mehr Abwarten, Zusehen und eine beobachtende Haltung beinhalten kann. Die emotionale Betroffenheit von Alfred Baumann kann aus zwei Gründen als relativ gering eingestuft werden. Zum einen wurden vor der Übernahme bereits relativ viele Mitarbeiter durch die Vorgänger entlassen, was entsprechend nicht in der Verantwortung von Alfred Baumann lag. Gleichzeitig war vor allem Claus Decker – der spätere Führungsnachfolger – in die operative Abwicklung der Übernahme involviert, sodass eine unmittelbare Mehrbelastung für Alfred Baumann nicht abgeleitet werden kann. Eine Mehrbelastung kann lediglich im Bereich der Akquiseverantwortung gesehen werden, da mit der Integration ein zusätzliches Marktgebiet erschlossen worden ist.

Gleichzeitig verbindet Alfred Baumann damit aber primär *„positive Gefühle"* (j), vor allem weil die Integration gut abgelaufen ist (vgl. dazu Kapitel 6.1.2.3, Seite 162), was als Stimmung bewertet werden kann. *„Das ist für mich – also, ich muss sagen – ein ganz positives Erlebnis gewesen, die Integration* [des Bauunternehmens] *ist fast problemloser gegangen als bei den Mitarbeitern, die wir von der* [Betriebsgesellschaft C] *übernommen haben"* (A583:585; so auch A:918:919). Frei interpretiert kann davon ausgegangen werden, dass die Betriebsgesellschaft A bereits Erfahrung mit der Integration von neuen Mitarbeitenden hatte und daher mögliche Fehler aus der Vergangenheit nicht wiederholt wurden. Gleichzeitig waren die neuen Mitarbeitenden sehr motiviert, da sie die Aufnahme in die Betriebsgesellschaft A offenbar als Rettung empfanden und sich deshalb für das Gelingen sehr engagierten. Der positive emotionale Zustand bei Alfred Baumann kann dahingehend interpretiert werden, als dass er als Person von den Mitarbeitenden als Retter betrachtet wurde. Sein innerer Wunsch keine Leute entlassen zu müssen kommt hier umfassend zur Geltung.

Mit Bezug auf konkrete Auswirkungen der in diesem Kontext formulierten Herausforderungen können im Transkript keine direkten Angaben gefunden werden. Am Ende des Interviews bringt Alfred Baumann nochmals seine enge Verbundenheit mit den Angestellten zum Ausdruck. Auf die Frage was er zum Schluss noch sagen möchte antwortet er: *„... hm, das sind nicht nur super Mitarbeiter, sondern auch super Kader: Bauführer und Polier. (Pause) sonst sehe ich nichts"* (A:1065:1066). Da er operativ im Integrationsprozess nicht umfassend involviert war kann darüber spekuliert werden, ob diese positive Erfahrung bei Alfred Baumann auch zur Zuversicht geführt hat, dass die Mitarbeitenden und vor allem die Führungsmannschaft schwierige Prozesse ohne sein Mitwirken meistern können.

6.1.3.4 Emotionen während der Herausforderung IV

Schließlich wurde die eigentliche Wahl und Bestimmung des Führungsnachfolgers von Alfred Baumann als Herausforderung formuliert (vgl. dazu 6.1.2.4, Seite 163). Der Verwaltungsratspräsident hat sich dabei für die zweite Wahl von Alfred Baumann entschieden. Er akzeptiert diesen Entscheid und trägt ihn mit, wenngleich er damit einen *„gedanklichen Angewöhnungsprozess"* (k) verbindet (A:928:929). Alfred Baumann begründet die „Unsicherheit" oder „Zurückhaltung" (l) damit, dass er den gewählten Nachfolger noch zu wenig gekannt hat (A:940:940), wenngleich er ihn positiv umschreibt. Herr Claus Decker *„ist sehr loyal, offen, geradlinig. Also ich kann nur das Beste über ihn sagen"* (A:935:936). Gleichzeitig muss festgehalten werden, dass sein Nachfolger bereits seit 20 Jahren für den gleichen Unternehmensverbund aktiv ist und die vergangenen Jahre auch in der Betriebsgesellschaft A tätig war. Die vorliegenden Gefühlszustände werden als intentionale Gefühle interpretiert, wobei die Intention wiederum weniger als Aktivität und mehr als Abwarten und Zusehen verstanden werden kann, die eine beobachtende Haltung beinhalten kann.

Im Rahmen einer offenen Interpretation können zwei weitere Gründe ins Feld geführt werden. Gerade auch in Bezug auf seinen Sohn, aber möglicherweise auch in Bezug auf seinen eigentlichen Nachfolger könnte sein Frauenbild eine Rolle gespielt haben. Dieses könnte auch erklären, warum er eine ältere Person (seinen Stellvertreter Daniel Edelmann) als erste Wahl vorgeschlagen hat. Im Zusammenhang mit seiner Ehefrau sagt er: *„Sie hat mir immer alles gemacht. Ich habe mich daheim komplett erholen können und war nicht belastet. (kurze Pause) Und das ist eben auch etwas. Sie war eine Frau, die zufrieden war mit dem Haushalt. Wissen Sie, bei heutigen Frauen ist es heute ein wenig anders"* (A:361:365). *„Und das ist, wenn ich die heutigen jungen Bauführer anschaue. .... Die heutigen* [Frauen der Bauführer] *sagen: 'Heute geht's mir nicht. Meine Frau ist fort, ich muss nach den Kindern schauen' und und, und. - - Das hat's bei uns praktisch nicht gegeben"* (A:372:378). Die uneingeschränkte Aufopferung für ein Unternehmen könnte er als Maßstab für die Einschätzung eines ihm würdigen Nachfolgers herangezogen haben. Diese Aufopferung hat er bei seinem Stellvertreter erlebt und geschätzt. Seine erste Wahl auf den für die Führungsnachfolge nicht berücksichtigten Daniel Edelmann könnte aber auch dahingehend erfolgt sein, weil Alfred Baumann sich ihm gegenüber möglicherweise als Folge der langjährigen engen Zusammenarbeit persönlich verpflichtet fühlte. Seine erste Wahl kann als Zeichen der Anerkennung und Wertschätzung interpretiert werden.

Im Rahmen der Umschreibung der vierten Herausforderung (vgl. Kapitel 6.1.2.4, Seite 163) wurde festgehalten, dass Adelheid Baumann auf die Forderung des Hauptaktionärs hingewiesen hat, die operative Geschäftsführung abzugeben. Das „Nicht-Thematisieren" durch Alfred Baumann selbst kann in zwei Richtungen interpretiert werden. Zum einen ist denkbar, dass er seine möglicherweise zwiespältige Beziehung zu Hauptaktionär Ernst Gutersohn nicht zu sehr thematisieren will. Andererseits kann auch die Vermutung geäußert werden, dass dieser Umstand seine Erfolgsgeschichte trüben könnte und deshalb nicht seinem gewünschten Selbstbild entspricht und er diese Information möglicherweise deshalb bewusst im Interview nicht offen gelegt hat.

Aus den im Rahmen der vierten Herausforderung identifizierten Emotionen können vorliegend keine direkten Auswirkungen identifiziert werden. Es kann höchstens die Akzeptanz der Entscheidung durch den Hauptaktionär Ernst Gutersohn aufgeführt werden.

Die Umschreibung der Emotionen und deren Ursachen und Wirkungen können zusammenfassend wie folgt dargestellt werden:

H		Stichworte	Interpretation				
			A	B	C	D	E
I	E(a)	• Dünnhäutiger geworden	Stimmung				
	E(b)	• Fühlt sich ‚füdliblut'	Stimmung				
	E(c)	• Stress und Versagensangst	Intentionales Gefühl				
	E(d)	• Peinlichkeit und Unannehmlichkeit vor Kunden	Affekt				
	E(e)	• Gutes Gefühl	Stimmung				
	E(f)	• Befreiung und Erleichterung	Stimmung				
	U	• E(a,b): Tragfähigkeit des „breiten Rückens"				X	(X)
	U	• E(a, b, c)Kontrollverlust mit Bezug auf die Prozesse innerhalb des Unternehmens (z.B. neue Strukturen und neue Bürotechniken mit EDV)				X	
	U	• E(a, b, c): Kontrollverlust mit Bezug auf die Finanzen				X	
	U	• E(d): Kontrollverlust mit Bezug auf Kunden und Aufträge		X		X	X
	U	• E(a, b, c): Aushalten der Paradoxie: Erhalt von Arbeitsplätzen vs. rentable Aufträge				X	X
	U	• E(e, f): Abgabe der operativen Verantwortung	X			X	
	W	• E(a, b, c, d): Gereiztheit und Frustration			X		
	W	• E(a, b, c, d): Schlaflosigkeit	X		(X)		
	W	• E(a, b, c, d): Auseinandersetzung mit eigener Gesundheit	X		(X)		
II	E(g)	• Kopfzerbrechende Angelegenheit	Intentionales Gefühl				
	E(h)	• Nervenaufreibende Angelegenheit	Stimmung				
	U	• E(g, h): Fehlbesetzung	X	X		X	
	U	• E(g, h): Verlustbringende Baustelle				X	
	U/W	• E(g, h): Erhöhter Kontrollaufwand in Randregion		X		X	
	W	• E(g, h): Neubesetzung / Abwerben von Mitarbeiter bei Konkurrent				X	

III	E(i)	• Skepsis und Zurückhaltung	Intentionales Gefühl / Stimmung				
	E(j)	• Positives Erlebnis	Stimmung				
	U	• E(i): Sichern von Arbeitsplätzen				X	X
	U	• E(i): Status als Retter von Arbeitsplätzen	X				X
	U	• E(i): Organisationale Erfahrung für Integrationsprozesse				X	
	W	• E(i): Zuversicht bzgl. Kompetenz der Mitarbeitenden	X			X	X
IV	E(k)	• Gedanklicher Angewöhnungsprozess	Intentionales Gefühl				
	E(l)	• Unsicherheit und Zurückhaltung	Intentionales Gefühl				
	U	• E(k, l): 1. Wahl von Alfred Baumann nicht berücksichtigt				X	
	U	• E(k, l): Keine uneingeschränkte Aufopferung der jüngeren Generation wegen fordernden und unabhängigen Frauen (Frauenbild)					X
	U	• E(k, l): Persönliche Beziehung zwischen Inhaber und Nachfolger		X			
	W	• E(k, l): Persönliche Anerkennung des Nachfolgers	X	X		X	

Legende:
- H = Herausforderung;
- E(a) bis E(l) = identifizierte Emotionen;
- U = Ursache; W = Wirkung
- A = Intrapersonell, B = Interpersonell, C = Familie, D = Unternehmen, E = Gesellschaft / Öffentlichkeit und Anspruchsgruppen

Tabelle 11: Identifizierte Emotionen[723]

6.1.4 Die Bedeutung der Emotionen im Nachfolgeprozess

Abschließend wird die Bedeutung der Emotionen im Nachfolgeprozess zusammenfassend betrachtet, wobei einzelne Wiederholungen nicht ausgeschlossen werden können. Dabei werden die Herausforderungen, die damit verbundenen Emotionen und deren Ursachen und Wirkungen im Zeitkontext und mit Bezug auf die vier Analyseebenen diskutiert. Ausgangspunkt sind dabei der Nachfolgeprozess (vgl. Abbildung 13, Seite 157), die darin vom Unternehmer definierten Herausforderungen und die damit verbundenen Themen (vgl. Tabelle 10, Seite 165) sowie die Diskussion der Emotionen mit Bezug auf die Herausforderungen (vgl. Tabelle 11). Ein Überblick wird in der nachstehenden Abbildung 14 gegeben. Darin werden die wichtigsten Zeiträume, Personen, Stakeholder und speziell prägende Elemente wie beispielsweise der auf das Unternehmen bezogene Erfolgs- und Akquisedruck im vorliegenden Fall abgebildet.

723 Eigene Darstellung.

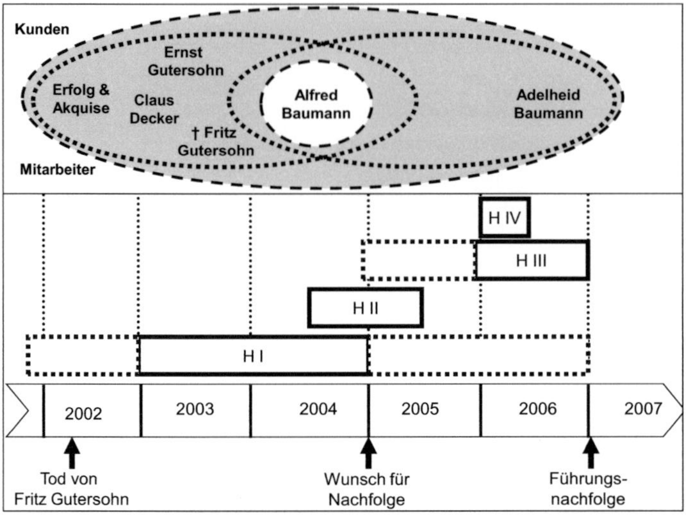

Abbildung 14: Herausforderungen und Emotionen im Nachfolgeprozess[724]

Aus einer Zeitpunktbetrachtung kann festgestellt werden, dass der Tod von Fritz Gutersohn, der Wunsch für die eigene Nachfolgeregelung sowie der eigentliche Übertragungszeitpunkt der Führung zeitlich festgemacht werden können. Die formulierten Herausforderungen entfalten sich im Unterschied dazu über längere Zeiträume.

Die *erste Herausforderung* im engeren Sinn erstreckt sich über zwei Jahre (2003 und 2004). Die Grundlagen dafür sind bereits im Jahr 2002 gelegt worden, die Folgen und Konsequenzen für Alfred Baumann bleiben für ihn bis zur Abgabe der Führung von zentraler Bedeutung. Die damit verbundenen negativen Emotionen sind deshalb vor allem als Stimmung zu verstehen, welche seine tägliche Arbeit im Unternehmen belastet. Höchstens der Versagensangst kann eine intentionale Wirkung zugesprochen werden, da sie zu einer erhöhten Aktivitätsbereitschaft führte. Die Ursachen sind aus der Perspektive von Alfred Baumann unternehmensintern zu suchen, die Auswirkungen sind primär auf sich selbst gerichtet (gesteigerte Leistungsbereitschaft und Schlaflosigkeit). Gleichzeitig blieb die Familie von der Belastung nicht verschont. Die Verantwortung für die Umstrukturierung und Einführung der Matrixorganisation weist Alfred Baumann dem Hauptaktionär Ernst Gutersohn zu.

Die *zweite Herausforderung* betrifft einen wesentlich kürzeren Zeitraum, wird aber trotzdem von Alfred Baumann klar formuliert. Persönlich gefordert und zum Teil frustriert von der ersten Herausforderung, wird einem konkreten Problem eine relativ hohe

724 Eigene Darstellung.

Bedeutung zugemessen. Zum einen verstärken die Emotionen die bestehende Stimmung analog der ersten Herausforderung, zum anderen lösen sie auch eine weitere Aktivität aus (Kontrolle, Entlassung und Neuanstellung). Den Emotionen kann hier deshalb ein intentionaler Charakter zugeschrieben werden. Sowohl die Ursache als auch die Wirkung sind primär unternehmensbezogen und beziehen sich auf den entsprechenden Mitarbeitenden. Die hohe Bedeutungszuschreibung ist jedoch nicht allein auf den erhöhten Kontrollaufwand i.e.S. zurückzuführen, denn im Unterschied zur ersten Herausforderung schreibt Alfred Baumann die Verantwortung für das Problem sich selbst zu. Eventuell hat er in einer dynamisierten Zeit höhere Ansprüche an sich selbst gestellt als sonst (quasi als Nullfehlertoleranz in seiner Führungstätigkeit). Einerseits könnte er dies aus der reinen Notwendigkeit ableiten, da die zeitliche Belastung sehr hoch war, andererseits ist es auch möglich, dass er vor Ernst Gutersohn keine Fehler machen will, um seine Position als Geschäftsführer nicht in Frage zu stellen. Beide Interpretationen sind jedoch Vermutungen und können im Transkript nicht belegt werden.

Die *dritte Herausforderung* kann als Wiederholung der ersten angesehen werden. Die Entscheidungsverantwortung schreibt Alfred Baumann wieder Ernst Gutersohn zu, welcher gemeinsam mit dem späteren Führungsnachfolger wesentlich an der Integration der Mitarbeitenden beteiligt war. Alfred Baumann hat sich dabei primär auf den Verkauf von Projekten fokussiert, um die Auftragslage zu sichern. Seine Skepsis kann als intentionales Gefühl interpretiert werden, da er sich bei der Integration der Mitarbeitenden zurückhält und die Aufgabe primär Ernst Gutersohn und Claus Decker überlässt. Der positive Verlauf und vor allem die Freude und Motivation der neuen Mitarbeitenden heben gleichzeitig seine Stimmung an. Die Zurückhaltung kann erneut in der Beziehung zwischen Alfred Baumann und Ernst Gutersohn gesucht werden, die positiven Gefühle sind mit den Stakeholdern (hier den Mitarbeitenden) in Verbindung zu bringen.

Schließlich kann die *vierte Herausforderung* einem relativ kurzen Zeitraum zugeschrieben werden, denn im Frühling 2006 stand der Nachfolger für Alfred Baumann fest. Auch wenn es sich dabei um eine personelle Entscheidung handelt, die nicht seiner ersten Wahl entsprochen hat, trägt Alfred Baumann die Entscheidung mit. Seine Ehefrau äußert sich im Interview dahingehend, dass Ernst Gutersohn die Nachfolge per Ende 2006 auch eingefordert hat, was Alfred Baumann selbst nicht zum Ausdruck bringt. Letzterer vermittelt vielmehr das Bild, dass er selbst seinen Platz als Geschäftsführer der Betriebsgesellschaft A vorzeitig zur Verfügung stellt, da er unter den veränderten Umständen nicht mehr bereit ist die gleiche Leistung zu erbringen. Seine kritischen Anmerkungen in diesem Zusammenhang zielen dabei einerseits auf die freundschaftliche Beziehung zwischen Ernst Gutersohn und Claus Decker (Unternehmens- und Stakeholderbezug). Andererseits bringt er sein traditionelles Rollenbild der Frau ins Spiel. Es liegt deshalb die Vermutung nahe, dass Alfred Baumann bewusst oder unbewusst nicht über alles spricht.

Auf *interpersoneller Ebene* spielt Ernst Gutersohn eine zentrale Rolle. Die Beziehung zwischen ihm und Alfred Baumann kann dahingehend als kritisch angesehen werden, als dass Alfred Baumann mit dem neuen Führungsstil und der damit einhergehenden Unternehmensstrategie nicht ganz einverstanden ist und sich dabei gerne an Fritz Gutersohn zurückerinnert. Außerdem kommt auch eine gewisse Konsternation zum Ausdruck, da Ernst Gutersohn mit dem späteren Führungsnachfolger Claus Decker eine gute persönliche Beziehung hat (analog zwischen Alfred Baumann und Fritz Gutersohn). Dazu kommt ein schwächer ausgeprägtes emotionales Verpflichtungsgefühl gegenüber dem jüngeren Verwaltungsratspräsidenten Ernst Gutersohn (vgl. weiter oben in Kapitel 6.1.1, Seite 153). Die Loyalität zum Vorgänger war wesentlich höher und emotional tiefer verankert, denn *„der Vater* [Fritz Gutersohn] *hat ihm auch immer freie Hand gelassen"* (A:1240:1243). Dieser Umstand kommt im Interview mit Alfred Baumann nur knapp zum Ausdruck, wird aber von seiner Frau angedeutet. *„Ich weiß nicht -- darf ich das sagen. Das Problem war wahrscheinlich eher, dass, eben, die andere Philosophie von der Leitung* [... der Betriebsgesellschaft C], *dass das ...(kurze Pause und Abbruch des Themas)"* (A:1419:1422). Der Abbruch der Thematik kann dahingehend gedeutet werden, dass in der Beziehung zwischen Alfred Baumann und Ernst Gutersohn größere Unterschiede bestehen als dies in expliziter Form zum Ausdruck kommt.

Auf *organisationaler Ebene* kann das Verhältnis zum Unternehmen und zur Familie betrachtet werden. Die Interessen des Unternehmens standen die vergangenen Jahre für Alfred Baumann deutlich vor den Familieninteressen. Die Familie hatte dabei vor allem eine Regenerationsfunktion. Es kann beobachtet werden, dass Alfred Baumann Frustrationen aus dem Unternehmen in die Familie getragen und dort quasi deponiert hat. Mit Bezug auf das Unternehmen steht der wirtschaftliche Erfolg im Zentrum der persönlichen Betroffenheit bei Alfred Baumann. Seine intensive und umfassende Akquisetätigkeit während seiner ganzen Karriere umschreibt er mehrfach *„als nie endender Kampf"* (A:658:658; A:1223:1223 und A:1215:1216). Der Begriff Kampf ist dabei mit Anstrengung verbunden. Gerade vor dem Hintergrund, dass Alfred Baumann die Aufträge in der Regel im Alleingang akquiriert hat, darf davon ausgegangen werden, dass eine gewisse Müdigkeit durch Abnutzung zu verspüren war. In der Folge hat es ihn wohl ungleich mehr Energie gekostet, im Rahmen der Herausforderungen 1 und 3 zusätzliche Aufträge in einem für ihn geographisch eher weniger gut erschlossenen Markt zu bekommen. Weiter kann er die wirtschaftliche Verantwortung nur wahrnehmen, wenn er mit seinem Führungsstil „kommandieren, kontrollieren und korrigieren" alles „im Griff" hat. Die gestiegene Komplexität und Dynamik im Rahmen der Unternehmensausweitung (vgl. Herausforderungen I, II und III) führte bei Alfred Baumann zu einer gewissen Anspannung. Durch die bei der Reorganisation eingeführte Matrixorganisation kam es dazu, dass Alfred Baumann immer mehr an die Zentrale Bericht erstatten musste und einige Entscheidungen nicht mehr allein fällen durfte. Seine Frau sagt dazu: „*Einfach die ganze Situation unten dran - - - die Zentrale nicht mehr ganz - - mehr Verantwortung und trotzdem nicht mehr über alles bestimmen dürfen. Das ist das, was ihm nicht mehr gepasst hat*“ (A:1350:1353).

In Bezug auf die *Analyseebene Umwelt* stehen bei Alfred Baumann vor allem die Mitarbeitenden und Kunden im Zentrum. Das Schaffen und Sichern von Arbeitsplätzen hat bei ihm einen sehr hohen Stellenwert. Deshalb ist er auch froh, dass er im Rahmen des Unternehmenskaufs keine Mitarbeitenden hat entlassen müssen. Gleichzeitig ist diese Identifizierung mit den Mitarbeitenden eine sehr große Triebkraft um neue Aufträge zu generieren. Dies treibt Alfred Baumann an die Leistungsgrenze, wobei auch aus betriebswirtschaftlicher Sicht knapp kalkulierte Aufträge angenommen werden. Gleichzeitig haben aber auch die Kunden und damit verbunden die Bauprojekte per se einen hohen Stellenwert. Durch die Größe und Struktur konnte er sowohl zu den Kunden wie auch zu den Mitarbeitenden nicht mehr die gleiche Nähe aufrecht erhalten, wie er dies über mindestens zwei Jahrzehnte gewohnt war.

Abschließend darf davon ausgegangen werden, dass Alfred Baumann die Führungsnachfolge gut vollziehen und vor allem akzeptieren wird. Zum einen hat er mit der beruflichen Weiterentwicklung gewissermaßen abgeschlossen, und zum anderen ist die Auftragslage zum Zeitpunkt der Übergabe sehr gut, was für Alfred Baumann eine Genugtuung darstellt. Darüber hinaus freut sich seine Ehefrau auf die zukünftig gewonnene Zeit, die gemeinsam genutzt werden kann.

Die Akzeptanz drückt sich auch darin aus, dass er mit der gewonnenen Zeit seine PC-Kenntnisse nicht zu verbessern beabsichtigt: „*Kalkuliert habe ich früher hunderte* [von] *Offerten. Heute geht alles über EDV. Das kann ich nicht mehr (kurze Pause). Ich könnte es schon lernen. Ich hab ja jetzt einen halben Tag Zeit, aber jetzt will ich es gerade auch nicht mehr*“ (A:333:336). Mit Bezug auf den Arbeitsvorrat unmittelbar vor der Führungsnachfolge sagt seine Frau: „*Sie haben einen Arbeitsvorrat wie noch nie. Sie haben in diesem Jahr soviel akquiriert. - - Vielmehr als sie eigentlich budgetiert haben. Das ist eigentlich jetzt gut gegangen. Und er durfte dem Nachfolger einen guten Stock übergeben. Das befriedigt dann sehr*“ (A:1447:1450). Schließlich kann festgestellt werden, dass sich Alfred und Adelheid Baumann auf die zusätzliche gemeinsame Zeit freuen. „*Als die Kinder noch da waren, da hat sie eigentlich weniger reklamiert, wenn ich am Abend etwas gehabt habe. Da sind ja immer noch die Kinder da gewesen. Kaum sind die Kinder aus dem Haus gewesen, hat sie gesagt - jetzt war ich den ganzen Tag allein und am Abend bist Du auch noch fort. Das ist ein wenig - - und äh, ja, von dort her ist sie jetzt eigentlich froh, dass diese Lösung kommt.*“ (A:404:409)

6.2 Einzelfallstudie B: Generalunternehmen

6.2.1 Rahmenbedingungen der Unternehmensnachfolge

Die *Datenerhebung* hat mit einem ersten telefonischen Kurzinterview am 16.11.2006 begonnen. Bei dieser Gelegenheit wurden der Familienstammbaum und das Organigramm vor der Unternehmensnachfolge aufgenommen und dokumentiert. Das Interview mit Markus Dormann hat am 4.12.2006 in dessen Büroräumlichkeiten stattgefunden und dauerte zwei Stunden (vgl. Interviewverzeichnis in Anhang IV auf Seite 299). Nach der telefonischen Terminvereinbarung mit Ehefrau Melanie Dormann am 11.12.2006 konnte das Interview mit ihr an ihrem Wohnort am 19.12.2006 durchgeführt werden. Auch dieses Interview dauerte 2 Stunden. Beide Interviews wurden nicht unterbrochen und die Qualität der Gesprächsaufnahme war optimal.

Die *Familienverhältnisse* können als stabil und ausgeglichen bezeichnet werden. Herr Markus Dormann ist zum Zeitpunkt des Interviews 61 Jahre alt und mit seiner Ehefrau Melanie Dormann bereits über 30 Jahre verheiratet (vgl. Stammbaum in Abbildung 15). Melanie Dormann ist 2 Jahre jünger als ihr Mann. Sie ist seit vielen Jahren Hausfrau und Mutter und hegt und pflegt das gemeinsame Haus und den Garten. Außerdem verfolgt sie verschiedene Aktivitäten außerhalb des Unternehmens und der Familie, wie beispielsweise die Betreuung von alten Menschen. Sie hat keine vertragliche Anstellung im Unternehmen und nimmt auch sonst keine Funktion im Unternehmen wahr.

Aus der Ehe stammen zwei Söhne und eine Tochter. Der älteste Sohn (Louis Dormann) ist Jahrgang 1972, Bauingenieur der ETH Zürich und hat zusätzlich einen EMBA abgeschlossen. Die Tochter (Lara Dormann) ist Jahrgang 1975 und hat an der ETH Zürich Architektur studiert. Der jüngste Sohn (Lukas Dormann) ist Jahrgang 1976. In einem ersten Schritt hat er eine Ausbildung zum Heizungszeichner gemacht, um im Anschluss einen Abschluss als Ingenieur HTL zu machen. Es kann festgehalten werden, dass alle drei Kinder einen Bezug zur Baubranche haben und alle gleichzeitig eigenständige Berufswege eingeschlagen haben. Der eine Sohn arbeitet heute für ein großes internationales Beratungsunternehmen. Die Tochter arbeitet als Architektin bei einem Konkurrenten, der zweite Sohn ist Projektleiter und zurzeit noch in einer EMBA-Ausbildung an der Universität St. Gallen.

Die Beziehung zwischen den beiden Eheleuten Markus und Melanie Dormann darf als sehr gut, vertrauensvoll, ausgeglichen, harmonisch und glücklich bezeichnet werden (B:735:737; B:978:980; B:1379:1382), wobei beide eine traditionelle Rollenverteilung leben (B:1364:1369). Für Markus Dormann ist Melanie eine wichtige Gesprächspartnerin – auch in unternehmerischen Belangen, wenngleich sie im Unternehmen nicht tätig ist: *„Äh, jeden geschäftlichen Vorgang und alles, was ich mache, bespreche ich mit ihr. Sie weiß über alles und jedes Bescheid. Sie ist fast nie da. Sie kennt alle Leute* *aus meinen Erzählungen und kommentiert sehr kritisch"* (B:289:291, so auch Melanie Dormann unter B:1108:1109). Dabei bezeichnet er sie eher als „*Bremserin*" und als „*kein Unternehmertyp*" (B:294:294). Der Diskurs ist für Markus Dormann von zentraler Bedeutung, um im Anschluss jeweils Entscheidungen zu fällen und die Umsetzung konsequent zu verfolgen. Er ist der festen Überzeugung, dass er durch das Reden immer tolle Impulse bekommt (B:623:623; B:1257:1259). Gleichzeitig drückt Markus Dormann auch Dankbarkeit aus, dass er sich unter der Woche überproportional auf das Unternehmen hat konzentrieren können und im Gegenzug dafür in den meisten Fällen die Wochenenden zu Hause im Kreis der Familie verbracht hat (B:307:309).

Die Diskussionen am Familientisch über geschäftliche Angelegenheiten werden auch heute noch gepflegt, wenngleich sich die Situation etwas geändert hat. Da die Kinder heute zum Teil in Konkurrenzunternehmen tätig sind, wurden gewisse Kommunikationsspielregeln eingeführt, damit die Gespräche in aller Tiefe und Breite in anonymisierter Form stattfinden können (B:321:334).

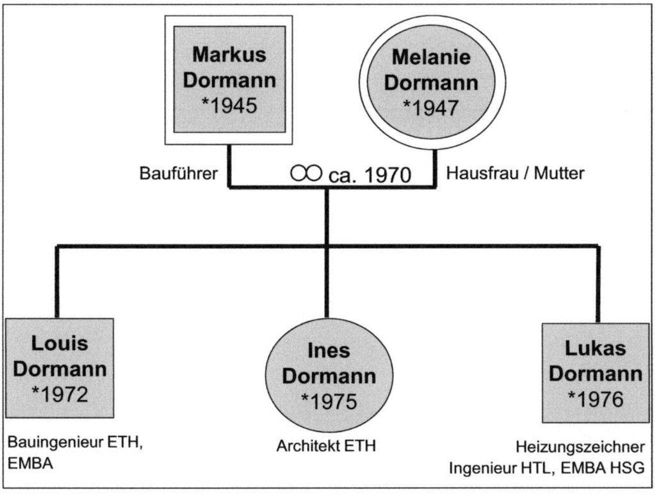

Abbildung 15: Familienstammbaum der Familie Dormann[725]

Die *Unternehmensverhältnisse* zum Zeitpunkt der Nachfolgeregelung stellen sich wie folgt dar: Gegenstand der Untersuchung ist eine Aktiengesellschaft, welche als Generalunternehmen in der Bauwirtschaft tätig ist. Zum Zeitpunkt der Unternehmensnachfolge generiert das Unternehmen einen Jahresumsatz im dreistelligen Millionenbereich

725 Eigene Darstellung.

und beschäftigt rund 120 Mitarbeitende.[726] Das Unternehmen ist im Besitz der beiden Hauptaktionäre Markus Dormann und Peter Bleibtreu, die gleichzeitig auch den Verwaltungsrat konstituieren (vgl. Organigramm in Abbildung 16). Markus Dormann hat die Geschäftsleitung als Delegierter des Verwaltungsrats unter sich und verantwortet damit das operative Geschäft. Peter Bleibtreu ist primär für die Finanzierung zuständig und ist aufgrund anderweitiger Verpflichtungen und Investments weniger im Vordergrund gestanden. Er hat jedoch die Position des Verwaltungsratspräsidenten inne (B:65:67). Die beiden Inhaber sind miteinander durch einen Aktionärsbindungsvertrag verbunden. Obwohl Familie Dormann nicht die Stimmenmehrheit hat, kann Markus Dormann durch das Wahrnehmen seiner operativen Verantwortung das Unternehmen substantiell führen (C:1182:1183). Entsprechend wird das Unternehmen vorliegend als Familienunternehmen verstanden.

Die Geschäftsleitung wurde in den Jahren vor der Nachfolgeregelung systematisch ausgeweitet (vgl. dazu später weiter unten). Sie setzt sich dabei in Ergänzung zu Markus Dormann aus sieben weiteren Personen zusammen. Auf einer dritten Hierarchieebene sind verschiedene Niederlassungs- und Ressortleiter zusammengefasst.

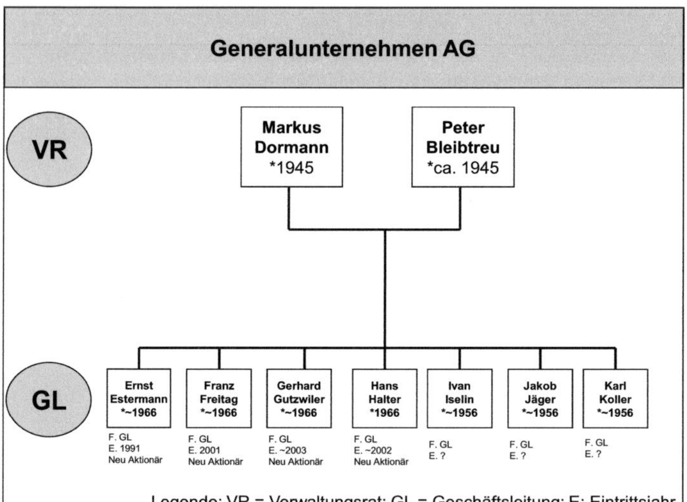

Abbildung 16: Organigramm der Generalunternehmen AG[727]

[726] Detailliertere Angaben werden aus Vertraulichkeitsgründen vorliegend nicht gemacht.

[727] Eigene Darstellung.

Um die Unternehmensnachfolge besser zu verstehen, werden basierend auf den beiden Interviews kurz der *Werdegang in Verbindung mit der Unternehmensgeschichte* und die darin wahrgenommenen *Aufgaben und Tätigkeiten* von Markus Dormann dargelegt. Die wichtigsten Meilensteine sind in Abbildung 17 zusammengefasst.

Markus Dormann hat anfangs einige Jahre als Geschäftsführer in einem klassischen Bauunternehmen gearbeitet. Im Rahmen dieser Tätigkeit hat er das Unternehmen gut entwickelt. Gleichzeitig verspürte er einen Drang zur unternehmerischen Selbständigkeit (B:54:54). Trotz seinem signalisierten Interesse gab es für Markus Dormann keine Möglichkeit, das Unternehmen des damaligen Arbeitsgebers zu übernehmen. Während seiner Tätigkeit als Geschäftsführer hat Markus Dormann einige kleinere Unternehmen aus der Baubranche übernommen und in das bestehende integriert. Die übernommenen Unternehmen hatten jeweils über keine Nachfolger verfügt. In dieser Zeit ist bei Markus und Melanie Dormann die Überzeugung gewachsen, dass einerseits familieninterne Nachfolgen in der Baubranche schwierig sind, andererseits aber auch die Übernahme der Geschäftsführung für eine Familie mit einigen Schwierigkeiten verbunden sein kann (B:867:876). Neben dieser prägenden Erfahrung konnte Markus Dormann gleichzeitig sehr viele Erfahrungen sammeln, da er stark gefördert worden ist. Melanie Dormann sagt dazu: „[Er] *hat früher auch solche Chefs gehabt, die ihn gefördert haben. Wo er sehr profitieren konnte*" (B:1092:1093).

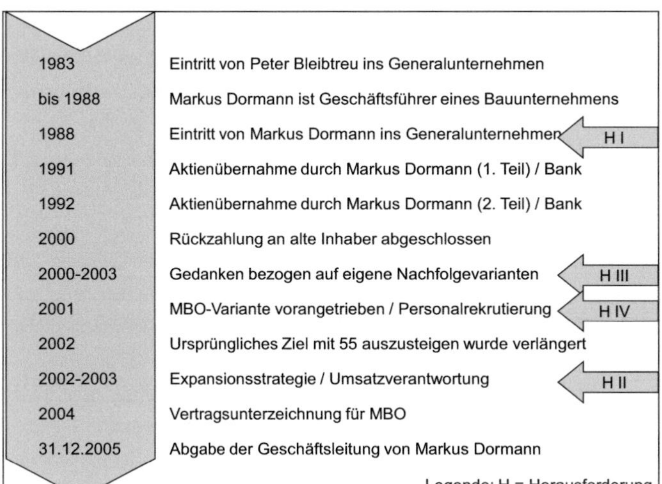

Abbildung 17: Aktivitäten und Geschehnisse im Zeitverlauf[728]

[728] Eigene Darstellung.

Im Jahr 1988 ist Markus Dormann in das der Fallstudie zu Grunde liegende Generalunternehmen eingestiegen. Das Generalunternehmen lag zu diesem Zeitpunkt in den Händen der drei Gründer, welche alle auch im Unternehmen operativ tätig waren. Zum damaligen Zeitpunkt war der spätere Partner Peter Bleibtreu bereits fünf Jahre im gleichen Unternehmen angestellt. Markus Dormann wurde bei der Anstellung in Aussicht gestellt, dass er sich am Unternehmen zukünftig beteiligen könnte. *„Ich bin von der Bauunternehmung nur weggegangen, weil ich hier eingestellt worden bin, weil ich gewusst habe, wir können die Aktien übernehmen"* (B:52:53). Bereits nach 3 Jahren Einarbeitungszeit im neuen Unternehmen hat er gemeinsam mit Peter Bleibtreu die Aktien im Jahr 1991/1992 übernommen. Gleichzeitig haben sich die Gründer aus dem operativen Geschäft zurückgezogen. Sie sind dabei bewusst rasch zurückgetreten, denn sie hatten den gemeinsamen Grundsatz, dass sie einerseits mit 55 Jahren aussteigen möchten und andererseits im Dienste des Unternehmens keine Familienmitglieder als Nachfolger berücksichtigen wollen. Die Unternehmensübernahme wurde damals mit Bankkrediten finanziert, wobei die Refinanzierung im Jahr 2000 abgeschlossen wurde.

Ab dem Jahr 2002 hat das Unternehmen eine konsequente Expansionsstrategie verfolgt. Dabei stand nicht primär das Ziel der Aktienwertsteigerung im Vordergrund, sondern vielmehr die Verbesserung der Verhandlungsmacht auf dem Markt der Generalunternehmen (B:502:507). Im Zentrum der Überlegungen stand die eigene Position in Verhandlungen mit institutionellen Bauherren wie beispielsweise Gemeinden, Kantonen oder dem Bund. Neben einem forcierten und sehr guten unternehmensinternen Wachstum wurde in diesem Zeitraum auch ein Konkurrent übernommen und mit dem Generalunternehmen fusioniert. In Ergänzung dazu wurden die Umsatzziele neu definiert und eine expansivere Personalpolitik betrieben (B:524:525).

Markus Dormann hatte seit der Unternehmensübernahme die Funktion des Geschäftsführers inne und damit den Aufbau des Unternehmens wesentlich geprägt. *„Ich habe die Bude bis vor einem Jahr, 31.12.2005, als CEO absolut dominant geleitet"* (B:64:65). An einer anderen Stelle des Interviews sagt er: *„Ich bin da wirklich - äh - der Hahn im Korb gewesen und war der Chef bis letztes Jahr"* (B:67:68). Seit der Übernahme im Jahr 1991 und dem eigenen Ausstieg ist das Unternehmen um Faktor 13 gewachsen (C:82:83).

Bereits bei der Unternehmensübernahme trafen Markus Dormann und Peter Bleibtreu im Rahmen eines Aktionärsbindungsvertrags die Abmachung, dass sie ebenfalls mit 55 Jahren das Unternehmen an die nächste Generation übertragen wollen (B:60:60). *„Und dann, als wir 55 waren, dann haben wir gefunden, wir könnten eigentlich eine Ehrenrunde dazu legen"* (B:60:61), mit dem Ergebnis, dass beide das Engagement bis zum 60. Lebensjahr mit einem neuen Aktionärsbindungsvertrag verlängert haben. Gleichzeitig wurde aber auch die Absicht definiert, die Unternehmensnachfolge wieder unternehmensintern zu regeln. In der Folge hat Markus Dormann analog zu seinen Vorgängern eine ganz gezielte Personalpolitik betrieben und Neuzugängen mit Potential die Möglichkeit einer späteren Beteiligung und Unternehmensübernahme signalisiert (B:68:70). Er hat dabei ganz bewusst 40-jährige aufgebaut. Er hat die Annahme getroffen, dass diese noch weitere 20 Jahre arbeiten müssen oder wollen und damit auch genügend Zeit für die Refinanzierung und den eigenen Vermögensaufbau haben (B:70:80).

Als eigentliche Nachfolger wurden bewusst vier Personen mit unterschiedlichen Stärken und Schwächen aufgebaut. Das Eigentum und die Führung wird neu auf vier Personen verteilt, da die Finanzlast sonst zu groß gewesen wäre und das Unternehmen über eine Größe verfügt, die eine ausgeweitete Führungscrew nötig macht (81:83). Markus Dormann wollte mit den 40-jährigen Nachfolgern frühzeitig Verträge abschließen und die anderen - welche nicht berücksichtigt worden sind - entsprechend informieren. Damit wollte er verhindern, dass die potentiellen Nachfolger abspringen (B:91:92).

Im Jahr 2004 wurde der MBO-Vertrag unterzeichnet. Dabei wurde definiert, dass die Aktienanteile in drei Schritten von der einen Generation auf die nächste übertragen werden (B:561:561). *„Aber dann können sie es ja nicht zahlen. Die haben ja auch kein Geld. Und die Banken geben kein Geld, also spielen wir selber Bank. In der ersten Tranche bin ich es. Dann stelle ich denen ein Darlehen zur Verfügung, und die müssen mir das verzinsen und sukzessive abzahlen"* (B:561:564). Im Rahmen der Transaktionspreisberechnung wurden nicht die klassischen Bewertungsmethoden eingesetzt, da der Unternehmenswert in diesem Fall viel zu hoch ausgefallen wäre. *„Ich behaupte ganz einfach, der Aktienpreis ist so hoch als was der Übernehmer in 5 bis 7 Jahren zahlen kann. Wenn er länger als 10 Jahre zahlen muss, dann haben sie keinen Käufer. 5 Jahre sind zumutbar, das ist eine absehbare Zeit. [...] Es muss ein überblickbarer Zeitraum sein"* (B:567:571). *„Und ich habe auch gewusst, was man in sieben Jahren verdienen kann, wenn man es gut macht. Also ist das der Preis. Gar nicht kompliziert. Es muss einfach sein."* (B:575:576). Markus Dormann hat per 31.12.2005 die Geschäftsleitung und damit die Position als CEO an die nächste Generation abgegeben.

Zusammenfassend kann festgehalten werden, dass der Gegenstand der *Unternehmensnachfolge* sowohl eine Führungs- als auch eine Eigentumsnachfolge eines erfolgreichen Generalunternehmens ist. Die *Unternehmensnachfolgeform* entspricht einem Management Buy Out (MBO). Ein zentrales Merkmal der vorliegenden Unternehmensnachfolge ist, dass die Finanzierung in der Form von Darlehen von der abtretenden Generation an die nächste stattgefunden hat, und kein Finanzinstitut als Kreditgeber involviert war (= Nachfolgeform i.e.S.).

Mit Bezug auf die vorliegende Unternehmensnachfolge gilt es abschließend die Hauptmotive von Markus Dormann zu identifizieren, wobei deren drei erkennbar sind. Zum einen will er keine familieninterne Unternehmensnachfolge herbeiführen, zum anderen will er eine Unternehmensübertragung so gestalten, dass sie auch für die nächste Generation eine Chance darstellt. Schließlich kann bei Markus Dormann auch ein gewisses Kontroll- und damit auch Planungsbedürfnis festgestellt werden.

Markus Dormann wurde von seinen Lehrjahren als Geschäftsführer eines Familienunternehmens in der Baubranche stark geprägt (vgl. dazu weiter oben). Daraus ist in ihm die feste Überzeugung gewachsen, dass familieninterne Lösungen nicht erstrangig behandelt werden dürfen. *„Ich möchte doch da nicht so Familienaltlasten nachschleifen. Und wenn einer wirklich gut ist, dann kann man ihn immer wieder einstellen. Dann kann er sich einkaufen"* (B:148:149). Entsprechend haben er und seine Frau darauf Wert gelegt, dass ihre Kinder eigene Berufe erlernen und vom Unternehmen unabhängig auf eigenen Beinen stehen können. *„Also bei mir in der Familie habe ich natürlich immer daheim gesagt - äh - ihr müsst mal erst auf eigenen Füßen stehen. Ihr müsst auch mal an einem anderen Ort beweisen, dass man gut ist"* (B:121:122).

Markus Dormann ist der festen Überzeugung, dass er die gleiche Chance, die er im Jahr 1988 bekommen hat, auch der nächsten Generation bieten möchte. *„Ich bin ein konservatives Gemüt, absolut. Ich habe gefunden, wir haben auch eine Chance gehabt, warum sollen wir sie nicht weitergeben?"* (B:97:98). Diesen Grundsatz verbindet er stark mit dem Thema der Unternehmensbewertung. *„...wenn man da maßvolle Wege findet, da wird auch die nächste Generation wieder den Mut haben, selbständig erwerbend zu werden.* [...] *Aber wenn man so exorbitant*[e Bewertungen] *macht, dann schreckt man ja die nächste Generation ab. Und mir ist es ein Anliegen - es hat junge Leute, die sind fähig, die haben eine hohe Einsatzbereitschaft. Die lernen mit Risiken umzugehen. Wir mussten das auch lernen, mit Risiken umzugehen."* (B:786:792). Am Schluss des Interviews formuliert er diese Grundhaltung auch als normativen Anspruch, den er gerne auch von anderen Unternehmern einfordern möchte: *„Aber ich finde, wir alten Clowns, die wir den Beruf langsam hinter uns haben, müssen dort aufrufen - ein Vorbild sein - - ich hoffe, ich bin ein Vorbild - - , dass auch die nächste Generation noch eine Chance hat. Das sind nicht nur Private Equity und die deutschen Großunternehmungen oder wer auch immer zum Zug kommt. Das kann's nicht sein. Das kann's nicht sein!"* (B:804:807).

Abschließend kann bei Markus Dormann auch ein gewisses Kontroll- und Planungsbedürfnis festgestellt werden, eine Eigenschaft, die jedoch primär aus dem Interview mit Melanie Dormann entnommen werden kann. Sie hält dabei fest, dass Markus Dormann sich sehr stark engagiert und mit dem Unternehmen identifiziert hat. Er hat seine ganze Energie ins Unternehmen eingebracht (B:954:957). Gleichzeitig kommt auch zum Ausdruck, dass er die Dinge gerne im *‚Griff'* und entsprechend unter *‚Kontrolle'* haben will: *„Er ist der Typ, der es selber in der Hand haben muss. Und dann ist das einfach sehr stressig. Dann kann man nicht so sagen, jetzt arbeite ich nur noch halb. Das geht gar nicht. Dann hat man es eben nicht mehr in der Hand. Dann ist einem nicht mehr* *wohl. Also wir haben z.B. nie - - wir waren in den Ferien und er hat immer mit dem Unternehmen telefoniert. Er hat immer den Kontakt gehabt, auch während der Ferien. Weil er ja - - er ist so ein Typ, dass er das - - er braucht immer den Kontakt. Sonst hat er das Gefühl, hier läuft es falsch und dort läuft es falsch"* (B:943:949). Zum Ausdruck kommt dieses Kontroll- und Planungsbedürfnis darin, dass er immer sehr großen Wert darauf gelegt hat, dass Grundsätzliches frühzeitig vertraglich festgehalten wird und damit präventiv auch Sicherheit vermittelt. *„Und diese Verträge sind meinem Mann einfach immer sehr wichtig gewesen. Die hat er immer schon gehütet. Aber man sagt ja, ein Vertrag ist nur so gut, wie die Leute, die daran beteiligt sind (lacht). Das kann man so eigentlich nicht sagen, aber gute Verträge sind eben doch wichtig. Das ist eine Grundlage"* (B:1185:1118).

6.2.2 Herausforderungen im Nachfolgeprozess

Im Rahmen des narrativen Interviews mit Markus Dormann sind einige Herausforderungen im Kontext der Unternehmensnachfolge formuliert worden, die im zweiten strukturierten Teil mit Strukturlegekarten explizit dokumentiert worden sind. Nachfolgend gilt es die Herausforderungen zu umschreiben und die darin involvierten Personen und deren Rollen festzuhalten. Außerdem werden die Herausforderungen auch aus der Sicht der Ehefrau kurz reflektiert. Markus Dormann hat vier Herausforderungen formuliert. Bei den Herausforderungen handelt es sich um

- seinen Eintritt ins Unternehmen;
- das Erreichen von Umsatzzielen;
- die Definition von Zukunftsvarianten;
- die Organisation und Besetzung des MBO.

6.2.2.1 Herausforderung I: Eintritt ins Unternehmen

Der Einstieg ins Unternehmen im Jahr 1988 wird aus der Sicht von Markus Dormann bereits als nachfolgerelevante Herausforderung angesehen, da darin auch Kontextbedingungen verankert sind, die im Verlauf der Nachfolgeregelung wieder zum Zug kommen. Der Eintritt ins Unternehmen als zweite Generation wird hier deshalb als Teil der Vorgeschichte des Nachfolgeprozesses im engeren Sinn verstanden.[729] Die erste Generation verfolgt dabei den Grundsatz, dass zum Schutz des Unternehmens keine Familienmitglieder der drei Gründer als Nachfolger eingesetzt werden (B:856:857). Im Rahmen der vorliegenden Herausforderung können zwei verschiedene Aspekte identifiziert werden. Zum einen geht es dabei um die Entscheidungsfindung als solches, zum anderen aber auch um die gemeinsame Regelung zwischen den beiden Partnern Markus Dormann und Peter Bleibtreu.

Bei der eigentlichen Entscheidung für den Einstieg ins Unternehmen hat vor allem die Ehefrau Melanie Dormann eine zentrale Rolle gespielt. *„Wir haben die Weichenstellung auch daheim diskutiert. Meine Frau ist aber eher auf der bremsenden Seite gewesen. Sie hätte es lieber gehabt, ich hätte wieder die hohen Schuhe getragen, anstatt da mit diesen Lackschuhen und der Krawatte herumlaufen"* (B:650:652). Bei der Entscheidungsfindung sind vor allem zwei zentrale Aspekte diskutiert worden. Zum einen geht es dabei um die andersartige Geschäftstätigkeit, als dies bisher im Rahmen des Bauunternehmens der Fall war, zum anderen aber auch um die umfangreiche Kreditaufnahme bei Banken und damit die Neuverschuldung der Familie.

Melanie Dormann hat festgestellt, dass das Angebot ihren Ehemann stark motiviert hat und seiner Vorstellung der unternehmerischen Selbständigkeit entsprochen hat. *„Und ich habe gesehen, dass mein Mann auch diese Herausforderung will und braucht. Und habe gehofft, dass das gut geht."* (B:1027:1028). Gleichzeitig umschreibt Melanie Dormann die Tätigkeit als Generalunternehmer als eine Tätigkeit einer anderen Dimension im Vergleich zum klassischen Bauunternehmen. *„Das war ein echter Wechsel in eine andere - ganz andere Dimension. Und er war ein Baumeister mit Leib und Seele und ich habe eben genau die Art gern gehabt. Genau der Level. Mit den Arbeitern, die ich gern hatte. Die haben gesagt: hallo Chef (lacht). Es war so - noch mehr auf der menschlicheren Ebene. Es war menschlicher. Es war viel bodenständiger. Und in dem Moment habe ich gedacht, au nein. In so Sphären, wo sie da nur noch managen und nur noch - - und nicht mehr selber bauen. Die anderen bauen ja. Man schaut jetzt nur noch, dass man das optimiert und so etwas - - au nein (lacht). Aber es ist dann - - die Ängste sind dann eigentlich umsonst gewesen (lacht)"* (B:1219:1226).

Parallel stellte die notwendige Verschuldung und Belehnung des Wohneigentums ein zentrales Element der Herausforderung für die Familie dar, denn *„kaum habe ich die Hütte bezahlt, man drin wohnt und endlich schuldenfrei ist - da kommt der Mann und nimmt einen Riesenkredit auf, dass er die Aktien zahlen kann"* (B:670:672). Die damit verbundene Ungewissheit war vor allem auch für die Ehefrau bedeutend, denn sie musste ihr eigenes Wohlergehen in die Hände ihres Ehemanns legen und damit ihm und seinem Buchhalter vertrauen. *„Und ich war sehr froh um den guten Buchhalter, den sie hatten. Ich hatte den Eindruck, der ist vertrauenswürdig. Das ist noch wichtig. Man kann ja da eigentlich nichts machen als Frau. Man kann nur denken, ja doch dem und dem kann man vertrauen. Und sie machen auch das Beste, oder? Und - - ja. (kurze Pause) Und schauen, dass nicht Probleme von daheim belastend sind und so. Das hat es eigentlich nicht gegeben. Mein Mann hat gewusst, dass wenn jetzt da etwas Schlimmes passiert, dann fangen wir halt wieder unten an. Das hat mir an und für sich - - mir hat*

[729] vgl. dazu Abbildung 7, auf Seite 112. Darin wird der Nachfolgeprozess im engeren Sinn mit der Vorgeschichte und Nachbereitung zum Nachfolgeprozess im weiteren Sinn erweitert.

es - - ich war nicht versessen darauf, jetzt da groß und reich zu werden - gar nicht (kurze Pause). Die Risiken waren eigentlich schon da. Und ich bin eher ein wenig ein Sicherheitsmensch.“ (B:1032:1039, vgl. dazu auch B:1140:1146). Als Gegenpol zum eingegangenen Risiko sieht Markus Dormann den Aktionärsbindungsvertrag, welcher immer einen geregelten Ausstieg ermöglicht hätte (B:675:678). *„Wir hatten also Spielregeln für Austrittszenarien. Also der Aktionärsbindungsvertrag der ist für mich am Anfang eine Schlüsselposition gewesen“* (B:491:492).

Die erste Herausforderung wird von den beiden Eheleuten ähnlich wahrgenommen und es können keine Widersprüche zum Kontext festgestellt werden. Die zentralen Themen sind der Einstieg in eine neue und komplexere Branche und damit verbunden ein andersartiges Berufsbild. Außerdem stehen die eigene maximale Verschuldung und damit verbunden eine sehr hohe Risikobereitschaft sowie der Aktionärsbindungsvertrag als Gegengewicht im Zentrum der vorliegenden Herausforderung (vgl. dazu Zusammenfassung der zentralen Themen in Tabelle 12, Seite 193).

6.2.2.2 Herausforderung II: Erreichen von Umsatzzielen

Das Unternehmen weist zwischen 1988 und Ende 2005 ein großes Wachstum aus und ist um den Faktor 13 gewachsen. Damit verbunden ist ein sehr großes persönliches Engagement von Markus Dormann, das viel Energie gekostet hat. Dabei ist er in den letzten Jahren auch an seine physischen Grenzen gestoßen. Deshalb hat er ein Eigeninteresse daran, das Unternehmen rechtzeitig an die nächste Generation zu übertragen. In dieser Herausforderung spielt seine Frau eine Rolle, da sie ihn in seinem Vorhaben uneingeschränkt unterstützt hat. „[Sie hat mich] *voll unterstützt, weil sie natürlich auch gesehen hat, dass ich physisch an die Leistungsgrenze gekommen bin. Sie hat mich nicht pushen müssen. Aber wenn ich eine Frage hatte, habe ich auch eine Antwort bekommen, weil wir haben ja beide gewusst, dass wir das Problem jetzt lösen müssen, sonst haut es mich dann auch mal vom Schemel“* (B:339:242).

Die gleiche Beobachtung wird auch von Melanie Dormann gemacht. *„Er ist immer schon ein wenig, wie soll ich sagen, von der Arbeitsbelastung her am Anschlag gewesen, dass ich gedacht habe, ja also - - mehr darf es nicht sein. Er hat sich voll verausgabt, dass man dann mal gedacht hat, was passiert einmal mit der Firma - - auch mit den Mitarbeitenden.“* (B:1053:1056). Dabei kommt sie zur Erkenntnis, dass das Niveau der Leistungsfähigkeit nicht bis zur Pensionierung auf dem gleich hohen Niveau gehalten werden kann. Gleichzeitig fügt sie jedoch noch einen zusätzlichen Aspekt hinzu: *„Und auch aufgrund der Erfahrungen, die man gemacht hat im Baugewerbe, dass einfach die älteren Inhaber zu alt waren und auch falsche Entscheidungen getroffen haben, die Jungen vielleicht auch nicht rangelassen haben. [...] Es ist so schwer, dass [eine familieninterne Nachfolge] klappt.“* (B:889:891).

Aus dem Interview mit Markus Dormann geht hervor, dass der Miteigentümer Peter Bleibtreu entgegen dem Aktionärsbindungsvertrag gerne noch länger im Unternehmen tätig geblieben wäre. *„Äh* - [wir] *haben dann gesagt, bis 60 und jetzt - äh - mein Partner findet er könnte bis 90 hier sein"* (B:61:62, so auch Melanie Dormann unter B:938:939). Da Markus Dormann jedoch primär selbst für das große Unternehmenswachstum verantwortlich war, ist die Belastung in den letzten Jahren stark gestiegen. Daraus ist in ihm die Überzeugung gewachsen, dass er das Unternehmen im Rahmen der Nachfolgeregelung in die nächste Generation überführen möchte.

Die Herausforderung wird von beiden Eheleuten ähnlich eingestuft und es können auch hier keine Widersprüche zum Kontext erkannt werden. Die zentralen Themen sind Identifikation mit dem Unternehmen, Leistungsbereitschaft bis an die physischen Grenzen, selbstkritische Beobachtung, Rückhalt in der Familie und ein Geschäftspartner, der entgegen der Vereinbarung am liebsten weiterarbeiten möchte (vgl. dazu Zusammenfassung der zentralen Themen in Tabelle 12, Seite 193).

6.2.2.3 Herausforderung III: Definition von Zukunftsvarianten

Durch die Verlängerung des Engagements um weitere 5 Jahre im Rahmen des Aktionärsbindungsvertrags einerseits und durch die zunehmende Belastung im unternehmerischen Alltag andererseits ist die Frage nach der Art und Weise der Nachfolge aufgekommen. Der Diskussions- und Entscheidungsprozess wurde dabei von Markus Dormann im Unternehmen konsequent vorangetrieben. Seine Frau sagt dazu: *„Das ist natürlich schon auf seine Initiative - - er hat das forciert"* (B:911:911).

Wenngleich Markus Dormann fest an die Option Management Buy Out (MBO) geglaubt hat, wurden im Laufe der Zeit auch andere Übertragungsformen diskutiert. Die ausgelösten Diskussionen rund um die Wahl der Übertragungsform hat Markus Dormann deshalb als Herausforderung formuliert. Dabei spielt primär der Hauptaktionär Peter Bleibtreu eine zentrale Rolle, vereinzelt aber auch die Ehefrau Melanie Dormann sowie der älteste Sohn Louis Dormann. Als mögliche Varianten wurde der Verkauf an einen Dritten (und damit einhergehend eine Fusion), der Verkauf an eine Private Equity Gesellschaft und ein Management Buy Out (MBO) diskutiert.

Wie weiter oben bereits dargelegt worden ist, hat eine familieninterne Unternehmensnachfolge auf der Seite von Markus Dormann nie im Vordergrund gestanden.[730] Gegenüber den Kindern wurde bereits frühzeitig kommuniziert, dass die Kinder primär auf eigenen Füßen zu stehen haben und in keiner Weise mit einer Karriere in Vaters Unternehmen rechnen können (B:121:123). Gleiches gilt auch für die Familienmitglieder aus der Familie von Peter Bleibtreu.[731]

---

730 vgl. Kapitel 6.2.1, Seite 178ff.

731 Er hat aus der 1. Ehe zwei Töchter und mit seiner 2. Partnerin eine noch ganz junge Familie (B:142:143).

Eine Alternative stellte der Verkauf und in der Folge die Fusion mit einem Konkurrenten dar, denn gleichzeitig wurde den Eigentümern eine konkrete Offerte von einem größeren Konkurrenten unterbreitet (C:154:155). Für Markus Dormann kam diese Variante jedoch nicht in Frage, da die damit verbundenen Auflagen nicht seinen persönlichen Zielen entsprochen haben. *„Das wahre Problem beim Fusionsprozess - - wir haben auch so Angebote gehabt. Da haben sie gesagt, wir kaufen das schon, aber dann müssen sie noch mal 5 Jahre arbeiten. Dann hat meine Frau gesagt, das kann es jetzt auch wieder nicht sein."* (B:469:471) Gleichzeitig erachtet Markus Dormann diese Gespräche auch als sehr interessant und informativ, denn sie führten zu einer konkreten Auseinandersetzung mit der Frage rund um einen potentiellen Transaktionspreis. *„Interessant ist dann bei so Fusionsgesprächen, vor allem mit dem Treuhandbüro, dass man dann auf einmal feststellt, wie viel wert die Bude ist - und, dass die Bude einen astronomischen Wert hat. Das war für mich alles ein Riesenkaffee. Also was die geschrieben haben, das war für mich nicht sehr gut - - - Millionen!"* (B:472:475).

Eine andere Variante stellte der Verkauf an ein Private Equity Unternehmen dar. Diese Idee hat Markus Dormann vor allem mit seinem ältesten Sohn diskutiert, da dieser solche Transaktionen begleitet. Eine zentrale Erkenntnis, die Markus Dormann aus diesen Diskussionen gezogen hat, war dass auch bei dieser Variante ein funktionierendes Geschäftsleitungsteam hätte etabliert werden müssen (B:436:440) - insbesondere, da er das Unternehmen als Dienstleistungsunternehmen versteht und es deshalb nur mit guten Köpfen im Team etwas wert ist. Markus Dormann drückt seinen Unmut über die Diskussionen und Gespräche im Zusammenhang mit Private Equity wie folgt aus: *„Und* [die] *haben mit Off-Shore-Firmen und all das Zeug - und mit großer Mathematik - was ihnen PwC, Ernst&Young und die alle* [anderen] *liebend gerne ausrechnen, wie viel die Bude wert ist"* (B:98:100). Schließlich hat er sich mit der Option Management Buy Out (MBO) gegen alle anderen Vorschläge durchsetzen können.

Das Hauptmotiv gegen die Verkaufsvariante war bei Markus Dormann die Überzeugung, dass auch die nächste Generation die Chance haben sollte, ein Unternehmen zu übernehmen (vgl. dazu Kapitel 6.2.1, Seite 178ff.). Im Interview mit seiner Ehefrau kommt mit der Mitarbeiterorientierung ein weiterer Entscheidungsaspekt hinzu.

Melanie Dormann betont dass die jüngeren Mitarbeitenden im Unternehmen sehr motiviert und engagiert waren, da sie wussten, dass irgendwann einmal eine Möglichkeit bestehen könnte, sich am Unternehmen zu beteiligen und dass kein Familienmitglied unverhofft als neuer Vorgesetzter eingesetzt wird (B:963:969) – also ähnlich wie es das Ehepaar Dormann selbst erfahren durfte. Gleichzeitig hat das Verantwortlichkeitsgefühl gegenüber den Mitarbeitenden sowohl bei der Option Private Equity als auch bei der Fusion eine Rolle gespielt: *„... das ist einfach nicht so gut, das ist auch für die Mitarbeiter nicht so lustig. Von den Leuten wäre es besser, wenn sie als Firma weiterlaufen könnten (kurze Pause) und wie sagt man denen das, wenn sie ihr Bestes für die Fir-*

ma geben und nachher sagt man, wir fusionieren. Das ist eigentlich auch - - - da kommt man sich nicht so gut vor (kurze Pause) oder Private Equity, dann ist auch - - - da zählen nur noch die Finanzen nachher (Pause)" (B:1058:1062). Dabei formuliert sie den Anspruch an die Nachfolge, dass die Lösung gegenüber Mitarbeitenden „anständig" zu sein hat (B:1102:1103).

Die Herausforderung wird von beiden Eheleuten ähnlich umschrieben und es können keine Widersprüche zum Kontext festgestellt werden. Die Hauptthemen der Herausforderung sind: Verkauf und Fusion bedingt Weiterarbeit im Unternehmen, Unternehmensbewertung für Verkauf führt zu sehr hohem Transaktionspreis, Private Equity braucht auch funktionierende Geschäftsleitung, Private Equity ist von finanzieller Perspektive getrieben, Mitarbeiter sind mit MBO am besten zu motivieren und der Zweifel an der Sinnhaftigkeit von Bewertungsmethoden (vgl. dazu Zusammenfassung der zentralen Themen in Tabelle 12, Seite 193).

6.2.2.4 Herausforderung IV: Organisation und Besetzung von MBO

Die Herausforderung kann darin gesehen werden, dass Markus Dormann die Dinge nicht dem Zufall überlassen will und deshalb frühzeitig das Heft in die Hand nimmt. Dies bedeutet, dass er die Prozesse und Entscheidungen selber aktiv sucht. *„Nein, ich habe nie gewartet. Ich bin - - ich will - - ich habe nie im Leben auf jemanden gewartet. Ich bin auf die Leute zu und sage: hör zu, ich muss dir oder ihnen leider - - nein, ich muss auch sagen, das Peter-Prinzip. Ich habe mal angefangen, über ein halbes Jahr das Peter-Prinzip zu erklären, wo die Grenzen sind und und und"* (B:201:204).[732] Deshalb verfolgt Markus Dormann auch den Ansatz, dass er gleich kommuniziert, wenn es sich bei einer Mitarbeiterbeförderung auch um die letzte handelte (B:209:209). Die frühe Suche und Einarbeitung von guten Kadermitarbeitenden bezeichnet er als bedeutend, da Fehlbesetzungen möglich sind und in diesem Fall auch genügend Zeit besteht, nach Alternativen zu suchen.

Ein zentrales Thema sind dabei erneut die Mitarbeitenden, denn Markus Dormann wollte sicherstellen, dass er ein kompetentes und dynamisches Team zusammenstellen kann. In diesem Zusammenhang sagt er: *„Ohne Leute geht es nicht. Ich habe das immer den Personalchefs gesagt: ich habe immer Leute eingestellt, wo ich das Gefühl hatte, die sind deutlich besser als ich selber"* (B:451:452; so auch 458:458). Gleichzeitig war sich Markus Dormann bewusst, dass die Motivation der Mitarbeitenden stark angeschlagen wäre, wenn sie wüssten, dass das Unternehmen verkauft oder fusioniert würde. Deshalb hat er gegenüber den Mitarbeitenden immer kommuniziert, dass eine unter-

[732] Das Peter-Prinzip geht auf ein satirisches und ironisches Buch mit dem Titel „Das Peter Prinzip" von Laurence Peter und Raymond Hull zurück. Eine Kernaussage dabei ist, dass in einer Hierarchie jeder Beschäftigte zu seiner Stufe der Unfähigkeit aufsteigt und die Arbeit deshalb von den Mitarbeitenden ausgeführt wird, welche die Stufe der Inkompetenz noch nicht erreicht haben.

nehmensinterne Nachfolge bevorzugt wird. Darüber hinaus geht Markus Dormann davon aus, dass diese Art der Kommunikation auch Erwartungshaltungen geschaffen hat. *„Da sind lauter – äh – Fachhochschule, also HTL* [und] *ETH-Leute da. Und jeder denkt, ich bin es ja - logo. Ich will ja lauter A-Typen und verrückte Typen und - - - ein Problem war, jemandem zu sagen, du bist es jetzt eher nicht und warum auch immer"* (B:175:178).

Gleichzeitig hat er die Auswahl der Kandidaten nicht dem Zufall überlassen und deshalb eng mit einem Personalberatungsunternehmen zusammengearbeitet – ein Modell, das er bei allen Mitarbeitenden eingesetzt hat (B:267:282). Aus dem Interview können zwei Grundsätze abgeleitet werden. Zum einen will Markus Dormann nur die Besten für sein Unternehmen haben und ist bereit, dafür auch Geld zu investieren. Zum anderen müssen alle Mitarbeitenden – inklusive seiner Person selbst – ein Assessment absolvieren, damit das Team möglichst optimal besetzt werden kann. Gleichzeitig gibt er aber auch Einblick in sein eigenes Profil. *„Aber ich habe schon vor 10 Jahren angefangen, keine Mitarbeiter ohne Assessment – runter bis zur Telefonistin übrigens, ganz konsequent"* (B:268:270).

Das Assessment hat ergeben, dass sich das neue Team der vier Geschäftsleitungsmitglieder aus vier verschiedenen Charakteren zusammensetzten sollte, was im Folgenden auch angestrebt wurde (B:353:354). Dabei betont Markus Dormann die anzustrebende Mischung, um nachhaltig den Erfolg sicherzustellen. *„.. du darfst nicht nur Geldmaschinen einstellen. Es dürfen auch noch Leute sein, die noch eine andere Dimension im Leben sehen als Geld. Aber wir brauchen auch solche, die nur ans Geld denken"* (B:366:368). Heute bezeichnet er die ausgewählten Mitarbeiter als *„Kronprinzen"* (B:116:116).

Die Herausforderung wird von beiden Eheleuten ähnlich eingeschätzt, wenngleich aus dem Interview mit Melanie Dormann diesbezüglich wenig zu entnehmen ist. Als Hauptthemen der Herausforderung können hohes Kontroll- und Planungsbedürfnis, Mitarbeiterorientierung sowie bewusstes und gezieltes Personalmanagement mit Assessments genannt werden (vgl. dazu Zusammenfassung der zentralen Themen in Tabelle 12, Seite 193). Auch hier können kontextbezogen keine Widersprüchlichkeiten identifiziert werden. Mit Bezug auf Markus Dormann formulierte Melanie Dormann keine zusätzlichen Herausforderungen.

Wenngleich der Mann im Zentrum der vorliegenden Arbeit steht, soll im Sinne der Vollständigkeit auch hier kurz auf die Frau eingegangen werden. Wie bereits aufgezeigt wurde, ist Melanie Dormann eine wichtige Gesprächspartnerin für Markus Dormann. Das Ehepaar führt eine Beziehung mit klassischer Rollenverteilung. In diesem Kontext ist es ihre persönliche Herausforderung zu gewährleisten, dass es innerhalb der Familie keine Konflikte gibt. *„Das war für mich immer das Wesentliche. Also für mich war die Familie wichtiger als das Geschäft (kurze Pause). Dass die Ausbildung der Kinder klappt. Dass sie werden können, was sie wollen. Dass es mit der Schule klappt. Das war von Anfang - - - das war mir von Anfang an sehr wichtig"* (B:118:1121).

Für die Zeit nach der Unternehmensnachfolge formuliert sie des weiteren die Herausforderung, dass sie für die Arbeiten im Haushalt weniger Zeit zur Verfügung hat, da das Ehepaar seit dem Rückzug wesentlich mehr auf Kurzreisen geht. *„Ich habe jetzt nicht mehr so - - - man kann nicht sagen Freiheiten - - - aber der ganze Ablauf ist anders. Und für mich ist das einschneidender als für* [mein Mann ...]. *Und dann wird meine Woche ganz kurz"* (B:1396:1399). Mit viel Humor sagt sie weiter: *„Im Garten macht er immer noch nichts (lacht). Aber er war nie so, dass er weil er ein Mann ist, zu stolz wäre, einen Lappen in die Hand zu nehmen. Höchstens, dass er es nicht kann (lacht). Oder nicht kochen will. Aber dann räumt er mal die Spülmaschine ein. - - Nein, da haben wir wirklich kein Problem"* (B:1407:1411). Trotzdem handelt es sich um eine Veränderung der Gewohnheiten: *„Ich muss alles unter Stress unter einen Hut bekommen. Den Garten, schauen, dass das gemacht ist, bevor man wieder weggeht - und so. Der Ablauf für mich ist strenger geworden"* (B:1437:1439).

Zusammenfassend können die Herausforderungen von Markus Dormann wie folgt dargestellt werden:

Herausforderung	Damit verbundene Themen
I. Eintritt ins Unternehmen	• neue / komplexere Branche; • andersartiges Berufsbild; • eigene / maximale Verschuldung; • hohe Risikobereitschaft; • Aktionärsbindungsvertrag.
II. Erreichen von Umsatzzielen	• Identifikation mit dem Unternehmen; • Leistungsbereitschaft bis an physische Grenzen; • selbstkritische Beobachtung; • Rückhalt in der Familie; • Partner, der entgegen Vereinbarung am liebsten weiterarbeiten möchte.

III. Definition von Zukunftsvarianten	• Verkauf und Fusion bedingt Weiterarbeit im Unternehmen; • Unternehmensbewertung für Verkauf führt zu sehr hohem Transaktionspreis; • Private Equity braucht auch funktionierende Geschäftsleitung; • Private Equity ist von finanzieller Perspektive getrieben; • Mitarbeiter sind mit MBO am besten zu motivieren; • Zweifel an der Sinnhaftigkeit von Bewertungsmethoden.
IV. Organisation und Besetzung von MBO	• hohes Kontroll- und Planungsbedürfnis; • Mitarbeiterorientierung; • Bestimmung von „Kronprinzen" inkl. Absage an potentielle Nachfolger; • bewusstes und gezieltes Personalmanagement mit Assessments.

Tabelle 12: Herausforderungen im Nachfolgeprozess (Fall B)[733]

6.2.3 Emotionen im Nachfolgeprozess

Entsprechend dem dritten Analyseschritt stehen nachfolgend die Emotionen von Markus Dormann im Zentrum der Betrachtung. Dabei gilt es erneut in einem ersten Schritt Formulierungen zu identifizieren, die mit Emotionen in Verbindung gebracht werden können. Anschließend wird versucht, deren Bedeutungsinhalt sowie Ursachen und Wirkungen im Kontext zu verstehen.

6.2.3.1 Emotionen während der Herausforderung I

Als erste Herausforderung wurde im vorliegenden Fallbeispiel der eigene Einstieg ins Unternehmen definiert. Markus Dormann beschreibt die Situation als er das Angebot für den Unternehmenseintritt und die spätere Beteiligungsmöglichkeit bekommen hat wie folgt: *„Dann habe ich gedacht, das ist jetzt aber höllisch (a). Da gab es viele Emotionen. Weil ich eigentlich Baumeister von Beruf war, von Haus aus - - und auf einmal kommt so ein Dienstleistungsbetrieb, der mehr eine Bank ist, mehr bankähnliche Ansätze hat und das Bauen auch noch zusätzlich macht [...] Das war ein neuer Beruf für mich, ein restlos neuer Beruf"* (B:585:588). Die Formulierung *„höllisch"* hat dabei etwas Diabolisches und kann mit Hitze, Feuer und damit Aktivität in Verbindung gebracht werden. Das Angebot wird von Markus Dormann als etwas *„Unglaubliches" (b)* wahrgenommen. Im Kontext betrachtet kann die Überraschung bezüglich der Andersartigkeit der Branche [= man traut ihm das zu] aber auch als Türöffnung in die gewünsch-

733 Eigene Darstellung.

te Selbständigkeit verstanden werden. Die vorliegenden Emotionen können den intentionalen Gefühlen zugesprochen werden, da eine erhöhte Aktivierung seines Engagements zu erkennen ist. Zum einen wird im Rahmen dieser Emotion ein innerer Wunsch (= intrapersonell) angesprochen die unternehmerische Selbständigkeit zu erlangen, das Angebot wird von anderen von außen an (= Umfeld) Markus Dormann herangetragen.

Den Entscheid für den Wechsel und die Beteiligung umschreibt Markus Dormann weiter wie folgt: *„Da war es ein besonderes Gefühl - - der Sprung ins kalte Wasser"* (c) (B:580:580). Der Sprung ins kalte Wasser steht für die Überwindung der Zurückhaltung und der Angst vor der Kälte und dem Ungewissen. Damit in Verbindung stehen das anschließende Zusammenziehen und die gleichzeitige Aktivierung des Körpers. Bildlich bildet der Begriff aber auch einen Gegenpol zum Feuer in der obigen Hölle. Im Kontext kann das kalte Wasser vor allem mit der andersartigen Branche in Verbindung gebracht werden, was weiter oben auch mit dem Bild des Schuhwechsels formuliert worden ist [der Umtausch der hohen Schuhe mit Lackschuhen]. Die Veränderung führt gleichzeitig zu einem neuen Lernprozess. Das Sicherstellen und Erbringen des Nachweises, dass es funktioniert, fordern Markus Dormann heraus und motivieren ihn stark. Deshalb wird diese emotionale Formulierung den intentionalen Gefühlen zugeordnet.

In Bezug auf Markus Dormann bezeichnet seine Ehefrau Melanie Dormann diese Herausforderung auch als *„strenge Phase"* und hat bei ihrem Ehemann *„Stress"* (d) diagnostiziert (B:1287:1293), der auf eine Doppelbelastung zurückzuführen ist. Zum einen musste er sich so rasch wie möglich im neuen Unternehmen einarbeiten und behaupten, zum anderen musste er gleichzeitig seine Nachfolge beim alten Arbeitgeber sicherstellen. *„Wie wenn man da in eine neue Firma hinein kommt, wird man nicht von allen mit offenen Armen empfangen. Da ist man auch Konkurrent und alles"* (B:1293:1295). Dabei handelt es sich um eine Reaktion auf das *„kalte Wasser"*. Die Belastung rührt deshalb einerseits von der Doppelbelastung, andererseits von der Schaffung von Akzeptanz im neuen Unternehmen her. Die Belastung wird vorliegend als Stimmung interpretiert, welche den Zeitraum des Übergangs begleitet hat.

Eine Ursache für den erlebten Stress kann weiter im hohen eingegangenen Risiko gesehen werden, denn der Zeitpunkt der vollständigen Schuldenrückzahlung wird als große Erleichterung für die Familie erlebt. Markus Dormann sagt dazu: *„Aber im Kerngeschäft, wenn sie da mal wieder schuldenfrei dastehen, dann kann man wieder atmen"* (B:685:686). Bildlich gesprochen drückt die Verschuldung auf den Brustkorb und die Lunge, die Luft wird knapp, so dass das Atmen schwer fällt und damit auch die Bewegungsfreiheit einschränkt wird. Die Verschuldung hat aber auch bei Melanie Dormann eine große Bedeutung, denn über den Zeitpunkt der abgeschlossenen Amortisation im Jahr 2000 sagt sie: „[...], *sondern auch die Last von der Schuld. Ich meine, wir haben ja - - das ist - - dann konnte man sagen, gut, was auch immer jetzt passiert - - man hat dann keine Forderung mehr. Wenn es jetzt auch alles - - - ja, man weis es ja nicht.*

(Pause) Dann hat man einfach nichts mehr, aber nicht unter Null" (B:1009:1012). Dabei steht die Verpflichtung gegenüber Dritten im Zentrum der Überlegung. Der Kredit wird dabei von der Familie aufgenommen, stellt aber gleichzeitig eine psychologische intrapersonelle Belastung dar, denn nach außen möchte man im Grunde keine Verpflichtungen in dieser Höhe eingehen.

Eine weitere Ursache für den wahrgenommenen Stress könnte in der Ausbildung von Markus Dormann gesehen werden, denn Melanie Dormann sagt im Interview: *„Er hat ja kein Hochschulstudium. Er musste ja dann auch Vorträge halten und Sachen organisieren, was er ja vorher auch nie gemacht hat. Das war für ihn schon eine Herausforderung. Und das ist auch langsam gewachsen und - - da war er anfangs nervös (e) und später weniger."* (B:1131:1134). Dies bedeutet, dass die entsprechenden Fähigkeiten und Kompetenzen und vor allem die Erfahrung anfänglich haben erschlossen werden müssen. Diese neue Herausforderung ist im Kontext des Unternehmens aber auch der Stakeholder des Unternehmens zu verankern.

Wirkungen der Emotionen können im Text keine direkt abgelesen werden und müssen im Rahmen einer offenen Interpretation gesucht werden. Im Rahmen der besprochenen Herausforderung können primär intentionale Gefühle identifiziert werden, die vorliegend vor allem zu einer Aktivierung, zu einem hohen Engagement und zu einer hohen Einsatzbereitschaft im Unternehmen geführt haben. Markus Dormann hat alle Kräfte mobilisiert um den Übergang vom Arbeitnehmer zum Arbeitgeber erfolgreich zu gestalten. Gleichzeitig kann auch eine hohe Dialogbereitschaft zwischen den Eheleuten Markus und Melanie Dormann gefunden werden. Das Eingehen eines Schuldverhältnisses zwischen Familie und Bank hat die Familie unter Umständen auch als eine „Schicksalsgemeinschaft" stärker miteinander verbunden, denn das Risiko wurde gemeinsam eingegangen. Auch könnte die „klassische Rollenverteilung" zwischen Mann und Frau dem Entscheid für die unternehmerische Selbständigkeit zugesprochen werden.

6.2.3.2 Emotionen während der Herausforderung II

Die zweite Herausforderung umfasst die Expansionsstrategie und das damit verbundene Generieren von Umsatz. Aus dem Transkript kann entnommen werden, dass Markus Dormann dafür eingangs eine ähnlich Umschreibung sucht wie bei der ersten Herausforderung: *„Und, äh, dann sehen sie auch, warum der* [Peter Bleibtreu] *eher noch gewollt hätte, ich aber gespürt habe, dass ich an eine physische Grenze gestoßen bin. Irgendwo magst du dann nicht mehr. Es ist gar nicht mehr so sehr lustig. Und, äh, wir haben da im Wachstum gemacht, gemacht, gemacht. Das war grauenvoll (f), das war höllisch (g)"* (B:84:87). Erneut verwendet er den Begriff *„höllisch"*, der in Kapitel 6.2.3.1 bereits umschrieben worden ist. Damit wird ein intentionales Gefühl zum Ausdruck gebracht, das eine Form hoher Aktivierung, Motivation und Antrieb ausdrückt. Nicht nur der Einstieg und die Einarbeitungsphase ins Unternehmen waren mit Stress verbunden, sondern auch die Schlussphase. Die Formulierung „grauenvoll“ wird vorliegend mehr als Stimmung interpretiert, welche die Belastung in diesem Zeitraum zum Ausdruck bringt. Der Hauptgrund für eine forcierte Expansionsstrategie ab dem Jahr 2002 ist vor allem in der Erhöhung von Marktmacht gegenüber institutionellen Bauherren zu sehen (vgl. dazu Kapitel 6.2.2.2, Seite 187).

Gleichzeitig hat das Verdienen von Geld auch etwas mit persönlicher Macht (h) und persönlichem Antrieb zu tun. Melanie Dormann sagt dabei über ihren Mann: *„Für meinen Mann war natürlich das Verdienen von viel Geld schon ein Motor. Vielmehr als für mich (kurze Pause). Unabhängig sein - auch Sicherheit haben“* (B:1189:1191). Für Markus Dormann ist es ein ansprechendes Ziel, als einer der Marktführer tätig zu sein. Dazu sagt er: *„Aber Macht ist noch ein lustiges Gefühl, wenn sie von Emotionen sprechen. Das ist manchmal sehr lustig. Es ist auch eine Belastung“* (B:600:602). Das Erreichen und der Erhalt einer Machtstellung sind vorliegend mit einem hohen Engagement verbunden, das an die Grenzen der physischen Leistungsfähigkeit geht. Gleichzeitig betont Markus Dormann, dass er der abtretenden Generation empfiehlt, die Profilneurose abzulegen (B:823:823). Darunter versteht er den Versuch, die Erfolgserlebnisse und Lorbeeren der neuen Generation zuzusprechen. Selbstkritisch hält er in diesem Zusammenhang fest: *„Das ist vielleicht auch manchmal der Motor, dass man so weit geht. So eine schüchterne Maus, die geht nicht - - manchmal wird man auch getrieben von dem. Macht, Macht ist ja offensichtlich einer von den zwei Trieben. Macht und das andere der Sex. Das hat es jetzt in der Bauwirtschaft weniger ...“* (B:842:844). Die Wirkung von Macht kann als Triebkraft umschrieben werden. Nach außen gerichtet geht es darum, seine Position im Vergleich zu anderen zu verbessern und die bessere Position gegenüber den Unterlegenen auch auszunutzen. Andererseits führt Macht auch zu Ansehen, Ruhm und Anerkennung. Diese beiden Wirkungsmöglichkeiten können dabei als *„lustig“* empfunden werden, was vorliegend als etwas Reizvolles interpretiert wird. Auf der Ebene des Individuums kann aber auch von einem individuellen Antrieb gesprochen werden, was zu einer erhöhten Leistungsbereitschaft führt. Der sich selbst und von außen auferlegte Erwartungsdruck kann aber auch zur Belastung werden. Markus Dormann spricht dabei selbst von physischen Grenzen, die ausgelotet und erreicht werden (vgl. dazu Kapitel 6.2.3.1).

Für Melanie Dormann ist der bewusste Entscheid frühzeitig Verantwortung abzugeben und aus dem Unternehmen auszusteigen von großer Wichtigkeit. *„Denn ich will ja nicht, dass er einen Herzinfarkt bekommt am Schluss. Und ein Kandidat wäre er schon, weil er nicht halb arbeiten kann. Und er hat so einen Drang und kann sich so aufmunitionieren. Auch wenn er jetzt müde ist, kann er sich einfach mit Willen ... und das ist natürlich schon noch gefährlich. Und er hat immer sehr gerne gearbeitet“* (B:1306:1309). So kann die Selbstreflexion innerhalb der Familie zwischen den beiden Eheleuten als ein Ergebnis interpretiert werden. Weiter kann als eine Form der Verdrängung von negativen Gefühlen auch Humor oder Sarkasmus beobachtet werden. Markus Dormann macht in diesem Zusammenhang folgende Aussage: *„Ich bin zwar gut versichert, aber sie* [= meine Frau] *hat dennoch gefunden, es wäre besser, wenn ich es überleben würde. Nein, nein. (lachen)"* (B:342:344). Obwohl er sich selbstkritisch hinterfragen kann und seine Aussage humorvoll verstanden werden soll, steckt darin auch eine gewisse Wahrheit.

Bei der Abgabe der operativen Verantwortung kommt dementsprechend auch die Entlastung und Erleichterung (i) zum Tragen. *„Das ist eine riesige Befreiung. Ich bin nicht mehr für die Aufträge zuständig. Wissen sie, wenn sie jeden Kalendertag für 1 oder 2 Millionen Aufträge an Land ziehen müssen, dann ist das ein Druck der gewaltig ist. Das muss ich nicht mehr"* (B:703:706). Damit kann eine positive Stimmung verbunden werden.

6.2.3.3 Emotionen während der Herausforderung III

Bei der dritten Herausforderung geht es um die Diskussion der verschiedenen Nachfolgevarianten. Im Zusammenhang mit der eigentlichen Diskussion können aus dem Transkript direkt keine emotionalen Formulierungen identifiziert werden. Es kann jedoch eine Auseinandersetzung mit der eigenen Pensionierung gefunden werden. Die Klausel im Aktionärsbindungsvertrag, dass Markus Dormann die Arbeit 55jährig niederlegen soll, führte zu der folgenden Reaktion: *„Für mich war das - - - die Emotion war höchstens, dass ich mich da zu jung gefühlt habe, wenn ich da jetzt die Emotionen sagen darf. Zu jung, ich habe gedacht, was - - und jetzt Rentner? Und jetzt nur noch jassen, Rentner und sagen das Leben sei schön - - und nur noch Reisen gehen? Das ist ja grauenvoll (j) so etwas. Reisen ist schon schön, aber nur noch - - nur noch, das ist nichts für mich"* (B:593:597) – eine Umschreibung die vorliegend als Stimmung interpretiert wird. Dabei kann die Vorstellung des „Nichts-Tuns" auf sich selbst bezogen sein – könnte aber auch als ein gewisser Statusverlust in der Öffentlichkeit interpretiert werden.

Die Diskussionen rund um alternative Nachfolgelösungen wie beispielsweise Private Equity, Unternehmensverkauf an Konkurrenz oder Fusion hat Markus Dormann aufgezeigt, wie hoch das Unternehmen bewertet werden könnte. Auch wenn keine direkten Hinweise auf Emotionen im Transkript identifiziert werden können, dürfen affektive Gefühle wie Verwunderung und Überraschung (k) zugesprochen werden, wobei sich diese auf die Unternehmenswerte an sich richten. Gleichzeitig kann aber festgestellt werden, dass seine innere Überzeugung der nächsten Generation eine ebensolche Chance zu geben sehr stark verankert war. Diese Werthaltung führte dazu, dass der Transaktionspreis für den MBO wesentlich tiefer angesetzt wurde als die Bewertungen als Empfehlung ergeben haben.

6.2.3.4 Emotionen während der Herausforderung IV

Bei der vierten und letzten Herausforderung steht die Organisation und Besetzung des MBO-Teams im Zentrum. Die Selektion von Mitarbeitenden führt auch dazu, dass einzelnen Personen kommuniziert werden muss, dass es keinen weiteren Karriereschritt gibt und es entsprechend Momente gibt, in denen gewisse Mitarbeiter enttäuscht werden müssen, da der Weg entgegen deren Vorstellungen nicht mehr weiter geht. *„Das ist eben das Frustrierende (l). Mir tut es ja auch weh, wenn ich einen* [Mitarbeiter] *bitter enttäuschen muss und ihm sagen muss, du bist es nicht“* (B:207:208). Dabei wird die Frustration vorliegend als Stimmung interpretiert, wobei die Ursache sich auf die Mitarbeiterbeziehung und das Unternehmen bezieht. Eine direkte Wirkung kann nicht identifiziert werden.

Weiter steht aus emotionaler Perspektive die Vertragsunterzeichnung im Zentrum der Transkriptanalyse, denn in Bezug auf andere Teilelemente konnten keine weiteren Emotionen identifiziert werden. Mit der Unterzeichnung verbindet Markus Dormann eine *„leichte Erleichterung“*. *„Äh, da hat man den MBO-Vertrag und weiß, das ist die Zukunft. Aber für mich ist die Erleichterung erst dann da, wenn ich weiß, jetzt können sie fliegen. Das können sie jetzt noch nicht“* (B:603:605). Erst wenn die neuen Inhaber das Unternehmen ganz selbständig führen können, wird er das Gefühl der großen Erleichterung verspüren. Bildlich gesprochen geht es nicht nur um das „zur Welt bringen“ von jungen Vögeln, sondern auch um deren Erziehung und Schulung bis zum eigenständigen Fliegen. Die Emotion kann damit als Stimmung interpretiert werden, jedoch mit einem leicht intentionalen Charakter – denn er will das junge Team [= Kronprinzen, vgl. weiter oben] noch unterstützen.

Die Erleichterung wird mit persönlichem Erfolg in Verbindung gebracht, denn wenn die Nachfolger selbständig und erfolgreich fliegen können, sagt Markus Dormann vorausschauend: *„Dann habe ich es gut gemacht“* (B:605:605). Melanie Dormann umschreibt die Situation wie folgt: *„Dass es dann geklappt hat* [mit dem MBO-Vertrag], *das war eigentlich eine Entlastung. Als dann diese Verträge unter Dach gewesen waren. Als auch der Partner meines Mannes dies unterschrieben hat. Er wollte noch ein Weilchen so weiter machen, wie es war.“* (B:1340:1342). Dabei kommt zum Ausdruck, dass die Erleichterung nicht nur auf die Zusage der Nachfolger zurückgeht, sondern auch auf das Einlenken seines Partners und die gemeinsame Definition des Nachfolgeprozesses zwischen den beiden bisherigen Gesellschaftern. Damit kann als Quelle dieser Stimmung mit intentionalem Charakter die Beziehung mit Peter Breibtreu (= interpersonell) und die Beziehung zu den Mitarbeitenden als Anspruchsgruppe gesehen werden.

In Bezug auf die Unternehmensnachfolge im Allgemeinen hält Markus Dormann im ersten Teil des Interviews fest, dass er im Zusammenhang mit dem gewählten Zeitpunkt keine Emotionen hatte, denn der Lösungsweg wurde bereits sehr früh abgesprochen.

Entsprechend nüchtern formuliert er die Situation wie folgt: *„Und ich wusste schon beim Eintritt in die Firma, mit 43, also mit 55 höre ich auf. Dann haben wir es noch auf 60 verlängert. Dann gibt es keine Gefühle mehr - - ohje - da musst du Abschied nehmen oder so irgendetwas. Und am Schluss habe ich mich dann doch nicht verabschiedet, darum sitze ich ja hier. Nein - keine Gefühle. Keine unangenehmen, sondern einfach ein sauberer Arbeitsablauf, wie auf einer Baustelle. Das ist ein sauberer Prozess. Und wenn Sie den im Griff haben, dann gibt es einen Erfolg für Sie. Jawohl, ich habe die Richtigen eingestellt. Die kommen sogar noch miteinander klar und und und. Das sind schon - - - das sind schöne Momente, aber wegen dem von Glücksgefühlen würde ich jetzt nicht reden"* (B:232:239).

In der Übergangsphase steht Markus Dormann bei Fragen den Nachfolgern noch zur Verfügung. Damit verbindet er als Mensch auch kleine Glücksgefühle (n), da er das Gefühl hat noch etwas schlauer zu sein als die anderen (B:251:253). *„Aber – äh – das sind die kurzfristigen Glücksgefühle. Das ist wie beim Verteilen von Geschenken. Aber unternehmerisch gesehen glaube ich, habe ich dann ein Glücksgefühl, wenn ich sehe es läuft gut ohne mich - unternehmerisch. - - - Klar ist das immer schön, wenn jemand zu einem kommt* [um etwas zu fragen]*"* (B:253:256). Diese Art von Emotionen wird vorliegend als affektives Gefühl interpretiert. Da der Nachfolgeprozess zum Zeitpunkt des Interviews noch nicht vollständig abgeschlossen ist, kann der Gefühlszustand nach Abschluss des Prozesses noch nicht abschließend erfasst werden. Trotzdem deutet Markus Dormann an, dass er von Erleichterung und Zufriedenheit (o) spricht, wenn das neue Führungsteam in drei Jahren den Umsatz und Ertrag hat halten können (B:243:245), was vorliegend als positive Stimmung interpretiert wird. Als Ergebnis darf insgesamt ein relativ leicht gefallenes „Loslassen" zugesprochen werden.

Die Umschreibung der Emotionen und deren Ursachen und Wirkungen können zusammenfassend wie folgt dargestellt werden:

H		Stichworte	Interpretation				
			A	B	C	D	E
I	E(a)	• Angebot ist höllisch	Intentionales Gefühl				
	E(b)	• Angebot ist unglaublich	Intentionales Gefühl				
	E(c)	• Sprung ins kalte Wasser	Intentionales Gefühl				
	E(d)	• Anstrengende Phase / Stress	Stimmung				
	E(e)	• Nervosität (Referate etc.)	Intentionales Gefühl				
	U	• E(a, b, c, c, e): Chance für die unternehmerische Selbständigkeit wird möglich	X			X	
	U	• E(a, b, c, c, e): Ein neues Berufsbild	X			X	
	U	• E(a, b, c, c, e): Behaupten gegenüber den bisherigen Mitarbeitenden		X		X	
	U	• E(a, b, c, c, e): Doppelbelastung (neuer / alter Arbeitgeber)	X			X	
	U	• E(a, b, c, c, e): Hohe Risikobereitschaft; großer Bankkredit bei der Bank aufgenommen	X		X		X

	U	• E(e): Referate und Organisation von „Außenauftritten"				X	X
	W	• E(a, b, c, c, e): Engagement, Einsatzbereitschaft				X	
	W	• E(a, b, c, c, e): Aktivierung, Motivation, Antrieb				X	
	W	• E(a, b, c, c, e): Dialogbereitschaft; Familie als Schicksalsgemeinschaft (= Schuldner)		X	X		
	W	• E(a, b, c, c, e): „Klassische" Rollenverteilung zwischen Mann und Frau		X	X		
II	E(f)	• das war grauenvoll	Stimmung				
	E(g)	• das war höllisch	Intentionales Gefühl				
	E(h)	• persönliche Macht	Intentionales Gefühl				
	E(i)	• Entlastung und Erleichterung	Positive Stimmung				
	U	• E(f, g, h): Wachstumsrate / Umsatzverantwortung				X	
	U/W	• E(f, g, h): Physische Grenze der Belastbarkeit	X			X	
	U	• E(i): Abgabe der Verantwortung					
	W	• E(f, g, h): Aktivierung, Motivation, Antrieb	X			X	
	W	• E(f, g, h): Antrieb bis an physische Leistungsfähigkeit, Motivation und Belastung aus Macht	X		X	X	X
	W	• E(f, g, h): Selbstreflexion der Leistungsfähigkeit	X	X	X		
	W	• E(f, g, h): Humor und Sarkasmus (Ich-Bezug – Verdrängung – mit starkem Willen die pers. Grenzen ausweiten).	X	X	X		
III	E(j)	• das ist grauenvoll	Stimmung				
	E(k)	• Verwunderung und Überraschung	Affektives Gefühl				
	U	• E(j): Vorstellung der Rentnerrolle	X				X
	U	• E(k): Unternehmensbewertung				X	X
	W	• relativ tiefer Transaktionspreis			X	X	
IV	E(l)	• Frustration	Stimmung				
	E(m)	• Leichte Erleichterung (Unterzeichnung)	Stimmung mit leicht intentionalem Charakter				
	E(n)	• Kleine Glücksgefühle	Affektives Gefühl				
	E(o)	• Erleichterung und Zufriedenheit	Stimmung				
	U	• E(m): Entlastung	X			X	
	U	• E(l): Enttäuschen von Mitarbeitenden		X		X	
	U	• E(m): Vertragsunterzeichnung		X		X	X
	U	• E(m): Langfristig orientierte und konsequente Prozessgestaltung, mit Selbstverpflichtung	X			X	
	W	• E(n, o): Erleichtertes „Loslassen" vom Unternehmen	X			X	

Legende:
- H = Herausforderung
- E(a) bis E(o) = Emotionen
- U = Ursache; W = Wirkung
- A = Intrapersonell, B = Interpersonell, C = Familie, D = Unternehmen, E = Gesellschaft / Öffentlichkeit und Anspruchsgruppen

Tabelle 13: Identifizierte Emotionen[734]

[734] Eigene Darstellung.

6.2.4 Die Bedeutung der Emotionen im Allgemeinen

Abschließend wird auch für diesen Fall die Bedeutung der Emotionen im Nachfolgeprozess zusammenfassend betrachtet, wobei einzelne Wiederholungen nicht ausgeschlossen werden können. Dabei werden die Herausforderungen, die damit verbundenen Emotionen und deren Ursachen und Wirkungen im Zeitkontext und in Bezug auf die vier Analyseebenen diskutiert. Bezugspunkte für die Betrachtung sind der Nachfolgeprozess (vgl. Abbildung 17, Seite 181), die darin vom Unternehmer definierten Herausforderungen und damit verbundenen Themen (vgl. Tabelle 12, Seite 193) sowie die Diskussion der Emotionen mit Bezug auf die Herausforderungen (vgl. Tabelle 13). Ein Überblick wird in der nachstehenden Abbildung 18 gegeben. Darin werden die wichtigsten Zeiträume, Personen, Stakeholder und speziell prägende Elemente wie beispielsweise der Aktionärsbindungsvertrag im vorliegenden Fall abgebildet.

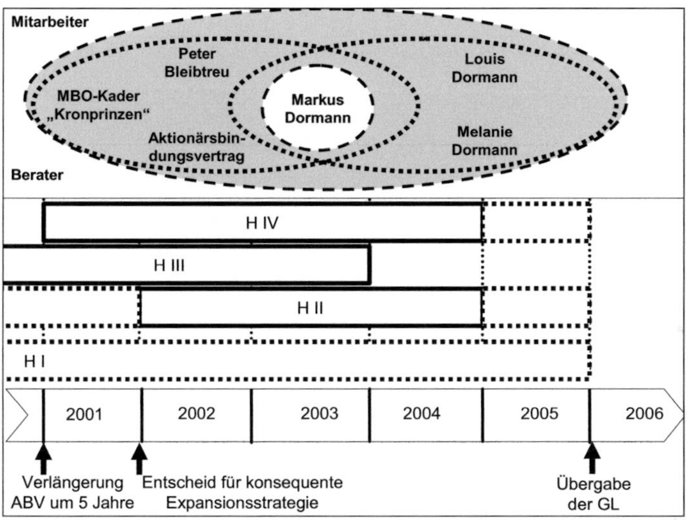

Abbildung 18: Herausforderungen und Emotionen im Nachfolgeprozess[735]

Aus einer Zeitpunktbetrachtung können der Abschluss das Aktionärsbindungsvertrags (= ABV), dessen Verlängerung, der Entscheid für eine bewusste Expansions- und Wachstumsstrategie sowie der Zeitpunkt der operativen Führungsabgabe durch Markus Dormann zeitlich festgemacht werden. Die formulierten Herausforderungen entfalten sich im Unterschied dazu im Zeitverlauf.

[735] Eigene Darstellung. ABV steht für Aktionärsbindungsvertrag, GL für Geschäftsleitung.

Die *erste Herausforderung* ist auf den Zeitpunkt zurückzuführen, als Markus Dormann ins Unternehmen eingestiegen ist und wirkt bis in den Zeitraum der Nachfolgeregelung rein. Die zum Zeitpunkt des Eintritts umschriebenen Emotionen können primär als starke persönliche Gefühle mit intentionaler Wirkung interpretiert werden. Dabei galt es vor allem, die Balance zwischen persönlicher Herausforderung und Wahrnehmung der Chance zur unternehmerischen Selbständigkeit einerseits und der privaten Verschuldung und der damit verbundenen finanziellen Risikobereitschaft andererseits zu finden. Zwei Elemente können für die spätere eigene Unternehmensnachfolge als prägend interpretiert werden. Die finanzielle Verschuldung hat bei Markus Dormann zu einem starken Antrieb (= intentionales Gefühl) geführt. Die Wirkung des Antriebs hat sich vor allem im Unternehmen in Form eines positiven Geschäftsgangs entfaltet. Umgekehrt war das Gefühl der Erleichterung groß (= Emotion als Stimmung), als die Schulden amortisiert waren. Als zweites Element muss der Aktionärsbindungsvertrag angesehen werden, welcher vorliegend eine Funktion der Entemotionalisierung übernimmt. Entsprechend nüchtern umschreibt Markus Dormann eingangs die Unternehmensnachfolge (Nachfolgeprozess = sauberer Arbeitsprozess). So gesehen kann der Aktionärsbindungsvertrag als wichtiges Instrument gesehen werden, um sich selbst und die späteren Nachfolger zu schützen.

Bei der *zweiten Herausforderung* steht das hohe Wachstum im Zentrum. Auch wenn der Entscheid für die Strategie einem Zeitpunkt zugesprochen werden kann, werden die Konsequenzen und damit vor allem die emotionale Betroffenheit in den folgenden drei Jahren von Markus Dormann persönlich erlebt. In diesem Zusammenhang spricht er von Macht, einem intentionalen Gefühl, das zur Leistung antreibt. Die strategische Entscheidung kann als Ursache definiert werden und löst aus emotionaler Perspektive die persönliche finanzielle Verschuldung nach deren Amortisation als zentralen Leistungstreiber ab, mit dem Unterschied, dass die Ursache auf das Unternehmen und nicht auf die Familie zurückzuführen ist. Die strategische Entscheidung könnte gleichzeitig aber auch als Hilfskonstruktion zur Legitimation des Wachstums interpretiert werden, denn Melanie Dormann spricht ihrem Mann schon eine gewisse „Geldorientierung“ zu. Mit Bezug auf die Unternehmensnachfolge ist die dadurch entfaltete Wirkung von Bedeutung, denn ein derartiges Wachstum ist ohne Anstrengung in der Baubranche kaum möglich. Der dadurch entstandene Druck kann auch als Stimmung bezeichnet werden, welche der späteren Loslösung förderlich sein kann. Gleichzeitig hat Markus Dormann durch die Mehranstrengung die Grenzen seiner physischen Leistungsfähigkeit erfahren und ist entsprechend auch erleichtert, als er die operative Verantwortung und damit vor allem auch den Akquisedruck Ende 2005 hat abgeben dürfen. Außerdem ist ein gewisser Humor und Sarkasmus feststellbar. Dieser Wesenszug kann dahingehend interpretiert werden, als dass sich Markus Dormann der Belastung sehr wohl bewusst ist, im interpersonellen Umgang die Bedeutung jedoch in der Form von Humor und Sarkasmus verkleinert. Die Reaktion kann dabei auch als Mechanismus zum Selbstschutz oder Verdrängung interpretiert werden.

Im Rahmen der *dritten Herausforderung* – der Definition der Zukunftsvarianten – können keine wesentlichen Emotionen identifiziert werden. Zum einen könnte dies auf die mit dem Aktionärsbindungsvertrag erreichte Entemotionalisierung zurückgeführt werden. Zum anderen darf aber auch davon ausgegangen werden, dass die am Schluss realisierte Nachfolgeform (= MBO) bei Markus Dormann als Ziel tief verankert war. Deshalb sind die anderen Optionen zwar abgeklärt worden, woraus auch einige Erkenntnisse gewonnen werden konnten [z.B. Unternehmensbewertung], die Grundstoßrichtung wurde jedoch nicht in Frage gestellt. Kritisch können in diesem Zusammenhang zwei Elemente hinterfragt werden. Zum einen spricht Markus Dormann seine eigene Pensionierung nur kurz an. Dabei sollte die Frage gestellt werden, wie er effektiv damit emotional umgeht, denn im Transkript kann diesbezüglich nichts herausgelesen werden. Auch wenn er die operative Leitung abgegeben hat, ist er ein Jahr später noch im Unternehmen und freut sich darüber, wenn er den Nachfolgern noch „Flugunterricht" geben kann. Eine neue Form der Beschäftigung im Privaten kann nicht identifiziert werden. Außerdem kann die Vermutung geäußert werden, dass die Differenzen zwischen Markus Dormann und Peter Bleibtreu möglicherweise größer und damit auch belastender waren als dies im Interview zum Ausdruck kommt. Beide Punkte müssen jedoch als Vermutungen stehen gelassen werden, da aus dem Transkript diesbezüglich nicht mehr interpretiert werden kann.

Die *vierte Herausforderung* dreht sich um die Besetzung des MBO-Teams. Die Vorbereitungen sind dabei sehr systematisch und konsequent ausgestaltet worden. Die Frustration kann primär als affektives Gefühl interpretiert werden und richtet sich auf das Unternehmen, respektive auf die Mitarbeitenden, welche im MBO nicht berücksichtigt werden können. Das zitierte Peter-Prinzip hilft ihm dabei bei der Argumentation. Gleichzeitig kann die Erleichterung als positive Stimmung gedeutet werden. Die formulierte Zurückhaltung kann gleichzeitig auch damit begründet werden, dass er finanziell noch immer ans Unternehmen gebunden ist, denn er hat viel Geld in der Form von Darlehen im Unternehmen stehen gelassen, welche erst in den kommenden Jahren von den Nachfolgern zurückgezahlt werden. Es darf deshalb davon ausgegangen werden, dass dieses Engagement vor dem Hintergrund der abgegebenen operativen Verantwortung zu einer neuen Form von Befindlichkeit führt, die im Transkript jedoch nicht explizit zum Ausdruck kommt. Die große Entlastung wird dabei sowohl auf das Unternehmen als auch auf die Familie gerichtet sein, sobald keine finanzielle Verflechtung mehr vorhanden sein wird.

Auf *interpersoneller Ebene* spielt im Kontext der Familie vor allem Melanie Dormann eine wichtige Rolle. Als Ehefrau ist sie die zentrale Person, um Ideen kritisch zu reflektieren, bevor sie einer Entscheidung zugeführt werden. Mit Bezug auf die Unternehmensnachfolge spielen auch die eigenen Kinder eine Rolle. Dabei wird vom Ehepaar der Grundsatz verfolgt, dass keine familieninterne Unternehmensnachfolge verfolgt werden soll und die Kinder deshalb vollständig auf eigenen Beinen stehen sollen. Zum einen ist dies auf die eigenen Erfahrungen beim vorhergehenden Arbeitgeber zurückzuführen, zum anderen vielleicht aber auch auf die Tatsache, dass das Ehepaar nicht die Gründer des Unternehmens sind. Sie sind als externe Einsteiger in die unternehmerische Selbständigkeit hineingewachsen. Neben der Ehefrau und den Kindern im Allgemeinen kann der älteste Sohn Louis Dormann im speziellen genannt werden, welcher vor allem im Rahmen der dritten Herausforderung, bei der Diskussion rund um die Private Equity Lösung, einbezogen worden ist. Im Kontext des Unternehmens spielt aus interpersoneller Sicht vor allem Peter Bleibtreu eine Rolle, mit der bereits formulierten Vermutung, dass die unterschiedlichen Zielvorstellungen im Transkript nicht vollständig zum Ausdruck gekommen sind. Die Beziehung zwischen Peter Bleibtreu und Markus Dormann hinterlässt im vorliegenden Fallbeispiel einen sehr professionellen Charakter und ist in der Form eines Aktionärsbindungsvertrags gefestigt.

Auf *organisationaler Ebene* ist im Kontext des Unternehmens vor allem der Aktionärsbindungsvertrag von Bedeutung. Markus Dormann hat sich voll und ganz auf das Unternehmen fokussiert. Dabei ist der wirtschaftliche Erfolg ein Antrieb für seine tägliche Leistungsbereitschaft und Motivation, wobei ein gewisses Streben nach Macht nicht von der Hand zu weisen ist. Die Familie hat im Unterschied dazu vor allem als Rückzugsmöglichkeit für Reflexion und Regeneration eine wichtige Rolle gespielt.

Auf der *Analyseebene der Umwelt* respektive der Stakeholder spielen die Mitarbeitenden eine wichtige Rolle. Dabei ist für Markus Dormann die Zusammensetzung des Teams von zentraler Bedeutung, weshalb er viel Geld und Zeit in die Selektion investiert hat. Die gute Zusammensetzung ist einerseits für den guten wirtschaftlichen Zustand des Unternehmens verantwortlich, andererseits aber auch für die Ausgestaltung der Unternehmensübertragung (= Nachhaltigkeit im Führungsteam) und die Erhöhung der Optionsvielfalt bezüglich der Unternehmensnachfolge. Auch die Beratungsunternehmen sind im Nachfolgeprozess von Bedeutung. Dabei fällt auf, dass Markus Dormann zwar mit Beratungsunternehmen zusammenarbeitet, deren Empfehlungen jedoch kritisch aufnimmt und an seinem eigenen Weg auch fest hält. Im Zentrum stehen dabei die Unternehmensbewertung und die anschließende davon unabhängige Preisdefinition für die Ausgestaltung des Management Buy Outs.

Abschließend darf davon ausgegangen werden, dass Markus Dormann die Unternehmensnachfolge gut vollziehen wird, wenngleich der Prozess zum Zeitpunkt des Interviews noch nicht vollständig abgeschlossen ist. Aus emotionaler Perspektive muss davon ausgegangen werden, dass durch die Tatsache, dass er relativ viel Kapital noch im

Unternehmen als Darlehen stehen hat, ein Verantwortungsgefühl mittelfristig bestehen bleibt. Gleichzeitig gibt es eine vertragliche Regelung, die wieder eine Art Selbstschutz darstellt und die letzte Phase des Nachfolgeprozesses entsprechend verbindlich definiert.

6.3 Einzelfallstudie C: Bildungsunternehmen

6.3.1 Rahmenbedingungen der Unternehmensnachfolge

Die *Datenerhebung* hat mit einem ersten telefonischen Kurzgespräch am 30.11.2006 begonnen, wobei primär die Terminvereinbarung für das Hauptinterview mit dem Unternehmer Albert Clasen im Zentrum stand (vgl. dazu Interviewverzeichnis im Anhang IV auf Seite 299). Das Kurzinterview wurde auf den eigentlichen Interviewtermin verschoben, da der Unternehmer zeitlich zu sehr ausgelastet war. Das Hauptinterview hat am 7.12.2006 an dessen Arbeits- und Wohnort stattgefunden. Das Interview mit der Ehepartnerin Claudia Clasen konnte am gleichen Tag vereinbart und am 13.12.2006 am Wohnort durchgeführt werden. Das erste Interview wurde einmal, das zweite drei Mal kurz unterbrochen. Es darf jedoch davon ausgegangen werden, dass die Unterbrechung keine inhaltlich behindernde Auswirkung auf den Gesprächsverlauf hatte, da das Gespräch inhaltlich an der gleichen Stelle weiter geführt werden konnte. Außerdem ist die Tonqualität der zweiten Interviewaufnahme relativ schlecht. An vereinzelten Stellen konnte der Inhalt im Rahmen der Transkription nicht mehr nachvollzogen werden. Entsprechend muss davon ausgegangen werden, dass zwei bis drei möglicherweise relevante Aussagen verloren gegangen sind.

Die *Familienverhältnisse* können als stabil bezeichnet werden. Der Unternehmer Albert Clasen ist im Jahr 1948 geboren und ist zum Zeitpunkt des Interviews im 58. Lebensjahr (vgl. Stammbaum der Kernfamilie in Abbildung 19). Er hat zwei Mal geheiratet. Aus der ersten Ehe mit der ein Jahr jüngeren Barbara Clasen gibt es die beiden Töchter Doris Clasen (geb. 1971) und Esther Clasen (geb. 1974). Seine zweite Frau (Claudia Clasen) ist 11 Jahre jünger als der Unternehmer. Die Beziehung von Albert Clasen und Claudia Clasen wird von beiden als glücklich eingeschätzt. Claudia umschreibt die Ehe als eine sehr nahe Beziehung (C:1347:1349) und bewundert Albert für sein Engagement und für das was er erreicht hat (C:1336:1336). Albert und Claudia Clasen lassen einander sehr viel Spielraum aufgrund ihrer Bedürfnisse. Im Verlauf der Nachfolgeregelung hat Claudia Clasen zu ihrem Mann einmal gesagt: *„Ja, du machst nachher schon noch etwas. Ich möchte dann schon nicht einen solchen Pensionär haben"* (C:544:545; ähnlich auch C:659:660). Es darf davon ausgegangen werden, dass dies nicht der Fall sein wird, da einige Projektideen vorhanden sind und er von sich selber sagt: *„Also was ich nicht könnte, wäre so gärtnern gehen und spazieren…“* (C:1187:1187).

Die Beziehung zueinander umschreibt Claudia Clasen als eine Beziehung aus Kontrasten und Kongruenz, d.h. aus zwei Menschen, welche sehr verschieden sind und sich trotzdem gut ergänzen (C:1342:1343; so auch Albert Clasen unter C:1135:1138).[736] Außerdem beschreibt sie – da sie die zweite Ehefrau ist – die Beziehung als etwas komplexer, da Albert vor allem früher auch Zeit mit seiner ersten Frau und den beiden Kindern aus dieser Ehe verbrachte (C:1370:1375). Es ist hier anzumerken, dass Claudia beim Aufbau des Unternehmens noch nicht mit Albert Clasen zusammen war.

Albert Clasen hatte im Rahmen des Nachfolgeprozesses kompletten Freiraum und konnte alleine entscheiden. *„Also, dass sie gesagt hat ich möchte es so oder so - - das ist gar nicht so gewesen. Da konnte ich völlig frei entscheiden“* (C:551:552). Er schätzt seine Frau sehr und ist dankbar, dass er seine unternehmerische Freiheit hat ausleben dürfen: *„Und nachher* [als sie ihre eigene Führungsfunktion in der Schule abgegeben hatte und sich selbständig gemacht hat]*, hatte sie dann wahnsinnig viel Verständnis gehabt für das Unternehmertum. Das habe ich nicht erwartet. Das ist ein Glück gewesen mit einem solchen Partner“* (C:576:578; ähnlich auch C:1135:1138). Die Beziehung funktioniert dabei nicht auf Grund der Quantität sondern der Qualität der gemeinsamen Zeit: *„Es kommt nicht darauf an, wie viel Zeit wir haben, sondern wie wir sie nutzen und was wir miteinander machen wollen“* (C:603:604).

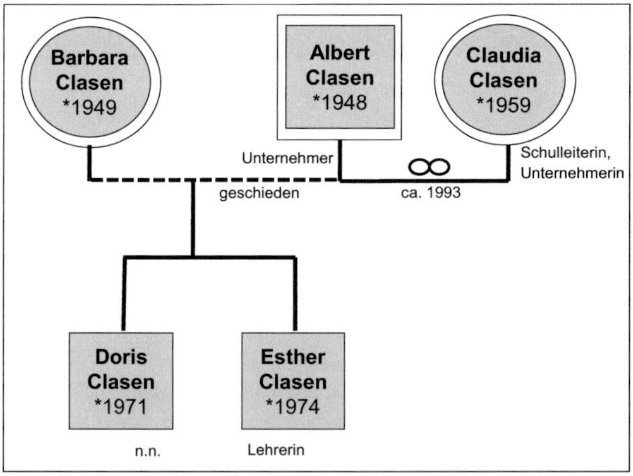

Abbildung 19: Familienstammbaum der Familie Clasen[737]

[736] Ein weiterer Aspekt in Bezug auf die Beziehung zwischen Doris und Albert Clasen wird nach der Besprechung der Unternehmenssituation angesprochen.

[737] Eigene Darstellung.

Das *Unternehmen* wurde 1980 gegründet und kann der Bildungsbranche zugeordnet werden. Das Unternehmen umfasst heute 14 verschiedene Schulen, wobei zum Zeitpunkt des Interviews alle als Tochtergesellschaften geführt werden und entsprechend in einer Holding zusammengefasst sind. Wenn nachfolgend vom Unternehmen gesprochen wird, ist damit die Holding gemeint. Albert Clasen ist der Gründer und war bis zur Nachfolgeregelung der Mehrheitsaktionär des Unternehmens. Kleinere Aktienanteile wurden im Lauf der Jahre im Rahmen eines Mitarbeiterbeteiligungsprogramms an verschiedene Mitarbeitende verteilt. Das Gesamtunternehmen umfasst heute etwas mehr als 200 Mitarbeitende. Für die unternehmerische Tätigkeit wurde Albert Clasen mit einem Unternehmenspreis ausgezeichnet (C:358:360). Auch wenn das Unternehmen einen eigenen Firmennamen hat, wird in der Region nach wie vor sein Name mit der Schule direkt in Verbindung gebracht. Umgangssprachlich wird dabei von der Clasen-Schule gesprochen.

In Bezug auf die Führung des Unternehmens gibt es eine Besonderheit zu vermerken. Albert Clasen bezeichnet die Unternehmensstruktur als fraktale Organisation mit holistischer Struktur (C:20:25). Dies bedeutet, dass alle Führungsmitglieder bei Entscheidungen gleichberechtigt sind und in der Regel auch kleinere Aktienanteile besitzen (vgl. Abbildung 20). Dieser Organisationsansatz gilt sowohl für das Gesamtunternehmen, welches Gegenstand der vorliegenden Betrachtung ist, als auch für jede Einzelschule. Wenngleich pro Hierarchiestufe alle für alles verantwortlich sind, unter Berücksichtigung der individuellen Vorlieben, umschreibt Albert Clasen seine Funktion als *„Außenminister"* der Gesamtschule, der diese nach außen repräsentiert (C:24:25).

Die Geschäftsleitung des Gesamtunternehmens setzt sich vor der Unternehmensnachfolge aus fünf Personen zusammen (vgl. Organigramm in Abbildung 20). Das Leitmotiv des Unternehmens heißt *„Lernen und Arbeiten mit Freunden"* (C:199:199), was sich auch im Führungsgrundverständnis von Albert Clasen in Bezug auf die Geschäftsleitung wiederspiegelt. *„Der* [Gerhard Obrist] *ist eigentlich derjenige, der am wenigsten lange dabei ist, aber sonst sind wir alle sehr freundschaftlich miteinander verbunden. Also der* [Hans Pock] *ist jetzt gestorben"* (C:199:201). Der Führungsgrundsatz von Albert Clasen lautet, dass immer jemand entscheiden muss, jeder Entscheid jedoch von den anderen Führungsmitgliedern mitzutragen ist. Die Diskussion und die kollektive Entscheidungsfindung werden dann gesucht, wenn ein Individuum sich mit seiner zu treffenden Entscheidung nicht sicher ist (C:239:244). Um die Verbindung innerhalb der Geschäftsleitung, den Austausch zwischen den Einzelschulen sowie die Weiterentwicklung der Gesamtschule zu gewährleisten, fährt das gesamte Leitungsteam (Geschäftsleitung der Gesamtschule sowie die Leiter der verschiedenen Schulen) jeden Februar für eine Woche nach Portugal (C:429:434). Diese Plattform wird für gemeinsame Besprechungen und Weiterbildung aber auch für Ferien genutzt.

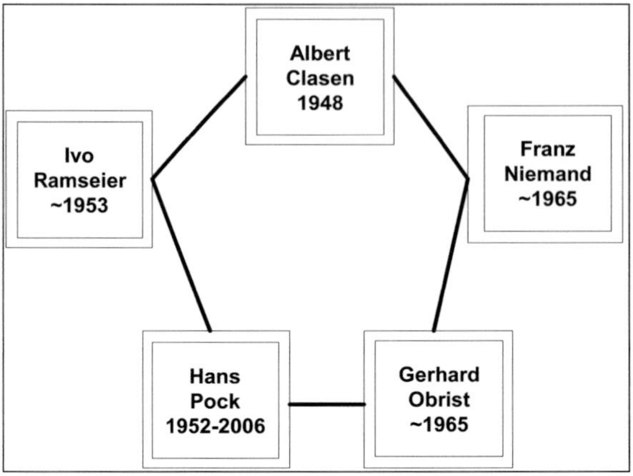

Abbildung 20: Organigramm der Führungscrew der Clasen-Gesamtschule[738]

Neben Albert Clasen war Barbara Clasen – die erste Ehefrau – als Lehrerin im Unternehmen angestellt, ist zum Zeitpunkt der Unternehmensnachfolge jedoch nicht mehr in der Schule tätig. Die jüngere Tochter (Esther Clasen) ist heute als Lehrkraft in einer der vierzehn Schulen tätig (C:46:46). Die zweite Ehefrau (Claudia Clasen) hatte früher die Leitung des Kindergartenseminars unter sich. Heute ist sie im Unternehmen nicht mehr tätig und deshalb auch nicht angestellt. Trotzdem gibt es eine ökonomische Beziehung zwischen ihr und dem Unternehmen: Claudia Clasen hat ein eigenes Unternehmen (GmbH) gegründet und operiert seit einigen Jahren als Dienstleisterin zur Einrichtung von Lernateliers. Die Clasen-Schule ist dabei ihr wichtigster Kunde, wenngleich sie auch für andere Kunden in der Schweiz und Deutschland tätig ist (C:48:52).

Dieser Einstieg von Claudia Clasen in die unternehmerische Selbständigkeit hatte auch einen Einfluss auf die Ehe. Albert Clasen stellt fest, dass seine Frau, seit sie als Unternehmerin tätig ist, sehr viel Verständnis für sein zeitliches Engagement für das Unternehmen hat (C:572:579). Gleichzeitig stellt Claudia Clasen im Interview fest, dass die Beziehung über Jahre zeitlich stark vom Geschäft beeinflusst war (C:1347-1349).

Der *Nachfolgeprozess* kann in unterschiedliche Etappen gegliedert werden (vgl. dazu Zusammenfassung in Abbildung 21, Seite 210). Albert Clasen hat sich vor Jahren zum Ziel gesetzt, dass er sich ab dem 58. Lebensjahr mit seiner eigenen Unternehmensnachfolge auseinander setzen will (C:78:79). Er beabsichtigte eine frühzeitige Loslösung vom Unternehmen, da sein Familienname mit der Schule sehr stark in Verbindung gebracht wird. Dabei ist er relativ früh zu dem Entschluss gekommen, dass der finanzielle

[738] Eigene Darstellung.

Ausstieg seiner Person den einfachsten Weg zur Lösung der Abhängigkeit darstellt, wenngleich die Art und Weise noch offen stand (C:82:83).

Den ersten Hinweis auf die zu regelnde Unternehmensnachfolge hat Albert Clasen bereits zwei Jahre früher im Rahmen eines Bankengesprächs erhalten. Im Oktober 2004 wurde Albert Clasen von seinem Bankberater darauf hingewiesen, dass das Rating zum heutigen Zeitpunkt sehr gut ist. In Zukunft würde es jedoch zu einer Verschlechterung kommen, falls die Unternehmensnachfolge nicht geregelt würde (C:124:128). Zu diesem Zeitpunkt war Albert Clasen 56jährig. Er wurde damit zum ersten Mal von außen mit seinem Alter konfrontiert, auch wenn er sich noch jung und unternehmerisch fühlt.

Ein zweites Element ist der jährlich stattfindende Workshop in Portugal. Bei dieser Gelegenheit hat Albert Clasen festgestellt, dass das Kader eine Neudefinition des Leistungslohns in Zusammenhang mit der Qualitätssicherung wünscht. Dabei ging er davon aus, dass die heutige Regelung genügt. Die Mitarbeitenden forderten jedoch eine noch klarere Regelung und ein Bewertungsgremium (C:424:449). Der heutige Nachfolger (Gerhard Obrist) hat Albert Clasen in diesem Zusammenhang signalisiert, dass das Unternehmen über die vergangenen 25 Jahre stark gewachsen ist und deshalb auch neue Strukturen und Prozesse notwendig seien.

Als drittes Element kann das Selbstverständnis von Verwaltungsratssitzungen ins Feld geführt werden. Die bisherigen Verwaltungsratssitzungen hat Albert Clasen als Verwaltungsratspräsident immer im Stehen durchgeführt. Kombiniert mit der Abschaffung der Pause konnte er damit die verschiedenen Meetings zeitlich auf ein Minimum reduzieren. Selbstkritisch bezeichnet er diese Regel als *„patriarchalisch“* (C:470:470). *„Und dann bei einer der VR Sitzungen* [wo ich nicht mehr Präsident war] *ist bei der Einladung dann gestanden...: Beginn 14.00 bis Open End“* (C:473:475).

Diese Elemente, sowohl die Konfrontation mit dem eigenen Alter als auch die Auseinandersetzung mit der eigenen Rolle im Kontext der Unternehmensgröße und als Verwaltungsratspräsident respektive -mitglied, hatten eine latente Auseinandersetzung mit der Unternehmensnachfolge zur Folge. Der eigentliche Auslöser jedoch war ein Übernahmeangebot.

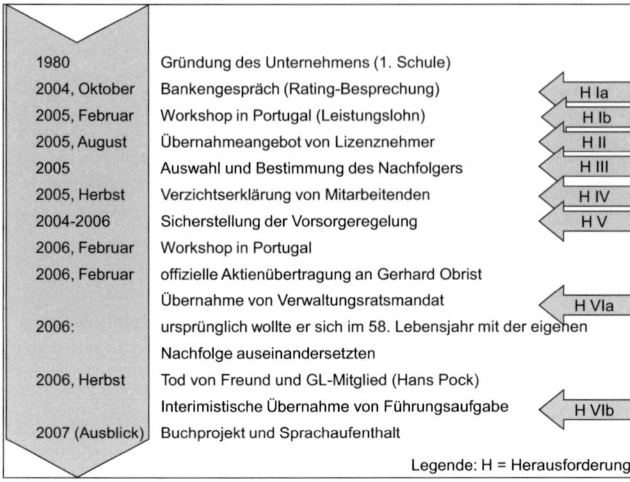

Abbildung 21: Aktivitäten und Geschehnisse im Zeitverlauf[739]

Seit einigen Jahren ist Albert Clasen beratend für eine andere Privatschule in der Schweiz tätig. Gegen die Bezahlung einer relativ hohen Lizenzgebühr darf diese Schule das didaktische Konzept von Albert Clasen verwenden (C:102:104; C:732:737). Im August 2005 hat der Lizenznehmer ein Übernahmeangebot formuliert und Albert Clasen unterbreitet. Dieses Angebot hatte zur Folge, dass sich Albert Clasen zum ersten Mal intensiver mit dem Unternehmen aus finanzieller Perspektive auseinandergesetzt hat. Dabei stellte er fest, dass das Unternehmen für eine Transaktion relativ schwer ist: *„Und da habe ich dann gemerkt,* [...], *dass wir gar nie Geld aus den Schulen herausgelöst haben. Da merkte ich, dass es ein wahnsinnig schweres Unternehmen geworden ist"* (C:105:107). Einerseits wurden in den vergangenen Jahren nie Dividenden ausbezahlt, andererseits wurde relativ viel Geld in Immobilien investiert (C:743:751). Der eigentliche Unternehmenswert wäre gar nicht mehr bezahlbar gewesen. Die Auseinandersetzung mit dem Angebot führte folglich zur ersten großen Herausforderung im Rahmen des Nachfolgeprozesses (vgl. dazu weiter unten in Kapitel 6.3.2.2).

Nachdem Albert Clasen das Übernahmeangebot ausgeschlagen hatte, suchte er in der Folge das Gespräch mit seiner Führungscrew (vgl. dazu später auch Kapitel 6.3.2.3). Als erstes suchte er im Januar/Februar 2005 das Gespräch mit Franz Niemand. Er war ein langjähriger Mitarbeiter mit entsprechender Erfahrung und Führungsfähigkeit. *„Und er hätte es eigentlich noch gerne gemacht, aber seine Frau hat dies nicht gewollt"* (C:210:211), weshalb diese Option rasch nicht mehr weiter verfolgt worden ist.

[739] Eigene Darstellung.

Als mögliche Alternative ist Ivo Ramseier nicht in Frage gekommen, da dieser lediglich 6 Jahre jünger als Albert Clasen ist (C:215:225). Da ihm diese Lösung nicht zusagte, suchte Albert Clasen im August 2005 das Gespräch mit Gerhard Obrist (C:799:801). Aufgrund dessen Fähigkeiten, Tätigkeit und Stellung im Unternehmen bezeichnet er diesen als den besten unternehmensinternen Nachfolger für die Gesamtschule (C:115:117) – eine Wahl, die im Anschluss auch umgesetzt worden ist. Da der Nachfolger Gerhard Obrist über nicht genügend Eigenmittel verfügte, musste dieser bei einer Bank einen hohen Kredit aufnehmen und die Aktien als Sicherheit hinterlegen. Die Refinanzierung erfolgt in den kommenden Jahren über die Dividendenauszahlung.

Seit der Übertragung des Eigentums an Gerhard Obrist ist Albert Clasen noch im Verwaltungsrat vertreten, wobei er – wie weiter oben bereits formuliert – bewusst auf das angebotene Präsidium verzichtet hat. Auf Grund des Todes von Hans Pock im Herbst 2006, dem besten Freund von Albert Clasen und ebenfalls Geschäftsleitungsmitglied der Gesamtschule, arbeitet Albert Clasen interimistisch im Unternehmen weiter mit. Die endgültige Ablösung sollte im Sommer 2007 abgeschlossen sein. Insbesondere die Loslösung vom Familiennamen braucht noch relativ viel Zeit (C:377:377).

Gegenstand der Unternehmensnachfolge sind deshalb die Eigentumsübertragung des Hauptaktionärs auf die nächste Generation (Vollzug Ende 2006) sowie die vollständige Führungsübertragung bis Sommer 2007. Bei der gewählten Übertragungsform handelt es sich vorliegend um einen Management Buy Out (MBO).

Zusammenfassend kann festgestellt werden, dass der Nachfolgeprozess früher als ursprünglich geplant ins Rollen gebracht worden ist und innerhalb von zwei Jahren auch mehrheitlich umgesetzt worden ist. Vom Übernahmeangebot bis zur Übertragung der Aktien auf Gerhard Obrist sind lediglich zwei Jahre vergangen. *„Das ist so. Ich habe es immer schnell gemacht. Ich war nie der Typ gewesen, der lange gewartet hat. .... Ja, auch schon als ich mit der Schule angefangen habe. Es war ein Entscheid gewesen von dreiviertel Jahr und nachher ist es das gewesen“* (C:154:160). Als eigentlicher Prozessbeschleuniger muss das Übernahmeangebot des Lizenznehmers interpretiert werden, denn dies hat dazu geführt, dass die Gespräche mit der Geschäftsleitung ab Frühling 2005 vorgezogen worden sind (C:792:495).

Das *Hauptziel* von Albert Clasen war und ist die Loslösung des Unternehmens von seinem Namen. Deshalb hat er das Ziel verfolgt, die Aktien und damit seine Kontrolle über Eigenkapitalanteile abzulegen (C:83:86). In der Folge will er dem Unternehmen nur noch beratend zur Verfügung stehen, sofern seine Unterstützung gewünscht wird. Sein Wille zum Rückzug ist auch daran erkennbar, dass er das Angebot zur Übernahme des Verwaltungsratspräsidiums abgelehnt hat (C:89:91). Parallel formuliert er das Ziel, ein Lehrbuch für den Klett-Verlag zu schreiben, um seine über die vergangenen 25 Jahre weiterentwickelte und gelebte didaktische Philosophie niederzuschreiben (C:86:87;

C:939:941). Ein zweites persönliches Ziel ist das Lernen der Fremdsprache Englisch. Da Albert Clasen Verwaltungsratspräsident von zwei englischsprachigen Schulen war und als einziger dieser Sprache nicht mächtig war, sieht er es als Notwendigkeit an, diese Lücke zu schließen. Gleichzeit erachtet er die daraus entstehende Abwesenheit auch als Instrument zur Loslösung des Unternehmens von seiner Person (C: 401:406).

Ein zweites starkes Motiv ist die Zukunftssicherung seiner Philosophie im Unternehmen. Das großzügige Angebot für die Unternehmensübernahme durch den oben erwähnten Lizenznehmer hat er ausgeschlagen, da er eine primär finanzoptimierende Trägerschaft abwehren wollte. *„Also, dieser ... arbeitet sehr erfolgreich - finanziell erfolgreich als Schule, aber - äh - er zahlt die Lehrer schlechter als sie beim Staat sind. Dies hat mir schon widerstrebt. Mehr zu arbeiten und weniger zu verdienen – das ist nicht gut. Und dann sind bei ihm auch so knallharte finanzielle Überlegungen...“* (C:324:327). Albert Clasen empfindet es kleinlich, wenn Lehrer beispielsweise in der eigenen Kantine für das Mittagessen selber bezahlen müssen oder ein Depot für Schlüssel zu bezahlen haben (C:331:354). Der Entscheid für eine unternehmensinterne Nachfolgeregelung entspricht deshalb wesentlich seinem Leitmotiv *„Lernen und Arbeiten mit Freunden“* (C:199:199, vgl. auch weiter oben). Die gewählte Lösung war für ihn wichtiger als die finanziellen Mittel, denn *„sonst ‚verseckle' ich meine Kollegen“* (C:838:839).

6.3.2 Herausforderungen im Nachfolgeprozess

6.3.2.1 Herausforderung I: Veränderte Rahmenbedingungen

Als erste Herausforderung können die veränderten Rahmenbedingungen genannt werden. Obwohl die Veränderungen nicht radikal waren und nicht als Hauptauslöser für den Start des vorliegenden Nachfolgeprozesses verstanden werden können, haben sie als Kontext einen Einfluss auf die Befindlichkeit und Selbstwahrnehmung des Unternehmers. Die Diskussion rund um den Leistungslohn, die Neugestaltung von Verwaltungsratssitzungen und vor allem das Bankengespräch haben Albert Clasen aufgezeigt, dass er als Individuum älter und das Unternehmen wesentlich größer geworden ist. In Folge dessen werden von externen (Bank) und internen (Mitarbeitende) Anspruchsgruppen Veränderungen eingefordert.

Die drei Gegebenheiten sensibilisieren den Unternehmer im Hinblick auf die Notwendigkeit von Veränderungen. Da der Unternehmer einerseits eine hohe Selbstkompetenz im Sinne von kritischer Selbstwahrnehmung besitzt und andererseits ein Mann der schnellentschlossenen Tat ist, bilden die drei Gegebenheiten eine Grundlage für eine aktive Auseinandersetzung mit der eigenen Unternehmensnachfolge.

Die Rahmenbedingungen werden von seiner Ehefrau Claudia Clasen nur kurz angesprochen und werden vorliegend als Kontext für die Regelung der Nachfolge verstanden. Als zentrale Themen können sowohl das eigene Älterwerden als auch die Forderung nach größenangepassten Führungsstrukturen, einem neuen Leistungslohnsystem sowie das Bankengespräch verstanden werden (vgl. dazu Zusammenfassung der zentralen Themen in Tabelle 14, Seite 220).

6.3.2.2 Herausforderung II: Geld oder Beziehung zu den Mitarbeitenden

Das Übernahmeangebot stellte Albert Clasen vor die erste große Herausforderung. Das konkrete Angebot führte, wie bereits aufgezeigt, zur ersten finanziellen Auseinandersetzung mit dem Unternehmen. Die eigentliche Herausforderung bestand darin, eine Antwort darauf zu finden, ob er das attraktive Geldangebot den Beziehungen zu seinen Mitarbeitenden, zur Geschäftsleitung und zu Freunden vorziehen soll.

Bei dieser Frage standen nicht die persönlichen finanziellen Möglichkeiten für die Zeit nach dem Ruhestand im Zentrum, sondern sein Verantwortungsgefühl gegenüber den Mitarbeitenden und insbesondere gegenüber seinem Kader. *„Er hat dann auch einige Millionen dafür angeboten und da habe ich dann gemerkt, es gibt nur eine Möglichkeit: Entweder verkaufe ich es und dann nachher – äh - verärgere ich im Sinne des Fraktals meine Mitarbeiter. Oder ich muss wahnsinnig lange suchen, bis ich jemanden finde, der hier so wieder reinpasst“* (C:112:114). Im Zentrum dieser Herausforderung steht deshalb die Wahlalternative zwischen Geld und Beziehung zu den Mitarbeitenden. In dieser Phase war Albert Clasen relativ auf sich alleine gestellt. Im Interview betont er, dass auch seine Ehefrau ihm diesbezüglich die freie Wahl gelassen hat.

Gleichzeitig kann dem Interview mit der Ehefrau entnommen werden, dass sie die Nachfolgelösung innerhalb des Managements bevorzugt hat und sehr froh ist, dass diese schließlich auch umgesetzt worden ist. Claudia Clasen ist sehr froh, dass sich Albert Clasen gegen das Übernahmeangebot entschieden hat, denn dies wäre nur des Geldes wegen gewesen und nicht primär wegen den Freunden und der Unternehmensphilosophie (C:1682:1685). In diesem Zusammenhang sagt sie: *„Also das hätte ihn nie in Ruhe gelassen. Dies ist auch das Schöne daran. Es ist schon eine Lösung, welche die Richtige ist. Bei welcher wir beide es mit einem guten Gefühl verlassen können und auch stolz sein können, dies fair zu regeln. Und dies - habe ich immer so das Gefühl - ist die beste Basis, um wieder frei zu sein. Und dann hast du wieder etwas, bei welchem du wieder mit Energie darauf zugehen kannst“* (C:1690:1694), und ergänzt: *„Also schlussendlich ist ein Unternehmen fast wie ein Mensch. Es ist schon sehr viel Lebenszeit von* [Albert Clasen] *darin“* (C:1705:1706). Claudia Clasen ist gleichzeitig auch etwas stolz, dass sich ihr Ehemann gegen den Verkauf des Unternehmens an den Lizenznehmer entschieden hat. Frei interpretiert darf deshalb davon ausgegangen werden, dass die positive Einstellung von Claudia Clasen zu einer unternehmensinternen Lösung Albert Clasen in seiner Entscheidung zumindest nicht behindert hat.

In Bezug auf die zweite Herausforderung können folgende Themen formuliert werden: Zum einen geht es darum, das Lebenswerk und vor allem die damit verbundene Lebens- und Unternehmensphilosophie am Leben zu erhalten und vor der finanziellen Aushöhlung zu schützen. Zum anderen können auch ein Festhalten und Treue zu den eigenen Grundsätzen festgestellt werden. Schließlich steckt dahinter auch der Wunsch, keine Freundschaften zu untergraben und damit diese auch nicht zu gefährden (vgl. Zusammenfassung in Tabelle 14, Seite 220).

6.3.2.3 Herausforderung III: Bestimmung des definitiven Nachfolgers

Nachdem sich Albert Clasen gegen einen Verkauf der Schule an einen Dritten entschieden hatte, wird die Bestimmung des definitiven Nachfolgers vorliegend als dritte Herausforderung im Nachfolgeprozess verstanden. Im Zentrum dieser Herausforderung stehen deshalb folgende Teilfragen:

- Hat der Nachfolger genügend Geld, um das schwere Unternehmen zu übernehmen (C:1731:1732)?
- Passt der Nachfolger in das Unternehmen mit seiner fraktalen Organisation und der holistischen Struktur (C:114:115), respektive kann der potentielle Nachfolger die eigenwillige Struktur und Kultur weiterführen?
- Verfügt der potentielle Nachfolger über die notwendigen Fähigkeiten, ein Unternehmen der vorliegenden Größe zu führen (C:1727:1727)?

Bei der Bestimmung des Nachfolgers haben neben Albert Clasen vor allem die Geschäftsleitungsmitglieder eine zentrale Rolle gespielt (vgl. Organigramm in Abbildung 20, Seite 208; C:1022:1026). Nachdem Albert Clasen das Übernahmeangebot abgelehnt hatte, nahm er unverzüglich das Gespräch mit den Geschäftsleitungsmitgliedern auf. *„Es war auch gerade beim ersten Mal, als man mir so etwas angeboten hat und sie waren froh gewesen, dass ich mich nicht irgendwie so verlocken lassen habe“* (C:165:166). Dies wurde als Zeichen des Vertrauens aufgenommen.

Albert Clasen hat große Hoffnung in seinen langjährigen Mitarbeiter Franz Niemand gesetzt. Er war überzeugt, dass dies der geeignete Nachfolger sei, da er über viel Erfahrung verfügt und das Unternehmen sehr gut kennt. Da die Ehefrau von Franz Niemand die Idee jedoch nicht unterstützt hat, konnte diese Nachfolgevariante nicht weiter verfolgt werden. Vor dem Hintergrund der eigenen Biographie betont Albert Clasen, dass er deshalb diese Lösung nicht weiter forcieren wollte.

Schließlich hat Albert Clasen das Gespräch mit Gerhard Obrist gesucht. Auch wenn dieser Mitarbeitende noch nicht so viele Jahre im Unternehmen dabei ist, sieht Albert Clasen in ihm großes Potential. Gleichzeitig war er sich in Bezug auf dessen Fähigkeiten nicht ganz sicher: *„Also meine Herausforderung war auch die gewesen, als ich ihm dies gegeben habe – gelingt ihm dies, oder?“* (C:838:839). Albert Clasen hatte nicht viel mit ihm direkt zusammengearbeitet. In Bezug auf dessen Kompetenzeinschätzung hat Albert Clasen mit seinem Kollegen Ivo Ramseier Rücksprache genommen, da dieser mit Gerhard Obrist mehr zusammengearbeitet hatte – ein Gespräch, das ihm etwas Entscheidungssicherheit gab (C:847:849).

Claudia Clasen hat im Rahmen dieser Herausforderung eine untergeordnete Rolle gespielt. *„Nein, sie hat sich gar nie damit beschäftigt"* (C:191:191). Auch im Rahmen des Interviews mit ihr selbst wurde diese Herausforderung nicht angesprochen. Als Hauptthemen dieser Herausforderung können folgende Punkte genannt werden: Albert Clasen muss eine Absage seiner ersten Wahl akzeptieren (Franz Niemand). Im Anschluss besteht eine Unsicherheit bezüglich der Finanzierungsfähigkeit einerseits und den Fähigkeiten und Kompetenzen des am Schluss gewählten Nachfolgers andererseits (vgl. Zusammenfassung in Tabelle 14, Seite 220). Mit Bezug zum Kontext können keine Widersprüche identifiziert werden.

6.3.2.4 Herausforderung IV: Verzichtserklärung der Mitarbeitenden

Durch das Mitarbeiterbeteiligungsmodell halten verschiedene Personen aus dem Lehrkörper kleinere Aktienanteile. Im Rahmen eines Aktionärsbindungsvertrages wurde in diesem Zusammenhang ein Vorkaufsrecht unter den Aktionären vereinbart, falls jemand seine Anteile veräußern will. Da Gerhard Obrist als Noch-nicht-Aktionär quasi als externer Käufer fungierte, musste bei allen Aktionären eine schriftliche Zustimmung eingeholt werden (C:791:975). Die eigentliche Herausforderung bestand darin, dass sich ein einziger Lehrer anfänglich geweigert hat, die Verzichtserklärung zu unterzeichnen.

Aus der Perspektive von Claudia Clasen wird dieses Ereignis nicht so stark wahrgenommen. Sie meint diesbezüglich auch, dass Albert Clasen sie mit dieser Herausforderung nicht belasten wollte und ihr dies daher nicht gesagt hat (C:1768:1772). In diesem Zusammenhang bemerkt Claudia Clasen auch, dass Albert Clasen gewisse Dinge anders empfindet und gewichtet als sie. Sie beschreibt ihre eigene Wahrnehmung in diesem Zusammenhang als weiträumiger, was sie auf die größere Distanz zum Unternehmen zurückführt (C:1777:1779).

Als mit dieser Herausforderung verbundenes Thema kann der Widerstand eines Kleinaktionärs genannt werden, der aus der Perspektive von Albert Clasen eine Behinderung einer unternehmerischen und zukunftsgerichteten Lösung darstellte. Gerade vor dem Hintergrund, dass Albert Clasen in den vergangenen Jahren mutige und schnelle Entscheidungen getroffen hat, entspricht ein solcher Widerstand nicht dem unternehmerischen Selbstverständnis des Hauptaktionärs (vgl. Zusammenfassung in Tabelle 14, Seite 220).[740]

---

[740] Claudia Clasen umschreibt Ihren Ehemann als *„uneingeschränkt engagiert"* (C:1299:1299) und schreibt ihm eine sehr hohe Identfikitation *„mit seiner Arbeit, dem Unternehmen und auch mit seinen Leuten"* zu (C:1187:1187).

6.3.2.5 Herausforderung V: Vorsorgeregelung

Der finanzielle Handlungsspielraum von Albert Clasen kann als vielfältig eingeschätzt werden. Er hat in den vergangenen Jahren verschiedentlich schnelle Entscheidungen getroffen. Als Beispiel kann der Kauf eines Schlösschens (C:300:303) oder eines Ferienhauses in Spanien genannt werden (C:300:313). Das Ergebnis war, dass dank guter Wertentwicklung dieser Objekte dem Unternehmer einiges an Kapital für weitere Aktivitäten zur Verfügung stand. Er selber spricht sich im Vergleich zu seinen Kollegen mehr Mut und entsprechend eine höhere Risikobereitschaft zu (C:293:293, so auch seine Frau unter C:1611:1618). Seine finanziellen Möglichkeiten hat er lieber in solche Objekte investiert als in Pensionskassen und andere Vorsorgemöglichkeiten, *„was er immer bereut hätte“* (C:300:300). Solche Investitionen ermöglichen es ihm, beim Verkauf seiner Anteile keine Verkaufspreismaximierung betreiben zu müssen (C:311:313).

Die Preisbestimmung an sich formuliert Albert Clasen nicht als Herausforderung. Trotzdem hat er sich Gedanken gemacht. Für die eigentliche Preisbestimmung hat er seine finanziellen Bedürfnisse in der Zukunft berechnet und dieses Ergebnis als Transaktionspreis formuliert (C:317:317). Dabei ist er sich bewusst, dass Hans Pock und Ivo Ramseier diese Art der Transaktionsbewertung nicht hätten vornehmen können, da diese auf einen größeren Erlös aus einem späteren Aktienverkauf angewiesen sind. Bei der Preisbestimmung kommt die von Albert Clasen formulierte Wichtigkeit zum Tragen, dass die Schule nicht nur aus einer finanziellen Optimierungsperspektive geführt wird. Vielmehr steht für ihn das Wohl der Mitarbeitenden, Lehrer und Schüler im Vordergrund.

Gleichzeitig konnte der Nachfolger Gerhard Obrist nur einen kleinen Teil direkt finanzieren. Für einen Großteil musste er sich bei seiner Hausbank verschulden und die Aktienanteile als Sicherheit hinterlegen. *„Da war dann auch noch gewesen, die ganze Finanzierung. Ich habe dann - - einen kleinen Teil hat er dann bezahlen können. Also, was ihm die Bank geben konnte und habe den Rest stehen lassen. Das wäre eigentlich - - also die Idee war nicht gewesen noch Geld drin zu haben“* (C:863:865). Dies bedeutet, dass Albert dem Käufer auf zweierlei Weise entgegengekommen ist: durch den niedrigen Preis und durch das stehen gelassene Darlehen.

Im Gespräch mit Albert Clasen kommen diese Informationen primär als Fakten daher. Im Interview mit Claudia Clasen ist der Aspekt der Altersvorsorge und Finanzierung der Transaktion nur kurz angesprochen worden (C:1655:1657). Dabei hat sie jedoch betont, dass die Überlegungen bezüglich Vorsorge durchaus als Herausforderung bezeichnet werden können. Gleichzeitig stellt sie aber auch fest, dass sie selbst bei dieser Fragestellung keine Rolle gespielt hat und ihrem Mann die volle Entscheidungsfreiheit zugesprochen hat.

Als zentrale Themen können im Rahmen der fünften Herausforderung folgende Punkte identifiziert werden. Zum einen stellt sich Albert Clasen die Frage, wie viel Geld er für die Sicherstellung seines Lebensstandards benötigt. Dies ist in der Folge die Grundlage für die Preisbestimmung. Zum anderen geht es um die Tragbarkeit der Finanzierungslösung für den Nachfolger, wobei Albert Clasen entgegen seiner ursprünglichen Vorstellung noch ein umfangreiches Darlehen im Unternehmen stehen ließ (vgl. Zusammenfassung in Tabelle 14, Seite 220).

6.3.2.6 Herausforderung VI: Verwaltungsratsmandat und Mitarbeit

Nach der eigentlichen Transaktion hat Albert Clasen sein Engagement im Rahmen des Verwaltungsrats noch für ein Jahr zugesichert, wenngleich er auf das Präsidium bewusst verzichtet hat. Seine Absicht war es, sich mit der zusätzlich gewonnenen Zeit seinem Buchprojekt, dem Erlernen einer Fremdsprache und anderen nicht unternehmensbezogenen Tätigkeiten nachzugehen. Im Herbst 2006 starb jedoch unverhofft sein bester Freund, das langjährige Geschäftsleitungsmitglied Hans Pock, worauf Albert Clasen interimistisch dessen Aufgaben übernommen hat.

Die Loslösung von seiner Person stellt nach wie vor eine große Herausforderung dar. Kurzfristig sind verschiedene Mitarbeitende auch nach der eigentlichen Übertragung zu ihm gekommen und haben ihn um seine Einschätzung verschiedener Sachlagen gebeten. Insbesondere wenn er die Sachlage nicht mehr so gut kennt und trotzdem seine Meinung kundtut, stellt er im Nachgang fest, dass die Mitarbeitenden gerade die Bestätigung suchen, dass die neue Führung es eben anders machen will (C:386:388). Entsprechend stecken vor allem die Mitarbeitenden voll in diesem Loslösungsprozess (C:396:397). Ein Schulleiter beispielsweise formuliert gegenüber Albert Clasen wiederkehrend: *„Weißt Du, Du bist immer noch für mich der Chef“* (C:1008:1008).

Außerdem fällt Albert Clasen das weitere Engagement im Verwaltungsrat und zwischenzeitlich in der Geschäftsleitung nicht leicht. *„Jetzt aber, wo es über die Bühne gegangen ist. Jetzt merke ich, dass es noch schwierig ist trotzdem noch im Verwaltungsrat zu sein. Also - - ich hätte es eigentlich besser so gemacht, dass ich ganz zurückgetreten wäre“* (C:272:274). Die größte Schwierigkeit dabei ist, dass er alle seine Entscheidungen mit den anderen absprechen will, obwohl er nicht mehr Hauptaktionär ist. *„Ich möchte es absprechen mit ihnen. Und dies ist schon noch ein Problem“* (C:282:283).

Albert Clasen räumt im Interview ein, dass er heute Entscheidungen der neuen Geschäftsleitung mittragen muss, die er nicht in der Form gefällt hätte. Dabei muss er vor allem feststellen, dass sein Nachfolger einen ganz anderen Umgang mit den Immobilien im Unternehmen pflegt. *„Er hat dann zum Beispiel das gehabt, das sieht man heute auch - äh - alle Immobilien zu verkaufen, oder? Äh - - äh, dies gehört nicht zu unserem Geschäft Schule. Dieses Geld muss für anderes zur Verfügung stehen. - - Und ich habe dann immer gedacht eine Immobilie ist eine Wertanlage. Und jetzt also. Er will nichts mehr. Er hat jetzt dies da (zeigt auf Pläne auf dem Tisch). Das haben wir jetzt auch verkauft. Äh - gut, das hat auch damit zusammen gehangen, dass die Schule kein Platz *mehr hatte und dass wir hier so gute Möglichkeiten haben. Das - - das Schulhaus dort vorne lässt sich nicht so einfach verkaufen - äh - aber dies möchte er nun in eine Immobiliengesellschaft hinein bringen"* (C:879:885). Die Aufzählung der Objekte, die der Nachfolger zurzeit verkaufen möchte oder in eine Immobiliengesellschaft überträgt, wird im Anschluss weitergeführt, kann aus Vertraulichkeitsgründen jedoch hier nicht aufgeführt werden. Dazu sagt Albert Clasen weiter: *„Ich kann dies irgendwie gar nicht nachvollziehen. Also meine Erfahrung - ‚Gottfried Stutz' - ich war* [damals] *froh, denn wenn sie dieses Haus verkaufen, gibt es eine grausame Liquidität, also, oder Geld in die Entwicklungskasse - oder wohin sie dies jetzt hintun"* (C:892:894). Aus dem Interview geht hervor, dass Albert Clasen aktuell viel Mühe damit hat, sich mit der neuen Situation abzufinden. Gleichzeitig kann aus dem Interview mit ihm nicht herausgearbeitet werden, wo seinem Erachten nach das Hauptproblem zurzeit liegt.

Anders sieht es diesbezüglich beim Interview mit der Ehepartnerin aus. Claudia Clasen bezeichnet die Phase des Loslassens und gleichzeitiger Mitarbeit als etwas sehr Anspruchsvolles (C:1274:1276). *„Weißt Du, er ist ja jemand der so spontan selber entscheidet - - und das zurückstehen - - Entscheidungen akzeptieren, welche er das Gefühl hat, die er zum Teil wirklich anders gemacht hätte - - und du musst direkt mitarbeiten, das ist manchmal ganz happig."* (C:1280:1282). Gerade die Rückkehr in die operative Tätigkeit nach dem Tod von Hans Pock bezeichnet sie als unbefriedigend, da dadurch noch keine Entlastung stattgefunden hat (C:1302:1305). *„Und das ist, von dem her auch für mich sehr unbefriedigend gewesen, dass er - - dass er jetzt - dass sie ihn für diese Arbeit wieder geholt haben und* [er] *nun wieder fest involviert ist"* (C:1310:1311). Dabei kann in dieser Aussage festgestellt werden, dass sie nach kurzem Zögern die Verantwortung dafür der neuen Geschäftsleitung zuspricht.

Im weiteren Verlauf des Interviews mit der Ehefrau kommen zunehmend kritische Aussagen über die neue Geschäftsleitung zum Ausdruck. *„Ja es dünkt mich, dass sie ganz andere Interessen verfolgen"* (C:1286:1286). Dabei betont sie, dass die Entscheidung für die gewählte Nachfolgeform (MBO) mit Überzeugung getroffen worden ist. *„Wie ich schon gesagt habe, die Entscheidungen wurden mit Überzeugung getroffen und die nachfolgende Arbeit ist dann eigentlich nicht nur positiv, gell"* (C:1291:1292).

In Bezug auf die Finanzierungsstrategie der neuen Geschäftsleitung äußert sich Claudia Clasen wesentlich pointierter als ihr Ehemann. *„Jetzt stehen die finanziellen Überlegungen viel stärker im Vordergrund, was vor allem auf Gerhard Obrist, den Nachfolger, zurück geht"* (C:1579:1584). Dies ist insofern auch nachvollziehbar, als dass sich dieser gegenüber einer Bank hat verschulden müssen, um die Anteile von Albert Clasen zu übernehmen. Gerhard Obrist hatte als ursprünglicher Reallehrer zu wenig Kapital (C:1584:1584). *„Ja, da sind solche Sparmaßnahmen, die spüre ich persönlich auch sehr schnell. Also ausgegeben wird im Moment wirklich nicht viel"* (C:1598:1599). Die Betroffenheit ist dahingehend gegeben, als dass die Schule ein wichtiger Kunde für das von Claudia Clasen betriebene Unternehmen zur Einrichtung von Lernateliers ist. Albert und Claudia Clasen wohnen zum Zeitpunkt des Interviews in einem Gebäude, das im Parterre auch von einer Schule genutzt wird. Als Folge der Immobilienverkäufe durch Gerhard Obrist sind die beiden auch privat davon betroffen, denn das Wohn- und Arbeitshaus wurde relativ kurzfristig verkauft, so dass das Ehepaar ein neues Zuhause suchen muss (C:1884:1893).

Im Rahmen der sechsten Herausforderung werden verschiedene Themen angesprochen. Zunächst geht es um die Nicht-Akzeptanz von Veränderungen bei Mitarbeitenden. Damit verbunden kann bei einzelnen Mitarbeitenden beobachtet werden, dass sie versuchen, Albert Clasen zu instrumentalisieren, um der neuen Führung Inkompetenz nachzutragen. Außerdem geht es um den nachträglichen Verkauf von zahlreichen Immobilien durch Gerhard Obrist und damit eine Umkehr der bisherigen Investitionspolitik des Gründers. Der Unternehmensleitung kann dabei eine risikoaverse Haltung zugesprochen werden, wobei die Vermutung laut wird, dass die gelösten Mittel zur Zeit nicht primär ins Kerngeschäft investiert werden, sondern zur Amortisation des Kredites verwendet werden (vgl. Zusammenfassung in Tabelle 14).

Die Herausforderungen und die damit verbundenen Themen von Albert Clasen können wie folgt zusammengefasst werden:

Herausforderung	Damit verbundene Themen
I. Veränderte Rahmenbedingungen	• Mit 56 gehört Unternehmer zur alten Generation (Bankengespräch) • Unternehmensgröße braucht Manager und Managementprozesse/-strukturen (QS-System; Entlohnungssystem, VR-Sitzung)
II. Nachfolgeoption: Geld oder Beziehung zu den Mitarbeitenden	• Aufrechterhalten des Lebenswerks und Schutz der eigenen Lebens- und Unternehmensphilosophie vor der finanziellen Aushöhlung • Wahl zwischen Geld und Beziehung zu Mitarbeitenden • Seinen eigenen Grundsätzen treu bleiben • Keine Freundschaften gefährden

III. Bestimmung des definitiven Nachfolgers	• Absage seiner ersten Wahl • Unsicherheit bezüglich Finanzkraft • Unsicherheit bezüglich Fähigkeiten und Kompetenzen
IV. Verzichtserklärung der Mitarbeitenden	• Widerstand eines Kleinaktionärs • Behinderung der unternehmerischen und zukunftsgerichteten Lösung
V. Vorsorgeregelung	• Investitionen in Immobilien anstatt Pensionskassen als unternehmerische Alternative • Eigenes Vorsorgebedürfnis zur Preisbestimmung • Ungeplantes Darlehen zur Sicherstellung der Finanzierung durch Nachfolger
VI. Verwaltungsratsmandat und weitere Mitarbeit	• Tod von Hans Pock und interimistische Aufgabenübernahme • Nicht-Akzeptanz von Veränderungen durch Mitarbeitende • Instrumentalisierung von Albert Clasen um neue Leitung zu hinterfragen • Umfangreicher (Aus)Verkauf von Immobilien • Unsicherheit über Verwendung der dadurch frei gewordenen Mittel • Risikoaverse Unternehmensleitung

Tabelle 14: Herausforderungen im Nachfolgeprozess (Fall C)[741]

6.3.3 Emotionen im Nachfolgeprozess

Entsprechend dem dritten Analyseschritt stehen nachfolgend die Emotionen von Albert Clasen im Zentrum der Betrachtung. Dabei gilt es erneut in einem ersten Schritt Formulierungen zu identifizieren, die mit Emotionen in Verbindung gebracht werden können. Anschließend wird versucht, deren Bedeutungsinhalt sowie Ursachen und Wirkungen im Kontext zu verstehen.

Bei der Analyse des Transkripts kann festgestellt werden, dass der Unternehmer Albert Clasen relativ wenige Emotionen explizit angesprochen hat. Vereinzelt kommt in seinem Interview zum Ausdruck, dass die Dinge so kommen, wie sie kommen müssen (vgl. dazu auch weiter unten). Bezogen auf seine Tätigkeit und Befindlichkeit bedeutet dies, dass er primär zukunftsorientiert ist, nach Lösungen sucht und die Konsequenzen aus Entscheidungen im Grundsatz auch akzeptiert.

Seine Ehefrau Claudia Clasen formuliert im Unterschied dazu – angesprochen auf die Emotionen Ihres Ehemanns im Allgemeinen – dass es ohne Emotionen nicht gegangen ist: *„Ich würde einfach so sagen. Die ganze Palette von Gefühlen. Von Zufriedenheit bis Wut. Der gesamte Gefühlskanon. Es hat ihn wütend gemacht, weil sie ihn ein-*

[741] Eigene Darstellung.

fach so verletzen. Also ich spreche von Wut, Enttäuschung, Zusicherung, ob sie dies auch wirklich so meinen. Ja, ich habe wirklich das Gefühl gehabt, dass es in diesem Jahr so gewesen ist.“ (C:1811:1814).

6.3.3.1 Emotionen während der Herausforderung I

Die Aussage des Bankenvertreters, dass das Bankenrating zukünftig schlechter ausfallen wird falls Albert Clasen seine Nachfolge nicht regelt, hat bei ihm nach eigenen Angaben Emotionen ausgelöst. Der punktuelle Reiz hat bei ihm dabei *Erstaunen* und *Verwunderung (a)* hervorgerufen. Damit verbunden ist auch ein Gefühl von *Angriff* und *Verletzung (b)*. Deshalb bezeichnet er den Bankenvertreter auch zwei Jahre später noch als *„frechen Kerl“* (C:124:128) – eine Reaktion die kurzfristig auf den Berater (= interpersonell) und gleichzeitig aber auch auf die Institution Bank (= Anspruchsgruppe) bezogen ist. Gleichzeitig stellte Albert Clasen rasch fest, dass der Bankenvertreter seine Aussage nicht als Witz verstanden haben wollte (C:132:132). Als Angriff kann die Situation empfunden werden, da ein außenstehender Mensch sich aus der Perspektive von Albert Clasen erlaubt sich in die persönliche Situation einzumischen. Die Verletzung ist dabei primär auf individueller Ebene zu suchen, da sich der Unternehmer einerseits noch jung und leistungsfähig fühlt, aber auch bereits einen Zeitpunkt definiert hat, an dem er die Unternehmensnachfolge angehen möchte. Der Bankenvertreter ist ihm diesbezüglich zuvor gekommen. Die damit verbundenen Emotionen können den affektiven Emotionen zugesprochen werden.

Parallel dazu hat sich die Form der Verwaltungsratssitzungen geändert und die Forderung nach einer neuen Leistungshonorierung ist aufgekommen. Aus dem Transkript können diesbezüglich direkt keine Emotionen abgeleitet werden. Im Rahmen einer offenen Interpretation kann jedoch ein gewisser Unmut (c), verstanden als Stimmung zugeschrieben werden, denn etablierte und über viele Jahre bewährte Führungssysteme werden von der Führungsmannschaft in Frage gestellt. Aus der Perspektive von Albert Clasen wird damit bis zu einem gewissen Grad auch er selbst in Frage gestellt.

Die Wirkung der vorliegend identifizierten Emotionen haben zur Folge, dass zum einen eine innere Auseinandersetzung mit dem eigenen Älterwerden stattgefunden hat. Dabei stand jedoch die Empfindung im Vordergrund, dass er sich selbst noch als jung und dynamisch empfindet. Gleichzeitig hat jedoch eine Bewusstseinsförderung in Bezug auf die bevorstehende Nachfolgeregelung stattgefunden, wobei dieses Bewusstsein relativ rasch in konkrete Vorbereitungsmassnahmen überführt worden ist – wobei die Herausforderung II hierzu förderlich war (vgl. nachstehend).

6.3.3.2 Emotionen während der Herausforderung II

Bei der zweiten Herausforderung geht es darum, ob Albert Clasen die Unternehmensnachfolge unter der Prämisse Geld (= externes Übernahmeangebot) oder Beziehung

(= Unternehmensbeziehungen und -kultur unter Freunden) übergeben will. Dabei steht Albert Clasen zwischen *Verlockung (d)* und *Schuldgefühl (e)*. *„Ähm – also auf eine Art war es schon noch verlockend, wenn einer einen solch riesigen Betrag anbietet."* (C:830:832). Er stellt fest, dass bei ihm Gedankenspiele in Bezug auf die Ausgestaltung der kommenden Jahre mit viel flüssigen Mitteln stattgefunden haben. Die Verlockung wird vorliegend als intentionales Gefühl, die Schuldgefühle mehr als Stimmung interpretiert. Gleichzeitig ist die *Befürchtung (f)* groß, dass der potentielle Käufer sich zu stark auf die finanziellen Aspekte konzentrieren würde, womit die didaktische Philosophie weniger im Zentrum stehen würde – ein wiederum auf den potentiellen Käufer gerichtetes intentionales Gefühl, jedoch im Sinne einer Ablehnung. Bezugnehmend auf seine Mitarbeiter und Freunde sagt er: *„sonst ‚verseckle' ich meine Kollegen"* (C:836:836). Es kann deshalb eine innere Zerrissenheit als Gesamtstimmung festgestellt werden.

Der eigentliche Entscheid zu Gunsten der unternehmensinternen Nachfolgeregelung hat bei Albert Clasen zu einer Form der *Erleichterung* geführt. Die Entscheidung kann dabei einerseits als Resultat aus der zu überwindenden inneren Zerrissenheit, als auch als Ursache für das Grundgefühl von Erleichterung und Stolz (h) (= Stimmung) die richtige Entscheidung getroffen zu haben interpretiert werden. *„Es ist einfach notwendig gewesen und ich habe nicht so - - es war eine gewisse Erleichterung gewesen nach dem Entscheid, oder? [kurze Gedankenpause]. Ja, da habe ich mich auch irgendwie gut gefühlt, also so quasi auf das zu verzichten können."* (C:1079:1081). Damit kann auch ein gewisses Maß von Stolz verbunden werden, dass er es geschafft hat, der Verlockung zu widerstehen (C:1087:1087).

6.3.3.3 Emotionen während der Herausforderung III

Bei der Wahl des eigentlichen Nachfolgers können zwei zentrale Emotionen identifiziert werden. Bezug nehmend auf die Absage von Franz Niemand kann ein Gefühl des *Bedauerns (i)* erkannt werden. *„Denn hier - - - also hier war schon noch gewesen in dem Gespräch - - nicht gerade eine Enttäuschung (j), aber so - - bedauern, oder? Dass er dies dann nicht gewollt hat"* (C:1056:1058). Da Franz Niemand am erfolgreichsten und rentabelsten eine Schule leitet und über einen großen Erfahrungsschatz verfügt, war er die erste Wahl von Albert Clasen für die Unternehmensnachfolge. Dabei handelt es sich um eine Emotion, die beim Nichterfüllen einer Erwartung oder (Wunsch)vorstellung ausgelöst wird und vorliegend als Stimmung interpretiert wird, wobei der Enttäuschung auch ein affektiver Charakter zugesprochen werden kann.

Gerhard Obrist hat im Anschluss relativ rasch dem Einstieg als Nachfolger zugestimmt. Damit verbindet Albert Clasen ein Gefühl der *Befriedigung*, denn sein Wunsch nach einer unternehmensinternen Regelung konnte erfüllt werden. *„MbH - - und da, also mit dem mit dem Gerhard Obrist, da war ich zufrieden gewesen. Es hat mir Befrie-*

digung gegeben - - - und - und er macht dies auch gut ...“ (C:1091:1092). Die Zufriedenheit und Befriedigung (k) ist dabei auf die damit mögliche unternehmensinterne Unternehmensnachfolge zurück zu führen und damit als eine Bestätigung des abgelehnten Übernahmeangebotes zu interpretieren. Der emotionale Zustand kann als positive Stimmung interpretiert werden. Gleichzeitig bietet diese Variante eine Alternative zu seiner ersten Wahl mit Franz Niemand. Die tiefe Befriedigung ist wahrscheinlich auf den gesicherten Fortbestand seines Lebenswerks zurückzuführen und die Bestätigung, dass sein Entscheid gegen den finanziell attraktiven Verkauf richtig war.

6.3.3.4 Emotionen während der Herausforderung IV

Die anfängliche Weigerung eines einzigen Lehrers, die Verzichtserklärung für den Verkauf des Aktienpakets von Albert Clasen an Gerhard Obrist zu unterzeichnen, hat zu einer punktuell heftigen Emotion geführt. *„Und dann bin ich natürlich stocksauer geworden, denn ich habe gesagt, weshalb ich es so mache und – äh – alle haben gewusst, dass ich auch ein anderes Angebot hätte, oder. - - Natürlich aus dem irgendwie heraus war auch eine Wut gewesen, dass dieser dies nun nicht einsieht. Also Sozialdemokrat - oder - wieder typisch ... welcher ausgerechnet noch das Gefühl gehabt hat, er müsste hier noch rein funken, oder?“* (C:979:984; ähnlich auch C:1068:1070). Bildlich gesprochen handelt es sich um einen sauren Apfel, mit dem er nicht gerechnet hat. Entsprechend ist damit ein gewisses Überraschungsmoment verbunden. Gleichzeitig argumentiert er auf politischem Weg und greift dabei auf ein stereotypes Menschenbild zurück, um die Situation zu erklären. Die damit verbundene Wut (l) kann als affektives Gefühl interpretiert werden und ist primär auf die einzelne Person gerichtet, wobei die unternehmensbezogene Lösung des Unternehmers in Frage gestellt worden ist. Die Einschätzung von Claudia Clasen ist dabei die gleiche. *„Also hier weiß ich, dies hat ihn wütend gemacht* [...,] *denn er hat wirklich das Gefühl gehabt, dass dies ja eine gute Lösung für das Ganze ist*“ (C:1822:1824). Eine Wirkung kann aus dem Transkript nicht direkt abgelesen werden. Es kann jedoch davon ausgegangen werden, dass ein erhöhtes Engagement und damit Überzeugungsarbeit geleistet worden ist, um die Person umzustimmen.

6.3.3.5 Emotionen während der Herausforderung V

In Bezug auf die eigentliche Vorsorgelösung können weder im Interview mit Albert noch mit Claudia Clasen Hinweise auf mögliche Emotionen gefunden werden. Mögliche Varianten sind bereits im Rahmen von Kapitel 6.3.3.2, Seite 221 abgehandelt worden, die jedoch vorliegend mit der eigentlichen Vorsorgeregelung wenig zu tun haben. Dies kann möglicherweise darauf zurück geführt werden, dass die finanzielle Situation für Albert Clasen als unkritisch und damit als gesichert einzustufen ist.

6.3.3.6 Emotionen während der Herausforderung VI

In der ersten Phase nach dem Vollzug der Unternehmensnachfolge verbindet Albert Clasen mit dem Nachfolgeprozess *Freude (m)* und *Respekt (n)*. Er freut sich darauf, dass er zukünftig auch vermehrt zu Hause an Konzeptionellem und damit verbunden auch an seinem Buch für den Klett-Verlag arbeiten kann. Gleichzeitig hat er aber auch Respekt vor dem Loslassen. Dabei geht es ihm weniger um die Schule als Institution und das Unternehmen als Ganzes, sondern vielmehr um den Kontakt zu den Schülern: *„Und damit bist du immer um Jugendliche herum gewesen und das ist auch schön. Das ist auch interessant – das ist das Gefühl, dass es wahrscheinlich dieser Teil ist, den ich am schlechtesten loslassen kann. So denke ich – ja. Auf der einen Seite freue ich mich, da ich im August mehr zu Hause sein kann und da ein bisschen in Ruhe arbeiten kann ... und auf der anderen Seite möchte ich mindestens einen Tag* [...] *Unterricht geben"* (C:1146:1150). Die Situation wird deshalb als eine Kombination von positiver und negativer Stimmung umschrieben.

Für die weitere Betrachtung der Emotionen in der Zeit seit der Übergabe an den Nachfolger werden nachstehend zwei Elemente differenziert. Zum einen geht es dabei um die Akzeptanz der Mitarbeitenden, zum anderen um die Empfindungen rund um die Weiterführung des Unternehmens durch Gerhard Obrist. Ein kleiner Aspekt stellt das Nicht-loslassen-können oder die Nicht-Akzeptanz der neuen Situation durch die Mitarbeitenden dar. Albert Clasen sagt dazu: *„Und das macht mich natürlich völlig - - äh - - sauer (o). Ich sage es ihm dann auch: Entweder gewöhnst Du dich daran, oder es ist nicht die richtige Umgebung. Das geht doch nicht so!"* (C:1009:1011). Seine Reaktion entspricht der eines Unternehmers, der sich mit dem Unternehmen und seiner Idee voll und ganz identifiziert und sich dafür vollständig einsetzt. Sie kann im Moment als affektive Reaktion interpretiert werden, die später in eine kritische Stimmung übergeht. Wenngleich Albert Clasen eine solche Kündigung in Realität nicht mehr aussprechen könnte, ist seine Reaktion sehr bestimmt und direkt. Seine heftige Reaktion kann damit begründet werden, dass er sich immer für junge Menschen eingesetzt hat und er der festen Überzeugung ist, dass jeder eine Chance haben muss.

Aus emotionaler Perspektive sind die Veränderungen in der Geschäftsführung und vor allem die Desinvestitionsentscheidungen von Bedeutung, auch wenn Albert Clasen die Interviewer diesbezüglich ziemlich im Dunkeln stehen lässt, da er nicht ganz so offen darüber berichtet wie später seine Ehefrau. Dies zeigt sich auch darin, dass er leicht ins Stocken gerät und schließlich eine Aussage in Form der einer Analogie wählt: *„Ja - - also - äh -, dass irgendwie so bis hierhin einmal ein Entscheid gefallen ist - - oder? Und - äh - -, dass es jetzt so - - so - äh - - - gewisse - äh - - ähm - ja wie kann man sagen - also: ich muss die Strasse nicht mehr ‚laufen', aber ich muss noch helfen sie zu bauen, oder?"* (C:1100:1102). In der Folge äußert er sich zweideutig über Gerhard Obrist und bricht die Aussage gleich wieder ab: *„Er ist ursprünglich Reallehrer gewesen und jetzt* *nachher...*[Unterbruch]*"* (C:900:900). Bei dieser Aussage wird nicht klar, welche Art von Vorbehalt er damit ausdrücken will. Die weitere Textanalyse hat ergeben, dass in einer früheren Aussage bereits ein gewisser Vorbehalt gegenüber der Person Gerhard Obrist hinein interpretiert werden kann: *„Der* [Gerhard Obrist] *ist eigentlich derjenige, der am wenigsten lange dabei ist. Aber sonst sind wir alle sehr freundschaftlich miteinander verbunden. Also der* [Hans Pock] *ist jetzt gestorben, aber auch die anderen"* (C:199:201). Die Formulierung könnte auf eine gewisse Distanz zurückgeführt werden. Da aus dem Interview mit Albert Clasen diesbezüglich nicht mehr Erkenntnisse gewonnen werden können, gilt es entsprechend vorsichtig das Interview mit seiner Ehefrau zu durchleuchten. Dabei sagt sie an einer Stelle: *„Einfach Entscheide, welche er tolerieren muss, welche ihm zuwider sind. Das dünkt mich ganz schwierig. Weil er den Eindruck gehabt hatte, es geht zum Teil weg von der - - von seiner - - von seinem Menschenbild"* (C:1547:1550). Bezugnehmend auf den Ablösungsprozess formuliert Claudia Clasen ein Gefühl der *Enttäuschung (p)*, das sie bei Albert Clasen beobachtet hat. „[Der Loslösungsprozess ist] *eben so einfach auch so enttäuschend, dass so die Innovation nicht mehr so da ist - - auch nicht gefragt ist. Dies dünkt mich, ist eine Enttäuschung von ihm, bei welcher er auch das Gefühl hat, damit kann ich mich nicht mehr identifizieren. Und dass nun das Finanzielle mehr gewichtet ist, hat er mehr Verständnis, als ich. Da ist es so, dass er in diesem Zusammenhang wie auch bei mir um Verständnis wirbt"* (C:1832:1837). Aus dem Text kann entnommen werden, dass Albert Clasen für die Desinvestitionen ein gewisses Verständnis hat, denn er sieht, dass sein Nachfolger kaum über Kapital verfügt hat, um das schwere Unternehmen zu übernehmen. Außerdem hatte er ursprünglich auch nicht vorgesehen, Kapital als Darlehen im Unternehmen stehen zu lassen (vgl. 6.3.2.5, Seite 216). Der Unmut äußert sich dabei vielmehr dahingehend, dass Investitionen in das didaktische Konzept zurückgestellt wurden, womit ein Kernbedürfnis von Albert Clasen angetastet wird. Aus der Perspektive von Claudia Clasen wird in diesem Zusammenhang von ungenügend entgegengebrachtem Respekt gesprochen: *„... in welcher ich das Gefühl gehabt hatte, der Umgang mit ihm ist nun respektlos"* (C:1514:1514). Frei könnte der Unmut gegenüber dem anderen Investitionsverhalten auf zweierlei Weise interpretiert werden. Zum einen könnte es sein, dass Albert Clasen Parallelen zum ersten Angebot [= Übernahmeangebot des Lizenznehmers] zieht. Seinen Wunsch nach einer ähnlichen Fortführung des Unternehmens könnte er in der Zwischenzeit als unterlaufen betrachten. Zum anderen könnte der Unmut aus der eigenen Einschätzung und damit verbunden auch aus der Unterschätzung der Fähigkeiten und Kompetenzen von Gerhard Obrist herrühren, was jedoch vorliegend nicht abschließend beurteilt werden kann. Die emotionale Betroffenheit von Albert Clasen äußert sich in diesem Kontext dahingehend, dass er einen unregelmäßigeren Schlaf hatte, als dies bisher der Fall war. Claudia Clasen sagt dazu: *„Ja, wir haben damals eigentlich ziemlich viel davon geredet. Und er hat dann auch nicht so gut geschlafen, da es ihn be-*

schäftigt hat. Und dies ist - - dies ist für mich auch ein Alarmzeichen gewesen, denn er verträgt ziemlich viel" (C:1863:1865).

Die Umschreibung der Emotionen und deren Ursachen und Wirkungen können zusammenfassend wie folgt dargestellt werden:

H		Stichworte	Interpretation A	B	C	D	E
I	E(a)	• Erstaunen und Verwunderung	Affektives Gefühl				
	E(b)	• Angriff und Verletzung	Affektives Gefühl				
	E(c)	• Unmut (Rahmenbedingungen)	Stimmung				
	U	• E(a, b): Bankengespräch		X			X
	U	• E(a,b): Verletzung der persönlichen Pläne	X		X	X	
	U	• E(c): Forderung nach neuen Prozessen und Entlohnungssystemen durch Kader				X	X
	W	• Auseinandersetzung mit dem eigenen Älterwerden	X				
	W	• Bewusstseinsförderung und Entschluss zur Regelung der vorzeitigen Unternehmensnachfolge	X			X	
II	E(d)	• Verlockung	Intentionales Gefühl				
	E(e)	• Schuldgefühl	Stimmung				
	E(f)	• Befürchtungen	Intentionales Gefühl				
	E(g)	• Innere Zerrissenheit	Stimmung				
	E(h)	• Erleichterung; Stolz	Stimmung				
	U	• E(d, f, g): Großzügiges Übernahmeangebot				X	X
	U	• E(e, f, g): Verantwortung gegenüber über Mitarbeitenden und Kollegen, welche seine Philosophie tragen	X	X		X	
	U/W	• E(h): Entscheidung für MBO; Verzichtsleistung	X			X	X
III	E(i)	• Bedauern	Stimmung				
	E(j)	• Enttäuschung	Stimmung mit affektivem Charakter				
	E(k)	• Zufriedenheit und Befriedigung	Stimmung				
	U	• E(i, j): Absage von Franz Niemand		X		X	
	U	• E(k): Zusage von Gerhard Obrist (MBO)		X		X	
	W/U	• E(i, j) als W: Anfrage bei Gerhard Obrist		X		X	
IV	E(l)	• Stocksauer werden und Wut	Affektives Gefühl				
	U	• E(l): Weigerung eines Lehrers Verzichtserklärung zu unterzeichnen		X		X	
	U	• E(l): In Frage stellen der unternehmerischen Lösung	X			X	
	W	• E(l): Erhöhung des Engagements	X	X		X	
V		• Keine beobachtbaren Emotionen					
VI	E(m)	• Freude	Stimmung				
	E(n)	• Respekt vor dem Loslassen	Stimmung				
	E(o)	• Enttäuschung (sauer)	Affektive Reaktion / kritische Stimmung				
	E(p)	• Enttäuschung	Stimmung				
	U	• E(m): Vollzug der Nachfolgelösung (MBO)				X	
	U	• E(n): Fehlender Kontakt zu den Schülern		(X)		X	X
	U	• Desinvestition zur Refinanzierung anstatt Investition in die Innovation		X		X	

	W	• E(o, p): Schlafstörungen und Gespräche mit seiner Frau	X	X	X		

Legende:
- H = Herausforderung
- E(a) bis E(p) = Emotionen
- U = Ursache; W = Wirkung
- A = Intrapersonell, B = Interpersonell, C = Familie, D = Unternehmen, E = Gesellschaft / Öffentlichkeit und Anspruchsgruppen

Tabelle 15: Identifizierte Emotionen[742]

6.3.4 Die Bedeutung der Emotionen im Allgemeinen

Abschließend wird nun für den dritten Fall die Bedeutung der Emotionen im Nachfolgeprozess zusammenfassend betrachtet, wobei Wiederholungen nicht ausgeschlossen werden können. Dabei werden die Herausforderungen, die damit verbundenen Emotionen und deren Ursachen und Wirkungen im Zeitkontext und mit Bezug auf die vier Analyseebenen diskutiert. Ausgangslage für die Betrachtung sind auch hier der Nachfolgeprozess (vgl. Abbildung 21, Seite 210), die darin vom Unternehmer definierten Herausforderungen und damit verbundenen Themen (vgl. Tabelle 14, Seite 220) sowie die Diskussion der Emotionen mit Bezug auf die Herausforderungen (vgl. Tabelle 15). Der Überblick wird in der nachstehenden Abbildung 22 gegeben. Darin werden die wichtigsten Zeiträume, Personen, Stakeholder und speziell prägende Elemente wie beispielsweise das Lehr- und Lernkonzept im vorliegenden Fall abgebildet.

[742] Eigene Darstellung.

Die von Albert Clasen formulierten Herausforderungen im Zeitverlauf ergeben folgendes Bild:

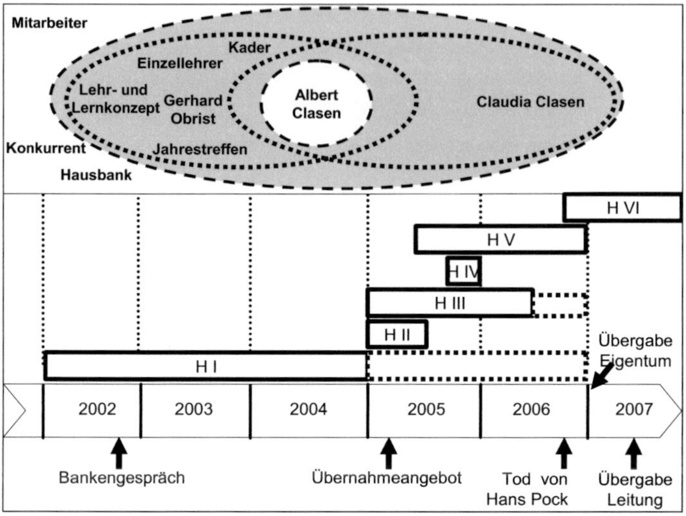

Abbildung 22: Herausforderungen und Emotionen im Nachfolgeprozess[743]

Die *erste Herausforderung* fokussiert sich auf zwei Elemente. Anlässlich des Bankengesprächs kann kurzfristig eine affektive Reaktion erkannt werden, im Zeitverlauf wurde durch die extern verursachte Irritation primär das Bewusstsein in Bezug auf die Unternehmensnachfolge gefördert. Claudia Clasen stellt in diesem Zusammenhang fest: *„Das andere was gewesen ist, ist wirklich eine Einsicht gewesen - - ja - - hier vielleicht dieses Bankengespräch hat bewirkt, dass er aktiv wird“* (C:1838:1839). Dem primär affektiven Gefühl kann deshalb eine intentionale Wirkung zugesprochen werden.

Auch wenn aus dem Transkript keine Emotionen im Kontext der sich verändernden Rahmenbedingungen gefunden werden können, lässt eine freie Interpretation jedoch die Vermutung zu, dass diese Ereignisse einen gewissen *Unmut* ausgelöst haben. Der Unmut rührt dabei einerseits daher, dass Albert Clasen die bisherige Regelung vor Jahren selbst institutionalisiert hatte und diese seither nie in Frage gestellt worden ist. Andererseits hat die Verwaltungsratssitzung eine neue Form der Formalisierung erfahren, die nicht seinem ureigenen unternehmerischen Grundverständnis als Gründer entspricht. Der Unmut kann deshalb als Kontextvariable, als Stimmung verstanden werden, welche

743 Eigene Darstellung.

die nachfolgenden Entscheidungsschritte unter Umständen erleichtert hat, da eine innerliche Distanzierung möglicherweise bereits stattgefunden hat.

Die *zweite Herausforderung* stellt die Abwägung zwischen Geld und Beziehung dar. Die Entscheidungsfindung kann als punktuelle Verunsicherung bezeichnet werden. Gleichzeitig sind Albert Clasens Wertvorstellungen primär auf das Unternehmen, seine Beziehungen zu den Mitarbeitenden und Schülern gerichtet. Seine persönlichen Werte – institutionalisiert in der von ihm gegründeten Schule – sind dabei sehr stark ausgeprägt, so dass das Abwägen wahrscheinlich nicht so lange gedauert hat. Die Gefühle während der Entscheidungsfindung können als intentionale Gefühle in Bezug auf die eigenen Wertvorstellungen interpretiert werden. Die Entscheidung gegen den Verkauf an den Konkurrenten führt zu positiven Emotionen, welche mehr als Stimmung zu verstehen sind.

Die anfänglich erlebte Enttäuschung im Rahmen der *dritten Herausforderung* wird primär punktuell wahrgenommen und kann deshalb als affektive Reaktion gedeutet werden. Gleichzeitig versteht und akzeptiert Albert Clasen die Entscheidung schnell und sucht rasch nach einer Alternative. Die Zusage von Gerhard Obrist schließlich führt zu einem Gefühl der Befriedigung, das auch als positive Stimmung verstanden werden kann und dabei auf den Fortbestand des Unternehmens gerichtet ist.

Die Emotionen im Rahmen der *vierten Herausforderung* haben primär affektiven Charakter und richten sich auf ein Individuum (= Lehrer einer Schule). Sobald der Widerstand gelöst ist, ist damit auch die emotionale Anspannung gelöst.

Im Rahmen der *sechsten Herausforderung* kommt zum Ausdruck, dass Albert Clasen stark den Kindern und damit dem Schulunterricht verbunden ist. So gesehen könnte die Abgabe von Managementaufgaben auch als Erleichterung interpretiert werden. Diese haben im Rahmen des Ausbaus der Schule auf 200 Mitarbeitende mit großer Wahrscheinlichkeit an Bedeutung gewonnen, wodurch die eigene Arbeit mit den Kindern etwas zurückgestellt werden musste. Gleichzeitig wird die Geschäftsführung heute anders wahrgenommen als Albert Clasen diese noch gepflegt hat. Die bereits erfahrenen Veränderungen lösen bei ihm deshalb kritische Emotionen aus, die entsprechend als belastende Stimmung zu interpretieren sind. Dabei richtet sich diese sowohl gegen das Unternehmen als Ganzes aber möglicherweise auch gegen die Person Gerhard Obrist (= Nachfolger). Denkbar ist auch, dass sich die Enttäuschung zu Teilen gegen sich selbst richtet, da er den Nachfolger eventuell anders eingeschätzt hat. Gleichzeitig argumentiert Albert Clasen sehr rational und begründet beispielsweise die Desinvestitionspolitik mit der Refinanzierung der Unternehmensnachfolge durch Gerhard Obrist.

Auf *interpersoneller Ebene* spielt im Kontext der Familie Claudia Clasen eine mittelgroße Rolle. Auch wenn die Entscheidungen im Kontext der Unternehmensnachfolge von Albert Clasen alleine gefällt wurden, hat er einige Dinge mit ihr diskutiert. Gleichzeitig kann diesbezüglich jedoch keine maßgebliche Beeinflussung durch die Ehefrau identifiziert werden. Im Kontext des Unternehmens spielen die Mitglieder der Geschäftsleitung (Kader) und dabei vor allem Gerhard Obrist und einer der Lehrer eine wichtige Rolle. Innerhalb der Geschäftsleitung handelt es sich dabei um sehr freundschaftliche Beziehungen. Der Einzellehrer wird im Rahmen der Fallstudie als Arbeitnehmer wahrgenommen.

Auf *organisationaler Ebene* können zwei zentrale Elemente identifiziert werden. Aus organisatorischer Sicht haben die Jahrestreffen eine hohe Bedeutung. Es handelt sich dabei um eine Plattform, in deren Rahmen Änderungen und Neuerungen diskutiert und ausgearbeitet werden können. Gleichzeitig war es aber auch ein Instrument um die freundschaftliche Beziehung [= Unternehmenskultur] zu pflegen. Das zweite Element stellt das Lehr- und Lernkonzept von Albert Clasen dar. Es bildet den Kern der ursprünglichen Unternehmensgründung und des anschließenden Aufbaus des Unternehmens. Es bildet quasi das von der physischen Person Albert Clasen unabhängige Element, das trotzdem auf ihn zurückgeführt werden kann. Aus dem Interview entsteht der Eindruck, dass Albert Clasen vor allem für die Schule gelebt hat und deshalb die Familie erst an zweiter Stelle kommt.

Auf der *Analyseebene der Umwelt* hat der Bankenvertreter eine zentrale Rolle als Prozessbeschleuniger gespielt. Es darf davon ausgegangen werden, dass das Bankengespräch relativ viel geistige Vorarbeit ausgelöst hat. Gleichzeitig ist das konkrete Übernahmeangebot eines Konkurrenten ein Ereignis, das eine relativ rasche Antwort erfordert hat. Dieses Element ist deshalb als weiterer Beschleuniger des Nachfolgeprozesses zu verstehen.

Abschließend darf davon ausgegangen werden, dass Albert Clasen die Unternehmensnachfolge rasch und konsequent umgesetzt hat, wenngleich der Prozess zum Zeitpunkt des Interviews noch nicht vollständig abgeschlossen war, da er interimistisch noch einzelne Funktionen wahrnimmt. Gleichzeitig kann aber festgestellt werden, dass er bereits über neue Projekte nachdenkt – ein Indiz, dass er gedanklich bereits einen Schritt weiter ist und sich deshalb emotional trotz aller Verbundenheit bereits relativ gut vom Unternehmen losgelöst hat. Dank konkreten Plänen und Projekten hat er gar keine Zeit oder Gelegenheit, sich zu lange mit der Vergangenheit zu beschäftigen.

6.4 Fallübergreifende Abschlussbetrachtung

Abschließend werden die drei Fallstudien miteinander verglichen, um Gemeinsamkeiten und Unterschiede herauszuarbeiten. Dabei werden nachfolgend die Familien- und Unternehmensverhältnisse, die Gestaltung der Unternehmensnachfolge im Allgemeinen, die damit verbundenen Erfolgsfaktoren und die darin entdeckten Emotionen im Speziellen verglichen.

Die in der vorliegenden Arbeit interviewten Unternehmer (= Übergeber) sind alle etwa gleich alt und weisen einen maximalen Altersunterschied von 5 Jahren auf (vgl. Tabelle 16). Die Führungsübernahme, also der Unternehmenseinstieg respektive die Gründung des Unternehmens liegen bei allen in den 80er Jahren. Alfred Baumann und Markus Dormann sind dabei in bestehende Unternehmen eingestiegen, Albert Clasen hat das Unternehmen selbst gegründet. Ein weiterer Unterschied besteht dahingehend, dass Albert Clasen mit seiner zweiten Ehefrau zusammenlebt, welche rund 10 Jahre jünger ist als die Ehefrauen der anderen beiden Unternehmer. Die Beziehungen der drei Unternehmer können als stabil und glücklich eingeschätzt werden. In allen Beziehungen werden Aspekte aus dem Unternehmen diskutiert. Die Entscheidungsfindung im Kontext der Unternehmensnachfolge wird dabei in Fall B gemeinsam, in Fall C von Albert Clasen alleine getroffen. Der Unterschied könnte auf die Tatsache zurückgeführt werden, dass Albert Clasen von seiner ersten Frau geschieden ist und er seine zweite Frau erst nach dem Aufbau des Unternehmens kennengelernt hat. Ein anderer Grund könnte aber auch die hohe private Verschuldung der Familie Dormann sein, als sie im Jahr 1988 ins Generalunternehmen eingestiegen ist. Damals lebte das Ehepaar in Gütergemeinschaft und sind deshalb gemeinsam die Verschuldung bei der Bank eingegangen. Albert Baumann hat sich mit seiner Frau von Zeit zu Zeit besprochen, dabei jedoch mehr seinen Frust aus dem Unternehmen im Privatbereich deponiert. Da er gleichzeitig am Unternehmen finanziell nicht maßgeblich beteiligt ist und deshalb nur wenig Kapital im Unternehmen gebunden ist, trägt die Familie diesbezüglich keine wesentlichen Risiken.

In allen drei Fällen gibt es Kinder, die zum Zeitpunkt des Interviews zwischen 30 und 35 Jahre alt sind. In Fall A und B verfügen einzelne der Kinder über eine Ausbildung, die auch für einen Unternehmenseinstieg sprechen würde. In Fall A ist dies nur bedingt möglich, da hier nur die Führungsnachfolge und nicht die Eigentumsnachfolge im Zentrum der Betrachtung steht. Gleichzeitig nimmt der entsprechende Sohn jedoch eine Führungsaufgabe im gleichen Unternehmen wahr. In der Fallstudie B war es umgekehrt ein Grundsatz, dass die Kinder primär einen Berufsweg außerhalb des Unternehmens einschlagen. Trotzdem sind alle drei Kinder in branchenähnlichen Bereichen tätig. In der Fallstudie C wurde im ganzen Interview nie die Option familieninterne Unternehmensnachfolge angesprochen. Es kann jedoch ein Ziel identifiziert werden, dass er das Unternehmen von seinem Namen loslösen will, was mit einer familienexternen Lösung leichter erreichbar ist.

	Fall A	Fall B	Fall C
Unternehmer	Alfred Baumann geb. 1943 Eintritt 1967 Geschäftsführer seit 1983	Markus Dormann geb. 1945 Eintritt als Geschäftsführer 1988	Albert Clasen geb. 1948 Gründung 1980
Beziehung	In 1. Ehe (1970)	In 1. Ehe (ca. 1970)	In 2. Ehe (ca. 1993)
Ehefrau	Adelheid Baumann geb. 1948 Hausfrau / Mutter Keine Aufgabe / Anstellung im U.	Melanie Dormann geb. 1947 Hausfrau / Mutter Keine Aufgabe / Anstellung im U.	Claudia Clasen geb. 1959 Selbständig erwerbend; ist Lieferant für die Schule
Beziehungs-Verhältnisse	Stabil Großer gegenseitiger Respekt	Stabil Großer gegenseitiger Respekt	Glücklich, sehr nahe mit viel Spielraum; Kontraste und Kongruenz
Kinder	Zwei Söhne Dipl. Bauing. => im Unternehmen tätig seit 2 Jahren (1972) Assistenzarzt (1975)	Drei Kinder (zwei Söhne und eine Tochter) Bauing. ETH (1972) Architekt ETH (1975) Heizungszeichner und Ing. HTL (1976)	Zwei Töchter aus 1. Ehe: Doris Clasen (1971) Esther Clasen (1974)

Tabelle 16: Die Familienverhältnisse im Vergleich[744]

Die Unternehmensverhältnisse weisen größere Unterschiede aus als die Familienverhältnisse (vgl. dazu Tabelle 17). Mit Bezug auf die Branche handelt es sich bei der Fallstudie A um ein Unternehmen aus der klassischen Baubranche, bei der Fallstudie B um ein Generalunternehmen, das damit in der gleichen Branche tätig ist, jedoch einen anderen Platz in der Wertschöpfungskette einnimmt. Das dritte Unternehmen ist mit der Schule im Dienstleistungssektor (= Bildungswesen) tätig. Die Baubranche kann insgesamt als harte Branche bezeichnet werden, da der Margendruck als Folge von stark ausgeprägtem Konkurrenzkampf sehr hoch ist. Die tägliche Belastung besteht deshalb darin, genügend Aufträge für das Unternehmen zu bekommen, ein Umstand, der in beiden Fällen (A und B) erkennbar ist. In Fall C kann im Unterschied dazu kein Akquisedruck identifiziert werden. Vorliegend muss deshalb davon ausgegangen werden, dass die Branchenzugehörigkeit einen relevanten Kontextfaktor darstellt.

Die zu übertragende Einheit ist bei Fall A mit rund 300 Personen am größten, bei Fall B mit 120 am kleinsten. Trotzdem handelt es sich in allen drei Fällen um erfolgreiche Unternehmen, die in den vergangenen Jahren ein starkes Wachstum ausgewiesen haben und daher auch einigen strukturellen und organisatorischen Veränderungen unterworfen waren.

---

[744] Eigene Darstellung.

Alle drei Fallstudien haben außerdem gemeinsam, dass sich die Unternehmer voll und ganz mit dem Unternehmen identifizieren und sich für den Erfolg eingesetzt haben. Alle drei stellen die Interessen der Familie hinter die des Unternehmens (= Business first). Dabei kommt bei den Fallstudien A und B deutlich zum Ausdruck, dass sich die Ehefrauen ganz auf die Familie konzentriert haben und Ihren Ehemännern den Rücken bewusst und aktiv frei gehalten haben. Dabei handelt es sich um ein traditionelles Rollenverständnis. In der Fallstudie C ist die Ehefrau selbst als Unternehmerin tätig, wobei keine gemeinsamen Kinder vorhanden sind. Gleichzeitig hat sich auch Albert Clasen voll und ganz für sein Unternehmen eingesetzt. Ob die erste Ehe daran gescheitert ist, kann aus dem Transkript nicht abschließend entnommen werden.

	Fall A	**Fall B**	**Fall C**
Branche	Bauunternehmen	Generalunternehmen	Bildungsunternehmen
Größe (Mitarbeiterzahl)	500 total; 300 in Nachfolgeunternehmen	120	200
Struktur	3 Aktiengesellschaften unter einer Holding	Aktiengesellschaft	Holdingstruktur
Charakteristik	Starkes Wachstum, Reorganisation, Fusion	Starkes Wachstum, junges, dynamisches und hoch qualifiziertes Team (Personalmanagement zentral)	Starkes Wachstum, viel Kapital im Unternehmen (Immobilien), fraktale Organisation mit holistischer Struktur
Familie vs. Unternehmen	Business first	Business first	Business first

Tabelle 17: Die Unternehmensverhältnisse im Vergleich[745]

Bei der eigentlichen Unternehmensnachfolge stellen klar identifizierbare Einheiten (= Kapitalgesellschaften) das Übertragungsobjekt dar (vgl. dazu Tabelle 18, Seite 235). Allein in Fall A handelt es sich nur um eine Führungsnachfolge, bei den beiden anderen Fällen wird sowohl die Führung als auch das Eigentum am Unternehmen übertragen. So betrachtet ist Alfred Baumann Minderheitsaktionär ohne wesentliche Anteile am Unternehmen, Markus Dormann Mitinhaber mit wesentlichen Anteilen und Albert Clasen Hauptaktionär.

In allen drei Fällen wurden die Nachfolger unternehmensintern gesucht und gefunden. Bei der Fallstudie B handelt es sich um ein vierköpfiges Team, bei Fall C um eine Einzelperson. In Fallstudie B wurde die Übertragung (= Nachfolgeform i.e.S.) hauptsächlich über ein Darlehen des Übergebers finanziert, das in den kommenden Jahren von den Nachfolgern amortisiert wird. In Fall C wurde eine Finanzierung mittels eines Bankdarlehens an den Nachfolger realisiert, wobei auch hier wesentliche Anteile in der

745 Eigene Darstellung.

Form eines Darlehens des Übergebers im Unternehmen stehen gelassen wurden. In beiden Fällen ist auffällig, dass im Rahmen der Preisbestimmung nicht auf klassische Bewertungsmethoden zurückgegriffen worden ist. In Fall B ist der Übergeber von der potentiellen Refinanzierungsmöglichkeit binnen 5-8 Jahren ausgegangen, bei Fall C waren die finanziellen Ansprüche des Übergebers nach seiner Pensionierung relevant. Beide haben deshalb wesentlich weniger als Transaktionspreis definiert als klassische Bewertungsmethoden ergeben hätten. Beide Unternehmer sind der Überzeugung, dass diese Verzichtsleistung eine Übertragung in der vorliegenden Form überhaupt erst ermöglicht hat, denn ansonsten wäre diese nur schwer finanzierbar gewesen. In allen drei Fallstudien wurde die Unternehmensnachfolge vor Erreichen des Pensionsalters verbindlich geregelt. Der Zeitraum von den ersten Überlegungen bis hin zur eigentliche Umsetzung darf bei allen drei Fällen als relativ kurz umschrieben werden.

Auch wenn die Übertragungsformen der Unternehmen und der damit verbundene Zeitbedarf als ähnlich bezeichnet werden dürfen, sind die dahinter liegenden Motive und Auslöser für die Unternehmensnachfolge sehr verschieden. In der ersten Fallstudie (A) haben vor allem die Veränderungen im Unternehmen (Reorganisation, Matrixorganisation, wesentlich größere Führungsspanne) in Kombination mit der umfangreicheren Akquisitionstätigkeit zur Sicherung der Auftragslage zu Frustrationen geführt. Zusätzlich muss davon ausgegangen werden, dass der Hauptaktionär einen vorzeitigen Rücktritt Alfred Baumanns eingefordert hat. Hier macht sich im Wesentlichen der Unterschied zu den Fallstudien B und C bemerkbar, nämlich der dass Alfred Baumann Minderheitsaktionär war.

In der zweiten Fallstudie (B) war im Unterschied dazu der Zeitpunkt der Unternehmensnachfolge mit dem Aktionärsbindungsvertrag bereits beim Einstieg ins Unternehmen geplant. Auch wenn der Zeitpunkt noch um 5 Jahre hinausgeschoben worden ist, weist der Fall ein hohes Planungs- und Projektierungsverständnis aus. Es fand ein frühzeitiger und strategisch orientierter Umgang mit der Unternehmensnachfolge statt. In Fall C wurde das Thema der Unternehmensnachfolge von einem Bankenvertreter angesprochen und im Anschluss durch ein konkretes Übernahmeangebot beschleunigt. Auch wenn es sich bei diesem Unternehmen um ein Gründungsunternehmen handelt, ist der Ausstieg des Gründers relativ schnell von statten gegangen. Sein Hauptmotiv war dabei die Loslösung des Unternehmens von seinem Namen und damit auch von seiner Person sowie das Sicherstellen der Lehr- und Lernphilosophie, die er über Jahre geprägt hat.

	Fall A	Fall B	Fall C
Nachfolgeobjekt	Betriebsgesellschaft A	Aktiengesellschaft	Holding, Gesamtschule
Übertragungsgegenstand	Führungsnachfolge per 1.1.2007 (GL) VR 3 Jahre später	Führungs- (per 01.01.2006) und Eigentumsnachfolge (kommende Jahre)	Führungs- und Eigentumsnachfolge
Nachfolgeform i.w.S.	Unternehmensinterne Führungsnachfolge	Management Buy Out (MBO)	Management Buy Out (MBO)
Nachfolgeform i.e.S.	Entfällt	Darlehen durch Übergeber	Verkauf mit Bankenfinanzierung, sowie Darlehen durch Übergeber
Zeit	Vor 65, rel. rasch	Vor 65, lange geplant	Vor 65, rasche Umsetzung
Auslöser	Starker Wandel; Hauptaktionär	Aktionärsbindungsvertrag	Bankengespräch; Übernahmeangebot
Motive für die Nachfolge	Neuer Eigentümer mit anderem Führungsstil; Größe und Struktur entsprechend nicht mehr den eigenen Vorstellungen; Arbeitsmethoden mit EDV; Überlastung; Kontrollbedürfnis	Keine Familienmitglieder; Finanziell tragbare Transaktion für Übernehmer; Kontroll- und Planungsbedürfnis	Loslösung der Schule vom Familiennamen; Zukunftssicherung seiner Lehr- und Lernphilosophie im Unternehmen

Tabelle 18: Die Gestaltung der Nachfolge im Vergleich[746]

In Kapitel 3.4.4 (Seite 113ff.) wurden Erfolgsfaktoren auf fünf verschiedenen Ebenen definiert (prozessuale, individuelle, interpersonelle, organisationale Ebene und Ebene der Umwelt). Bei den vorliegenden drei Fallstudien sind die Erfolgsfaktoren auf der Ebene der Umwelt und auf organisationaler Ebene gegeben (vgl. dazu zusammenfassende Tabelle 19). Auf interpersoneller Ebene muss die Zusammenarbeit zwischen Übergeber und Übernehmer etwas in Frage gestellt werden, da diesbezüglich keine abschließenden Aussagen identifiziert werden können. Gleichzeitig ist Alfred Baumann noch als VR-Mitglied aktiv und Albert Clasen hat interimistisch einige Aufgaben übernommen. Alle drei Unternehmer sind zum Zeitpunkt des Interviews in irgendeiner Form noch im Unternehmen involviert. Bei Fall C (Markus Dormann) können keine Anhaltspunkte dafür identifiziert werden, dass er sich mit der Zeit nach der Unternehmensnachfolge aktiv auseinandergesetzt hat. Mental ist er noch stark mit dem Unternehmen verbunden. In Bezug auf die Forderung nach Szenarien aus prozessualer Sicht gibt es in der Fallstudie A keine Angaben; in Fallstudie C wurden keine solchen aktiv geplant und diskutiert. Über die eigentliche Planung im engeren Sinn (Meilensteine etc.) können

[746] Eigene Darstellung.

keine Angaben gemacht werden. Zusammenfassend darf deshalb festgestellt werden, dass in allen drei Nachfolgeregelungen die meisten Erfolgsfaktoren erfüllt sind und entsprechend ihrer Wirkung entfaltet haben.

Prozessuale Sicht	**Fall A**	**Fall B**	**Fall C**
Frühzeitige und konsequente Planung und Umsetzung	Ja Ja	Ja Ja	Bedingt Ja
Festlegen von Prozessphasen, Meilensteinen und deren Dokumentation	k.A.	k.A.	k.A.
Der Einbezug einer familienexternen Vertrauensperson	Bedingt	Ja	ja
Vorbereitung von Szenarien	k.A.	Ja	Nein
Individuelle Ebene			
Bewusste und aktive Auseinandersetzung mit der Zeit nach der Übergabe	Ja	Eher nein	Ja
Nachfolger mit wettbewerbsfähigen Fähigkeiten und Kompetenzen	Ja	Ja	Ja
Nachfolger mit hoher Selbstmotivation	Ja	Ja	Ja
Interpersonelle Ebene			
Offene und vertrauensvolle Kommunikation innerhalb der Familie (= Erwartungsmanagement)	Ja	Ja	Ja
Gemeinsame Zeit von Übergeber und Nachfolger strukturieren und verbindlich festhalten	Bedingt	Ja	Bedingt
Organisationale Ebene			
Investition in Leistungs- und Entwicklungsfähigkeit des Unternehmens	Ja	Ja	Ja
Prozesse und Strukturen aufbauen um intangibles Wissen und Beziehungsnetzwerk zu sichern	Ja	Ja	Ja
Ebene der Umwelt			
Gesetzliche Veränderungen	Nein	Nein	Nein
Konjunkturelle Lage	Gut	Gut	Gut

Tabelle 19: Erfolgsfaktoren in Bezug auf die Fallstudien[747]

Nachdem die allgemeinen Rahmenbedingungen und Strukturen im Vergleich betrachtet worden sind, gilt es nachfolgend nun die Herausforderungen und die Bedeutung der Emotionen im fallübergreifenden Vergleich zu analysieren. Ein Vergleich der von den Unternehmern formulierten Herausforderungen (vgl. dazu die Tabelle 10, Tabelle 12 und Tabelle 14) im Allgemeinen ergibt ein sehr heterogenes Bild. Die kontextbildenden unternehmerischen Situationen sind dabei sehr vielfältig und verschieden. Einzig die Besetzung, Bestimmung oder Wahl des eigentlichen Nachfolgers wird bei allen als Herausforderung angegeben, wenngleich deren Ausgestaltung oder die darin identifizierenden Themen wieder unterschiedlicher Natur sind.

Werden die formulierten Herausforderungen jedoch weiter verallgemeinert respektive abstrahiert, so können gewisse Gemeinsamkeiten identifiziert werden. Obwohl die fallspezifische Betroffenheit verschieden ist, haben sich bei allen drei Fallstudien die

[747] Eigene Darstellung.

Rahmenbedingungen und damit auch die tägliche Aufgabenstellung über die Jahre verändert. Gegen Ende der Karriere kann in allen drei Fällen eine gewisse *Ernüchterung, Verunsicherung und Belastung* festgestellt werden, die als negative Stimmung bezeichnet werden kann. In der ersten Fallstudie (A) ist die Stimmung primär negativ ausgerichtet, da durch die Integration der Mitarbeitenden aus der eigenen Umstrukturierung aber auch durch die Integration eines früheren Konkurrenten viele Veränderungen bewältigt werden müssen. Die fehlerhafte Personalentscheidung kann daher als Krönung der Unannehmlichkeiten angesehen werden.

In der zweiten Fallstudie (B) steht vor allem das Generieren von Umsatz durch das Gewinnen von Bauaufträgen im Zentrum der Belastung. Auch wenn der Antrieb bei beiden Unternehmern von innen heraus seine Wirkung entfaltet (= tiefe innere Überzeugung auf Basis der Identifikation mit dem Unternehmen) und als persönliche Herausforderung angesehen wird, muss mit Bezug auf Fall A kritisch angemerkt werden, dass Alfred Baumann nur unwesentlich am Unternehmen beteiligt war. Trotzdem identifiziert er sich sehr stark mit dem Unternehmen und setzt sich für dessen Erfolg ein. Das Ergebnis ist bei beiden Fällen das gleiche: beide Unternehmer kommen an ihre physischen Leistungsgrenzen.

Auch bei der dritten Fallstudie (C) kann ein gewisser Unmut über einzelne Veränderungen im Unternehmen diagnostiziert werden, jedoch weniger auf der Ebene der eigenen Leistungsfähigkeit, sondern vielmehr in der Feststellung, dass durch die erreichte Unternehmensgröße gewisse Führungsgewohnheiten und -instrumente nicht mehr adäquat erscheinen und deshalb verändert werden müssen.

Eine weitere Gemeinsamkeit über alle drei Fälle kann darin gesehen werden, dass die *Mitarbeiter* im weitesten Sinn *eine zentrale Rolle* spielen und deshalb eine hohe Wertschätzung genießen. Für alle drei Unternehmer ist es eine Genugtuung, dass sie viele Arbeitsplätze geschaffen und erhalten haben. Entsprechend ist der erfolgreiche Abschluss der Unternehmensnachfolge für alle drei Unternehmer eine Genugtuung und Erleichterung, was zu einer individuellen Zufriedenheit und damit zu einer primär positiven Stimmung führt.

Die Beziehung zu den Mitarbeitenden kommt in Fallstudie A besonders stark zum Ausdruck. Hier stehen vor allem die Beziehung zu jedem einzelnen Mitarbeitenden und der Wunsch nach direktem Kontakt im Vordergrund [in Anlehnung an das Bild des Kompaniekommandanten]. Daraus schöpft Alfred Baumann Energie für die tägliche Arbeitsbeschaffung. In der Fallstudie B liegt der Fokus vor allem auf der Qualifikation der einzelnen Mitarbeitenden und auf der Zusammensetzung des Teams. Im Zentrum steht die Er-reichung der Unternehmensziele als gemeinsamer Nenner, die Selektion und Förderung werden entsprechend ausgestaltet. Die Wertschätzung der Mitarbeitenden ist vor allem darin zu sehen, dass das Unternehmen bewusst die Besten sucht und sich dabei selbst zurückstellt.

In der dritten Fallstudie (C) zeigt sich die Verbundenheit des Unternehmers zu den Mitarbeitenden vor allem in der Beziehungspflege und -definition mit der Geschäftsleitung. Dabei wird vor allem die freundschaftliche Beziehung betont und der Tod des Freundes und Geschäftsleitungsmitglieds Hans Pock sehr bedauert.

In der Fallstudie A können primär Emotionen identifiziert werden, die den Charakter von Stimmungen haben. Dabei dominieren, wie bereits festgehalten, negative Gefühle und ein Unwohlsein auf der Ebene des Individuums (= Alfred Baumann). Für die Prozessgestaltung der Unternehmensnachfolge hat dies zur Folge, dass die Bereitschaft zum frühzeitigen Rücktritt rascher eintritt als ursprünglich von seiner Frau angenommen. Nachdem die Gewissheit da war, dass die finanzielle Situation nach Abgabe der Führungsverantwortung sichergestellt ist, entsteht der Eindruck, dass Alfred Baumann den Ausstieg aus dem Unternehmen per se relativ einfach genommen hat. Gleichzeitig macht er Ernst Gutersohn insbesondere für die erste und dritte Herausforderung verantwortlich und übt an der einen oder anderen Stelle auch zielgerichtet Kritik an dessen Person. Aus konstruktivistischer Sicht kann eine Interpretation in zwei Richtungen erfolgen. Zum einen haben die schlechte Stimmung und die Mehrbelastung Alfred Baumann dazu veranlasst, rascher und konsequenter aus dem Unternehmen auszuscheiden. Umgekehrt identifiziert er Ernst Gutersohn quasi als Problemursache und konstruiert damit möglicherweise „einen Schuldigen“, um sich selbst keine Vorwürfe zu machen und sich entsprechend zu schützen. Die Verantwortungszuschreibung erleichtert deshalb die Lösung vom Unternehmen, von den Mitarbeitenden und von der eigenen Tätigkeit. Alfred Baumann hinterlässt den Eindruck, dass er eher an die guten alten Zeiten gebunden ist anstatt an eine Lösung für die Zukunft. Gleichzeitig ist denkbar, dass Alfred Baumann länger gearbeitet hätte, wäre das Unternehmen in seinem Besitz gewesen.

In der Fallstudie B dominieren beim Einstieg ins Unternehmen intentionale Gefühle. Markus Dormann erfährt dabei einen nachhaltigen Schub für seine Leistungsfähigkeit und Leistungsbereitschaft. Die Emotionen werden sowohl negativ als auch positiv bewertet. Analog der ersten Fallstudie (A) nimmt mit zunehmendem Alter aber auch die Belastung zu, insbesondere in Bezug auf die Akquisetätigkeit (vgl. weiter oben). Deshalb darf diese Stimmung auch in der zweiten Fallstudie (B) dahingehend interpretiert werden, dass die zum Teil negative Stimmung die Loslösung und Distanzierung vom Unternehmen vereinfacht hat. Gleichzeitig muss dem Aktionärsbindungsvertrag eine starke Entemotionalisierungsfunktion zugesprochen werden. Markus Dormann hat den Prozess ganz bewusst frühzeitig und mit viel Weitsicht gestaltet. Damit hat er sich und seinen Geschäftspartner gezwungen, den Nachfolgeprozess frühzeitig und nüchtern anzugehen. Entsprechend können vor allem am Anfang der Karriere innerhalb des Generalunternehmens Emotionen identifiziert werden und weniger gegen den Schluss des Prozesses. Aus konstruktivistischer Sicht kann argumentiert werden, dass mit der Zuhilfenahme des Aktionärsbindungsvertrags die Erwartungen und damit die Sicherstellung des Nachfolgeprozesses bewusst beim Einstieg ins Unternehmen mit konstruiert worden sind. Außerdem hat die Berufserfahrung beim früheren Arbeitgeber dazu geführt, dass eine Art von Regel (analog Emotionsregeln) galt, dass keine Familienmitglieder als Nachfolger vorgesehen werden sollen.

In der Fallstudie C gibt es keine vertraglichen Regelungen, worauf die Prozessgestaltung hätte abgestützt werden können. Alfred Clasen hat sich vorgenommen, sich ab dem 58. Lebensjahr aktiv mit seiner Nachfolge auseinanderzusetzen. Dabei stand vor allem die Loslösung des Unternehmens von seinem Namen im Vordergrund. Durch das Bankengespräch und das spätere Übernahmeangebot wurde er jedoch mit dem Thema rascher konfrontiert. Die Betrachtung seiner Emotionen im Nachfolgeprozess zeigt, dass eingangs einer Herausforderung primär affektive und intentional geprägte Emotionen umschrieben werden. Die Lösung der Herausforderungen wird anschließend mit einer positiven Stimmung erfahren. Im Interview hinterlässt Alfred Clasen das Bild eines Unternehmers der Tat. Gibt es eine Änderung in seinem Leben oder Unternehmen, kann dies kurzfristig vielleicht zu heftigen emotionalen Reaktionen führen, doch die Herausforderungen werden so rasch wie möglich einer Lösung zugeführt. Entsprechend sind die identifizierten Herausforderungen in der Fallstudie C auch zeitlich kürzerer Natur. Der Unternehmer ist sehr stark zukunfts- und lösungsorientiert und akzeptiert einmal gefällte Entscheidungen. Im Unterschied zur ersten und zweiten Fallstudie sind die Emotionen hier möglicherweise vielfältiger, mehr an der Zahl und heftiger. Das Endergebnis der Nachfolgelösung ist jedoch das gleiche – ein gelungener Nachfolgeprozess in Kombination mit einem Gefühl der Entlastung und Erleichterung.

7 Erkenntnisse und kritische Würdigung

Im Rahmen der Schlussbetrachtung gilt es, Überlegungen über die Geltungsbegründung der erhobenen Daten und deren Interpretation darzulegen, eine Zusammenfassung sowie die Formulierung von Handlungsempfehlung festzuhalten und schließlich die Arbeit einer kurzen selbstkritischen Würdigung zu unterwerfen.

7.1 Geltungsbegründung von Daten und Interpretation

Da die vorliegende Arbeit primär aus einer systemisch-konstruktivistisch orientierten Perspektive erarbeitet wurden, können die klassischen Gütekriterien wie Reliabilität, Validität und Objektivität nur erschwert zum Einsatz kommen.[748] Dies bedeutet nicht, dass die Ergebnisse empirischer Sozialforschung beliebig sind wie die Regeln, mit denen sie erzeugt werden. Vielmehr sind diese kontingent, wobei von einer dreifachen Kontingenz auszugehen ist.[749] Dabei kann sowohl die Datenerhebung (1), Dokumentation (2) als auch die Interpretation (3) kontingent ausfallen, denn im sozialkonstruktivistischen Verständnis können Forschende keine neutralen, objektiven Beobachter sein. Vielmehr sind sie aktiv am Erkenntnisobjekt beteiligte „Co-Konstrukteure".[750] Gütekriterien solcher Forschungsprojekte sind deshalb immer relationaler Art und beziehen sich auf Aspekte der Beziehung zwischen dem Forschenden und dem Beforschten oder zwischen Theorie und Interpretation.[751] In Anlehnung an Rüegg-Stürm können deshalb folgende methodischen Konsequenzen für die vorliegende Arbeit formuliert werden:[752]

- Bei der Betrachtung von sozialen Phänomenen mit hoher Komplexität und Kontextabhängigkeit empfehlen sich der Fokus auf die Mikroebene sowie der Einsatz von feldnahen und kontextsensitiven Forschungsmethoden. In der vorliegenden Arbeit kommen deshalb narrativ orientierte Erhebungsmethoden sowie inhalts- und diskursanalytische Interpretationselemente zum Einsatz.
- Die Ressourcen für eine tiefgreifende Analyse sind beschränkt. Deshalb sind die „units of analysis" Einzelfall- oder maximal Vergleichsfallstudien, was hier gewährleistet ist.
- Im Rahmen der Interpretation muss Abstand von einem Streben nach vorschneller Dekontextualisierung und Generalisierung der Forschungsergebnisse genommen werden. Deshalb wird erst in einem vierten Interpretationsschritt eine nicht im Zent-

---

748 Flick 1995, S. 167. Vgl. dazu auch die Ausführungen in Kapitel 1.2.4, Seite 31ff.

749 Loosen, Scholl, Woelke 2002, S. 41. Kontingenz bedeutet in diesem Zusammenhang „die Möglichkeit von Beschreibungen und Erklärungen, in Abhängigkeit von der gewählten Datenselektion bzw. Gewichtung – als unumgänglich notwendige Komplexitätsreduktion – immer auch anders sein zu können", vgl. Backhausen, Thommen 2003, S. 369.

750 Nentwich 2004, S. 97.

751 Nentwich 2004, S. 104, i.A. an Lincoln 1995.

752 Rüegg-Stürm 2001, S. 67f.

rum stehende, fallübergreifende und induktiv orientierte Interpretation vorgenommen.

- Der kontextabhängigen Evidenz und Nachvollziehbarkeit wird Rechnung getragen, indem im ersten und zweiten Interpretationsschritt der Nachfolgeprozess im Allgemeinen und die darin wahrgenommenen Herausforderungen im Speziellen berücksichtigt werden.
- Der Notwendigkeit einer stärkeren Koproduktion von Wissen durch Forschende und Akteure aus der Praxis wird dahingehend Rechnung getragen, als dass neben dem eigentlichen Untersuchungsobjekt „Unternehmer" auch dessen Ehe- respektive Lebenspartnerin interviewt worden ist und damit eine inhaltliche Triangulation stattgefunden hat.
- Die aufbereitete Literatur dient dazu, die im Rahmen der Interpretation erarbeiteten Erkenntnisse zu spiegeln und die Sinnhaftigkeit des Gesagten in einen größeren Zusammenhang zu stellen. Der Bezugsrahmen (vgl. Abbildung 10, Seite 126) stellt dabei den Kontext für die Interpretation dar.

Bezogen auf den Forschungsprozess ist vor allem der Nachvollziehbarkeit eine hohe Bedeutung zuzumessen, weshalb nachstehend sowohl auf die Erhebungs- und Dokumentationsphase als auch auf die Interpretationsphase kurz eingegangen wird.

Bei der Datenerhebung muss kritisch reflektiert werden, ob sich die interviewten Personen im Rahmen der Erhebungssituation frei äußern konnten und so die Authentizität sichergestellt werden konnte.[753] Für die Gestaltung des Interviews bedeutet dies, dass die Interaktion möglichst nicht durch externe Einflüsse unterbrochen werden sollte. Zu diesem Zweck wurden die Gespräche bei den Interviewpartnern zu Hause oder in einer von ihnen zur Verfügung gestellten Büroräumlichkeit durchgeführt. Auch sollte der Gesprächsfluss nicht durch den Interviewer selbst unterbrochen werden. Das bedeutet, dass die befragten Personen frei erzählen dürfen und Anschluss- oder Ergänzungsfragen nicht zu früh gestellt werden sollten. Allfällige Unterbrechungen oder Störungen sind deshalb offenzulegen, was vorliegend gewährleistet ist.

Ein weiteres Element stellt die Gefahr der vorstrukturierenden Einflussnahme durch den Forschenden dar.[754] In der vorliegenden Arbeit wurde die Form des problemzentrierten Interviews gewählt. Eine gewisse Vorstrukturierung bezogen auf die Ausrichtung des Interviews ist daher zugelassen. Auf der Ebene der Leitfragen muss dagegen die Offenheit wieder gewährleistet werden, was durch ein „ausreden lassen" der Interviewpartner sichergestellt wurde. In diesem Zusammenhang kann auch die Forderung von Yin verstanden werden, dass der Fallstudienleiter zunächst über die Fähigkeit ver-

[753] Flick 1995, S. 149 und 167f.

[754] Flick 1995, S. 167f.

fügen muss, die richtigen Fragen zu stellen und das Gesagte aufzunehmen.[755] Gleichzeitig muss er aber auch über das notwendige Fachwissen verfügen, um das Gesagte auch entsprechend verstehen und nachvollziehen zu können. Beide für diese Arbeit tätigen Interviewer verfügen sowohl über einen praktischen als auch theoretischen Hintergrund und damit über einen Zugang zum Thema der Unternehmensnachfolge.[756]

Bei der Datenfixierung (= Transkription) wurde ein „Sechsaugenprinzip" gewählt. Sowohl die zwei Interviewer als auch eine Drittperson haben die Interviews angehört und mit dem Transkript verglichen. Dabei wurde das Augenmerk vor allem auf die Vollständigkeit und Richtigkeit der sprachlichen Anpassung gelegt (vgl. dazu Kapitel 5.3.2, Seite 143). Eine Eigenheit der Fallstudien ist, dass die Interviews im Dialekt durchgeführt worden sind. Bei der Transkription wurde deshalb der Versuch unternommen, möglichst nahe am Originalton zu bleiben. Dies erklärt, warum die Sätze nicht vollständig oder mit Helvetismen durchdrungen sind. Dieser Weg wurde vorliegend gewählt, da im Rahmen des ersten Interpretationsschritts nach Begriffen und Metaphern gesucht wurde, die Emotionen ausdrücken.

Nachdem die Transkripte vorliegen, gilt es auch Gütekriterien im Rahmen der Interpretation sicherzustellen.[757] Es wird aus der Fülle der intentionalen Deskription konstruiert, wobei diese (sekundären) Konstruktionen die Intentionalität und damit den Sinn des originären Verhaltens bewahren sollen.[758]

In Bezug auf den Interpretationsprozess können drei Gütekriterien genannt werden. Im Vordergrund steht dabei die *Verfahrensdokumentation*, um die intersubjektive Nachprüfbarkeit sicherstellen zu können.[759] Für die vorliegende Arbeit können dabei zwei Arten der Dokumentation genannt werden. Eine ist das geführte Forschungstagebuch.[760] Die Vorgehensweise, die damit verbundenen Gedankengänge sowie Entscheidungen wurden stichwortartig und chronologisch festgehalten. Das Tagebuch wird jedoch lediglich für die Fallinterpretation geführt und nicht über den gesamten Erstellungsprozess der vorliegenden Arbeit. Als zweites Element kann das bearbeitete Dokument (Endversion des Transkripts) jedes Falls angesehen werden. Dabei handelt es sich

---

755 Yin 1994, S. 55ff. Gleichzeitig muss aber auch die Unvoreingenommenheit gegenüber den Inhalten der Fallstudien sichergestellt werden.

756 Beide Interviewer sind in einem Familienunternehmen aufgewachsen. Beide Unternehmen wurden im Rahmen der Unternehmensnachfolge verkauft. Außerdem waren beide Interviewer maßgeblich an einem KTI-Projekt des Schweizerischen Instituts für Klein- und Mittelunternehmen an der Universität St.Gallen (KMU-HSG) zum Thema Unternehmensnachfolge beteiligt.

757 Für Gütekriterien vgl. Lamnek 2005, S. 146ff, i.A. an Mayring 2002; Lamnek 2005, S. 155ff.; Nentwich 2004, S. 107ff.; Froschauer, Lueger 2005, S. 154; Stake 2005; Fink 2005, S. 176; Witzel 1995a, S. 243ff.; Witzel 1995b, S. 58ff.

758 Graumann, Métraux, Schneider 1995, S. 69.

759 Lamnek 2005, S. 146ff.; Fink 2005, S. 176.

760 Nentwich 2004, S. 109.

um den Rohtext, der mit Randnotizen, Markierungen, Stichworten und anderen Kennzeichen bearbeitet worden ist.[761] Diese Rohtexte sind auch die Ausgangslage für allfällige Zitate, wobei jede Falldokumentation mit Zeilennummern versehen worden ist. Sowohl das Tagebuch als auch die Rohtexte können der Arbeit nicht beigelegt werden, da diese den Umfang sprengen würden und die Vertraulichkeit gegenüber den Interviewpartnern verletzen würde.

Das Gütekriterium der *Regelgeleitetheit* ist dadurch sichergestellt, dass die Interpretationsschritte als auch die darin formulierten Einzelfragestellungen in Kapitel 5.4, Seite 145 offengelegt worden sind. Damit wird gewährleistet, dass das Material systematisch bearbeitet wird. Das dritte Gütekriterium, die *Nähe zum Gegenstand,* ist durch die Nähe des Forschenden zur Thematik sowohl aus praktischer wie auch aus theoretischer Sicht gegeben (vgl. dazu Fußnote 756 weiter oben). Dank dem in die Interviewsituation hineingetragenen Grundverständnis durch die Interviewer konnte ein Vertrauensverhältnis zu den interviewten Personen im Sinne einer Interessensgemeinschaft aufgebaut werden. Dadurch konnte auch die Nähe zu den erhobenen Informationen erhöht werden.

Ein vierter Aspekt stellt die *Validierung* der Informationen, der Transkripte sowie deren Interpretation dar.[762] Auf eine kommunikative Validierung zwischen dem Forscher und den interviewten Personen musste verzichtet werden, da die Umfänge der Transkripte für ein Gegenlesen durch den Unternehmer zu groß sind. Alternativ dazu sind jedoch zwei Maßnahmen zu sehen, die einer inhaltlichen Validierung gleichgestellt werden können.[763] Zum einen wurde im Anschluss an das problemzentrierte Interview mit Strukturlegekarten gearbeitet (vgl. dazu Kapitel 5.3, Seite 137ff.). Allfällige inhaltliche Unsicherheiten und unpräzise Informationen konnten durch diese Offenlegung ergänzt werden.[764] Zum anderen hat das mit der Ehe- respektive Lebenspartnerin durchgeführte Interview die Funktion der inhaltlichen Triangulation. Die Fragestellung bezogen auf eine Person (hier den Unternehmer) ist so mit einer nahestehenden Person reflektiert worden. Auf eine diskursive Interpretation und damit Validierung im Forschungsteam wurde verzichtet, da die vorliegende Arbeit nicht im Team erstellt werden kann. Um die Qualität jedoch möglichst hoch zu halten, wurde – wie bereits ausgeführt – bei der Dokumentation der Fälle ein „Sechsaugenprinzip“ eingesetzt.

---

761 Witzel 1995b, S. 58f.

762 Lamnek 2005, S. 155ff differenziert zwischen verschiedenen Validierungsformen, z.B. ökologische, kommunikative, argumentative, kumulative und prozedurale Validierung sowie Triangulation und Validierung an der Praxis. Die Validierung wird vorliegend im Sinne der Viabilität verstanden.

763 Zur Triangulation vgl. Stake 2005, S. 453ff. Triangulation kommt zum Einsatz, um Fehlinterpretationen zu vermeiden oder zumindest zu reduzieren.

764 In diesem Zusammenhang kann auch von Methoden-Triangulation gesprochen werden, vgl. Lamnek 2005, S. 155ff.

Bezogen auf die Interpretation im engeren Sinn ist vor allem die *Bewahrung des Kontexts* von Bedeutung.[765] Gerade bezogen auf den vierten Interpretationsschritt (Multi-Case Interpretation) gilt es eine Balance zwischen Kontextbezug und Verallgemeinerung sicherzustellen. Der Kontextbezug wird dabei jedoch primär dadurch gewährleistet, dass der Nachfolgeprozess und die damit verbundenen Herausforderungen den Kontext für die untersuchten Emotionen darstellen.

Insbesondere für den dritten und vierten Interpretationsschritt gilt es auch eine Balance zwischen der Forderung nach argumentativer Interpretationsabsicherung und der Zerstörung des Vorwissens (Dekonstruktion) zu finden, um eine möglichst hohe Offenheit sicherzustellen.[766] Interpretationen, die vom Rohtext eher losgelöst geführt werden, müssen relativ umfangreich belegt werden. Dabei wird in der Regel Bezug auf die vorgängig erarbeiteten theoretischen und konzeptionellen Grundlagen genommen. Dabei kann auch von einer theoretischen Triangulation gesprochen werden. Gleichzeitig wird aber auch der Anspruch erhoben, neues Theoriewissen zu generieren, indem eine möglichst hohe Offenheit und damit Theorieunabhängigkeit bei der Interpretation angestrebt wird. Es ist deshalb festzuhalten, dass es sich im Endeffekt um ein „sowohl als auch"-Verhältnis handelt. Als Maßnahme, um dieser Unsicherheit zumindest etwas entgegenzuwirken, wird im dritten Interpretationsschritt zwischen zwei Teilschritten unterschieden.

7.2 Zusammenfassung

Im Rahmen der Einleitung wurde aufgezeigt, dass die quantitative Bedeutung der Unternehmensnachfolge und der Familienunternehmen im deutschsprachigen Europa im Allgemeinen und in der Schweiz im Speziellen sehr hoch ist (vgl. Kapitel 1.1, Seite 1ff.). Wenn von Familienunternehmen gesprochen wird, ist eine kritische Auseinandersetzung mit der Definition notwendig, denn einerseits existieren in der Forschung eine Vielzahl von möglichen Definitionen, andererseits werden oft verschiedene Kreismodelle verwendet, die für definitorische Zwecke nicht geeignet sind. Als Kern der Definition wird daher die Charakterisierung der Verbindung zwischen den beiden Subsystemen Familie und Unternehmen angesehen.

Bei der Unternehmensnachfolge wird Emotionen eine hohe Bedeutung zugesprochen, doch können kaum Arbeiten gefunden werden, die sich mit diesem Thema systematisch auseinandergesetzt haben. Aus der Diskussion des Stands der Forschung werden schließlich drei Erkenntnisse abgeleitet. Erstens soll der Versuch unternommen werden, eine interdisziplinär ausgerichtete Arbeit zu verfassen. Dabei sollen zweitens die verschiedenen Analyseebenen (= intrapersonell, interpersonell, organisational und

765 Nentwich 2004, S. 107.

766 Froschauer, Lueger 2005, S. 154; Fink 2005, S. 176.

gesellschaftlich) berücksichtigt werden. Damit eng verbunden ist zum dritten die Forderung nach methodischer und theoretischer Offenheit.

In einem nächsten Schritt wurden die wissenschaftstheoretischen Grundannahmen diskutiert und festgelegt (vgl. Kapitel 1.2, Seite 17ff.). Da der Umgang mit Emotionen im Nachfolgeprozess von Familienunternehmen ein praktisches Problem darstellt und eine interdisziplinäre Betrachtungsweise angestrebt wird, unterliegt die vorliegende Arbeit primär einer systemisch-konstruktivistisch orientierten Perspektive (= sozialwissenschaftliches Paradigma). Ziel der Arbeit ist es, die Rolle der Emotionen des Unternehmers im Nachfolgeprozess zu verstehen (vgl. Kapitel 1.3, Seite 34ff.). Das Sozialsystem Familienunternehmen und der Nachfolgeprozess bilden dabei den zentralen Kontext, in dem es die Emotionen zu diskutieren gilt. Bei der Auseinandersetzung mit dem Familienunternehmen kommt mehr eine systemisch-kybernetische Betrachtung zum Einsatz, bei der Auseinandersetzung mit den Emotionen und damit der Fragestellung im engeren Sinn die systemisch-konstruktivistisch orientierte Perspektive. Dabei wird zwischen einer primär psychologisch (= radikalkonstruktivistisch) und einer soziologisch orientierten (= sozialkonstruktivistischen) Sichtweise differenziert.

In Kapitel 2 (Seite 39ff.) wurde eine Auseinandersetzung mit dem Wirkungsgefüge und der Vielfalt von Emotionen gesucht. Eingangs wurden die Begriffe Emotion, Gefühl, Affekt und Instinkt definiert. In der vorliegenden Arbeit wird primär von Emotionen im weiteren Sinn gesprochen, verstanden als Affekte, intentionale Gefühle und Stimmungen. Im Anschluss wurde aufgezeigt, dass das Wirkungsgefüge von Emotionen, bestehend aus den Elementen Reiz und Veränderung, Affekte, Kognition und Gefühle in der Literatur widersprüchlich diskutiert wird. Es gibt deshalb kein abschließendes Modell das eingesetzt werden kann. Die anschließende Diskussion zeigt, dass sowohl intrapersonelle wie auch interpersonelle Elemente das Wirkungsgefüge von Emotionen bestimmen (Kapitel 2.2, Seite 46). Gleichzeitig können die Ursachen und Wirkungen nicht immer eindeutig zugewiesen werden, denn eine Wirkung ist beispielsweise wieder eine Ursache für die nächste Emotion. Die Erkenntnis ist, dass die Dynamik von Emotionen nur verstanden werden kann, wenn die ganze Palette aus Psychologie, Soziologie und Physiologie berücksichtigt wird und die eingangs geforderte Interdisziplinarität vor allem bei der Betrachtung von Emotionen Eingang findet. Die Ausprägungen und Auswirkungen von Emotionen sind sehr vielfältig und können in der vorliegenden Arbeit deshalb nicht abschließend umschrieben werden. Eine zentrale Erkenntnis ist, dass die sprachliche Umschreibung sehr vielfältig und differenziert sein kann. Sie kann darüber hinaus als Konstruktion der individuellen und sozialen Erlebnisse, Interpretationen und Regeln verstanden werden (vgl. Kapitel 2.3, Seite 60ff.). Das Kapitel wurde mit einer Diskussion rund um den Umgang mit Emotionen abgeschlossen (vgl. Kapitel 2.4, Seite 66ff.). Aus der Sicht der Betroffenen spielen dabei die drei Aspekte Emotionsregeln, emotionale Intelligenz und Coping eine Rolle. Emotionsregeln sind emotionale Einstellungen mit gesellschaftlicher Relevanz und haben einen gewissen normativen Charakter auf soziologischer Ebene. Bei der emotionalen Intelligenz geht es mehr um eine Disposition des Individuums, wie es sich selbst und Dritte wahrnimmt. Die tragenden Elemente dabei sind die Selbstwahrnehmung, Selbstregulation, die Fähigkeit Emotionen aktiv zu nutzen, Empathie sowie die Sozialkompetenz. Schließlich wird unter Coping der aktive Umgang mit den erlebten Emotionen verstanden, wobei diese neu interpretiert und damit verändert und moduliert werden.

Ab Kapitel 3.1 (Seite 73ff.) werden die Grundlagen des Grundverständnisses von Familienunternehmen und der Rolle des Unternehmers diskutiert. Zu diesem Zweck findet in einem ersten Teil eine differenzierte Auseinandersetzung mit dem Sozialsystem Familienunternehmen statt (Kapitel 3.1 und 3.2, Seite 73ff.). Dabei wird aufbauend auf definitorischen Überlegungen die Beziehungsgestaltung zwischen Familie und Unternehmen diskutiert (Kapitel 3.2.1, Seite 76ff.), um im Anschluss Eigenschaften (Kapitel 3.2.2, Seite 79ff.) sowie Stärken und Schwächen von Familienunternehmen (Kapitel 3.2.3, Seite 83ff.) darzulegen. In einem zweiten Teil gilt es die verschiedenen Rollen des Unternehmers in Familienunternehmen zu charakterisieren (Kapitel 3.3, Seite 87ff.). Nach einer definitorischen Auseinandersetzung mit dem Begriff des Unternehmers wird seine Rolle im Allgemeinen und spezifisch auf den verschiedenen Analyseebenen diskutiert. Dabei wird seine Rolle in der Gesellschaft (= Umwelt des Familienunternehmens), im Unternehmen (= organisationale Ebene) und in der Familie (mit Bezug auf die Familienmitglieder primär interpersonelle Ebene) diskutiert. Anschließend wird der Unternehmer aus einer psychologisch orientierten Sicht (= intrapersonelle Ebene) analysiert. Die Erkenntnis des Kapitels ist, dass der Unternehmer als Individuum auf allen Analyseebenen erfasst werden muss, um seine Rolle oder ein ihn betreffendes Phänomen umfassend diskutieren zu können. Dabei ist der Unternehmer beispielsweise Ansprechperson für die Stakeholder des Familienunternehmens, Vater und Ehemann in der Familie, Manager und Eigentümer des Unternehmens und steht täglich in enger Beziehung zu den Mitarbeitenden und zu einzelnen Familienmitgliedern. Gleichzeitig kann der Unternehmer als psychisches System verstanden werden. Die Disposition dieses Subsystems stellt dabei eine Ressource (z.B. Fähigkeiten und Kompetenzen oder Charaktereigenschaften) dar, die einen Einfluss auf die Entscheidungen und Verhaltensweisen des Unternehmers hat. Weiter kann er als verarbeitendes System verstanden werden, das die externen Reize aufnimmt, verarbeitet und damit auch interpretiert. Es gilt deshalb im weiteren Verlauf insbesondere die psychisch orientierte (= intrapersonell) und soziale Dimension (= interpersonell, organisational und Umwelt des Familienunternehmens) so gut wie möglich auseinander zu halten.

Ab Kapitel 3.4 (S. 101ff.) wurden die Grundlagen und damit ein Grundverständnis für die Unternehmensnachfolge gelegt. In einem ersten Schritt wurde festgestellt, dass die familieninterne Unternehmensnachfolge an Bedeutung verliert und deshalb dem

Management Buy Out (MBO) oder dem Verkauf an Dritte eine steigende Aufmerksamkeit gewidmet werden muss (Kapitel 3.4.1, Seite 102ff.). Gleichzeitig wurde aufgezeigt, dass es viele verschiedene Faktoren gibt, die zum Scheitern einer Nachfolgeregelung führen können. Deshalb sind verschiedene Fragestellungen auf den verschiedenen Analyseebenen zu beantworten. Zentrale Erkenntnis ist, dass es sich bei der Nachfolgeregelung um einen Prozess handelt, der sich in der Regel über mehrere Jahre erstreckt (Kapitel 3.4.3, Seite 109ff.). Dabei wird der Nachfolgeprozess im engeren Sinn mit der Vorgeschichte und der Nachbearbeitung ergänzt. Insbesondere die Vorgeschichte kann prägend sein und einen Einfluss auf die spätere zu regelnde Nachfolge ausüben. Sie wird als erkenntnisbringend angesehen, wenn die Dynamik des Prozesses verstanden werden soll. Darauf aufbauend wurden die aus der Literatur ableitbaren Erfolgsfaktoren je Analyseebene festgehalten. In Kapitel 3.5 (Seite 120) fand schließlich eine Auseinandersetzung mit dem Nachfolgeprozess aus der Perspektive des Übergebers statt. Dabei standen vor allem die Gründe und Hürden sowie die an die Unternehmensnachfolge gerichteten Motive und Zielsetzungen im Zentrum der Betrachtung. Die zentrale Erkenntnis ist, dass der Familienfriede, die Unabhängigkeit des Unternehmens und die Mitarbeitenden einen hohen Stellenwert haben und die finanziellen Ziele nicht der Haupttreiber sind. Diese Motivlagen sowie der Prozessablauf und die damit verbundene Dynamik werden als wichtig erachtet, da sie die Bedeutung der Emotionen im Nachfolgeprozess im Kontext zu verstehen helfen.

Die in den zwei Grundlagenkapiteln 2 und 3 dargelegten Elemente wurden in Kapitel 4 (Seite 125ff.) in der Form eines Bezugsrahmens zusammengefasst. Das Familienunternehmen als Ganzes und die darin vom Unternehmer wahrgenommenen Rollen bilden den Kontext für die Nachfolgeregelung im Allgemeinen und für die Emotionen im Speziellen. Als Problembereich wird der Nachfolgeprozess angesehen. Im Rahmen dieses Prozesses können in der Folge Herausforderungen identifiziert werden, die Ausgangspunkt für die fallspezifische Diskussion im praktischen Teil der Arbeit sind.

In Kapitel 5 (Seite 131ff.) wurde die Methodik und Konzeption vorgestellt, wie der Zugang zu den Fallstudien und deren Interpretation gestaltet wird. Mit der systemisch-konstruktivistisch orientierten Perspektive wird ein hermeneutischer Zugang gewählt, wobei die Einzelfallbetrachtung im Zentrum der Analyse steht. Die Datenerhebung hat mit einem leitfadengestützten Interview stattgefunden. Interviewpartner waren jeweils die Unternehmer (= Übergeber) und getrennt davon die Ehefrauen der Unternehmer. Jedes Einzelinterview wurde in zwei Teile untergliedert. Im ersten Teil galt es den Nachfolgeprozess und die darin erlebten Herausforderungen und Emotionen allgemein zu umschreiben (= narratives Interview, vgl. dazu Leitfaden im Anhang VI auf Seite 302ff.). Im zweiten Teil wurde das Gesagte nochmals aufgegriffen und mittels Karten optisch dargestellt und nochmals reflektiert (= Strukturlegetechnik). Damit wird erreicht, dass die von den Interviewpartnern gemachten Aussagen nochmals reflektiert, diskutiert und ergänzt werden. Die Interviews wurden im Anschluss vollständig transkribiert und bilden die Grundlage für die Analyse und Interpretation. Die Interpretation wurde im Wesentlichen in drei Schritten vorgenommen. Zu diesem Zweck wurden konkrete Fragestellungen formuliert (vgl. Kapitel 5.4, Seite 145ff.), die im Anschluss an die Fallstudien gerichtet werden. Dabei gilt es den Kontext des Familienunternehmens und des Unternehmers (1. Schritt) sowie den Nachfolgeprozess und die darin erlebten und wahrgenommenen Herausforderungen (2. Schritt) zu verstehen. Vor diesem Hintergrund wurde im Anschluss die Auseinandersetzung mit den Emotionen gesucht (3. Schritt). Abschließend wurden die drei Fallstudien noch im Vergleich diskutiert, um allfällige Gemeinsamkeiten und Unterschiede zu identifizieren, ohne jedoch daraus direkt verallgemeinerbare Regeln abzuleiten.

In Kapitel 6 (Seite 153ff.) wurden die drei Fälle zuerst einzeln und anschließend im Vergleich diskutiert. Zwei Unternehmen können der Baubrache (ein Bauunternehmen mit Hoch- und Tiefbau sowie ein Generalunternehmen) zugeordnet werden. Das dritte Unternehmen ist als Bildungsunternehmen dem tertiären Wirtschaftssektor zuzuordnen. Die Fallanalysen zeigen, dass in einem Nachfolgeprozess Emotionen tatsächlich vorkommen. Dabei handelt es sich um allgemeine Stimmungen, um intentionale Gefühle aber auch um affektiv orientierte Emotionen, welche alle den Nachfolgeprozess und damit die darin getroffenen Entscheidungen beeinflussen. Dabei kann vor allem den Stimmungen eine hohe Bedeutung zugesprochen werden.

Die drei Fallstudien haben gemeinsam, dass die Unternehmer in den letzten Jahren vor der Unternehmensnachfolge einige Veränderungen ausgelöst und zu adaptieren hatten. Dabei sind sie an die eigenen Leistungsgrenzen gestoßen und haben die unternehmerische Aktivität nicht nur als leicht empfunden. Dieses belastende Grundgefühl kann bei allen dreien identifiziert werden, der Umgang damit ist jedoch verschieden. Alfred Baumann machte dafür den Hauptaktionär verantwortlich, Markus Dormann baute bewusst und konsequent eine neue Führungscrew auf und Albert Clasen wollte das Unternehmen rasch übertragen und sich neuen Aufgaben widmen. Die eigentliche Führungs- und damit vor allem die Verantwortungsabgabe führte bei allen drei Unternehmern wieder zu gleichen Emotionen. Alle drei fühlen sich entlastet, befreit und erleichtert über die gefundene Lösung.

7.3 Handlungsempfehlungen und Ausblick

Basierend auf den bisherigen Ausführungen gilt es einige Handlungsempfehlungen zu formulieren. Dabei richten sich diese einerseits an die Praxis und damit an Unternehmerinnen und Unternehmer, die vor der eigenen Unternehmensnachfolge stehen. Andererseits können aber auch im Sinne eines Ausblicks einige Forschungsfragen formuliert werden, die sich primär an Forschende richten.

Die angewandte Betriebswirtschaftslehre wird im Allgemeinen als Führungslehre verstanden.[767] Entsprechend ist es für Unternehmer und Unternehmerinnen von Interesse, die Bedeutung der eigenen Emotionen im Nachfolgeprozess zu verstehen. Dieses Verständnis kann im Rahmen einer theoretischen Auseinandersetzung erfolgen, welche zu neuen Erkenntnissen im Rahmen einer Selbstreflexion führen kann. Durch das Schaffen von Kontingenz können dadurch Interpretations- und Verhaltensmuster der Praxis durchbrochen werden, was zu einer neuen Wahrnehmung und Konstruktion der Wirklichkeit führen kann.[768] Ein anderer oder den theoretischen Zugang ergänzenden Weg stellt der vertiefende Blick in Fallbeispiele dar. Daraus können Möglichkeiten und Erkenntnisse in Bezug auf die eigene Situation abgeleitet werden, immer im Bewusstsein, dass erfolgreiche Lösungen bei einem anderen Unternehmen nicht zwingend das Erfolgsrezept für die eigene Situation sind.

Mit Bezug auf die Gestaltung der Unternehmensnachfolge im Allgemeinen wurden in Kapitel 3.4.4 (Seite 113) Erfolgsfaktoren im Nachfolgeprozess hergeleitet und auf die drei Fallbeispiele in Tabelle 19 auf Seite 236 angewendet. Es konnte gezeigt werden, dass die meisten der Faktoren in den analysierten Fällen erfüllt sind und entsprechend zum Gelingen der Unternehmensnachfolgen beigetragen haben. Auch wenn diese allein keine abschließende Garantie für eine erfolgreiche Übertragung leisten können, sind sie doch wesentlich. Die festgehaltenen Themen zeigen, dass eine langfristige und bewusste Vorbereitung unabdingbar ist und die Unternehmensnachfolge deshalb als letzte zentrale strategische Aufgabe in einer Unternehmerkarriere angesehen werden muss. Gleichzeitig können die beobachteten Emotion zum Teil auf die nicht oder zuwenig berücksichtigten Erfolgsfaktoren zurückgeführt werden.

Die im Nachfolgeprozess identifizierten Emotionen sind vielfältig. Je besser das Unternehmen, die Familie und der Unternehmer selbst auf die Veränderungen vorbereitet sind, desto ruhiger kann der Nachfolgeprozess aus der Perspektive der Emotionen ausgestaltet werden, denn Unvorhergesehenes, Überraschendes und kurzfristige Ereignisse sind Veränderungen und Reize, die vor allem affektiv orientierte Emotionen auslösen können. Es darf davon ausgegangen werden, dass eine gute Vorbereitung und vor allem eine tiefe persönliche Auseinandersetzung mit den eigenen Motiven, Erwartungen und Zielsetzungen sowie der anschließende Dialog mit den Betroffenen im Sinne von Erwartungsmanagement für viel Sicherheit und Ruhe verantwortlich gemacht werden können.

Jede Herausforderung im Nachfolgeprozess löst verschiedene Formen und Ausprägungen von Emotionen aus. Darauf erfolgende Reaktionen und der Umgang damit können selbst erneut wieder eine Quelle für neue Emotionen sein. Alle Fallbeispiele haben

---

[767] Ulrich 1981, S. 3.

[768] vgl. dazu Kieser, Nicolai 2003, S. 592f. und Kapitel 1.2.1, Seite 17.

gezeigt, dass im Prozess verschiedene belastende Emotionen identifiziert werden können. Aber alle Unternehmer können nach Abschluss des Nachfolgeprozesses mit einem guten Gefühl, mit Befriedigung und Erleichterung die Lösung akzeptieren und annehmen. Gerade dieses Ziel darf deshalb während des Prozesses nicht aus den Augen gelassen werden.

Es wäre zu einfach, wenn jeder Herausforderung auch eine Emotion zugeordnet werden könnte und analog Verhaltensempfehlungen abgegeben würden. Die vorliegende Arbeit hat gezeigt, dass sowohl aus theoretischer als auch aus praktischer Sicht verschiedene Aspekte das Auslösen, Entstehen und den anschließenden Umgang mit Emotionen beeinflussen. Neben einer Grunddisposition des Individuums spielt vor allem der Kontext eine zentrale Rolle. Dies bedeutet, dass die Art und Weise, wie die Beziehung zwischen den involvierten Personen gestaltet wird, die dahinter liegenden Geschichten aus der Vergangenheit oder beispielsweise damit verbundene Rituale oder Regeln den Prozess und damit die Dynamik wesentlich mitgestalten. Der zu gestaltende Prozess kann dabei aus einer handlungsorientierten Perspektive mit einer chinesischen Weisheit zum Ausdruck gebracht werden. „*Willst du das Land in Ordnung bringen, so musst du zuerst die Provinzen organisieren. Willst du die Provinzen in Ordnung bringen, so musst du dich zunächst um die Städte kümmern. Möchtest Du die Städte wieder auf den richten Weg bringen, musst du dich mit der Familie auseinandersetzen. Um die Familie in Ordnung zu bringen, musst du bei dir selbst beginnen.*“[769]

Für Unternehmerinnen und Unternehmer kann deshalb die Empfehlung ausgesprochen werden, dass es in einem ersten Schritt wichtig ist, sich selbst der eigenen Ziele, Erwartungen und Motivationen bewusst zu werden. Erst der bewusste Umgang ermöglicht es später die erlebten Emotionen zu deuten und deren Vielschichtigkeit zu verstehen. Diese Selbstanalyse kann auch mit den Begriffen Introspektion, Reflexion oder Besinnung umschrieben werden.[770] Neben den verschiedenen Gestaltungsmöglichkeiten des Nachfolgeprozesses geht es dabei vor allem darum, eigene Verhaltensmuster und Emotionsregeln zu identifizieren, welche den späteren Prozessverlauf vom Weg abbringen könnten.[771] Damit findet auch eine gewisse Förderung der Selbstwahrnehmung statt, dem ersten Element der emotionalen Intelligenz.[772] Die dargelegten Analyseebenen (intrapersonelle, interpersonelle, organisationale Ebene und Ebene der Umwelt) könnten dabei helfen, die Gedanken zu systematisieren und zu strukturieren. Dabei kann der Unternehmer auch feststellen, dass er nicht immer alles selbst nach Belieben lenken, gestalten und steuern kann. Er muss anerkennen, dass es überindividuelle Ganzheiten mit eigenem Verhalten und nicht nur Quasiverhalten gibt (z.B. Familie, Unternehmen

---

769 Müller-Harju 2002, S. 137.

770 Habig, Berninghaus 2002, S. 43.

771 Für Emotionsregeln vgl. Kapitel 2.4.1, S. 66ff.

772 auch in Kapitel 2.4.1, S. 66ff..

oder Märkte).[773] Erst nach dieser selbstkritischen Analyse kann sich ein Unternehmer der Komplexität und Dynamik des Nachfolgeprozesses im Allgemeinen und der Emotionen im Speziellen bewusst werden und im Anschluss mit einer subjektiven Zuversicht in den Prozess einsteigen.

In Anlehnung an die Ausführungen über Coping kann es eine Strategie für den Unternehmer sein, sich bewusst auf die Zeit nach der Unternehmensnachfolge vorzubereiten und sich der bevorstehenden Erleichterung und Befreiung klar zu werden.[774] Damit wird eine Vorfreude und ein Ziel geschaffen, das vom Alltagsgeschäft losgelöst ist und entsprechend als Stimmung eine positive Wirkung entfalten kann.

Die Selbstreflexion fällt nicht jedem Individuum gleich leicht. Deshalb kann es hilfreich sein, wenn diese Reflexion gemeinsam mit einem externen Beobachter vorgenommen wird. Dies führt zu einer Beobachtung 2. Ordnung.[775] Durch diese Außensicht wird der Kontext auf den verschiedenen Ebenen, aus unterschiedlichen zeitlichen Dimensionen (Vergangenheit / Gegenwart / Zukunft) und mit Bezug auf verschiedene verknüpfende Regeln (Muster / Erwartungen / Werte und Ziele) betrachtet.[776] In dieser Phase erhalten die Emotionen durch das in Beziehung setzen der verschiedenen Elemente eine Struktur, wodurch ein räumliches Nebeneinander und zeitliches Nacheinander entsteht.[777] Das Beiziehen einer Drittperson stellt gleichzeitig eine eigene Hürde dar, denn Familienunternehmen suchen nachweisbar ihre Privatsphäre.[778]

In einem zweiten Schritt gilt es sich zu überlegen, welche Personen sehr nahe stehen und in den Prozess schon früh einbezogen werden müssen oder sollen. Dabei kann es sich um Kadermitarbeitende, Familienmitglieder oder beispielsweise um einen Prozessbegleiter (= Coach) handeln. Nur die gemeinsame Kommunikation über die Erwartungen und Zielsetzungen in Bezug auf die Unternehmensnachfolge macht es möglich, alte Muster zu verändern, Rituale zu durchbrechen und neue Ideen und verschiedene Szenarien zugänglich zu machen. Mit dieser interaktiven Auseinandersetzung findet eine Konstruktion gemeinsamer Erwartungen statt, welche in der Folge zu mehr Ruhe und Gelassenheit im Prozess führen kann. Eine verbindliche Festlegung und vor allem das eigene Verpflichten durch den Unternehmer in schriftlicher Form kann den Prozess später vereinfachen und entemotionalisieren, wie dies beispielsweise in der Fallstudie B mit einem Aktionärsbindungsvertrag der Fall war. Durch diese Verstetigung und Ver-

773 Ulrich 1981, S. 17f.

774 Für Coping vgl. auch Kapitel 2.4.1, S. 66ff.

775 Backhausen, Thommen 2003, S. 75.

776 Interner vs. externer Beobachter wird bspw. in der Psychiatrie thematisiert: Der Psychiater ist in einer rückbezüglichen Doppelrolle. Er ist selbst aktiv an der Interaktion beteiligt, deren Merkmale er mit der Diagnose kennzeichnet. Vgl. dazu Priebe 1989, S. 88 in Berger 1993, S. 212.

777 von Glaserfeld 2003, S. 11.

778 Litz 1997, S. 60, i.A. an Ward 1987; Whisler 1988.

sachlichung des Prozesses können die Quellen für mögliche belastende Emotionen reduziert werden.

Ebenso können für Forschende Empfehlungen im Sinne eines Ausblicks aus der vorliegenden Arbeit abgeleitet werden. Vorliegend wurden drei Fallstudien in ihrer Tiefe untersucht und diskutiert. Mit einem hermeneutischen Zugang wurde die Bedeutung der Emotionen im Nachfolgeprozess zu verstehen versucht. Die gleichen Fallstudien könnten auch genutzt werden, um explorativ ein Modell zu entwickeln, das später in einer quantitativen Untersuchung eingesetzt werden könnte. Aus einer konstruktivistisch orientierten Perspektive gilt es jedoch kritisch zu hinterfragen, ob der Verzicht auf die vorliegend berücksichtigten Kontextbedingungen für die beobachtete Heterogenität der Nachfolgegestaltung nicht nachteilig wäre. Entsprechend verallgemeinerbare Aussagen wären nur von bedingtem Nutzen für die betroffenen Familienunternehmen. Entsprechend müssten auch die wissenschaftstheoretischen Grundannahmen geändert werden.

In der vorliegenden Arbeit wurden der Übergeber und seine Lebens- respektive Ehepartnerin interviewt. Damit sind inklusive des Forschenden jeweils drei Sichtweisen in die Fallanalyse eingeflossen. Die Umschreibung der Fallstudien hat gezeigt, dass auch andere Individuen oder Anspruchsgruppen im Nachfolgeprozess involviert waren. Deshalb wäre es spannend, auch diese hinsichtlich ihrer Wahrnehmung der Emotionen des Unternehmers zu berücksichtigen.

Wie bereits erwähnt wurden je Fallstudie jeweils ein Interview mit dem Unternehmer und eines mit seiner Partnerin geführt. In diesem Kontext wäre es von Interesse, die Wirkung der Interviewsituation selbst kritisch zu beleuchten und den durch die Interviewsituation verursachten Konstruktionseffekt zu hinterfragen, denn im Rahmen der dritten Fallstudie (Fall C) sagt die Ehefrau ganz am Schluss des Interviews: *„Dadurch, dass man auch das Ganze reflektiert, stimmt es einen wie versöhnlich. Es ist ja irgendwie klar, dass nicht alles in dem eigenen Sinne geht“* (C:2164:2165). Dies ist ein Indiz, dass das Interview selbst wieder einen Prozess der Reflexion bei den interviewten Personen ausgelöst hat und möglicherweise auch in der Beziehung zwischen den Eheleuten etwas ausgelöst hat.

Durch das Interview mit jeweils zwei Personen je Fallstudie konnte außerdem festgestellt werden, dass sich die Rollen innerhalb des Familienunternehmens zum Teil verändern und vor allem in der letzten Phase des Nachfolgeprozesses im weiteren Sinn zu Differenzen oder zur Neudefinition der Rollenverteilung führten, insbesondere aus der Perspektive der Ehe-frauen. Frau Dormann (Fallstudie B) sagt dazu beispielsweise: *„Ja, es ist ein Umgewöhnen. Und ich habe mich noch nicht ganz umgewöhnt. Also wir gehen dann manchmal fort. Wir haben jetzt noch ein Haus im Tessin. Ich habe eigentlich viel mehr solche Arbeiten übernommen - - mit Umbauen - - das ist schon - - - da fühle ich mich schon manchmal ein wenig entwurzelt, weil ich soviel weg gehe. Und nicht mehr* *meine ruhige Zeit daheim habe. Ich muss alles unter Stress unter einen Hut bekommen. Den Garten, schauen, dass da gemäht ist, bevor man wieder weggeht - und so. Der Ablauf für mich ist strenger geworden"* (B:1434:1439).

Die Fallstudien wurden zu einem Zeitpunkt aufgenommen und dokumentiert. Dies bedeutet, dass die Nachfolgeprozesse zu wesentlichen Teilen schon abgeschlossen waren und die Emotionen entsprechend retrospektiv umschrieben worden sind. Es kann davon ausgegangen werden, dass eine Begleitung und damit verbunden auch Erfassung und Dokumentation der beobachteten Emotionen im Zeitverlauf von großem Interesse sein könnte, gerade auch um die Konstruktionsdynamik noch besser zu verstehen. Gleichzeitig könnten auch weitere Methoden eingesetzt werden, um die Emotionen zum Zeitpunkt der Entstehung und des Erlebens zu erfassen. Es könnte sein, dass damit die Emotionen im engeren Sinn (affektive Emotionen) besser erfasst werden könnten, da die kognitiven Elemente etwas weniger ins Gewicht fallen würden.

Die Literaturanalyse mit Bezug auf die Unternehmensnachfolge hat schließlich gezeigt, dass sich die meisten Modelle vor allem auf den Prozess ausrichten und dabei meist einen funktionalen Fokus haben.[779] Aus dem Blickwinkel der Forschung könnte es deshalb von Interesse sein, ein Modell zu entwickeln, das die betroffenen Unternehmer vor allem in der Vorbereitungsphase im Rahmen der Selbstanalyse systematisch und visuell dabei unterstützt, die eigene Situation zu analysieren (vgl. dazu weiter oben im gleichen Kapitel).

7.4 Kritische Würdigung

Abschließend soll im Rahmen einer kurzen Würdigung die vorliegende Arbeit einer Selbstkritik unterzogen werden. Eingangs wurde festgehalten, dass die Arbeit einer systemisch-konstruktivistisch orientierten Perspektive unterliegt. Dabei handelt es sich nicht um eine abgeschlossene Theorie, sondern mehr um eine Art und Weise, wie die Welt wahrgenommen werden kann[780]. Die Ansätze sind sehr vielfältig, weshalb der Umgang damit im Rahmen eines Forschungsprozesses nicht trivial ist. Erschwerend kommt hinzu, dass die Gesellschaft und damit auch die eigene Wahrnehmung sehr stark von einer positivistischen Denkweise geprägt sind. Es stellt sich deshalb die Frage, ob der Streit zwischen Realismus und Konstruktivismus überhaupt überwindbar ist. In den Worten von Feierabend: *„Unsere Terminologie ist so von objektivistischer Ideologie durchdrungen, dass man sie in paradoxer Weise anwenden muss, um Ansichten von anderer Art zu beschreiben."*[781] Aus persönlicher Sicht stellt sich die Frage, ob es sich dabei wirklich um ein dualistisches Verhältnis handelt oder handeln muss, oder ob nicht

[779] Kapitel 3.4, S. 101 und Anhang III, S. 296.

[780] vgl. dazu Kapitel 1.2, Seite 17.

[781] zitiert in Weber 2002, S. 33.

wie in Anlehnung an die philosophische Position des Non-Dualismus vielmehr die Frage nach möglichen Gemeinsamkeiten und Ergänzungen gestellt werden muss.[782]

In der vorliegenden Arbeit wurde ein Weg gesucht, den Kontext mehr aus einer systemisch-kybernetisch orientierten Sicht darzustellen (= Diskussion rund um Familienunternehmen in Kapitel 2), um im Anschluss die Emotionen im Nachfolgeprozess mehr aus einer systemisch-konstruktivistischen Sicht zu betrachten. Gleichzeitig handelt es sich um eine Kontextkonstruktion aus der Sicht des Forschenden, um die Erkenntnisse in einer Struktur und damit verbunden auch mit einer Systematik zu diskutieren (= Analyseebenen oder die Definition und Charakterisierung von Familienunternehmen). All das was nicht berücksichtigt worden ist, kann als operative Latenz verstanden werden, denn *„eine Systemkonstruktion beschreibt die Wahl, die getroffen wurde, um Ordnung und Handlungsmöglichkeiten zu erschaffen. Die Komponenten von Systemen werden als eigene Elemente verstanden, die dann, wenn ihre Dynamik interessiert, selbst wieder als Systeme beschrieben werden können. Es ergibt sich so eine verschachtelte, fraktale Struktur von Systemen in Systemen in Systemen."*[783]

Es muss festgestellt werden, dass die Differenzierung und vor allem der anschließende trennscharfe Umgang mit den verschiedenen Analyseebenen nicht immer ganz einfach war. Ein Beispiel dazu ist der Umgang mit den Mitarbeitenden. Aus interpersoneller Perspektive wurde an verschiedenen Stellen auf die Beziehung zwischen dem Unternehmer und einzelnen Kadermitarbeitenden eingegangen. Aus einer unternehmerorientierten Perspektive können die Individuen als Elemente (= systemisch-kybernetisch orientierte Sicht) des Familienunternehmenssystems oder des Subsystems Unternehmen verstanden werden. Wenn jedoch beispielsweise von den Mitarbeitenden im Allgemeinen gesprochen wird, so können diese in Anlehnung an das Neue St.Galler Management Modell als Anspruchsgruppen verstanden werden.[784] Bei dieser Perspektive handelt es sich jedoch mehr um eine unternehmensorientierte Perspektive. Das Beispiel zeigt, dass es deshalb von großer Bedeutung ist, immer zu klären, aus welcher Perspektive zurzeit argumentiert wird, auch wenn dies einen Text unter Umständen schwerfällig macht. Die vorliegende Arbeit wurde dabei primär aus einer unternehmerorientierten Perspektive geschrieben und weniger aus der Perspektive des Familienunternehmens.

Aus methodischer Sicht kann der narrative Ansatz kritisch hinterfragt werden. Die Bearbeitung der Fallstudien hat aufgezeigt, dass basierend auf dem methodischen Ansatz einzelne Informationen am Schluss für die Interpretation nicht vorliegen und deshalb eine durchgängige und vollständige systematische Analyse nicht immer möglich ist. Eine Nacherhebung wäre dabei grundsätzlich möglich. Gleichzeitig könnten die

[782] i.A. an Weber 2002, S. 33f..

[783] Backhausen, Thommen 2003, S. 58 und 60.

[784] Rüegg-Stürm 2002.

nachträglich erfassten Informationen durch das Erstinterview beeinflusst werden. Es darf jedoch festgehalten werden, dass die Lücken für die Interpretation unwesentlich sind.

Eine weitere Kritik kann dahingehend geübt werden, dass die Interviews im Dialekt durchgeführt worden sind und die anschließende Transkription in Hochdeutsch stattgefunden hat. Dabei wurde der Versuch unternommen, die Satzstruktur und Formulierungen möglichst authentisch zu halten. Eine Alternative wäre gewesen, die Interviews direkt in Hochdeutsch durchzuführen. Gleichzeitig muss davon ausgegangen werden, dass die Interviewpartner nicht täglich Hochdeutsch sprechen und damit der Fluss der Gespräche erschwert worden wäre. Außerdem könnte die Verwendung von Helvetismen nicht vollständig verhindert werden.

Im Rahmen der Interpretation kann nicht ausgeschlossen werden, dass die persönliche Erfahrung vollständig ausgeblendet werden konnte, eine Rahmenbedingung, die insbesondere in qualitativen Forschungsarbeiten zum Tragen kommt. Vivien Burr sagt dazu: *"The task of the researcher therefore becomes to acknowledge and even to work with their own intrinsic involvement in the research process and the part that this plays in the results that are produced."*[785] Gleichzeitig kann dieser Umstand auch positiv gewertet werden, sofern dies als Kriterium der Vertrauenswürdigkeit bewertet wird und nicht die methodische Strenge im Vordergrund steht.[786]

Bei der Auswahl der Fallstudien müssen zwei Dinge kritisch angemerkt werden. Zum einen handelt es sich bei der Fallstudie A zwar um ein Familienunternehmen, der Unternehmer (= Interviewpartner) ist selbst aber nur Minderheitsaktionär. Gleichzeitig handelt es sich um die Führungsnachfolge einer Gesellschaft (= Betriebsgesellschaft A) und nicht um das Gesamtunternehmen. Für die Ergebnisse der vorliegenden Arbeit bedeutet dies, dass eigentumsspezifische Emotionen in diesem Fall nicht zum Tragen kommen, die Dynamik und der Umgang mit Emotionen per se jedoch als ähnlich eingeschätzt werden können wie bei einem Unternehmer, der neben der Führung auch das Eigentum überträgt.

Zum anderen handelt es sich bei allen drei Fallstudien um erfolgreiche Unternehmen. Dies bedeutet, dass die wirtschaftlichen Rahmenbedingen als gut bezeichnet werden können und dass die Unternehmen über eine gewisse Größe verfügen. Es wäre deshalb spannend, die gleiche Fragestellung an Unternehmer von kleinen und / oder weniger erfolgreichen Unternehmen zu richten. Die Vermutung ist, dass die Emotionen bei angespannten wirtschaftlichen Verhältnissen heftiger und damit offensichtlicher sind.

---

785 Burr 2003, S. 152.

786 Nentwich 2004, S. 105. Vgl. dazu auch dies Diskussion rund um die Gütekriterien in Kapitel 1.2.4, S. 31 und Kapitel 3.1, Seite 73.

Schließlich muss festgehalten werden, dass die intrapersonelle Ebene berücksichtigt worden ist, jedoch in Bezug auf die Unternehmerpersönlichkeit keine Aussagen über deren Fähigkeiten, Kompetenzen oder Charaktereigenschaften gemacht worden sind. Entsprechend könnte gesagt werden, dass die psychologische Perspektive vernachlässigt worden ist. Der Fokus lag dabei viel mehr auf der Dynamik und damit dem Prozess der Unternehmensnachfolge und auf den damit verbundenen Motiven und Erwartungen.

Schließlich hat sich die vorliegende Arbeit auf das Innenleben des Familienunternehmens sowie des Unternehmers fokussiert. Der Erfolg eines Familienunternehmens ist jedoch nicht davon allein abhängig. Das bedeutet, dass die Außensicht, auch als Market Based View bezeichnet, mindestens so wichtig ist, um als Ganzes erfolgreich zu sein. Ohne Märkte und Kunden ist auch das perfekt aufgestellte Familienunternehmen nicht erfolgreich.[787] Deshalb gilt es in Familienunternehmen im Allgemeinen und im Rahmen der Nachfolge im Besonderen, eine Balance zwischen Eigner- und Unternehmensinteressen zu finden.

[787] Wimmer, Domayer, Oswald, Vater 1996, S. 33ff.

8 Literaturverzeichnis

Aargauische Kantonalbank 2007: *Nachfolgeregelung in KMU. Best Practice.* Aarau: Aargauische Kantonalbank.

Achleitner, Klandt, Koch u.a. (Hrsg.) 2006: Achleitner, Ann-Kristin; Klandt, Heinz; Koch, Lambert T. u.a. (Hrsg.). *Jahrbuch Entrepreneurship. Gründungsforschung und Gründungsmanagement 2005/06.* Berlin: Springer 2006.

Ajzen, 1991: Ajzen, Icek. The theory of planned behavior. In: *Organizational Behavior and Human Decision Processes*. Jg. 50, Nr. 2. S. 1-63.

Albach 2002: Albach, Horst. Hat das Familienunternehmen eine Zukunft? In: *Zeitschrift für Betriebswirtschaftslehre*, Ergänzungsheft 5. S. 163-173.

Alexa, Zuell 2000: Alexa, Melina; Zuell, Cornelia. Text Analysis Software: Commonalities, Differencies and Limitations: The Results of a Review. In: Quality & Quantity. Jg. 34. 2000. S. 299-321.

Amelang, Zielinki 1997: Amelang, Manfred, Zielinski, Werner. *Psychologische Diagnostik und Intervention: mit 35 Tabellen*, Berlin: Springer.

Anders 2001: Anders, Stefan. Lebensstilentscheidung zwischen Arbeit und Familie: Zur Bedeutung der Extreme. In: *Familiendynamik*. Jg. 26, Nr. 3. S. 226-252.

André, Lelord 2002 (2001): André, Christophe; Lelord, François. *Die Macht der Emotionen und wie sie unseren Alltag bestimmen*. Übersetzt von Ralf Pannowitsch. Leipzig: Gustav Kiepenheur. Original: La Force des Émotions. Editions Odile, Jacob, 2001.

Aronoff, Ward 1995: Aronoff, Craig E.; Ward, John L. Family-Owned Businesses: A Thing of the Past or a Model for the Future? In: *Family Business Review*. Jg. 8, Nr. 2. S. 121-130.

Astrachan, Zahra, Sharma et.al. 2003: Astrachan, Joseph H.; Zahra, Shaker A.; Sharma, Pramodita et.al. *The Global Entrepreneurship Monitor: Family-Sponsored Ventures*. In: Poutziouris, Steier 2003. S. 2-14.

Astrachan, Smyrinios 2003: Astrachan, Joe; Smyrnios, Kosmas. *New Frontiers in Family Business Research: The Leadership Challenge*. Doctoral Track. 14th Annual World Conference., Lausanne 14th – 27th September 2003.

Astrachan, Klein, Smyrnios 2002: Astrachan, Joseph H.; Klein, Sabine B.; Smyrnios, Kosmas. The F-PEC scale of family influence: a proposal for solving the family business definition problem. In: *Family Buiness Review*. Jg. 15, Nr. 1. S. 45-57.

Astrachan, Kolenko 1994: Astrachan, Joseph H.; Kolenko, Thomas A. A Neglected Facotr Explaing Family Business Success: Humen Resource Practices. In: *Family Business Review*. Jg. 7, Nr. 3. S. 251-262.

Autio, Keeley, Klofsten u.a. 2001: Autio, Erkko; Keeley, Robert H.; Klofsten, Magnus; Parker, George G.C.; Hay, Michael. Entrepreneurial Intent among Students in Scandinavia and in the USA. In: *Enterprise Innovation Management Studies*. Jg. 2, Nr. 2. S. 145-160.

Averill 1986: Averill, James R. The acquisition of emotions in adulthood. In: Harré, Rom (Hrsg.): *The social construction of emotions.* Oxford. S. 98-118.

Averill 1985: Averill, James R. The Social construction of emotion: With special reference to love. In: Gergen, Kenneth J.; Davis, Keith (Hrsg.). *The Social construction of person.* New York, S. 89-109.

Averill 1980: Averill, James R. A Constructivist View of Emotion. In: Plutchik, Kellerman (Hrsg.). *Emotion: Theory, Research, and Experience.* San Diego/London: Academic Press. S. 305-339.

Backhausen, Thommen 2007a: Backhausen, Wilhelm; Thommen, Jean-Paul. Management 2. Ordnung – ein notwendiger Paradigmawechsel (1. Teil). In: *io new management*. Nr. 6, 2007. S. 96-102.

Backhausen, Thommen 2007b: Backhausen, Wilhelm; Thommen, Jean-Paul. Management 2. Ordnung – ein notwendiger Paradigmawechsel (2. Teil). In: *io new management*. Nr. 7-8, 2007. S. 59-63.

Backhausen, Thommen 2007c: Backhausen, Wilhelm; Thommen, Jean-Paul. *Der Irrgarten des Managements. Ein systemischer Reiseführer*. Zürich: Versus Verlag.

Backhausen, Thommen 2003: Backhausen, Wilhelm; Thommen, Jean-Paul. *Coaching. Durch systemisches Denken zu innovativer Personalentwicklung*. Wiesbaden: Gabler, 2003.

Baldegger, Pock 2007: Baldegger, Urs; Pock, Michael. *Unternehmensnachfolge im Fürstentum Liechtenstein 2005-2006*. Working Papers in Entrepreneurship. Vaduz: Hochschule Liechtenstein.

Barach, Ganitsky 1995: Barach, Jeffrey A; Ganitsky, Joseph B. Successful Succession in Family Business. In: *Family Business Review*. Jg. 8, Nr. 2. S. 131-155.

Barnes, Hershon 1994 (1976): Barnes, Louis B.; Hershon, Simon A. Transferring power in the Family Business. In: *Family Business Review*. Jg. 7, Nr. 4. S. 377-392. (Gleicher Beitrag in: *Harvard Business Review*. Nr. 4, 1976. S. 105-114).

Bateson 1982: Bateson, Gegory. *Geist und Natur. Eine notwendige Einheit*. Frankfurt am Main: Suhrkamp.

Bateson 1981: Bateson, Gegory. Ökologie des Geistes. *Anthropologische, psychologische, biologische und epistemologische Perspektive*. Frankfurt am Main: Suhrkamp.

Bateson, Ruesch 1995: Bateson, Gregory; Ruesch, Jürgen. *Kommunikation. Die soziale Matrix der Psychiatrie*. Heidelberg: Carl Auer Systeme Verlag.

Bechtle 1983: Bechtle, Christine. *Die Sicherung der Führungsnachfolge in der Familienunternehmung*. Dissertation Nr. 886, Hochschule St.Gallen: Bechtle Druck.

Beck 1986: Beck, Ulrich. *Risikogesellschaft: Auf dem Weg in eine andere Moderne*. Frankfurt am Main: Suhrkamp.

Becker 1982: Becker Peter. *Psychologie der seelischen Gesundheit I: Theorien, Modelle, Diagnostik*. Göttingen: Hogrefe.

Beckhard, Dyer 1983: Beckhard, Richard; Dyer, W. Gibb. Managing Continuity in the Family-Owned Business. In: *Organizaitonal Dynamics*. Jg. 12, Nr. 1, S. 5-12.

Beckhard, Dyer 1983a: Beckhard, Richard; Dyer, W. Gibb. Managing change in the family firm: Issues and strategies. In: *Sloan Management Review*. Jg. 24. S. 59-65.

Belardinelli 2002: Belardinelli, Sergio. The Evolution of Family Institution and its Impact on Society and Business. In: *Family Business Review*. Jg. 15, Nr. 3. S. 169-173.

Bergamin 1995: Bergamin, Stephan. *Der Fremdverkauf einer Familienunternehmung im Nachfolgeprozess. Motive - Vorgehenskonzept - Externe Unterstützung*. Dissertation an der Hochschule St.Gallen. Nr. 1625. Bern, Stuttgart, Wien: Haupt.

Bergamin 1994: Bergamin, Stefan. Bestandesgefährdende Faktoren im Familienunternehmen. In: *Zeitschrift für Klein- und Mittelunternehmen. Internationales Gewerbearchiv*. Jg. 42, Nr. 2. S. 115-128.

Berger, Luckmann 2004 (1980): Berger, Peter; Luckmann, Thomas. *Die gesellschaftliche Konstruktion der Wirklichkeit*. 20. Auflage. Frankfurt am Main: Fischer.

Berger 1993: Berger, Heinrich. *Konstruktivistische Perspektiven in der Sozialpsychologie*. In: Keupp 1994. S. 186-225.

Bertalanffy 1948: Bertalanffy, Ludwig von. Zu einer allgemeinen Systemlehre. In: *Biologia Generalis*. Nr. 195. S. 114-129.

Bertocci 1988: Bertocci, Peter A.. *The person and primary emotions.* New York: Springer.

Bertsch 1964: Bertsch, Roland. *Die industrielle Familienunternehmung. Ein Überblick über ihre Bedeutung und ihre Hauptprobleme, unter besonderer Berücksichtigung der Finanzierung und Führung.* Dissertation Nr. 181, Hochschule St. Gallen. Winterthur: Hans Schellenberg.

Bertram 2007: Bertram, Hans. Keine Zeit für die Liebe: Die Rushhour des Lebens. In: *Familiendynamik.* Jg. 32, Nr. 2. S. 108-116.

BfS 2001: *Betriebszählung 2001.* Bern: Bundesamt für Statistik.

Bindschedler, Rub o.J.: Bindschedler, Georges; Rub, Pascal. *Der Kronos-Komplex.* Bern: Gullotti & Partner.

Bird 1988: Bird, Barbara. Implementing Entrepreneurial Ideas: the Case of Intention. In: *Academy of Management Review.* Jg. 13, Nr. 3. S. 442-453.

Birley 2001: Birley, Sue. Owner-Manager attitudes to family and business issues: A 16 country study. In: *Entrepreneurship Theory & Practice.* Jg. 26, Nr. 2. S. 63-76.

Bischof-Köhler 1985: Bischof-Köhler, Doris. Zur Phylogenese menschlicher Motivation. In: Eckensberger, Lutz H.; Lantermann, Ernst D. (Hrsg.). *Emotion und Reflexivität.* München: Urban & Schwarzenberger. S. 3-47.

Bjuggren, Sund, 2005: Bjuggren, Per-Olof; Sund, Lars-Göran. Organization of transfers of small and medium-sized enterprises within the family: tax law considerations. In: *Family Business Review.* Jg. 18. Nr.4. S.305-319.

Böllhoff, Krüger, Berni (Hrsg.) 2006: Böllhoff, Christan; Krüger, Wolfgang; Berni, Marcello. *Spitzenleistungen in Familienunternehmen. Ein Managementhandbuch.* Stuttgart: Schäffer-Poeschel Verlag.

Boles 1996: Boles, James S. Influences of Work-Family Conflict on Job Satisfaction, Life Satisfaction, and Quitting Intentions Among Business Owners: The Case of Family-Operated Businesses. In: *Family Business Review.* Vol. 9, Nr. 1. S. 61-74.

Bornheim 2000: Bornheim, Stefan. *The Organizational Form of Family Business.* Massachusetts: Kluwer Academic Publishers.

Boungou Bazika 2005: Boungou Bazika, Jean-Christophe. Essai de définition et fonctionnalité de l'entreprise familiale dans une perspective africaine. In: *Revue Internationale P.M.E.* Jg. 18, Nr. 3-4. S. 11-30.

Boutillier, Uzunidis 1999: Boutillier, Sophie; Uzunidis, Dimitri. *La Légende de l'entrepreneur. Le capital social, ou comment vient l'esprit d'entreprise.* Paris: Syros.

Bratcher 1982: Bratcher, Walter E. The Influence of the Family Career Selection: A Family Systems Perspective. In: *The Personnel and Guidance Journal*, October, S. 87-91.

Brauchlin 1982: Brauchlin, Emil. Familienfremde Top Manager in Familienunternehmen. In: *Zeitschrift für Klein- und Mittelunternehmen. Internationales Gewerbearchiv.* Jg. 30, Nr. 3. S. 157-169.

Briner 1999: Briner, Rob B. The Neglect and Importance of Emotion at Work. In: *European Journal of Work and Organizational Psychology.* Jg. 3, Nr. 8. S. 323-346.

Brockhaus 2005: Brockhaus Enzyklopädie in 30 Bänden. 21. völlig neu bearbeitete Auflage. Band 8. EMAS-FASY.

Brockhaus 2004: Brockhaus, Robert H. Family Business Succession: Suggestions for Future Research. In: *Family Business Research.* Jg. 17, Nr. 2. S. 165-177.

Brun de Pontet, Wrosch, Gagne 2007: Brun de Pontet; Stéphanie; Wrosch, Carsten; Gagne, Marylene. An Exploration of the Generaional Differences in Levels of Control Held Among Family Business Approaching Succession. In: *Family Business Review*. Jg. XX, Nr. 4. S. 337-354.

Brundin, Melin, Samuelsson 2005: Brundin, Ethel; Melin, Leif; Samuelsson, Emilia F. *Family Ownership Logic – Core Characteristics of Family Controlled Businesses*. FBN-IFERA Annual World Research Forum. September 14-15, EHSAL Brussels.

Brundin 2002: Brundin, Ethel. *Emotions in Motion. The Strategic Leader in a Radical Change Process*. Dissertation Series No. 012. Jönköping University: Jönköping International Business School.

Bruppacher 2005: Bruppacher, Peter R. Gehen, wenn es am Schönsten ist. In: *io Management Zeitschrift*. Jg.74. Nr.1-2, S.24-27.

Brüsenmeister 2000: Brüsenmeister, Thomas. *Qualitative Forschung. Ein Überblick*. Wiesbaden: Westdeutscher Verlag.

Buchhorn 2004: Buchhorn, Eva. Helden des Alltags. In: *managermagazin*. Nr. 7. S. 149-160.

Buchinger 1991: Buchinger, Kurt. Der Familienbetrieb im Spannungsfeld von Organisation und Familie. In: *Hernsteiner*. Jg. 3, Nr. 3. S. 4-10.

Burla, Alioth, Frei, Müller 1994: Burla, Stephan; Alioth, Andreas; Frei, Felix; Müller, Werner R. *Die Erfindung von Führung. Vom Mythos der Machbarkeit in der Führungsausbildung*. Zürich: Verlag der Fachvereine.

Burr 2003: Burr, Vivien. *Social constructionism*. 2. Auflage. London, New York: Routledge.

Burr 1995: Burr, Vivien. *An introduction to social constructionism*. London: Routledge & Kegan Paul.

Cadieux 2007: Cadieux, Louise. Succession in Small and Medium-Sized Family Businesses: Toward a Typology of Predecessor Roles During and After Instatement of the Successor. In: *Family Business Review*. Jg. XX, Nr. 2. S. 95-109.

Cadieux 2005: Cadieux, Louise. La succession dans les PME familiales: proposition d'un modèle de réussite du processus de désengagement du prédécesseur. In: *Revue Internationale P.M.E.* Jg. 18, Nr. 3-4. S. 31-50.

Cadieux, Lorrain, Hugron 2002: Cadieux, Louise; Lorrain, Jean; Hugron, Pierre. La succession dans les entreprises familiales dirigées par les femmes une problématique en quête de chercheurs. In: *Revue internationale P.M.E.* Jg. 15. Nr. 1. S. 115-130.

Cappuyns, Astrachan, Klein 2003: Cappuyns, Kristin; Astrachan, Joseph. H.; Klein, Sabine B. *The Prevalence of Family Business around the World*. IFERA-Survey, www.ifera.com (letzter Zugriff: 5. Januar 2005).

Carlock, Ward 2001: Carlock Randel S.; Ward John L.: *Strategic Planning for the Family Business: parallel Planning to Unite the Family and Business*. New York: Palgrave.

Catell 1948: Catell, Raymond B. The primary personality factors in women compared with those in men. In: *British Journal of Psychology*. Jg. 1, S. 114-130.

Catell 1947: Catell, Raymond B. Confirmation and classification of primary personality factors. In: *Psychometrica*. Jg. 12. S. 197-220.

Catell 1946: Catell, Raymond B. *The description and measurement of personality*. New York: World Book, Yonkers.

Catell 1943: Catell, Raymond B. The description of personality: basic traits resolved into clusters. In: *Journal of Abnormal Social Psychology*. Jg. 38, S. 476-506.

Chalmers 2001: Chalmers, Alan F. *Wege der Wissenschaft. Einführung in die Wissenschaftstheorie.* Fünfte, völlig überarbeitete und erweiterte Ausgabe. Berlin: Springer.

Chmielewicz 1994: Chmielewicz, Klaus. *Forschungskonzeptionen der Wirtschaftswissenschaft*. Stuttgart: Schäffer-Poeschel 1994.

Chini 2004: Chini Leo W. Das Verhalten der Übergebergeneration bei der Unternehmensübergabe. In: *Zeitschrift für Führung und Organisation (zfo)*. Jg. 72, Nr. 5, 2004. S. 270-275.

Chittoor, Das 2007: Chittoor, Raveendra; Das, Ranjan. Professionalization of Management and Succession Performance – A Vital Linkage. In: *Family Business Review*. Jg. 20, Nr. 1. S. 65-79.

Chrisman, Chua, Litz 2004: Chrisman, James J.; Chua, Jess H.; Litz, Reginald A. Comparing the Agency Costs of Family and Non-Family Firms: Conceptual Issues and Exploratory Evidence. In: *Entrepreneurship Theory and Practice*. Jg. 28, Nr. 4. S. 335-354.

Chrisman, Chua, Sharma 1998: Chrisman, James J.; Chua, Jess H.; Sharma, Pramodita. Important Attributes of Successors in Family Businesses: An Exploratory Study. In: *Family Business Review*. Jg. 11, Nr. 1. S. 19-34.

Christensen 1953: Christensen, C. Roland. *Management Succession in Small and Growing Enterprises*. Boston: Division of Research, Harvard Business School.

Chua, Chrisman, Sharma 1999: Chua, Jess H.; Chrisman, James J.; Sharma, Pramodita. Defining the Family Business by Behavior. In: *Entrepreneurship Theory and Practice*. Jg. 23, Nr. 2. S. 19-37.

Churchill, Hatten 1987: Churchill, Neil C.; Hatten, Kenneth J. Non-Market-Based Transfers of Wealth and Power: A Research Framework for Family Businesses. In: *American Journal of Small Business*. Jg. 11, Nr. 3. S. 51-64.

Credit Suisse 2007: *Nachfolgemanagement in KMU. Eine praxisorientierte Wegleitung*. Zürich: Credit Suisse.

Clausen 1982: Clausen, Pierre. Die Nachfolgeplanung in Familienunternehmungen. In: *Zeitschrift für Klein- und Mittelunternehmen. Internationales Gewerbearchiv*. Jg 30, Nr. 1. S. 49-57.

Cole, Johnson 2007: Cole, Patricia M.; Johnson, Kit. An Exploration of Successful Copreneurial Relationships Postdivorce. In: *Family Business Review*. Jg. XX, Nr. 3. S. 185-198.

Coles 2001: Coles, Robert. The Inner Life of Executive Kids. In: *Harvard Business Review*. November. S. 63-68.

Collins 1984: Collins, Randall. *The role of emotion in social structure*. In: Scherer, Ekman (Hrsg.) 1994. S. 385-396.

Collins 1981: Collins, Randall. The Microfoundations of Macrosociology. In: *The American Journal of Sociology*. Jg. 86, Nr. 5. S. 984-1014.

Corbetta, Salvato 2004: Corbetta, Guido; Salvato, Carlo. Self-Serving or Self-Actualizing? Models of Man and Agency costs in Different Types of Family Firms: A Commentary on Comparing the Agency Costs of Family and Non-Family Firms: Conceptual Issues and Exploratory Evidence. In: *Entrepreneurship Theory and Practice*. Jg. 28, Nr. 4. S. 355-362.

Dachler, Hosking 1995: Dachler, Hans-Peter; Hosking, Dian-Marie. *The primacy of relations in socially constructed organizational realities*. In: Hosking, Dian-Marie; Dachler; Hans-Peter; Gergen, Kenneth J. (Hrsg.) 1995. S. 1-27.

Daily, Dollinger 1993: Daily, Catherine M.; Dollinger, Marc J. Alternative methods for identifying family- versus non family-managed businesses. In: *Journal of Small Business Management*. Jg. 2, S. 79-90.

Damasio 1999: Damasio, Antonio R. *Ich fühle, also bin ich. Die Entschlüsselung des Bewußtseins*. München: Econ Ullstein List Verlag.

Danco 1982: Danco, Leon A. *Beyond survival*. Cleveland: University Press.

Danes, Rueter, Kwon et.al. 2002: Danes, Sharon M.; Rueter, Martha A.; Kwon, Hee-Kyung; Doherty, William. Family FIRO Model: An Application to Family Business. In: *Family Business Review*. Jg. 15, Nr. 1. S. 31-43.

Davis, Harveston 1999: Davis, Peter S.; Harveston, Paula D. In the Founder's Shadow: Conflict in the Family Firm. In: *Family Business Review*. Jg. 12, Nr. 4. S. 311-323.

Davis, Harveston 1998: Davis, Peter S.; Harveston, Paula D. The Influence of Family on the Family Business Succession Process: A Multi-Generational Perspective. In: *Entrepreneurship Theory and Practice*. Jg. 22, Nr. 1. S. 31-53.

Davis, Schoorman, Donaldson 1997: Davis, James H.; Schoorman, F. David; Donaldson, Lex. Toward a Stewardship Theory of Management. In: *Academy of Management Review*. Jg. 22, Nr. 1. S. 20-47.

Dembinski 2002: Dembinski, Paul. *Auf der Suche nach Konkurssachen. Erhebung bei Klein- und Mittelunternehmen in der Schweiz*. In: Zeitschrift für Klein- und Mittelunternehmen, Jg. 50, Nr. 4. S. 238-259.

De Massis, Chua, Chrisman 2008: De Massis, Alfredo; Chua, Jess H.; Chrisman, James J. Factors Preventing Intra-Family Succession. In: *Family Business Review*. Jg. XXI, Nr. 2. S. 183-199.

Denzin, Lincoln (Hrsg.) 2005: Denzin, Norman K.; Lincoln, Yvonna S. *The Sage Handbook of Qualitative Research*. Third Edition. Thousand, Oaks, London, New Delhi: Sage Publications.

DIHK 2007: Deutsche Industrie- und Handelskammertag. *Schwierige Nachfolge bei rund 43.000 Unternehmen gefährdet 150.000 Arbeitsplätze*. Berlin: DIHK.

Dittrich, Flaschberger, Frank 1995: Dittrich, Regina; Flaschberger, Hannes; Frank, Hermann. Der Arbeitsalltag von Unternehmern und Managern. In: *Zeitschrift für Klein- und Mittelunternehmen. Internationales Gewerbearchiv*. Jg. 43, Nr. 3. S. 196-210.

Donckels, Fröhlich 1991: Donckels, Rik; Fröhlich, Erwin. Sind Familienbetriebe wirklich anders? In: *Zeitschrift für Klein- und Mittelunternehmen. Internationales Gewerbearchiv*. Jg. 39, Nr. 4, S. 219-235.

Donnelly 1964: Donnelly, R. The family business. In: *Harvard Business Review*. 1964, July-August.

Dubs, Euler, Rüegg-Stürm u.a. (Hrsg.) 2004: Dubs, Rolf; Euler, Dieter; Rüegg-Stürm, Johannes u.a. *Einführung in die Managementlehre*. Bern, Stuttgart, Wien: Haupt.

Duh 2002: Duh, Mojca. Family Enterprises. Basic Characteristics and Typology. In: *MER Journal*, Jg. 4, Nr. 1. S. 16-24.

Duh 2000: Duh, Mojca. Entwicklungsbesonderheiten von Familien-KMU. In: *Zeitschrift für Klein- und Mittelunternehmen. Internationales Gewerbearchiv*. Jg. 48, Nr. 3. S. 182-200.

Dumas 1998: Dumas, Colette. Women's Pathways to Participation and Leadership in the Family-Owned Firm. In: *Family Business Review*. Jg. 11, Nr. 3. S. 219-228.

Dunemann, Barrett 2004: Dunemann, Mark; Barrett, Rowena. *Family Business and succession planning - A review of the literature*. Hrsg: Monash University, Family and Small Business Research Unit. Monash.

Dunn 1995: Dunn, Barbara. Success Themes in Scottish Family Enterprises: Philosophies and Practices Through Generations. In: *Family Business Review*. Jg. 8, Nr. 1. S. 17-28.

Durkheim 1981. Durkheim, Emile. *Die elementaren Formen des religiösen Lebens*. Frankfurt: Suhrkamp.

Dyer, Sánchez 1998: Dyer Jr., Gibb; Sánchez, Marcelino. Current State of Family Business Theroy and Practice as Reflected in Family Business Review 1988-1997. In: *Family Business Review*. Jg. 11, Nr. 4, 1998. S. 287-295.

Dyer 1994: Dyer Jr., Gibb. Potential contributions of Organizational Behavior to the study of Family-Owned Businesses. In: *Family Business Review*. Jg. 7, Nr. 2. S. 109-131.

Dyer 1986: Dyer Jr., Gibb. *Cultural Change in Family Firms*. San Francisco /London .

Eco 2002: Eco, Umberto. *Wie man eine wissenschaftliche Arbeit schreibt*. 9. unveränderte Auflage. Übersetzt von Schick, Walter. Heidelberg: C.F. Müller.

Eckensberger, Lantermann (Hrsg.) 1985: Eckensberger, Lutz H.; Lantermann, Ernst-D.. *Emotion und Reflexivität*. München: Urban & Schwarzenberger.

Eddleston, Kellermanns 2007: Eddleston, Kimberly A.; Kellermanns, Franz W. Destructive and productive family relationships: A stewardship theory perspective. In: *Journal of Business Venturing*. Jg. 22, Nr. 4. S. 545-565.

Eidgenössische Steuerverwaltung ESTV 2004: *Kreisschreiben Nr.5 - Umstrukturierungen*. Bern. S.1-90.

Ekman 1999: Ekman, Paul: Basic Emotion. In: Dalgleisch, Power (Hrsg.). *Handbook of Cognition and Emotion*. New York: John Wiley.

Ekman 1992: Ekman, Paul. An argument for basic emotions. In: *Cognition and Emotion*. Jg. 6. S. 169-200.

Ekman 1980: Ekman, Paul. *The Face of Man: expressions of universal emotion in a New Guinea village*. New York: Garland STPM.

Eiselen, Sichler 2001: Eiselen, Tanja; Sichler, Ralph. *Reflexive Emotionalität – Konzepte zum professionellen Umgang mit Emotionen im Management*. In: Schreyögg, Sydow (Hrsg.) 2001. S. 47-74.

Emde 1984: Emde, Robert N. *Levels of Meaning for Infant Emotions: A Biosocial View*. In: Scherer, Ekman (Hrsg.) 1984. S. 77-107.

Erdmann 1999: Erdmann, Christina. *Unternehmer und Nachfolger: die Entscheidung von Nachfolgebereitschaft*. Wiesbaden: Deutscher Universitäts-Verlag.

Erikson 1966: Erikson, Erik H. *Identität und Lebenszyklus. Drei Aufsätze*. Frankfurt a.M.: Suhrkamp Verlag.

Ernst 1997: Ernst, Florian Alexander. *Die Integration von unternehmens- und personenbezogenen Lebenszkylen. Eine Konzeptualisierung unter besonderer Berücksichtigung des Unternehmenslebenszyklus*. Disseration Nr. 1983 an der Unversität St. Gallen. Bamberg: Difo-Druck GmbH.

Erpenbeck, Rosenstiel 2007: Erpenbeck, John; von Rosenstiel, Lutz. *Handbuch Kompetenzmessung*. 2. überarbeitete und erweiterte Auflage. Stuttgart: Schäffer-Poeschel Verlag.

Europäische Kommission 2003: *Transfer of business continuity through a new beginning. Final report of the MAP 2002 project*. August 2003.

Europäische Kommission 2002: *Abschlussbericht der Sachverständigengruppe zur Übertragung von kleinen und mittleren Unternehmen*. Luxemburg. (europa.eu.int/comm/enterprise/entrepreneurship/support_measures/transfer_business/transfer_com_02/final_report_de.pdf) * (letzter Zugriff: 25.11.2006)

Fallgatter 2004: Fallgatter, Michael J. Entrepreneurship: Konturen einer jungen Disziplin. In: *Zeitschrift für betriebswirtschaftliche Forschung*. Jg. 56. Nr. 1. S. 23-44.

Fehr, Gächter 2002: Fehr, Ernst; Gächter, Simon. Alturistic punishment in humans. In: *Nature*. Jg. 415, Nr. S. 137-140.

Feltham, Feltham, Barnett 2005: Feltham, Tammi S.; Feltham, Glenn; Barnett, James J. The Dependence of Family Businesses on a Single Decision-Maker. In: *Journal of Small Business Management*. Jg. 43, Nr. 1. S. 1-15.

FGF 2006: *FGF Jahreschronik 2006*. Förderkreis Gründungs-Forschung e.V.: Bonn, Mai 2007.

File, Prince 1996: File, Karen Maru; Prince, Russ Alan. Attributions for Family Business Failure: The Heir's Perspective. In: *Family Business Review*. Jg. 9, Nr. 2. S. 171-184.

Fink 2005: Fink, Matthias. *Methoden der qualitativen Sozialforschung*. In: Rössl (Hrsg.) 2005. S. 159-180.

Fischer, Retzer 2001: Fischer, Hans Rudi; Retzer, Arnold. Die Familie und das Familienunternehmen. In: *Familiendynamik*. Jg. 26, Nr. 3. S. 302-322.

Fischer-Rosenthal 1995: Fischer-Rosenthal, Wolfram. *Biographische Methoden in der Soziologie*. In: Flick, von Kardorff, Keupp u.a. (Hrsg.) 1995. S. 253-256.

Flam 2002: Flam, Helena. *Soziologie der Emotionen: Eine Einführung*. Konstanz: UVK-Verlags-Gesellschaft.

Flamholtz 1986: Flamholtz, Eric G. *How to make the transition from an entrepreneurship to a professionally managed firm*. San Francisco: Jossey-Bass.

Flick, von Kardorff, Keupp u.a. (Hrsg.) 1995: Flick, Uwe; von Kardorff, Ernst; Keupp, Heiner; von Rosenstiel, Lutz; Wolff, Stephan. *Handbuch Qualitative Sozialforschung. Grundlagen, Konzepte, Methoden und Anwendungen*. Reinbeck bei Hamburg: Rowolt Verlag.

Flick 1995. Flick, Uwe. *Stationen des qualitativen Forschungsprozesses*. In: Flick, von Kardorff, Keupp u.a. (Hrsg.) 1995. S. 147-173.

Fopp 2005: Fopp, Leonhard. Die Ängste des Patrons. In: *io Management Zeitschrift*. Jg. 74, Nr. 1-2. S.14-23.

Fopp 2004: Fopp, Leonhard. *Herausforderung Unternehmer-Nachfolge. Sichern Sie Ihr Lebenswerk!* Zürich: Orell Füssli Verlag AG.

von Foerster, von Glaserfeld, Hejl 1995: von Foerster, Heinz; von Glaserfeld, Ernst; Hejl, Peter. *Einführung in den Konstruktivismus*. München: Piper.

Fox, Nilakant, Hamilton 1996: Fox, Mark; Nilakant, V.; Hamilton, R.T. Managing succession in family-owned businesses. In: *International Small Business Journal*. Jg. 15, Nr. 1. S. 15.

Frank 1992 (1988): Frank, Robert. *Die Strategie der Emotionen*. München: Oldenbourg. Übersetzt von Ruth Zimmerling. Original: Frank, Robert 1988: Passions within Reason: The Strategic Role of the Emotions. New York: Norton.

Freeman 1984: Freeman, Edward R. *Strategic Management: A Stakeholder Approach*. Boston: Pitman.

Frey, Halter, Zellweger 2005: Frey, Urs; Halter, Frank; Zellweger, Thomas. *Nachfolger gesucht! Empirische Erkenntnisse und Handlungsempfehlungen für die Schweiz*. Zürich: Pricewaterhouse Coopers AG.

Frey, Halter, Zellweger 2004a: Frey, Urs; Halter, Frank; Zellweger, Thomas. *Bedeutung und Struktur von Familienunternehmen in der Schweiz*. Forschungsbericht. St.Gallen: Schweizerisches Institut für Klein- und Mittelunternehmen an der der Universität St. Gallen (KMU-HSG).

Frey, Halter, Zellweger u.a. 2004b: Frey, Urs; Halter, Frank; Zellweger, Thomas; Klein, Sabine. *Family Business in Switzerland: Significance and Structure*. In: Tomaselli, Melin (Hrsg.) 2004. S. 73-89.

Freund, Kayser, Schröer 1995: Freund, Werner; Kayser, Gunter; Schröer, Evelyn. *Generationenwechsel im Mittelstand.* Institut für Mittelstandsforschung Bonn: ifm-Materialien Nr. 109.

Freund, Kayser 1994: Freund Werner; Kayser, Gunter. *Unternehmensnachfolgen in Deutschland. Neubearbeitung der Daten des IfM Bonn.* In: Jahrbuch zur Mittelstandforschung 1/2004, Schriften zur Mittelstandforschung, Nr. 106 NF, Wiesbaden 2004.

Fridlund, Duchaine 1996: Fridlund, Alan J.; Duchaine, Bradley. *Facial Expressions of Emotion and the Delusion of the Hermetic Self.* In: Harré, Parrott (Hrsg.) 1996. S. 259-284.

Frijda 1986: Frijda, Nico H. *The Emotions.* Cambridge: Cambridge University Press.

Fröhlich 1995: Fröhlich, Erwin. *Familie als Erfolgspotential im Gewerbe und Handwerk.* In: Stiegler (Hrsg.) 1995. S. 105-136.

Froschauer, Lueger 2003 (2005): Froschauer, Ulrike; Lueger, Manfred. *Eigene Beobachtung mittels qualitativer Sozialforschung.* In: Rössl 2003. S. 87-115 (123-158).

Fuchs-Wegner 1974: Fuchs-Wegner, Gertrud. Systemanalyse. Eine Forschungs- und Gestaltungsstrategie. In: *Zeitschrift für betriebswirtschaftliche Forschung.* Sonderheft Nr. 3. S. 69-82.

Fuchs, Lehmann 1973: Fuchs, Herbert; Lehmann, Helmut. Managementprozesse aus systemtheoretisch-kybernetischer Sicht. In: *Betriebswirtschaftliche Forschung und Praxis.* Nr. 12. S. 659-677.

Fueglistaller, Zellweger 2007: Fueglistaller, Urs; Zellweger, Thomas. Die volkswirtschaftliche Bedeutung der Familienunternehmen in der Schweiz. In: *Schweizer Arbeitgeber.* Jg. 15, den 9. August 2007. S. 30-33.

Fueglistaller, Halter 2006: Fueglistaller, Urs; Halter, Frank. *Führen – Gestalten – Leben: KMU in Bewegung. Eine Auseinandersetzung mit lebenszyklusorientierter Unternehmensführung.* St.Gallen: Verlag KMU-HSG.

Fueglistaller, Halter 2005: Fueglistaller, Urs; Halter, Frank. Familienunternehmen in der Schweiz. Empirische Fakten zur Bedeutung und Kontinuität. In: *Der Schweizer Treuhänder.* Nr. 1-2. S. 35-38.

Fueglistaller 2004: Fueglistaller, Urs. *Charakteristik und Entwicklung von Klein- und Mittelunternehmen (KMU).* St. Gallen: Verlag KMU-HSG.

Fueglistaller, Zellweger 2004: Fueglistaller, Urs; Zellweger, Thomas. *Schweizer Familienunternehmen an der Börse.* Zürich: Ernst&Young AG.

Fueglistaller 2002: Fueglistaller, Urs. *Tertiarisierung und Dienstleistungskompetenz in schweizerischen Klein- und Mittelunternehmen (KMU).* 2. Auflage. St.Gallen: KMU Verlag HSG.

Fueglistaller, Zwick 2001: Fueglistaller, Urs; Zwick, Iwan. *Erfolg der Klein- und Mittelunternehmen durch Unternehmerkompetenz.* Zürich: Anderson.

Gabriel 1993: Gabriel, Y. Organizational nostalgia – Reflections on "the golden age". In: Fineman, Stephen (Hrsg.). *Emotion in organizations.* London. S. 118-141.

Gadamer 2000: Gadamer, Hans-Georg. *Hermeneutische Entwürfe: Vorträge und Aufsätze.* Tübingen: Mohr.

Gadamer 1972: Gadamer, Hans-Georg. *Wahrheit und Methode: Grundzüge einer philosophischen Hermeneutik.* 3., erweiterte Auflage. Tübingen: Mohr (Siebeck).

Gallo, Vilaseca 1996: Gallo, Miguel A.; Vilaseca, Alvaro. Finance in Family Business. In: *Family Business Review.* Jg. 9, Nr. 4. S. 387-401.

Gallo 1995: Gallo, Miguel Àngel. The Role of Family Business and Its Distinctive Characteristic Behavior in Industrial Activity. In: *Family Business Review.* Jg. 8, Nr. 2. S. 83-97.

Gallo, Garcia Pont 1988: Gallo, Miguel Àngel; Garcia Pont, Carlos. *The family business in the Spanish economy*. IESE, Division of Research.
Ganzel 1963: Ganzel, Klaus Jürgen. Mittelstandsbegriff und Gewerbebegriff. In: *Zeitschrift für gewerbliche Wirtschaft. Internationales Gewerbearchiv*. Jg. 13, Nr. 3. S. 97-114.
Garrison 1998: Garrison, Jim. *Towards a pragmatic social constructivism*. In: Larochelle, Bednarz, Garrison 1998. S. 43-60.
Gartner 2001: Gartner, William B. Is there an Elephant in Entrepreneurship? Blind Assumptions in Theory Development. In: *Entrepreneurship Theory and Practice*. Jg. 25, Summer. S. 27-39.
Gergen 2002: Gergen, Kenneth J. *Konstruierte Wirklichkeiten: eine Hinführung zum sozialen Konstruktionismus*. Stuttgart: Kolhammer.
Gergen 1994: Gergen, Kenneth.J. *Realities and Relationships. Soundings in Social Construction*. Cambridge: Harvard University Press.
Gergen 1996 (1991): Gergen, Keneth. J. *Das übersättigte Selbst: Identitätsprobleme im heutigen Leben*. Heidelberg: Carl Auer. Original 1991: The Saturated Self: Dilemmas of Identity in Contemporary Life. New York: Basic Books.
Gergen 1985: Gergen, Kenneth J. Social pragmatics and the origins of psychological discourse. In: Gergen, Davies (Hrsg.). *The social construct of the person*. New York: Springer. S. 111-127.
Gergen, Davis (Hrsg.) 1985: Gergen, Kenneth J.; Davis, Keith E.. *The social construct of the person*. New York: Springer.
Gerhards 1988: Gerhards, Jürgen. *Soziologie der Emotionen. Fragestellungen, Systematik und Perspektiven*. Weinheim, München: Juventa.
Gerke-Holzhäuer 1996: Gerke-Holzhäuer, Franziska. *Generationswechsel in Familienunternehmen. Psychologische Aspekte des Führungswechsels*. Wiesbaden: Deutscher Universitäts Verlag.
German Wealth Report 2000: *German Wealth Report 2000*. Merril Lynch und Cap Gemini Ernst & Young.
Gersick, Lansberg, Desjardins u.a. 1999: Gersick, Kelin E.; Lansberg, Ivan; Desjardins, Michele et.al. Stages and Transitions: Managing change in the Family Business. In: *Family Business Review*. Jg. 12, Nr. 4. S. 287-297.
Getz, Petersen 2004: Getz, Donald; Petersen, Tage. Identifying Industry-Specific Barriers to Inheritance in Small Family Businesses. In: *Family Business Review*. Jg. 17, Nr. 3. S. 259-276.
Gersick, Davis, McCollom Hampton, Lansberg 1997: Gersick, Kelin E.; Davis, John A.; McColom Hamtton, Marion; Lansberg, Ivan. *Generation to Generation: Life Cycles of the Family Business*. Boston 1997.
Giger, Markstalle, Zimmermann 2001: Giger, Hans; Markstalle, Peter; Zimmermann, Jörg. *Kauf und Verkauf von Unternehmungen - Chancen wahrnehmen*. Hrsg: BDO Visura Treuhand-Gesellschaft und RBA Dienste: Bern. S.1-31.
Gimeno 2003: Gimeno, Alberto. *Complexity and Management: A Survey of Spanish Companies*. In: Poutziouris, Steier 2003. S. 128-140.
von Glaserfeld 2003: von Glaserfeld, Ernst. *Konstruktion der Wirklichkeit und des Begriffs der Objektivität*. In: Gumin, Meier (Hrsg.) 2003. S. 9-39.
von Galserfeld 1998: von Galserfeld, Ernst. *Why constructivism must be radical*. In: Larochelle, Bednarz, Garrison 1998. S. 23-28.
von Glaserfeld 1996 (1995): von Glaserfeld, Ernst. *Radikaler Konstruktivismus. Ideen, Ergebnisse, Probleme*. Frankfurt am Main: Suhrkamp. (Original: Radical Constructivism. A Way of Knowing and Learning. London: The Falmer Press 1995).

Goehler 1993: Goehler, Axel. *Der Erfolg grosser Familienunternehmen im fortgeschrittenen Lebenszyklus: dargestellt am Beispiel der deutschen Brauwirtschaft.* Dissertation Nr. 1412, Hochschule St.Gallen. Hallstadt: Rosch-Buch.

Goffee 1996: Goffee, Rob. Understanding family businesses: issues for further research. In: *International Journal of Entrepreneurial Behaviour & Research.* Jg. 2, Nr. 1. S. 36-48.

Goleman, Boyatzis, McKee 2003 (2002): Goleman, Daniel; Boyatzis, Richard; McKee, Annie. *Emotionale Führung.* Berlin: Ullstein. Originalausgabe: Primal Leadership. Realizing the Power of Emotional Intelligence. Boston: Harvard Business School Press, 2002.

Goleman 2002: Goleman, Daniel. *Emotionale Intelligenz.* 15. Auflage. München: Deutscher Taschenbuchverlag. Originalausgabe: Emotional Intelligence. Why it can matter more than IQ. New York: Bantam Books, 1995.

Goleman 1998: Goleman, Daniel. What Makes a Leader? In: *Harvard Business Review.* November-December. S. 93-102.

Golla, Halter, Fueglistaller u.a. 2006: Golla, Stephan; Halter, Frank; Fueglistaller, Urs; Klandt, Heinz. *Gründungsneigung Studierender – Eine empirische Analyse in Deutschland und der Schweiz.* In: Achleitner, Klandt, Koch, u.a. (Hrsg.) 2006. S. 209-237.

Gomez, Zimmermann 1997: Gomez, Peter; Zimmermann, Tim. *Unternehmensorganisation. Profile, Dynamik, Methodik.* 3. Auflage. Frankfurt am Main: Campus.

Gómez-Garcia 2003: Gómez-Garcia, Pedro. *La antropologia compleja de Edgar Morin: Homo Complexus.* Granada: Editorial de Universidad de Granada. Gefunden am 30.06.2007 unter http://www.primeravistalibros.com/fichaLibro.jsp?idLibro=1511.

Gordon 1990: Gordon, Steven L.: Social Structural Effects on Emotions. In: Kemper T. (Hrsg.). *Research Agendas in the Sociology of Emotions.* Albany: State University of New York Press.

Graumann, Mètraux, Schneider 1995: Graumann, Carl F.; Mètraux, Alexandre; Schneider, Gert. *Ansätze des Sinnverstehens.* In: Flick, von Kardorff, Keupp u.a. (Hrsg.) 1995. S. 67-77.

Grochla 1974: Grochla, Erwin. Systemtheoretisch-kybernetische Modellbildung betrieblicher Systeme. In: *Zeitschrift für betriebswirtschaftliche Forschung.* Sonderheft Nr. 3, 1974. S. 11-22.

Gross 1994: Gross, Peter. *Die Multioptionsgesellschaft.* Frankfurt am Main: Suhrkamp.

Gross 1972: Gross, Peter. *Reflexion, Spontaneität und Integration. Zur Diskussion soziologischer Handlungstheorien, Problemata.* Stuttgart: Friedrich Frommann Verlag.

Grünholz 2005: Grünholz, Andreas. KMU verkaufen bzw. kaufen: Es sind immer auch Emotionen im Spiel. In: *Der Organisator.* Jg. 86, Nr. 11. S.10-12.

Gudmundson, Hartman, Tower 1999: Gudmundson, Donald; Hartman, E. Alan; Tower, C. Burk. Strategic Orientation: Differences between Family and Nonfamily Firms. In: *Family Business Review.* Jg. 12, Nr. 1. S. 27-39.

Gumin, Meier (Hrsg.) 2003: Gumin, Heinz; Heinrich, Meier (Hrsg.). *Einführung in den Konstruktivismus.* 7. Auflage. München: Piper, 2003.

Gurtner, Giger 2004: Gurtner, Peter; Giger, Ernst. Unzulässige Erbenholdingbesteuerung - massive Ausweitung der indirekten Teilliquidationstheorie. In: *Steuer Revue.* Jg. 58, Nr. 10. S.658-667.

Haas 2002: Haas, Bettina. *Der Patriarch, die Familie, die Firma und der Konflikt. Eine Falldarstellung.* In: Simon (Hrsg.) 2002. S. 74-114.

Habbershon, Williams, MacMillan 2003: Habbershon, Timothy G.; Williams, Mary; MacMillan, Ian C. A unified systems perspective of family firm performance. In: *Journal of Business Venturing*. Jg. 18, 2003. S. 451-465.

Habbershon, Williams 1999: Habbershon, Timothy G.; Williams, Mary L. A Resource-Based Framework for Assessing the Strategic Advantages for Family Firms. In: *Family Business Review*. Jg. 12, Nr. 1, 1999. S. 1-25.

Haberman, Danes 2007: Haberman, Heather; Danes, Sharon M. Father-Daughter and Father-Son Family Business Management Transfer Comparison: Family FIRO Model Application. In: *Family Business Review*. Jg. XX, Nr. 2. S. 163-184.

Habig, Berninghaus 2003 (1998): Habig, Helmut; Berninghaus, Jochen. *Die Nachfolge in Familienuntenrehmen ganzheitlich regeln.* Berlin, Heidelberg: Springer.

Hacking 1999: Hacking, Ian. *Was heißt soziale Konstruktion? Zur Konjunktur einer Kampfvokabel in den Wissenschaften*. Aus dem Amerikanischen von Joachim Schulte. Frankfurt am Main: Fischer 1999. (Original: The Social Construction of What? Cambridge, Massachusetts: Harvard University Press 1999).

Haenecke 2002: Haeneke, Henrik. Erfolgsfaktorenforschung. In: *Zeitschrift für Betriebswirtschaft*. Jg. 72, Nr. 2. S. 165-183.

Hahn 1987: Hahn, Alois. *Identität und Selbstthematisierung*. In: Hahn, Kapp (Hrsg.) 1987. S. 9-24.

Hahn, Kapp (Hrsg.) 1987: Hahn, Alois; Kapp, Volker. *Selbstthematisierung und Selbstzeugnis: Bekenntnis und Geständnis*. 1. Auflage. Frankfurt am Main: Suhrkamp.

Hall 2005: Hall, Annika. *Beyond the Legal: Psychologial Ownership and Responsibility in the Family Business.* FBN-IFERA Annual World Research Forum. September 14-15, EHSAL Brussels.

Hall, Nordqvist, Melin 2005: Hall, Annika; Nordqvist, Mattias; Melin, Leif. *Qualitative Research in Family Business Studies: The Usefulenss of the Interpretative Approach*. FBN-IFERA Annual World Research Forum. September 14-15, EHSAL Brussels.

Halter, Baldegger, Zellweger 2007: Halter, Frank; Baldegger, Rico; Zellweger, Thomas. *Creation ou Succession? La Motivation des étudiants né dans une entreprise familialle*. Arbeitspapier für spätere Journalpublikation.

Halter, Frey, Zellweger 2005: Halter, Frank; Frey, Urs; Zellweger, Thomas. *The Socialisation's Impact from Family Business on Youths Personality and Career Choice Motives*. Konferenzbeitrag, FBN-IFERA Annual World Research Forum. September 14-15, EHSAL Brussels.

Halter 2003: Halter, Frank. Kreditvergabe und Bankenrating in der Schweiz. In: *Zeitschrift für Klein- und Mittelunternehmen. Internationales Gewerbearchiv.* Jg. 51, Nr. 2, 2003. S. 95-107.

Hammer, Hinterhuber 1993: Hammer, Richard M.; Hinterhuber, Hans H. Die Sicherung der Kontinuität von Familienunternehmungen als Problem der strategischen Unternehmungsführung. In: *Betriebswirtschaft für Forschung und Praxis*. Jg.45, Nr. 3. S. 252-265.

Handler 1994: Handler, Wendy C. Succession in Family Business: A Review of the Research. In: *Family Business Review.* Jg. 7, Nr. 2. S. 133-157.

Handler 1991: Handler, Wendy C. Key interpersonal relationships of next-generation family members in family firms. In: *Journal of Small Business Management*. Jg. 28. S. 21-32.

Handler 1990: Handler, Wendy C. Succession in family firms a mutual role adjustment between entrepreneur and next-generation family members. In: *Entrepreneurship Theory and Practice*. Jg. 15. Autumn. S. 37-51.

Handler 1989: Handler, Wendy C. Methdological issues and considerations in studying family business. In: *Family Buisness Review*. Jg. 2, Nr. 3. 257-276.

Handler, Kram 1988: Handler, Wendy C.; Kram, Kathy E. Succession in Family Firms: The Problem of Resistance. In: *Family Business Review*. Jg. 1, Nr. 4. S. 361-381.

Häring 2005: Häring, Dirk. *Strukturdaten, wirtschaftliche Bedeutung und Zukunftsstrategien baden-württembergischer Familienunternehmen*. Stuttgart-Hohenheim: Hohenheimer Beiträge zur Entrepreneurshipforschung und -praxis, Nr. 15.

Harré, Parrott (Hrsg.) 1996: Harré, Rom; Parrott, W. Gerrod. *The Emotions. Social, cultural and biological Dimensions*. London: Sage Publications.

Harré (Hrsg.) 1986: Harré, Rom. *The social construction of emotions*. Oxford: Blackwell.

Harvey, Evans 1994: Harvey, Michel; Evans, Rodney E. Family Business and Multiple Levels of Conflict. In: *Family Business Review*. Jg. 7, Nr. 4. S. 331-348.

Hegi, Staub (Hrsg.) 2001: Hegi, Roger; Staub, Leo. *Fortsetzung folgt... Unternehmensnachfolgen KMU erfolgreich gestalten*. Zürich: Versus Verlag.

Hegi 2001: Hegi, Roger. *Menschlich-psychologische Aspekte*. In: Hegi, Staub (Hrsg.) 2001. S. 21-25.

Heidegger 2007: Heidegger, Martin. *Zur Sache des Denkens*. Frankfurt am Main: Klostermann.

Heinrichs, Ditzen, Ehlert o.J.: Heinrichs, Markus; Ditzen, Beate; Ehlert, Ulrike. *Psychosoziale und biologische Faktoren der Stressprotektion in der partnerschaftlichen Interaktion*. Arbeitspapier. Psychologisches Institut der Universität Zürich.

Heintel, Broer 2004: Heintel, Peter; Broer, Kurt. Welche Gehirnforschung für die Familientherapie? In: *Familiendynamik*. Jg. 29, Nr. 4, 2004. S. 309-328.

Hejl 2000: Hejl, Peter M. *Das Ende der Eindeutigkeit. Einladung zum erkennntistheoretischen Konstruktivismus*. In: Stahl, Hejl (Hrsg.) 2000. S. 33-64.

Helbling 2000: Die Nachfolgeregelung in Familienunternehmen. In: *Helbling Management Letter*. Sommer 2000.S.1-30.

Hennerkes 2004: Hennerkes, Brun-Hagen. Unternehmensnachfolge - Chance und Risiko. In: *Zeitschrift Führung und Organisation*. Jg. 73, Nr. 5. S.266-269.

Hennerkes 2002: Hennerekes, Brun-Hagen. Anforderungen an die Bank aus der Sicht von Familienunternehmen. In: *Zeitschrift für das gesamte Kreditwesen*. Jg. 10, S. 460-463.

Hennerkes 1998: Hennerkes, Brun-Hagen. *Familienunternehmen sichern und optimieren*. Frankfurt/Main: Campus.

Hengstmann 1935: Hengstmann, David. *Die Familiengesellschaft*. Berlin, zitiert in von Moos 2003, S. 15.

Hentze, Kammel 1996: Hentze, Joachim; Kammel, Andreas. Benötigen Organisationen charismatische Führung? In: *Zeitschrift Führung und Organisation*. Jg. 65, Nr. 2. S. 68-72.

Hermanns 1995: Hermanns, Harry. *Narrative Interviews*. In: Flick, von Kardorff, Keupp u.a. (Hrsg.) 1995. S. 182-185.

Hermann 1987: Hermann, Hanno. *Fünf Aufsätze zur modernen Soziologie und Sozialpsychologie*. Regensburg: S. Roderer Verlag.

Herzberg 1968: Herzberg, Frederick. One more time: how do you motivat employees? In: *Harvard Business Review*. Jg. 46, Nr. 1. S. 53-62.

Hildenbrand 2002: Hildenbrand, Bruno. *Familienbetriebe als „Familien eigner Art“*. In: Simon 2002. S. 116-144.

Hilti 1991: Hilti, Michael. Langfristige Planung der Nachfolge. In: Droege & Comp.: *Zukunftssicherung durch strategische Unternehmensführung - Perspektiven mittelständischer Unternehmen für die 90er Jahre.* S.511-518.

Hinterhuber, Minrath 1991: Hinterhuber, Hans; Minrath, Reiner. Der Beirat einer mittelständischen Familienunternehmung – ein Beitrag aus unternehmerischer Sicht. In: *Betriebswirtschaft für Forschung und Praxis*. Nr. 5. S. 460-481.

Hochschild 1975: Hochschild, Arlie. The Sociology of Feelings and Emotions. In: *Another Voice.* Edited by M. Millman and R. Moss Kanter. Garden City. N.Y. Doubleday. S. 280-307.

Hochschild 1979: Hochschild, Arlie Russel. Emotion Work, Feeling Rules and Social Structure. In: *American Journal of Sociology*. Nr. 85. S. 551-575.

Hochschild 1990 (1983): Hochschild, Arlie Russel. *Das gekaufte Herz. Zur Kommerzialisierung der Gefühle*. Frankfurt a.M. Original: The managed heart: Commercialization of human feelings. Berkeley: University of California Press.

Hoffman Hennessy 1992: Hoffman Hennessy, Lynn. *Für eine reflexive Kultur der Familientherapie*. In: Schweitzer, Retzer, Fischer (Hrsg.) 1992. S. 16-39.

Holland, Quinn 1987: Holland, Dorothy; Quinn, Naomi. *Cultural models in language and thought*. Cambridge: Cambridge University Press.

Holliday, Letherby 1993: Holliday, Ruth; Letherby, Gayle. Happy Families or Poor Relations? An exploration of Familial Analogies in the Small Firm. In: *International Small Business Journal*. Jg. 11, Nr. 2. S. 54-63.

Holenstein 2004: Holenstein, Daniel. Indirekte Teilliquidation - Besteuerung der tatsächlichen Substanzentnahme. In: *Steuer Revue*. Jg. 58. Nr. 11. S. 718-722.

Hopf 1995: Hopf, Christel. *Qualitative Interviews in der Sozialforschung. Ein Überblick*. In: Flick, von Kardorff, Keupp u.a. (Hrsg.) 1995. S. 177-182.

Hosking, Dachler, Gergen (Hrsg.) 1995: Hosking, Dian-Marie; Dachler; Hans-Peter; Gergen, Kenneth J. (Hrsg.): *Management and Organisation: Relational Alternatives to Individualism*. Aldershop: Avebury.

Howorth, Assaraf Ali 2001: Howorth, Carole; Assaraf, Ali Zahra. Family Business Succession in Portugal: An Examination of Case Studies in the Furniture Industry. In: *Family Business Review*. Jg. 14, Nr. 3. S. 231-244.

Hoy, Verser 1994: Hoy, Frank; Verser, Trudy G. Emerging Business, Emerging Field: Entrepreneurship and the Family Firm. In: *Entrepreneurship Theory and Practice*. Jg. 18, Fall, 1994. S. 9-23.

Hugron 1991: Hugron, Pierre. *L'entreprise familiale. Modèle de réussite du processus successoral*. Montréal, Institut des recherches politiques et Presses HEC, XVII-155.

Hüther 2004: Hüther, Gerald. Die Macht der inneren Bilder: wie Visionen das Gehirn, den Menschen und die Welt verändert. Göttingen: Vandenhoeck & Ruprecht.

Hüther 2001: Hüther, Gerald. Bedienungsanleitung für ein menschliches Gehirn. Göttingen: Vandenhoeck und Ruprecht.

Ibrahim, Soufani, Poutziouris et al. 2003: Ibrahim, A: Bakr; Soufani, Khaled; Poutziouris, Panikkos et.al. *Qualities of an Effective Successor: An Empirical Investigation*. In: Poutziouris, Steier 2003.

Ip, Jacobs 2006: Ip, Barry; Jacobs, Gabriel. Business succession planning: a review of the evidence. In: *Journal of Small Businenss and Enterprise Developmment*. Jg. 13, Nr. 3. 2006. S. 326-350.

Janjuha-Jivray, Woods 2002: Janjuha-Jivray, Shaheena; Woods, Adrian. Successional Issues within Asian Family Firms. In: *International Small Business Journal*. Jg. 20 Nr. 1, S. 77-94.

Janisch 1992: Janisch, Monika. *Das Strategische Anspruchsgruppenmanagement. Vom Shareholder Value zum Stakeholder Value*. Disseration Nr. 1332, Hochschule St.Gallen. Bamberg: Difo-Druck GmbH.

Jensen, Meckling 1976: Jensen, Michael C.; Meckling, William H. Theory of the Firm: Managerial behavior, Agency costs, and Ownership Structure. In: *Journal of Financial Ecomomics*. Nr. 3. S. 305-360.

Jorissen, Laveren, Martens u.a. 2005: Jorissen, Ann; Laveren, Eddy; Martens, Rudy; Reheul, Anne-Mie. Real Versus Sample-Based Differences in Comparative Family Business Research. In: *Family Business Review*. Jg. 18, Nr. 3. S. 229-246.

Julien 1998: Julien, Pierre-André. *The State of the Art in Small Business and Entrepreneurship*. Aldershot: Ashgate 1998.

Jüttemann (Hrsg.) 1995 (1989): Jüttemann, Gerd. *Qualitative Forschung in der Psychologie. Grundfragen, Verfahrensweisen, Anwendungsfelder*. Weinheim, Basel. S. 227-256 (S. 227-258).

Kailer, Weiss 2005: Kailer, Norbert; Weiss, Gerold. *Unternehmensnachfolge in kleinen und mittleren Familienunternehmen in Österreich – Hemmende und fördernde Faktoren, Unterstützungsbedarfe und Gestaltungsmöglichkeiten*. In: Schauer, Reinert; Kailer, Norbert; Feldbauer-Durstmüller, Birgit (Hrsg.). S. 9-116.

Kailer 2003: Kailer, Norbert. Unterstützung von Familienunternehmen: Problembereiche, Bedarfslage und Ansatzpunkte zur Erhöhung von Effizienz und Effektivität von Fördermaßnahmen. In: *Zeitschrift für KMU und Entrepreneurship*. Jg. 51, Nr.3. S.182-195.

Kambly 1990: Kambly, Oswald. Unabhängigkeit durch Einheit von Führung und Kapital. In: Gottlieb Duttweiler Institut für wirtschaftliche und soziale Studien (Hrsg.). *Zukunft für Familienunternehmen?* Rüschlikon: Gottlieb Duttweiler Institut.

Kant 1983 [1798]: Kant, Immanuel. *Anthropologie in pragmatischer Hinsicht*. Stuttgart. zitiert in Krell, Weiskopf 2001, S. 7.

Kao 1992: Kao, Raymond W.Y. *Small business management*. 3. Auflage. Toronto: Dryden.

Katila 2002: Katila, Saija. *Emotions and the moral order of farm business in Finland*. In: Fletscher 2002. S. 180-191.

Kauranen 1994: Kauranen, Ilkka. Charakterzüge der Unternehmerpersönlichkeit im alltäglichen persönlichen Verhalten. In: *Zeitschrift für Klein- und Mittelunternehmen. Internationales Gewerbearchiv*. Jg. 42, Nr. 4. S. 217-231.

Kayser, Wallau 2002: Kayser, Gunter; Wallau, Frank. Industrial Family Business in Germany - Situation and Future. In: *Family Business Review*. Jg. 15, Nr. 2. S. 111-115.

Keltner, Haidt 2001: Keltner, Dacher; Haidt, Jonathan. Social functions of emotions. In: Mayne, Tracey J.; Bonanno, George A. (Hrsg.). *Emotions: Current issues and future direction*. New York: Guilford Press. S. 192-213.

Keltner, Gross 1999: Keltner, Dacher; Gross, James J. Functional Accounts of Emotions. In: *Cognition and Emotion*. Jg. 13, Nr. 5. 1999. S. 467-480.

Kemper 1981: Kemper, Theodor D. Social Constructionist and Positivist Approaches to the Sociology of Emotions. In: *American Journal of Sociology*. Jg. 87. S. 336-362, zitiert in Gergen 1994.

Kemper 1978: Kemper, Theodor D. *A Social Interactional Theory of Emotions*. New York, zitiert in Gerhards 1988.

Kepner 1983: Kepner Elaine. The family and the firm: a coevolutionary perspective. In: *Organizational Dynamics*. Jg.12. Summer. S. 57-70.

Kets de Vries 1999: Kets de Vries, Manfred F.R. What´s playing in the organizational theatre? Colusive relationships in management. In: *Human Relations*. Jg. 52, S. 745-773.

Kets de Vries 1996: Kets de Vries, Manfred F.R. *Family Business: Human Dilemmas in the Family Firm*. London, Boston: Thomson Business Press.

Kets de Vries 1993: Kets de Vries, Manfred F.R. The dynamics of family controlled firms: the good and the bad news. In: *Organizatinal Dynamics*. Jg. 21. S. 59-71.

Keupp 1993: Keupp, Heiner (Hrsg.). Zugänge zum Subjekt. Perspektiven einer reflexiven Sozialpsychologie. Frankfurt am Main: Suhrkamp.

Kiefer, Eicken 1999: Kiefer, Tina; Eicken, Sabine. Das Erleben der UBS-Fusion. Warum das Ereignis mehr als nur Angst ausgelöst hat. In: *Psychosope*. Nr. 7. S. 9-12.

Kieser, Nicolai 2003: Kieser, Alfred; Nicolai, Alexander. Mit der Theorie die wilde Praxis reiten, vallerie, vallera, valleri? In: *Die Betriebswirtschaft.* Jg. 63, Nr. 5. S. 589-594.

Kieser (Hrsg.) 2002: Kieser, Alfred. *Organisationstheorien*. 5. Auflage. Stuttgart: Kohlhammer.

Kieser 2002a: Kieser, Alfred. *Konstruktivistische Ansätze*. In: Kieser (Hrsg.) 2002. S. 287-318.

Kieser, Kubicek 1978: Kieser, Alfred; Kubicek, Herbert. *Organisationstheorien II. Kritische Analyse neuer sozialwissenschaftlicher Ansätze*. Stuttgart: Verlag W. Kohlhammer.

Kimhi 1997: Kimhi, Ayal. Intergenerational Succession in Small Family Businesses: Borrowing Constraints and Optimal Timing of Succession. In: *Small Business Economics*. Jg. 9. S. 309-318.

Kirchgässner 1992: Kirchgässner, Gebhard. *Wissenschaftstheorie und Wissenschaftsbetrieb: Einige einführende Bemerkungen*. Diskussionspapier Nr. 68, Forschungsgemeinschaft für Nationalökonomie an der Hochschule St. Gallen.

Klein 2007: Klein, Sabine. Family influence on value creation: a resource-based analysis of the value creation process in family firms. In: International Journal of Entrepreneurship and Small Business. Jg. 4, Nr. 2. S. 110-121.

Klein, Astrachan, Smyrnios 2005: Klein, Sabine B.; Astrachan, Joseph H.; Smyrnios, Kosmas X. The F-PEC Scale of Family Influence: Construction, Validation, and Further Implication for Theory. In: Entrepreneurship Theory and Practice. Jg. 29, Nr. 3. S. 321-339.

Klein 2005: Klein, Sabine. Beiräte in Familienunternehmen – Zwischen Beratung und Kontrolle. In: *Zeitschrift für KMU und Entrepreneurship*. Jg. 53, Nr. 3. S. 185-207.

Klein 2004: Klein, Sabine B. *Familienunternehmen: theoretische und empirische Grundlagen*. 2. Auflage. Wiesbaden: Gabler, 2000.

Klein 2003: Klein, Sabine B.. *Familienunternehmen in Deutschland: Bedeutung und Struktur 1995 und 2000 im Vergleich*. Arbeitspapier.

Klein 2000a: Klein, Sabine B. Family Businesses in Germany: significance and structure. In: *Family Business Review*. Jg. 13, Nr. 3. S. 157-181.

Klein 2000b: Klein, Sabine B. *Familienunternehmen: theoretische und empirische Grundlagen*. Wiesbaden, Gabler, 2000.

Kleining 1995: Kleining, Gerhard. *Methodologie und Geschichte qualitativer Sozialforschung*. In: Flick, von Kardorff, Keupp u.a. (Hrsg.) 1995. S. 11-22.

Klughardt 1991: Klughardt, Bernd. Chancen und Gefährdungen für das individuelle Familienmitglied in Familienunternehmen. In: *Hernsteiner*. Jg. 3, Nr. 3. S. 11-13.

Kneer, Nassehi 2000: Kneer, Georg; Nassehi, Armin. Niklas Luhmanns Theorie sozialer Systeme. 4. unveränderte Auflage. Münschen: Fink.

Knobel 2007: Knobel, Hans R. Nachfolge in Familienunternehmen und „Was mache ich nachher?". In: Schweizer Arbeitgeber, September 2007, S. 12-14.

Knobel, Schumacher 2005: Knobel, Hans R.; Schumacher, Bruno. So gelingt der Generationenwechsel. In: *io Management Zeitschrift*. Jg.74. Nr.1-2. S. 61-65.

Kommission der Europäischen Gemeinschaft 2003: *Empfehlung der Kommission betreffend die Definition der Kleinstunternehmen sowie der kleinen und mittleren Unternehmen*. Brüssel, den 6. Mai.

Kogelheide 1992: Kogelheide, Bettina. *Entwicklung realer Organisationsstrukturen. Eine lebenszyklus-orientierte Analyse*. Wiesbaden: Gabler.

Köhler (Hrsg.) 1977: Köhler, Richard. *Empirische und handlungstheoretische Forschungskonzeptionen in der Betriebswirtschaftslehre*. Stuttgart: Poeschel.

Kolvereid 1996a: Kolvereid, Lars. Organizational employment versus self-employment: Reasons for career choice intentions. In: *Entrepreneurship Theory and Practice*. Jg. 20, Nr. 3. S. 23-31.

Kolvereid 1996b: Kolvereid, Lars. Predictions of Employment Status Choice Intentions. In: *Entreprenership Theory and Practice*. S. 47-57.

Korunka, Frank, Becker 1993: Korunka, Christian; Frank, Hermann; Becker, Peter. Persönlichkeitseigenschaften von Unternehmensgründern. In: *Zeitschrift für Klein- und Mittelunternehmen. Internationales Gewerbearchiv*. Jg. 41, Nr. 3. S. 169-188.

Kotey 1995: Kotey, Bernice. Planning, enterprise performance and Owner/Manager Personal Values. In: *Journal of Enterprising Culture*. Vol. 3, No. 4. S. 409-426.

Kowall, O'Connel 2002: Kowall, Sabine; O'Connel, Daniel C. *Zur Transkription von Gesprächen*. In: Flick, Kardoff, Steinke (Hrsg.) 2002. S. 437-447.

KPMG 2002: *Nachfolgeplanung*. Zürich: KPMG. S.1-61.

Krell, Weiskopf 2001: Krell, Gertraude; Weiskopf, Richard. *Leidenschaften als Organisationsproblem*. In: Schreyögg, Sydow 2001. S. 1-45.

Kropfberger, Mödritscher 2002: Kropfberger, Dietrich; Mödritscher, Gernot. Der Generationenwechsel als Herausforderung in der Entwicklung von Familienunternehmen. In: *MER Ravija za management in razvoj*. Jg. 4, Nr. 2. S. 108-114.

Kromery 2000: Kromery, Helmut. *Empirische Sozialforschung*. 9. Auflage. Opladen: Leske und Budrich.

Krüger 2006: Krüger, Wolfgang. *Generationswechsel in Familienunternehmen – zwischen familiärer Gerechtigkeit und nachhaltiger Unternehmensentwicklung*. In: Böllhoff, Krüger, Berni (Hrsg.) 2006. S. 237-250.

Kubicek 1977: Kubicek, Herbert. *Heuristische Bezugsrahmen und heuristisch angelegte Forschungsdesigns als Elemente einer Konstruktionsstrategie empirischer Forschung*. In: Köhler (Hrsg.) 1977. S. 3-36.

Kuhn 1977: Kuhn, Thomas S. *Die Entstehung des Neuen*. Frankfurt: Suhrkamp.

Kunz 2004a: Kunz, Thomas. Das Holdingprivileg: Auseinandersetzung mit steuerlichen Sonderfragen: Teil 1. In: *Steuer Revue*. Jg. 58, Nr.10. S. 718-722.

Kunz 2004b: Kunz, Thomas. Das Holdingprivileg: Auseinandersetzung mit steuerlichen Sonderfragen: Teil 2. In: *Steuer Revue*. Jg. 58, Nr. 11. S. 724-741.

Laired, Apostoleris 1996: Laired, James D.; Apostoleris, Nicholas H. *Emotional Self-control and Self-perception: Feelings are the Solution, not the Problem*. In: Harré, Parrott (Hrsg.) 1996. S. 285-301.

Lamnek 2005: Lamnek, Siegfried. *Qualitative Sozialforschung*. 4., vollständig überarbeitete Auflage. Weinheim, Basel: Beltz Verlag.

Lang-von Wins 2004: Lang-von Wins, Thomas. *Der Unternehmer. Arbeits- und organisationspsychologische Grundlagen*. Berlin: Springer.

Lansberg, Astrachan 1994: Lansberg, Ivan; Astrachan, Joseph H. Influence of family Relationships on Succession Planning and Training: the Importance of Mediating Factors. In: *Family Business Review*. Jg. 7, Nr. 1. S. 39-59.

Lansberg1988: Lansberg, Ivan. The Succession Conspiracy. In: *Family Business Review*. Jg. 1, Nr. 2. S. 119-143.

Lansberg 1983: Lansberg, Ivan. Managing human resources in family firms: The problem of institutional overlap. In: *Organizational Dynamics*. Jg. 12, Nr. 1. S. 39-46.

Larochelle, Bednarz, Garrison 1998: Larochelle, Marie; Bednarz, Nadine; Garrison, Jim. *Constructivism and education*. Cambridge, New York, Melbourne: Cambridge University Press.

L-Bank, 2002: *Generationenwechsel in Baden-Württemberg. Zum richtigen Zeitpunkt den richtigen Nachfolger ins Spiel bringen*. L-Bank Baden-Württemberg (Hrsg.).

Leach 1991: Leach, Peter. *The Family Business*. London: Kogan Page.

Leaptrott 2005: Leaptrott, John. An Institutional Theory View of the Family Business. In: *Family Business Review*. Jg. 18, Nr. 3. S. 215-228.

Le Breton-Miller, Miller, Steier 2004: Le Breton-Miller, Isabelle; Miller, Danny; Steier, Lloyd P. Toward an integrative model of effective FOB succession. In: *Entrepreneurship Theory and Practice*. Jg. 28, Nr.4. S.305 - 328.

Lee, Rogoff 1996: Lee, Myung-Soo; Rogoff, Edward G. Research Note: Comparison of Small Businesses with Family Participation versus Small Businesses without Family Participation: An Investigation of Differences in Goals, Attitudes, and Family Business Conflict. In: *Family Business Review*. Jg. 9, Nr. 4. S. 423-437.

Leihner 1977: Leihner, Emil. Unternehmermotivation – Unternehmerziele – Unternehmungspolitik. In: *Zeitschrift für Klein- und Mittelunternehmen. Internationales Gewerbearchiv*. Jg. 25, Nr. 3. S. 129-145.

LeMar 2001: Le Mar, Bernd. *Generations- und Führungswechsel im Familienunternehmen. Mit Gefühl und Kalkül den Wandel gestalten*. Berlin, Heidelberg: Springer.

Lengwiler 2005: Lengwiler, Martin. *Probleme anwendungsorientierter Forschung in den Sozialwissenschaften am Beispiel der Ausgründung "choice"*. WZB-discussion paper. SP III 2005-101. Berlin: Wissenschaftszentrum Berlin für Sozialforschung.

Letmathe, Hill 2006: Letmathe, Peter; Hill, Martin. Strukturbrüche der Unternehmensnachfolge. In: *Zeitschrift für Betriebswirtschaft*. Jg. 76. Nr. 11. S. 1113-1138.

Liebermann 2003: Liebermann, Fritz. *Unternehmensnachfolge. Eine betriebswirtschaftliche Herausforderung mit volkswirtschaftlicher Bedeutung. Bestandesaufnahme für den Kanton Zürich*. AWA-Schriftenreihe, Nr. 3. Zürich: Amt für Wirtschaft und Arbeit.

Litz, Kleyson 2001: Litz, Reginald A.; Kleysen, Robert F. Your Old Men Shall dream Dreams, Your Young Men shall see Visions: Toward a Theory of Family Firm Innovation with Help from the Brubeck Family. In: *Family Business Review*. Jg. 14, Nr. 4. S. 335-352.

Litz 1997: Litz, Reginald A. The Family Firm's Exclusion from Business School Research: Explaining the Void; Addressing the Opportunity. In: *Entrepreneurship Theory and Practice*. Jg. 22, Nr. 1. S. 55-71.

Litz 1995: Litz, Reginald A. The Family Business: Towards definitional clarity. In: *Family Business Review*. Jg. 8, Nr. 2. S. 71-81.

Loitelsberger, Wagner 2003: Loitelsberger, Erich; Wagner Udo. Zum Selbstverständnis der Betriebswirtschaftslehre als normative Wissenschaft. In: *Journal für Betriebswirtschaftslehre*. Nr. 4. S. 128-147.

Loosen, Scholl, Woelke 2002: Loosen, Wiebke; Scholl, Armin; Woelke, Jens. *Systemtheorietische und konstruktivistische Methodologie*. In: Scholl (Hrsg.) 2002. S. 37-65.

Low, MacMillan 1988: Low, Murray B.; MacMillan, Ian C. Entrepreneurship: Past Research and future Challenges. In: *Journal of Management*. Jg. 14, Nr. 2. S. 139-161.

Löwe 1979: Löwe, Claus. *Die Familienunternehmung – Zukunftssicherung durch Führung*. Dissertation Nr. 727, Hochschule St. Gallen. Darmstadt: copy shop.

Luckmann 1980: Luckmann, Thomas. Aspekte einer Theorie der Sozialkommunikation. In: Luckmann (Hrsg.). *Lebenswelt und Gesellschaft: Grundstrukturen und geschichtliche Wandlung*. Paderborn: Schöningh. S. 93-121.

Luhmann 1987: Luhmann, Niklas. *Die Autopoiesis des Bewusstseins*. In: Kahn, Kapp (Hrsg.). S. 25-94.

Luhmann 1984: Luhmann, Niklas. *Soziale Systeme. Grundlagen einer allgemeinen Theorie*. Frankfurt am Main: Suhrkamp.

Lundberg 1994: Lundberg, Creig C. Unraveling communications among family members. In: *Family Business Review*. Jg. 7, Nr. 1. S. 29-37.

Lyman 1991: Lyman, Amy R. Customer service: does family ownership make a difference? In: *Family Business Review*. Jg. 4, Nr. 3; S. 303-324.

Mandl 2005: Mandl, Irene. Geschäftsübergaben und -nachfolgen in Österreich. In: *Zeitschrift für KMU und Entrepreneurship* (ZfKE). Jg. 53, Nr.2. S.110-132.

Mandl, Spada (Hrsg.) 1988: Mandl, Heinz; Spada, Hans. Wissenspsychologie. München: Psychologie Verlags Union.

Marshack 1994. Marshack, Kathy J. Copreneurs and Dual-Career Couples: Are they different? In: *Entrepreneurship Theory and Practice*. Jg. 19, Nr. 1. S. 49-69.

Martin 2000: Martin, Chris. *SME Ownership and Management Change: A business continuity and development perspective*. Workshop Paper. Small Business and Enterprise Conference. Manchester. April 2000. S. 1-23.

Maturana 1982: Maturana, Humberto R. *Erkennen: die Organisation und Verkörperung von Wirklichkeit*. Braunschweig: Vieweg.

Maturana, Varela 1987: Maturana, Humberto R.; Varela, Francisco. *Der Baum der Erkenntnis*. Bern: Schwerz.

Maturana, Varela 1980: Maturana, Humberto R.; Varela, Francisco. *Autopoiesis and Cognition*. Dordrecht: Reidel.

Mayring 2000: Mayring, Philipp. Qualitative Inhaltsanalyse. In: *Form Qualitativer Sozialfoschung (online-Journal)*. Volume 1, Nr. 2, Juni 2000 (abgerufen am 27.04.2007).

Mayring 1995: Mayring, Philipp. *Qualitative Inhaltsanalyse*. In: Flick, von Kardorff, Keupp u.a. (Hrsg.). S. 209-213.

Mayring 1988: Mayring, Philipp. *Qualitative Inhaltsanalyse: Grundlagen und Techniken*. Weinheim: Deutscher Studien Verlag.

McCann, Hammond, Keyt et.al. 2004: McCann, Greg; Hammond, Clark; Keyt, Andrew; Schrank, Holly; Fujiuchi, Kimberly. A View from Afar: Rethinking the Directors's Role in University-Based Family Business Programs. In: *Family Business Review*. Jg. 17, Nr. 3. S. 203-219.

McCrey, Costa 1987: McCrey, Rober R., Costa, Paul T. Validation of the five-factor model of personality across instruments and observers. In: *Journal of Personality and Social Psychology*, volume 52, pp. 586-595.

Mead 1973: Mead, Georg Herbert. *Geist, Identität und Gesellschaft*. Frankfurt am Main: Suhrkamp.

Meijaard, Uhlaner, Flören u.a. 2005: Meijaard, Joris; Uhlaner Lorraine; Flören, Roberto u.a. *The relationship between successor and planning characteristics and the success of business transfer in Dutch SMEs*. Zoetermeer: EIM Business & Policy Research.

Metzger 2001: Metzger, Jutta A. Arbeit und Familie – Individualisierung im Quadrat. Grenzverschiebung zwischen Arbeits- und Familienleben. In: *Familiendynamik*. Jg. 26, Nr. 3. S. 212-225.

Mildenberger 2001. Mildenberger, Udo. Systemische Kompetenzen und deren Einfluss auf das Kompetenzentwicklungspotenzial in Produktionsnetzwerken. In: *Zeitschrift für betriebswirtschaftliche Forschung*. Jg. 53, November. S. 705-722.

Miller, Steier, Le Breton-Miller 2003: Miller, Danny; Steier, Lloyd; Le Breton-Miller, Isabelle. Lost in time: intergenerational succession, change, and failure in family business. In: *Journal of Business Venturing*. Jg. 18. S. 513-531.

Moran 1998: Moran, Paul. Personality Characteristics and Growth-orientation of the Small Business Owner-manager. In: *International Small Business Journal*. Jg. 16, Nr. 3. S. 17-38.

Morgan, Smircich 1980: Morgan, Gareth; Smircich, Linda. The Case for Qualitative Research. In: *Academy of Management Review*. Jg. 5, Nr. 4. S. 491-500.

Morris, Williams, Allen u.a. 1997: Morris, Michael H.; Williams, Roy O.; Allen, Jeffrey A.; Avila, Ramon A. Correlates of Sucess in Family Business Transitions. In: *Journal of Business Venturing*. Jg. 12, Nr. 5. S. 385-401.

Morris, Williams, Nel 1996: Morris, Michael H.; Williams, Roy W.; Nel, Deon. Factors influencing family business succession. In: *International Journal of Entrepreneurial Behaviour & Research*. Jg. 2, Nr. 3. S.68-81.

von Moos 2003: von Moos, André. *Familienunternehmen erfolgreich führen: Corporate Governance als Herausforderung*. Zürich: Verlag Neue Zürcher Zeitung.

von Moos 2002: von Moos, André. Good Governance in familiengeführen Unternehmen (1). In: *Schweizer Arbeitgeber*. Nr. 5. S. 188-191.

Mugler 2003 (2005): Mugler, Josef. *Sichtweisen (in) der Betriebswirtschaftslehre*. In: Rössl (Hrsg.) 2003, S. 1-23 (1-31).

Mugler 1998: Mugler, Josef. *Betriebswirtschaftslehre der Klein- und Mittelbetriebe*. Band 1. 3., überarbeitete Auflage. Wien: Springer.

Mühlebach 2004: Mühlebach, Corinne. *Familyness als Wettbewerbsvorteil. Ein integrierter Strategieansatz für Familienunternehmen*. Bern, Stuttgart, Wien: Haupt.

Müller-Harju 2002: Müller-Harju, Dieter. *Generationswechsel im Familienunternehmen. Mit Emotionen und Konflikten konstruktiv umgehen*. Wiesbaden: Gabler.

Müller-Merbach 1992: Müller-Merbach, Heiner. Vier Arten von Systemansätzen, dargestellt in Lehrgesprächen. In: *Zeitschrift für Betriebswirtschaft*. Jg. 62, Nr. 8. S. 853-876.

Müller-Tiberini 2001: Müller-Tiberini, Franziska. *Wenn Familie den Laden schmeisst. Modelle zur Führung von Familienunternehmen*. Zürich: Orell Füssli.

Muske, Fitzgerald 2006: Muske, Glenn; Fitzgerald, Margaret A. A Panel Study of Copreneurs in Business: Who Enters, Continues, and Exits? In: *Family Business Review*, Jg. 14, Nr. 3. S. 193-205.

Mustakallio, Autio, Zahra 2002: Mustakallio, Mikko; Autio, Erkko; Zahra, Shaker A. Relational and Contractual Governance in Family Firms: Effects on Strategic Decision Making. In: *Family Business Review*. Jg. 15, Nr. 3. S. 205-222.

Nägeli 2004: Nägeli, Max. *Arbeitsplatzverluste - eine Folge vernachlässigter Unternehmensübertragungen?* Winterthur: Schweizerische Vereinigung für Unternehmensnachfolge für KMU.

Nentwich 2004: Nentwich, Julia. *Die Gleichzeitigkeit von Differenz und Gleichheit. Neue Wege für die Gleichstellungsarbeit.* Königstein, Taunus: Ulrike Helmer Verlag.

Netzhammer 2004: Netzhammer, Veronika. Familienunternehmen. In: *Bericht und Empfehlungen der Enquetekommission „Situation und Chancen der mittelständischen Unternehmen, insbesondere der Familienunternehmen, in Baden-Württemberg.* Landtag von Baden-Württemberg. Drucksache 12/5800, 2004. S. 57-70.

Neubauer, Lank 1998: Neubauer, Herbert; Lank, Alden G. *The Family Business: Its Governance for Sustainability.* Macmillan Press.

Neubauer 1992: Neubauer, Herbert. *Unternehmensnachfolge im Familienunternehmen.* Konferenzbeitrag Rencontres de St-Gall, Re 2.

Nordqvist 1993: Nordqvist, Matthias. *Strategizing and The Role of Onwership. A Study of Family Firms.* In: Astrachan, Smyrnios 2003. S. 39-67.

Norman 1963: Norman, Warren T. Toward an adequate taxonomy of personality attributes: Replicated factors structure in peer nomination personality ratings. In: *Journal of Abnormal Social Psychology. Jg.* 66, pp. 574-583.

Oechsler, Wagner 1976: Oechsler, Walter A.; Wagner, Bernd. *Der konflikttheoretische Ansatz in der Betriebswirtschaftslehre. Zur theoretischen und praktischen Relevanz von Konflikten in Rahmen einer problemorientierten BWL.* In: Ulrich (Hrsg.) 1976, S. 93-105.

Olson 1988: Olson, David H. The circumplex model of family systems VIII: Family assessment and intervention. In: Olson, Russell, Sprenkle (Hrsg.) 1988a.

Olson, David; Russell, Candyce; Sprenkle, Douglas H. (Hrsg.) 1988a: *The circumplex model: Systematic assessment and treatment of families.* New York: Haworth.

Ortony, Clore, Collins 1988: Ortony, Andrew; Clore, Gerald L.; Collins, Allan. *The Cognitive Structure of Emotions.* Cambridge: Cambridge University Press.

Ostendorp, Nentwich 2004: Ostendorp, Anja; Nentwich, Julia. *Im Wettbewerb um „Familienfreundlichkeit": Konstruktionen familienfreundlicher Wirklichkeiten zwischen gleichstellerischen Idealen und pragmatischer Machbarkeit.* Arbeitspapier. St.Gallen: Lehrstuhl für Organisationspsychologie, Universität St.Gallen.

Ostendorp, Nentwich, Resch, Dachler 2003: Ostendorp, Anja; Nentwich, Julia; Resch, Dörte; Dachler, Peter. *„Family Friendliness" in Organisationen. Eine diskursanalytische Untersuchung zu verschiedenen Verdständnissen und Konsequenzen von „Familienfreundlichkeit".* Opsy Working Paper No. 2. St.Gallen: Lehrstuhl für Organisationspsychologie an der Universität St.Gallen.

Osterloh, Frost 2003: Osterloh, Margit; Frost, Jetta. Mit welcher Landkarte würden Sie reisen? In: *Die Betriebswirtschaft.* Jg. 63, Nr. 5. S. 594-599.

Oswald, Wimmer 1998: Oswald, Margit; Wimmer, Rudolf. Familienunternehmen – Auslaufmodell oder Erfolgstyp? In: *Hernsteiner.* Nr. 2. S. 6-10.

Parkinson 1996: Parkinson, Brian. Emotions are social. In: *British Journal of Psychology.* Jg. 87. S. 663-683.

Parkinson, Manstead 1993: Parkinson, Brian; Manstead, A.S.R. Making sense of emotions in stories and social life. In: *Cognition and Emotion.* Jg. 7, S. 295-323.

Peräkylä 2005: Peräkylä, Anssi. *Analyzing Talk and Text.* In: Denzing, Lincon (Hrsg.) 2005. S. 869-886.

Pentzlin 1976: Pentzlin, Kurt. *Die Zukunft des Familienunternehmens - Erfolgreich von Generation zu Generation.* Düsseldorf: Econ.

Pfohl (Hrsg.) 1997a: Pfohl, Hans-Christian (Hrsg.). *Betriebswirtschaftslehre der Mittel- und Kleinbetriebe - Grössenspezifische Probleme und Möglichkeiten zu ihrer Lösung*. 3. und überarbeitete Auflage. Berlin: Erich Schmidt.

Pfohl 1997b: Pfohl, Hans-Christian. *Abgrenzung der Klein- und Mittelbetriebe von Grossbetrieben*. In: Pfohl (Hrsg.) 1997a. S. 1-25.

Pichler, Bornett 2005: Pichler, Hanns J.; Bornett, Walter. *Wirtschaftliche Bedeutung der kleinen und mittleren Untenrehmen (KMU) in Österreich*. In: Schauer, Kailer, Feldbauer-Durstmüller (Hrsg.) 2005. S. 117-150.

Pichler 2002: Pichler, Hanns J. Übernahmepotenziale von KMU und Familienbetrieben - Ein aktuelles Szenario für Österreich. In: *MER Journal für Management und Entwicklung*. Nr. 4. S.124-133.

Pichler, Pleitner, Schmidt 2000: Pichler, Hanns J.; Pleitner, Hans-Jobst; Schmidt, Karl-Heinz. *Management in KMU. Die Führung von Klein- und Mittelunternehmen*. 3., überarbeitete und erweiterte Auflage. Bern: Haupt.

Pieper, Klein 2007: Pieper, Torsten M.; Klein, Sabine B. *The Bulleye – A systems approach to Modeling Family Firms*. In: Family Business Review, Jg. 20, Nr. 4. S. 301-319.

Pierce, Kostova, Dirks 2001: Pierce, John L.; Kostova, Tatiana; Dirks, Kurt T. Toward a theory of psychological ownership in organisations. In: *Academy of Management Review*. Jg. 26, Nr. 2. S 298-310.

Pleitner 1995a: Pleitner, Hans Jobst. *Gewerbe und gewerbliche Betriebe – mittelständische Betriebe – Klein- und Mittelunternehmen*. In: Mugler, Schmidt 1995. S. 17-29.

Plutchik 1984: Plutchik, Robert. *Emotions: A General Psychoevolutionary Theory*. In: Scherer, Ekman (Hrsg.) 1984. S. 197-219.

Plutchik, Kellerman (Hrsg.) 1980: Plutchik, Robert; Kellerman, Henry. *Emotion: Theory, Research, and Experience*. San Diego/London: Academic Press.

Pohlmann 1997: Pohlmann, Andreas. Die Nachfolgeregelung: Wechseljahre. In: *Manager Magazin*. Jg. 26. Nr.11. S.129-134.

Poser 2001: Poser, Hans. *Wissenschaftstheorie. Eine philosophische Einführung*. Stuttgart: Reclam.

Poutziouris, Steier 2003: Poutziouris, Panikkos; Steier, Lloyd P. (Hrsg.). *New Frontiers in Family Business Research. The Leadership Challenge*. Research Forum Proceedings. 14th World Conference FBN September.

Poza, Hanlon, Kishida 2004: Poza, Ernesto J.; Hanlon, Susan; Kishida, Reiko. Does the Family Business Interaction Factor Represent a Resource or a Cost? In: *Family Business Review*. Jg. 17, Nr. 2. S. 119-134.

Poza, Messer 2001: Poza, Ernesto J.; Messer, Tracey. Spousal Leadership and Continuità in the Family Firm. In: *Family Business Review*. Jg. 14, Nr. 1. S. 25-36.

Prince 1990: Prince, Russ A. Family business mediation: A conflict resolution model. In: *Family Business Review*. Jg. 1, Nr. 3. S. 209-223.

Raffeé, Abel (Hrsg.) 1979: Raffée, Hans; Abel, Bodo. *Wissenschaftstheoretische Grundfragen der Wirtschaftswissenschaften*. München: Vahlen.

Reich o.J. Reich, Kersten. *Einführung*. Vgl. http://www.uni-koeln.de/ev-fak/konstrukt/texte/texte_einf_1.html (letzter Zugriff: 30.10.2005).

Reich 2002: Reich, Kersten. *Systemisch-konstruktivistische Pädagogik. Einführung in Grundlagen einer interaktionistisch-konstruktivistischen Pädagogik*. 4., durchgesehene Auflage. Neuwied: Luchterhand 2002.

Reich 1998: Reich, Kersten. *Die Ordnung der Blicke. Band 2: Beziehungen und Lebenswelt*. Neuwied: Luchterhand.

Reid, Dunn, Cromie u.a. 1999a: Reid, Renee; Dunn, Barbara; Cromie, Stan; Adams, John. Family orientation in family firms: A model and some empirical evidence. In: *Journal of Small Business and Enterprise Development*. Jg. 6, Nr. 1. S. 55-67.

Reid, Dunn, Cromie et.al. 1999b: Reid, Renee; Dunn, Barbara; Cromie, Stanley; Adams, John. Familienorientierung oder Geschäftsorientierung in Familienbetrieben. In: *Zeitschrift für Klein- und Mittelunternehmen. Internationales Gewerbearchiv*. Jg. 47, Nr. 3. S. 149-165.

Retzer 2006: Retzer, Arnold. Freundschaft. Der dritte Weg zwischen Liebe und Partnerschaft? In: *Familiendynamik*. Jg. 31, Nr. 2. S. 130-151.

Riehl-Emde 2006: Riehl-Emde, Astrid. Die Liebe zum Thema machen? Vorschläge zur Erweiterung des paartherapeutischen Spektrums. In: *Familiendynamik*. Jg. 31, Nr. 2. S. 111-129.

Rössl 2005: Rössl, Dietmar (Hrsg.). *Die Diplomarbeit in der Betriebswirtschaftslehre. Ein Leitfaden*. 3. und erweiterte Auflage. Wien: Facultas Verlags- und Buchhandels AG.

Rössl 2003: Rössl, Dietmar (Hrsg.). *Die Diplomarbeit in der Betriebswirtschaftslehre. Ein Leitfaden*. 2. Auflage. Wien: Facultas Verlags- und Buchhandels AG.

Rosenbauer 1994: Rosenbauer, Claudia C. *Strategische Erfolgsfaktoren des Familienunternehmens im Rahmen seines Lebenszyklus. Ein eignerorientiertes Konzept zur Steigerung der Lebens- und Entwicklungsfähigkeit des Familienunternehmens*. Dissertation Nr. 1605, Hochschule St. Gallen. Hallstadt: Rosch-Buch.

Rotthaus 1998: Rotthaus, Wilhelm. *Wozu erziehen? Entwurf einer systemischen Erziehung*. Heidelberg: Auer.

Rowe, Hong 2000: Rowe, Barbara R.; Hong, Gong-Soog. The Role of Wives in Family Businesses: The Paid and Unpaid Work of Women. In: *Family Busniess Review*. Jg. 13, Nr. 1. S. 1-13.

Royer, Simons, Boyd u.a. 2008: Royer, Susanne; Simons, Roland; Boyd, Britta; Rafferty, Alannah. Promoting Family: A Contingence Model of Family Business Succession. In: *Family Business Review*. Jg. XXI, Nr. 1. S. 15-30.

Rüegg-Stürm 2002: Rüegg-Stürm, Johannes. *Das neue St. Galler Management-Modell*. Bern: Haupt.

Rüegg-Stürm 2001: Rüegg-Stürm, Johannes. *Organisation und Organisationaler Wandel. Eine theoretische Erkundung aus konstruktivistischer Sicht*. Wiesbaden: Westdeutscher Verlag.

Rüegg-Stürm 1998a: Rüegg-Stürm, Johannes. Neuere Systemtheorie und unternehmerischer Wandel. Skizze einer systemisch-konstruktivistischen "Theory of the Firm". In: *Die Unternehmung*. Jg. 52, Nr. 1. S. 3-17.

Rutherford, Muse, Oswald 2006: Rutherford, Matthew W.; Muse, Lory A.; Oswald, Sharon L. A New Perspective on the Developmental Model for Family Business. In: *Family Business Review*. Jg. 19, Nr. 4. S. 317-333.

Sachs, Hauser 2002: Sachs, Sybille; Hauser, Andrea. *Das ABC der betriebswirtschaftlichen Forschung. Anleitung zum wissenschaftlichen Arbeiten*. Zürich: Versus.

Salovey, Hsee, Mayer 1993: Salovey Peter; Hsee, Christopher K.; Mayer, John D. Emotional Intelligence and the Self-Regulation of Affect. In: D. Wegener, J.W. Pennebaker. *Handbook of mental control*. Englewood Cliffs: Prentice Hall (pp. 258 – 277).

Sander, Rüegg-Stürm, Wyss 2004: Sander, Gudrun; Rüegg-Stürm, Johannes; Wyss, Christina W. *Wissenschaft und Wissenschaftlichkeit*. In: Dubs, Euler, Rüegg-Stürm u.a. (Hrsg.). Band 1, S. 167 – 221.

Salzmann 1998: Salzmann, Wolfgang. *Teilen und erben - Grundzüge des ehelichen Güterrechts und des Erbrechts*. Hrsg.: BDO Visura Treuhand-Gesellschaft und RBA Dienste: Bern. S.1-50.

Sartre 1964: Sartre, Jean Paul. *Entwurf einer Theorie der Emotionen*. In: Sartre: Die Transzendenz des Ego. Reinbek. S. 151-195.

Sartre 1964a: Sartre, Jean Paul. Die Transzendenz des Ego - Drei Essays - Versuch einer Phänomenologischen Beschreibung. Reinbeck: Rowohlt Verlag.

Schäfer 2006: Schäfer, Waldemar. *Die Gesellschafterstruktur von Familienunternehmen – zwischen Familienclan und Beteiligungsgesellschaft*. In: Böllhoff, Krüger, Berni (Hrsg.) 2006.

Schallberger, Venetz 1999: Schallberger, Urs; Venetz, Martin. *Kurzversion des MRS-Inventars von Ostendorf (1990) zur Erfassung der fünf grossen Persönlichkeitsfaktoren*. Bericht aus der Abteilung angewandte Psychologie, Psychologisches Institut der Universität Zürich, Nr. 30, 1999, Zürich.

Schanz 1990: Schanz, Günther. *Die Betriebswirtschaftslehre als Gegenstand kritisch-konstruktiver Betrachtungen*. Stuttgart: Poeschel.

Schanz 1979: Schanz, Günther. *Betriebswirtschaftslehre als Sozialwissenschaft. Eine Einführung*. Stuttgart, Berlin, Köln, Mainz: Verlag W. Kohlhammer.

Schanz 1976: Schanz, Günther. *Verhaltenstheoretische Betriebswirtschaftslehre und soziale Praxis*. In: Ulrich (Hrsg.) 1976. S. 12-32.

Schär 1923: Schär, Friedrich. *Allgemeine Handelsbetriebslehre*. 5., erweiterte Auflage. Leipzig: G.A. Gloeckner.

Schauer, Kailer, Feldbauer-Durstmüller (Hrsg.) 2005:. Schauer, Reinert; Kailer, Norbert; Feldbauer-Durstmüller, Birgit. *Mittelständische Unternehmen. Probleme der Unternehmensnachfolge*. Linz: Trauner Verlag.

Scheele, Groeben 1988: Scheele, Brigitte; Groeben, Norbert. *Dialog-Konsens-Methoden zur Rekonstruktion Subjektiver Theorien*. Tübingen: A. Francke Verlag.

Schefer 2002: Schefer, Karin. *Vielschichtiger Generationenwechsel*. In: UBS Outlook. Nr.3. S. 4-7.

Schein 1983: Schein, Edgar H. The role of the founder in creating organizational culture. In: *Organizational Dynamics*. Summer, S. 13-28.

Schelfsky 1960: Schelfsky, Helmut. *Wandlungen der Deutschen Familie in der Gegenwart*. 4. und unveränderte Auflage. Stuttgart: Ferdinand Enke Verlag.

Scherer 2002: Scherer, Georg. *Kritik der Organisation oder Organisation der Kritik? – Wissenschaftstheoretische Bemerkungen zum kritischen Umgang mit Organisationstheorien*. In: Kieser (Hrsg.) 2002. S. 1-37.

Scherer, Tenne 2001: Scherer, Thomas; Tenne, Heike. Systemisches Modell der Psyche. In: *Familiendynamik*. Jg. 26, Nr. 3. 2001. S. 175-301.

Scherer 1996: Scherer, Klaus R. Emotion. In: Stroebe, W.; Hewstone, G.M.; Stephenson (Hrsg.). *Sozialpsychologie: Eine Einführung*. Berlin: Springer. S. 293-330.

Scherer 1984: Scherer, Klaus R. *On the Nature and Funcion of Emotion: A Component Process Approach*. In: Scherer, Ekman (Hrsg.) 1984. S. 293-317.

Scherer, Ekman (Hrsg.) 1984: Scherer, Klaus R.; Ekman, Paul. *Approches to Emotion*. Hilsdale, New Jersey: Lawrence Erlbaum Associates.

Scherf 2003: Scherf, Olaf. *Komplexität aus systemischer Sicht*. Dissertation Nr. 2786, Universität St. Gallen. Bamberg: Difo-Druck GmbH.

Schlippe, Kellermanns 2008: Schlippe, Arist von; Kellermanns, Franz W. Emotionale Konflikte in Familienunternehmen. In: *Zeitschrift für KMU und Entrepreneurship*, Jg. 56, Nr. 1/2. S. 40-58.

Schmidt-Atzert 1996: Schmidt-Atzert, Lothar. *Lehrbuch der Emotionspsychologie*. Stuttgart, Berlin, Köln: Verlag W. Kohlhammer.

Schmidt (Hrsg.) 1987a: Schmidt, Siegfried J. (Hrsg.). *Der Diskurs des radikalen Konstruktivismus*. Frankfurt am Main: Suhrkamp.

Schmidt 1987b: Schmidt, Siegfried J. *Der Radikale Konstruktivismus: ein neues Paradigma im interdisziplinären Diskurs*. In: Schmidt (Hrsg.) 1987a. S. 11-88.

Schmidt 1975: Schmidt, Günter R. *Autorität in der Erziehung: Erscheinungsformen, Funktionen, Krise, Rechtfertigung*. Freiburg: Herder.

Scholes, Westhead, Burrows 2008: Scholes, Louise; Westhead, Paul; Burrows, Andrew. Family firm succession: the management buy-out and buy-in routes. In: *Journal of Small Business and Enterprise Development*. Jg. 15. Nr. 1. S. 8-30.

Scholl (Hrsg.) 2002: Scholl, Armin. *Systemtheorie und Konstruktivismus in der Kommunikationswissenschaft*. Konstanz: UVK Verlagsgesellschaft.

Schreyögg, Sydow (Hrsg.) 2001: Schreyögg, Georg; Sydow, Jörg. *Emotionen und Management*. Managementforschung 11. Wiesbaden: Gabler.

Schulze, Lubatkin, Dino 2003: Schulze, William S.; Lubatkin, Michael H.; Dino, Richard N. Toward a theory of agency and alturism in family firms. In: *Journal of Business Ventureing*, Jg. 18. S. 473-490.

Schulze, Lubatkin, Dino, Buchholtz 2001: Schulze, William S.; Lubatkin, Michael H.; Dino, Richard N.; Buchholtz, Ann K.. Agency Relationships in Family Firms: Theory and Evidence. In: *Organizations Science*. Jg. 12, Nr. 2. S. 99-116.

Schuppli 2005: Schuppli, Peter. Aufbruch nach dem Rückzug. In: *io Management Zeitschrift*. Jg.74, Nr. 1-2. S.36-40.

Schwaninger 1998: Schwaninger, Markus. *Systemtheorie: eine Einführung für Führungskräfte, Wirtschafts- und Sozialwissenschafter*. 2. Auflage. St.Gallen: Institut für Betriebswirtschaft.

Schwass, Amann, Ward 2004: Schwass, Joachim; Amann, Wolfgang; Ward, John. Die nächste Generation. In: *Zeitschrift Führung und Organisation*. Jg.73, Nr.5. S. 260-265.

Schweitzer, Retzer, Fischer 1992: Schweitzer, Jochen; Retzer, Arnold; Fischer, Hans Rudi. *Systemische Praxis und Postmoderne*. Frankfurt am Main: Suhrkamp.

OR 1999: *Schweizerisches Obligationenrecht*. Ausgabe 1999. Zürich: Orell Füssli.

Sechser 2006: Sechser, Elisabeth. *Familieninterne Betriebsnachfolge*. Wien: kmu-forum verlag.

Seifert 1991: Seifert, Helmut. *Einführung in die Wissenschaftstheorie 2*, Band 2, 9. Auflage. München: Verlag C.H. Beck.

Selchert 1988: Selchert, FriedrichWilhelm. *Einführung in die Betriebswirtschaftslehre: in Übersichtsdarstellung*. München, Wien: Oldenburg.

Servan-Schreiber 2004: Servan-Schreiber, David. *Die neue Medizin der Emotionen. Streß, Angst, Depression: Gesund werden ohne Medikamente*. Aus dem Französischen von Inge Leipold und Ursel Schäfer. München: Verlag Antje Kunstmann GmbH.

Shailer 1994: Shailer, Gregory. Capitalists and Entrepreneurs in Owner-managed Firms. In: *International Small Business Journal*. Jg. 12, Nr. 3. S. 33-41.

Shane, Venkataraman 2000: Shane, Scott; Venkataraman, Sankaran. The Promise of Entrepreneurship as a field of Research. In: *Academy of Management Review*. Jg. 25, Nr. 1. S. 217-226.

Shanker, Astrachen 1996: Shanker, Melissa C.; Astrachan, Joseph H. Mythes and Realities: Family Businesses Contribution to the US Exonomy – A Framework for Assessing Family Business Statistics. In: *Family Business Review*. 1996, Jg. 9, Nr. 2. S. 107-123.

Sharma, Irving 2005: Sharma, Pramodita; Irving, Gregory P.: Four bases of family business successor commitment: antecedents and consequences. In: *Entrepreneurship Theory and Practice*. Jg. 29, Nr. 1. S. 13-33.

Sharma 2004: Sharma, Pramodita. An Overview of the Field of Family Business Studies: Current Status and Directions for the Future. In: *Family Business Review*. Jg. 17, Nr. 1. S. 1-36.

Sharma, Rao 2000: Sharma, Pramodita; Rao, Srinivas A. Successor Attributes in Indian and Canadian Family Firms: A Comparative Study. In: *Family Business Review*. Jg. 13, Nr. 4. S. 313-330.

Sharma, Chrisman, Chua 1997: Sharma, Pramodita; Chrisman, James J.; Chua, Jess H. Strategic Management of the Family Business: Past Research and Future Challenges. In: *Family Business Review*. Jg. 10, Nr. 1. S. 1-35.

Sharma, Chrisman, Chua 1996: Sharma, Pramodita; Chrisman, James J.; Chua, Jess H. *A Review and Annotated Bibliography of Family Business Studies*. Boston: Kluwer Academic Publishers.

Shaver, Wu, Schwartz 1992: Shaver, Phil R.; Wu, Shelley; Schwartz, Judith C. Cross-cultural similarities and differences in emotion and its representation: A prototype approach. In: *Review of personality and social psychology*, zitiert in Parkinson, Brian 1996.

Shott 1979: Shott, Susan. Emotion and Social Life: A Symbolic Interactionist Analysis. In: *American Journal of Sociology*. Jg. 84. S. 1317-1334, zitiert in Flam 2002.

Siebel 1984: Siebel, Wigand (Hrsg.). *Herrschaft und Liebe. Zur Soziologie der Familie*. Berlin: Duncker & Humblot.

Sieben 2001: Sieben, Barbara. *Emotionale Intelligenz – Golemans Erfolgskonstrukt auf dem Prüfstand*. In: Schreyögg, Sydow (Hrsg.) 2001. S. 135-170.

Sieder 2002: Sieder, Reinhard. *Der goldene Käfig*. In: Simon 2002. S. 340-366.

Simmel 1977: Simmel, Georg. Philosophie des Geldes. 7. Auflage. Berlin, zitiert in Gerhards 1988.

Simmel 1922: Simmel, Georg. *Die Religion*. Frankfurt, zitiert in Gerhards 1988.

Simon 2002: Simon, Fritz B. (Hrsg.). *Die Familie des Familienunternehmens. Ein System zwischen Gefühl und Geschäft*. Heidelberg: Carl-Auer-Systeme Verlag.

Simon 2001: Simon, Fritz B. *Radikale Marktwirtschaft. Grundlagen des systemischen Managements*. 4. Auflage. Heidelberg: Carl-Auer-Systeme Verlag.

Simon 1999a: Simon, Fritz B. Organisationen und Familien als soziale Systeme unterschiedlichen Typs. In: Baecker, Dirk; Hutter, Michael. (Hrsg.). *Systemtheorie für Wirtschaft und Unternehmen*. S. 181-200. Opladen: Leske und Budrich.

Simon 1990: Simon, Fritz B. *Meine Psychose, mein Fahrrad und Ich*. Heidelberg: Carl Auer-System-Verlag.

Smyrnios, Vilaseca 2004: Smyrnios, Kosmas X.; Vilaseca, Alvaro. *Family Firms in the Wind of Change*. Doctoral Track Proceedings. 15th World Conference. Kopenhagen 8-11 September 2004.

Soeffner 1993: Soeffner, Hans-Georg. *Verstehende Soziologie und sozialwissenschaftliche Hermeneutik. Die Rekonstruktion der gesellschaftlichen Konstruktion der Wirklichkeit*. Bamberg: Manuskript, zit. nach Ernst 1997.

Solomon, Fernald 1988: Solomon, George T.; Fernald, Lloyd W. Value profiles of male and female entrepreneurs. In: *International Small Business Journal*. Jg. 6, Nr. 3. S. 24-33.

Sonfield, Lussier 2004: Sonfield, Matthew C.; Lussier, Robert N. First-, Second-, and Third-Generation Family Firms: A comparison. In: *Family Business Review*. Jg. 17, Nr. 3. S. 189-202.

Sorenson 2001: Sorenson, Ritch L. Führungsstil und Führungspraxis – Beitrag zum Erfolg in Familie und Betrieb. In: *Zeitschrift für Klein- und Mittelunternehmen* (IGA). Jg. 29, Nr. 4. S. 237-255.

Sorenson 1999: Sorenson, Ritch L. Conflict Management Strategies Used in Successful Family Business. In: *Family Business Review*. Jg. 12, Nr. 2. S. 133-146.

Stahl, Hejl (Hrsg.) 2000: Stahl, Heinz K.; Hejl, Peter M. *Management und Wirklichkeit. Das Konstruieren von Unternehmen, Märkten und Zukünften*. Heidelberg: Carl-Auer-Systeme Verlag.

Stake 2005: Stake, Robert E. *Qualitative Case Studies*. In: Denzin, Lincoln (Hrsg.) 2005. S. 443-466.

St-Cyr, Richer 2005: St-Cyr, Louise; Richer, Francine. La planification du processus de transmission dans les PME québécoises. In: *Revue Internationale P.M.E.*, Jg. 18, Nr. 3-4. S. 54-71.

Steger 2001: Steger, Thomas. *Was Methaphern über Gefühle sagen – Ein neuer Zugang zu Emotionen auf der Managementebene*. In: Schreyögg, Sydow. S. 76-109.

Stegmüller 1986: Stegmüller, Wolfgang. *Rationale Rekonstruktion von Wissenschaft und ihrem Wandel*. Stuttgart: Reclam.

Steinmann, Böhm, Braun u.a. 1976: Steinmann, Horst; Böhm, Hans; Braun, Wolfram u.a. *Betriebswirtschaftslehre und Praxis. Vorüberlegungen auf der Grundlage der konstruktiven Philosophie und Wissenschaftstheorie*. In: Ulrich (Hrsg.) 1976. S. 51-92.

Stiegler (Hrsg.) 1995: Stiegler, Erwin. *Erfolgspotentiale für Klein- und Mittelbetriebe. Festschrift für Walter Sertl zum 65. Geburtstag*. Linz: Trauner Universitätsverlag.

Strobl, Böttger (Hrsg.) 1995: Strobl, Rainer; Böttger, Andreas (Hrsg.). *Wahre Geschichten. Zu Theorie und Praxis qualitativer Interviews: Beiträge zum Workshop Paraphrasieren, Kodieren, Interpretieren im kriminologischen Forschungsinstitut Niedersachsen*. 29. und 30. Juni 1995 in Hannover. Baden-Baden: Nomos Verlagsgesellschaft Baden-Baden.

Tagiuri, Davis 1996: Tagiuri, Renato; Davis, John. Bivalent Attributes of the Family Firm. In: *Family Business Review*. Jg. 9, Nr. 2. S. 199-208.

Terberger 1998: Terberger, Daniel. *Konfliktmanagement in Familienunternehmen. Ein eignerorientiertes Konzept zur professionellen Konfliktbewältigung in Familienunternehmen*. Dissertation Nr. 2133, Universität St.Gallen. Bamberg: Difo-Druck GmbH.

Thommen, Behler 2004: Thommen, Jean-Paul; Behler, Steffen. Vom Gründer zum Manager – Entwicklung von Managementkompetenzen in wachstumsorientierten Start-ups. In: *Zeitschrift für KMU und Entrepreneurship*. Jg. 52, Nr. 3. S. 188-205.

Thommen 1997: Thommen, Jean-Paul. Management-Kompetenz und Unternehmensentwicklung. In: Belak, Kajzer, Mugler u.a. (Hrsg.). *Unternehmensentwicklung und Management*. S. 230-242. Zürich: Versus.

Tokarcyk, Hansen, Green u.a. 2007: Tokarcyk, John; Hansen, Eric; Green, Mark; Down, Jon. A Resourced-based View and Market Orientation Theory Examination of the Role of "Familiness" in Family Business Success. In: *Family Business Review*. Jg. 20, Nr. 1. S. 17-31.

Tomaselli, Melin (Hrsg.) 2004: Tomaselli, Salvatore; Melin, Leif. *Research Forum Proceedings. Family Firms in the Wind of Change.* F.B.N. 15th World Conference, Copenhagen.

Tomkins 1984: Tomkins, Silvan S. *Affect theory.* In: Scherer, Ekman (Hrsg.) 1984.

Trefelik 2002: Trefelik, Rainer. Erfolgsfaktoren für den Generationswechsel in klein- und mittelbetrieblichen Familienunternehmen. In: *MER Journal für Management und Entwicklung.* Nr.4 2002. S.116-123.

Tritt 1992: Tritt, Karin. *Emotionen und ihre soziale Konstruktion. Vorarbeiten zu einem wissenssoziologischen, handlungstheoretischen Zugang zu Emotionen.* Europäische Hochschulschriften. Reihe XXII Soziologie, Band 226. Frankfurt am Main: Peter Lang.

Tubes, Christal 1961: Tubes, Ernest C.; Christal, Raymond E. *Recurring personality factors bases on trait ratings (ASD-TR-61-97).* Lackland Airforce Base: TX Aeronautical Systems Division, Personnel Laboratory.

UBS 2005: *UBS Outlook: Nachfolge im Unternehmen. Eine Herausforderung für Unternehmer, Verwaltungsräte und Familienaktionäre.* Überarbeitet und ergänzt. Zürich: UBS AG.

UBS 2002: *UBS Outlook: Nachfolge im Unternehmen - Eine Herausforderung für Unternehmer, Verwaltungsräte und Familienaktionäre.* Unter: http://www.ubs.com/1/g/ubs_ch/bb_ch/market_information/outlook.html#nachfolge. Letzter Zugriff: am 20.4.2006.

Uebelhart, Arnold 2005: Uebelhart, Peter; Arnold, Reto. Erweiterte indirekte Teilliquidationstheorie erschwert Unternehmensnachfolge - Eine Bestandesaufnahme unter besonderer Berücksichtigung des Entwurfs des Kreisschreibens Nr. 7 der Eidg. Steuerverwaltung. In: *Steuer Revue.* Jg.59. Nr.4. S.274-294.

Ulrich 1981: Ulrich, Hans. Die Betriebswirtschaftslehre als anwendungsorientierte Sozialwissenschaft. In: Geist, Manfred N.; Köhler Richard. (Hrsg.) 1981. *Die Führung des Betriebes.* S. 1-25. Stuttgart: Poeschel, 1981.

Ulrich 1984: Ulrich, Hans. *Management.* Bern: Haupt.

Ulrich (Hrsg.) 1976: Ulrich, Hans. *Zum Praxisbezug der Betriebswirtschaftslehre in wissenschaftstheoretischer Sicht.* Bern: Haupt.

Ulrich, Hill 1979: Ulrich, Peter; Hill, Wilhelm. *Wissenschaftstheoretische Grundlagen der Betriebswirtschaftslehre.* In: Raffée, Abel (Hrsg.) 1979. S. 161-190.

Ulrich, Krieg, Malik 1976: Ulrich, Hans; Krieg, Walter; Malik, Fredmund. *Zum Praxisbezug einer systemorientierten Betriebswirtschaftslehre.* In: Ulrich (Hrsg.) 1976, S. 135-151.

Ulrich 1971: Ulrich, Hans. Der systemorientierte Ansatz in der Betriebswirtschaftslehre. In: *Wissenschaftsprogramm und Ausbildungsziele der Betriebswirtschaftslehre.* Berlin: Duncker und Humblot, 1971.

Van de Kimmenade 2004: Van de Kimmenade, Maarten A.J.M. *Selling a Family Company. Psychological Aspects.* In: Smyrnios, Vilaseca 2004. S. 101-123.

Varela 1979: Varela, Francisco J. *Principles of Biological Autonomy.* New York: North Holland.

Venter, Boshoff, Maas 2005: Venter, Elmarie; Boshoff, Christo; Maas, Gideon J.P. The Influence of Successor-Related Factors on the Succession Process in Small and Medium-Sized Family Businesses. In: *Family Business Review.* Jg. 18, Nr. 4. S. 283-303.

Voithofer 2004: Voithofer, Peter. *Unternehmensnachfolge aus wirtschaftlicher Sicht.* Wien: Referat am Tag des Lateinischen Notariats.

Wallau, Haunschild 2007: Wallau, Frank; Haunschild, Ljuba. *Die volkswirtschaftliche Bedeutung der Familienunternehmen*. Bonn: Institut für Mittelstandsforschung.

Wallner 2002: Wallner, Fritz G. *Culture and Science. A new Constructivistic Approach to Philosophy of Science*. Wien: Wilhelm Braumüller.

Wang, Watkins, Harris, Spicer 2004: Wang, Yong, Watkins, David; Harris, Neil; Spicer, Keith. The relationship between succession issues and business performance. In: *International Journal of Entrepreneurship & Research*. Jg. 10, Nr. 1/2, S. 59-84.

Ward, Dolan 1998: Ward, John; Dolan, Christina. Defining and Describing Family Business Ownership Configurations. In: *Family Business Review*. Jg. 11, Nr. 4. S. 305-310.

Ward 1987 (1988): Ward, John. *Keeping the Family Business Healthy*. San Francisco: Jossey-Bass, 1987.

Wassmann 2002: Wassmann, Claudia. *Die Macht der Emotionen. Wie Gefühle unser Denken und Handeln beeinflussen*. Darmstadt: Primus.

Watson 2003: Watson, John. Failure Rates for Female-Controlled Businesses: Are They Any Different? In: *Journal of Small Business Management*. Jg. 41, Nr. 3. S. 262-277.

Weber o.J.: Weber, Klaus. *Wie Sie Ihr Lebenswerk sichern - zentrale Fragen der Unternehmensnachfolge*. Vortrag UBS Private Banking.

Weber 2005: Weber, Bruno. Wenn der Familienschmuck zum Verkauf steht. In: *io Management Zeitschrift*. Jg.74. Nr.1-2.S.32-35.

Weber 2002: Weber, Stefan. *Konstruktivismus und Non-Dualismus, Systemtheorie und Distinktionstheorie*. In: Scholl (Hrsg.) 2002, S. 21-36.

Weber 1972: Weber, Max. *Wirtschaft und Gesellschaft. Grundriss der Verstehenden Soziologie*. 5. und revidierte Auflage. Studienausgabe. Tübingen: J.C.B. Mohr.

Weibler, Wald 2004: Weibler, Jürgen; Wald, Andreas. 10 Jahre personalwirtschaftliche Forschung – Ökonomische Hegemonie und die Krise einer Disziplin. In: *Die Betriebswirtschaft*. Jg. 64, Heft 3. S. 259-275.

Weingarten u.a. 1976: Weingarten, Elmar. u.a. *Ethnomethodologie. Beiträge zu einer Soziologie des Alltagshandelns*. Frankfurt am Main: Suhrkamp, zitiert in Berger 1994.

Welsch 1991: Welsch Johannes. Family Enterprises in the United Kingdom, the Federal Republic of Germany, and Spain: A Transnational Comparison. In: *Family Business Review*. Jg. 2, S. 191-203.

Welsch, Young 1984: Welsch, Harold; Young, Earl. Male and Female Entrepreneurial Characteristics and Behaviours: A Profile of Similarities and Differences. In: *International Small Business Journal*. Jg. 2, Nr. 4. S. 11-19.

Westhead 2003: Westhead, Paul. Succession Decision-Making outcomes reported by Private Family Companies. In: *International Small Business Journal*. Jg. 21, Nr. 4. S. 369-401.

Westhead, Cowling, Storey 1998: Westhead, Paul; Cowling, Marc; Storey, David J. Familienunternehmen im Vereinigten Königreich – ein Vergleich mit Nicht-Familienunternehmen. In: *Zeitschrift für Klein- und Mittelunternehmen. Internationales Gewerbearchiv*. Jg. 46, Nr. 3. S. 175-192.

Whisler 1988: Whisler, Thomas L. The role of the board in the threshold firm. In: *Family Business Review*. Jg. 1, Nr. 5. S. 143-154.

Whiteside, Brown 1991: Whiteside, Mary F.; Brown, Fredda H. Drawbacks of a Dual Systems Approach to Family Firms: Can We Expand our Thinking. In: *Family Business Review*. Jg. 4, Nr. 4. S. 383-395.

Wiedmann 2002: Wiedmann, Thilo. *Unternehmensnachfolge in einem krisenbedrohten Familienunternehmen mit Berücksichtigung persönlicher Ansprüche der Unternehmer.* Dissertation an der Universität St. Gallen, Nr. 2699. Bamberg: Difo-Druck GmbH.

Williams, Miller 2002: Williams, Garry A.; Miller, Robert B. Change the way you persuade. In: *Harvard Business Review.* May. S. 65-73.

Wimmer, Groth, Simon 2004: Wimmer, Rudolf; Groth, Torsten; Simon, Fritz B. *Erfolgsmuster von Mehrgenerationen-Familienunternehmen.* Wittener Diskussionpapiere. Sonderheft Nr. 2. Universität Witten/Herdecke.

Wimmer, Gebauer 2004: Wimmer, Rudolph; Gebauer, Anette. Die Nachfolge in Familienunternehmen. In: *Zeitschrift für Führung und Organisation* (zfo). Jg. 72, Nr. 5. S. 244-252.

Wimmer, Domayer, Oswald u.a. 1996: Wimmer, Rudolf; Domayer, Ernst; Oswald, Margit; Vater, Gudrun. *Familienunternehmen – Auslaufmodell oder Erfolgstyp?.* Wiesbaden: Gabler Verlag.

Wiener 1948: Wiender, Norbert. *Cybernetics or Control and Communication in the Animal and the Machine.* New York, Cambridge: Pa Press, Viley & Sons, Hermann Editions.

Witzel 1995a (1989): Witzel, Andreas. *Das Problemzentrierte Interview.* In: Jüttemann (Hrsg.) 1995 (1989). S. 227-256 (S. 227-258).

Witzel 1995b: Witzel, Andreas. *Auswertung problemzentrierter Interviews: Grundlagen und Erfahrungen.* In: Strobl, Böttger (Hrsg.) 1995. S. 49-75.

Witzel, 1982: Witzel, Andreas. *Verfahren der qualitativen Sozialforschung. Überblick und Alternativen.* Frankfurt: Campus.

Wohlgemuth 1993: Wohlgemuth, André C. Die Nachfolgeregelung in der Familienunternehmung. In: *Die Unternehmung.* Nr. 1. S. 107-115.

Wohlgenannt 1969: Wohlgenannt, Rudolf. *Was ist Wissenschaft?.* Braunschweig: Vieweg.

Wolff 2003: Wolff, Birgitta. Wie funktioniert praxisrelevante Forschung? Ein Diskussionsbeitrag. In: *Die Betriebswirtschaft.* Jg. 63, Nr. 5. S. 585-589.

Wollheim 2001: Wollheim, Richard. *Emotionen – eine Philosophie der Gefühle.* München: Beck.

Wortman 1994: Wortman, Max. Theoretical Foundations for Family-Owned Business: A Conceptual and Research-Based Paradigm. In: *Family Business Review.* Jg. 7, Nr. 1. S. 3-27.

Yin 1994: Yin, Robert K. *Case study research. Design and Methods.* Thousand Oaks: Sage.

Zahra 2005: Zahra, Shaker A.: Entrepreneurial Risk Taking in Family Firms. In: *Family Business Review.* Jg. 18, Nr. 1. S. 23-40.

Zahra, Sharma 2004: Zahra, Shaker A.; Sharma, Pramodita. Family business research: A strategic reflection. In: *Family Business Review.* Jg. 17, Nr. 4. S. 331-346.

Zapf, Frese 1992: Zapf, D.; Frese Michael. Psychische Gesundheit. In : Gaugler, E., Weber, W. (Hrsg.) 1992. *Handwörterbuch des Personalwesens.* 2. Auflage. Stuttgart: Poeschel.

Zellweger, Halter 2007: Zellweger, Thomas; Halter, Frank. *Create or Succeed? The Impact of personal motives on career choice intentions of students with family business background.* Arbeitspapier für spätere Journalpublikation.

Zellweger 2006: Zellweger, Thomas. *Risk, Return and Value in the Family Firm.* Dissertation Nr. 3188 an der Universtität St. Gallen. Bamberg: Difo-Druck GmbH.

Zimmermann 2006a: Zimmermann, Alexander. *The importance of knowledge transfer for the succession process within family businesses*. Term Paper, Doctoral Seminar: Knowledge, Strategy and Theories of the firm: Prof. Georg von Krogh, Ph.D.

Zürcher Kantonalbank 2005: *Unternehmen Zukunft: Generationenwechsel bei KMU in der Schweiz*. Zürich: Zürcher Kantonalbank.

9 Glossar

Appräsentation	.. kann mit Mitgegenwärtig-Machen oder Mitvergegenwärtigung umschrieben werden. Dies bedeutet, dass mittels Vorstellungskraft auch optisch Unsichtbares dem Sichtbaren zugesprochen wird.
Autopoiesis	.. kann als Selbststeuerung, Selbstorganisation oder Selbsterhaltung umschreiben werden. Entsprechend verstehen Matruan und Varela unter autopoietischen Systemen sich selbsterzeugende und selbsterhaltende Einheiten. Sie bestehen aus einem rekursiven Netzwerk interagierender Komponenten derart, dass die Komponenten durch ihre Interkationen wiederum dasselbe Netzwerk produzieren. Das System ist dabei organisational geschlossen und damit autonom - materiell und energetisch jedoch offen. Durch die Umwelt sind autopoietische Systeme folglich nicht determinierbar, aber irritierbar.
Beobachtung 1. Ordnung	.. betrachtet die Auswirkungen, die mit bestimmten gewählten Unterscheidungen für die entstehende Welt verbunden sind. Der Beobachter 1. Ordnung beobachtet die ‚Welt', also das ‚Was' einer Unterscheidung.
Beobachtung 1. Ordnung	.. betrachtet, da die Wahl von Unterscheidungen auch anders hätte getroffen werden können, die Auswirkungen der getroffenen Wahl. Der Beobachter 2. Ordnung beobachtet das Beobachten, als das ‚Wie' einer Unterscheidung.
Emergenz	.. bezeichnet das Auftreten einer zusätzlich neuen Ordnungsebene, deren Eigenschaften nicht aus den Eigenschaften des materiellen und energetischen Unterbaus erklärt werden können. Es handelt sich deshalb um die Fähigkeit von komplexen Systemen, durch das Zusammenspiel von aufeinander bezogenen Komponenten etwas enstehen zu lassen, das mehr als als die Summe dieser Teile ist.
Informationen (Exformation)	Unterscheidungen, die einen Unterschied machen können, stellen für den Beobachter die relevante Information dar, wohingegen Unterscheidungen, die für ihn aller Voraussicht nach keinen Unterschied bedeuten, als nicht beachtenswerte Exformation vernachlässigt werden.
Komplexe Systeme	.. charakterisieren sich über deren emergente Eigenschaft (vgl. dazu Emergenz weiter oben). Ein System ist komplex, wenn es mehr als einen Zustand annehmen kann. Komplexität meint die Gesamtheit der möglichen Zustände.
Kybernetik	.. ist die Lehre vom Verhältnis von Kontrolleur und Kontrol-

	lierten und untersucht Rückkoppelungseffekte von Prozessen und auf diese Prozesse.
Paradoxie	.. kann als scheinbarerer oder tatsächlich unauflösbarer, unerwarteter Widerspruch verstanden weren.
prosodische Merkmale	.. sind spezifische sprachliche Merkmale wie beispielsweise Akzent oder Intonation der Sprache.
Psychische Systeme	.. sind autopoietische Systeme, deren nicht weiter auflösbare Letzt-einheiten Gedanken bzw. Vorstellungen sind. Die Bewusstseinselemente haben Ereignischarakter, d.h. sie sind nur von kurzer, momentaner Dauer.
System	.. kann als Ganzheit einer Menge von Elementen (= Komponenten) und deren Relationen zueinander umschrieben werden.
Soziales System	.. kann als Ganzheit einer Menge von Elementen, die soziale Elemente sind, nämlich soziale Handlungen (i.A. Luhmann) verstanden werden. Damit ist ein Sinnzusammenhang von aufeinander verweisenden sozialen Handlungen gemeint, der sich von einer Umwelt abgrenzt.
Strukturelle Koppelung	.. bezeichnet eine spezifische Beziehung zwischen zwei Systemen. Strukturell gekoppelte Systeme sind aufeinander angewiesen - insofern sind sie nicht autark - aber zugleich operieren sie autonom, sie bilden also füreinander jeweils eine Umwelt.
Viabilität	.. ist ein Gütekriterium und stammt aus dem radikalen Konstruktivismus und lässt sich auf Ernst von Glasesrfeld zurückführen. Eine Erkenntnis ist viabel, wenn diese zunächst gangbar, passend, brauchbar oder funktional ist.

10 Anhang

Anhang I: Quantitative Bedeutung der Unternehmensnachfolge[788]

In der nachfolgenden Tabelle wurden bestehende empirische Studien zusammengetragen, um die quantitative Bedeutung der Unternehmensnachfolge mit Fokus auf den deutschsprachigen Raum zu erfassen und darzustellen. Die Schwierigkeit liegt dabei in der Vergleichbarkeit der verschiedenen Studien. Einerseits wurden unterschiedliche Zeiträume erfasst, was Umrechnungen auf ein Durchschnittsjahr erforderte. Andererseits ist dahingehend Vorsicht geboten, als dass nicht immer das ganze Unternehmensspektrum oder das ganze Land erfasst worden sind. Entsprechende Zusatzinformationen sind in den Fußnoten entsprechend vermerkt. In Ergänzung zum deutschsprachigen Raum wurden vereinzelt auch andere europäische und außereuropäische Zahlen aufgenommen.

Land	Anzahl der Übertragungen pro Jahr	In % aller Unternehmen	Anzahl der pro Jahr betroffenen Arbeitsplätze	Quelle
Deutschland (GER)	71'000		900'000	Voithofer 2004
Deutschland (GER)	36'000		138'000	DIHK 2007, vgl. 7)
Deutschland (GER)		2.2 - 3 %		L-Bank 2002; Kailer, Weiß 2005, S. 19, vgl. 6)
Deutschland (GER)	80'000			Weber o.J. , vgl. 8)
Deutschland (GER)	64'000			German Wealth Report 2000, vgl. 9)
Deutschland (GER)	70'400		678'000	Freund, Kayser 2004, zitiert in Krüger 2006, vgl. 10)
Deutschland (GER)	71'000			Wimmer, Gebauer 2004, S. 244, vgl. 11)
Deutschland (GER)	71'400			Kailer, Weiss 2005, S. 16, i.A. IfM Bonn 2004
Österreich (AUT)	(2002) 5'200 (2004) 5'730		44'000	Kailer, Weiss, S. 19, vgl. 15)
Österreich (AUT)	5'150		44'000	Pichler, Bornet 2005, vgl. 14)
Österreich (AUT)	5'600	2.8 %	45'000	Voithofer 2004
Österreich (AUT)	57300	4.6 %		Voithofer 2004, vgl. 4)
Österreich (AUT)		2.5 %		Pichler 2002 => 12)
Österreich (AUT)	10'280	5 %	72'000 – 86'000	Chini 2004, S. 272, vgl. 13)
Liechtenstein		7.7%		Baldegger, Pock 2007, S. 7
Schweiz (SUI)		3.7 %	90'000	Fueglistaller 2006; Frey, Halter, Zellweger 2005, vgl. 1)
Schweiz (SUI)	10'000	3-4 %	80'000	Liebermann 2003, S. 1 und 5, vgl. 2)
Schweiz (SUI)	9'-12'000	3-4 %		UBS 2002, S. 8, vgl. 3)
Frankreich (FRA)	43'160		162'000	Voithofer 2004
Italien (ITA)	66'000	4 %	220'000	Voithofer 2004

[788] In der Tabelle sind sowohl wissenschaftliche als auch praktische Beiträge berücksichtigt worden.

Dänemark (DAN)	10'000	3-4 %	34'000	Voithofer 2004
Holland (NED)	20'000	3 %		Voithofer 2004
Holland (NED)	18'000	3 %		Van de Kimmenade 2004, S. 106, vgl. 5)
Finnland (FIN)	8'900	4 %		Voithofer 2004
Europäische Union		3 %		Mandl 2005, S. 110f.
Europäische Union	610'000	3.3 %	2'400'000	Europäische Kommission 2003, S. 5
CAN		8.2 %		Koffi. Lorrain 2005, S. 75, vgl. 16)
USA		7.8 %		Iff

1) Grundlage ist eine eigene Erhebung – Schätzungen für 5 Jahre zwischen 2005 und 2009: 18.5% und 450'000 Arbeitsplätze.
2) Schätzung beruht auf Zahlen aus dem Jahr 1995. Ausgangspunkt für die Berechnung waren Schätzungen für einen Zeitraum von 5 Jahren.
3) Schätzung für 5 Jahre
4) Zeitrum 2004-2013; Minus 5'800 die aus betriebswirtschaftlichen Gründen nicht können. Fokussiert auf KMU und gewerbliche Wirtschaft.
5) Ausgangslage ist Hochrechnung für den Zeitraum von 5 Jahren
6) Studienergebnisse für Baden-Württemberg. Diese entsprechen 9'000-12'000 Unternehmen in Baden-Württemberg pro Jahr.
7) Datenerhebung Ende 2006. Hochrechnung basierend auf 1'100 auswertbaren Fragebögen.
8) Weber zitiert eine Studie des Bundesministeriums für Wirtschaft und Technologie.
9) Basiert auf einer Hochrechnung bezogen auf Mittelstandunternehmen im Zeitraum 1999 – 2004.
10) Berechnung basierend auf einer Darstellung über die Auslöser für Unternehmensnachfolgen
11) Zahl wird in Hennerkes, B-H: 1998 zitiert.
12) Hier handelt es sich um eine Schätzung für die gewerbliche Wirtschaft, wobei im Zeitrum 1998-2007 eine Nachfolgequote von ¼ aller Betrieb geschätzt wird, mit 360 – 430'000 Arbeitsplätzen. Da nur ein Teilausschnitt aus der Unternehmenslandschaft betrachtet wird, kann keine Aussage für Gesamtösterreich getroffen werden.
13) Er stützt sich auf Schätzungen für den Zeitraum 2002 – 2007 für Betriebe der gewerblichen Wirtschaft und damit nur einen Teilausschnitt aus der Unternehmenslandschaft.
14) Fokus auf mittelständische Betriebe für den Zeitraum 2004-2013.
15) i.A. an Forschung Austria 2002 und 2004: Hochrechnungen für die Dekade 2001-2010
16) Hier wurde nach dem Wunsch des Rücktritts binnen 5 Jahren gefragt. Die Autoren zitieren eine Studie von Bruce Picard 2005.
17) Facts-sheet des iff, i.A. an American Family Business Survey 2003 des Raymond Institute.

Anhang II: Bedeutung der Übertragungsformen[789]

Land	Familienintern	MBO	MBI	Verkauf an Dritte	IPO	Schließen	andere	Wissen es noch nicht	Quelle
	Angaben in Prozent								
Deutschland (GER)	79.4			18.8		1.8			DIHK 2007, vgl. a)
Deutschland (GER)	43.8	10.2	16.5	21.1		8.3			Freund, Kayser 2004
Deutschland (GER)	74.0 51.0	9.0 6.0		17.0 43.0					Realisiert Geplant, L-Bank 2002, S. 12
Deutschland (GER)	64.0 43.0								Rheinland-Pfalz und Westdeutschland. Albach 2002, S. 166
Deutschland (GER)				26.3					German Wealth Report 2000, vgl. b)
Deutschland (GER)	42.0	28.0		22.0		7.5			IfM Bonn 1999, zit. in Kailer, Weiss 2005, S. 19
Deutschland (GER)	53.0	15.0		32.0	6.0		8.0		Martin 2000, S. 4, vgl. c)
Österreich (AUT)	60.0								Pichler, Bornett 2005, S. 148
Schweiz (SUI)	63.0 57.9	16.6 17.0	14.4 5.0	1.0 26.3	0.0 0.4				Realisiert Geplant, Frey, Halter, Zellweger 2005, S. 16 e)
Schweiz (SUI)	53.0	23.0	10.0	14.0					Zürcher Kantonalbank 2005
Schweiz (SUI)	40	14		46					Bergamin 1995, S. 4
Frankreich (FRA)	20.0	12.0		61.0	10.0		18.0		Martin 2000, S. 4, vgl. c)
England (GBR)	18.0	24.0		57.0	12.0		10.0		Martin 2000, S. 4, vgl. c)
Holland (NED)	31.0				22.0			25.0	Van de Kommenade 2104, S. 106, vgl. d)
European Union	38.0	16.0		46.0	7.0		12.0		Martin 2000, S. 4, vgl. c)

a) Familienintern wurden Eigentums- und Führungsübertragung (57.9%) und Eigentumsübertragung mit Fremdmanagement (21.5%) addiert.

b) Eigene Berechnung, Quelle bezieht sich auf Mittelstand.

c) Mehrfachnennungen waren offenbar möglich. Unter Verkauf wurden auch Veräußerungen an Private Equity subsumiert.

d) i.A. an Kersten 2001 - leider kann aus dem Text nicht eruiert werden, wo die restlichen Prozentpunkte angesiedelt sind.

e) Mehrfachnennungen waren möglich.

789 In der Tabelle sind sowohl wissenschaftliche als auch praktische Beiträge berücksichtigt worden.

Anhang III: Überblick einzelner Prozessphasen-Modelle

Legende: W steht für Beiträge aus der Wissenschaft, P für Beiträge aus der Praxis

Autor	W/P	Phasen	Kriterium
Cadieux 2005, S. 33f.; Cadieux, Lorrain, Hugron 2002, S 121f.	W	• Initiierung (l'initiation) • Integration (l'intégration) • Gemeinsame Herrschaft (le règne conjoint) • Desengagement respektive Austritt (le désengagement)	=> Vier-Phasen
Davis, Harveston 1998, S. 32	W	• Identifizierung; • Bestimmung; • Bekanntmachung des Nachfolgers bei zentralen Machtinhabern durch den Übergeber oder andere höhere Autoritäten	=> Drei Elemente des Planungsprozesses
Churchill, Hatten 1987, zitiert in Handler 1994, S. 135	W	*Vier Phasen:* • Reifung des Veränderungswunschs beim Übergeber • Training und Entwicklung des Nachfolgers • Partnerschaft zwischen beiden Generationen • Stabsübergabe	*Lebenszyklusansatz*: => Übergeber und Nachfolger => Vier Phasen
Longenecker, Schoen 1978, zitiert in Handler 1994, S. 135	W	Sieben Phasen: • Vorunternehmensphase: Nachfolger ist sich passiv einigen Fakten des Unternehmen bewusst • The introductory stage, where the successor may be exposed by family members to jargon and organization members although he or she has not worked even on a part-time basis in the business • The introductory-functional stage, where the successor works as a part-time employee • The functional stage, where the successor enters the orgnization as a full-time member • The advanced functional stage, where the successor assumes managerial responsibilities; • The early succession stage, where the successor assumes the presidency • The mature succession, where the successor becomes the 'de factor leader' of the organization. => Erste 3 Phasen ideal bis Junior 24-jährig	*Vater-Sohn-Nachfolge* Sicht Nachfolger
Schwass, Amann, Ward 2004, S. 260	W	• Siebenphasen-Modell • Vision für die Unternehmensnachfolge • Vorbereitung der richtigen Einstellung • Eintritt in das Unternehmen • Entwicklung von Führungsqualitäten • Auswahl der nächsten Generation • Übergabe des Unternehmens • Vorbereitung der nächsten Generation	=> sieben Phasen

Hugron 1991	W	• Phases d'incubation et du rène conjoint • Phase due choix du successeur • Phase de désengagemnt du prédécesseur • (+ Phase der Strategieformulierung durch den Nachfolger)	=> drei plus eine Phase
St.Cyr, Richer 2005	W	• Differenzierung nach Führungsverantwortung und Eigentumsübertragung (S. 55) • Beide Bereiche wieder in vier Unteretappen aufgeteilt (incubation, Wahl des Nachfolgers; gemeinsame Zeit; Rückzug des Übergebers	
Le Breton-Miller, Miller, Steier 2004, S. 206	W	• Vorbereitung und Festlegung der wichtigsten Regeln • Erziehung, Aufbau und Entwicklung des Nachfolgers • Auswahl des Nachfolgers • Umsetzungsphase, Übertragung der Unternehmensführung • Übertragung des Eigentums	Der gesamte Prozess ist in Kontextvariablen eingefasst
Lambrecht 2005, S. 276	W	• Interpreneurship • Studies • Formal iternal education • External experience • Official start in the family business; on the bottom of the ladder and freedom for and by the successor(s) • Written plan and agreement • Family Business	Aufbau eines Nachfolgers
Sechser 2006, S. 56f.	W/P	• Zyklus I: Eigentümer-Managementphase • Zyklus II: Anlern- und Entwicklungsphase • Zyklus III: Vater-Sohn-Partnerschaftsphase • Zyklus IV: Machtübergabephase.	
Aargauische Kantonalbank 2007, S. 7	P	• Unternehmensnachfolge in sieben Schritten • Situationsanalyse (Situationsbericht / Projektofferte) • Lösungsmöglichkeiten erarbeiten (Nachfolgeszenarien) • Lösungmöglichkeiten beurteilen (Nutzwertanalyse; Entscheid) • Nachfolger- bzw. Käufersuche (Angebote von Kaufinteressierten) • Verhandlungen (Einigung über Eckpunkte) • Verträge (Vertragsabschluss – signing) • Umsetzung (Vertragserfüllung - Closing; Schlussbericht)	=> sieben Phasen => sehr gut umschrieben
Credit Suisse 2007	P	• Initialisierung • Optionen • Vorbereitung von Beteiligten und Unternehmen • Überleitung: vom Chef zum Coach • Umsetzung und Abschluss	

Weber 2005, S. 33	P	• Verkaufsvorbereitung: Ziele festlegen, Analysen durchführen und Verkaufsstrategie festlegen • Kontaktaufnahmen: Kaufinteressenten identifizieren und Kontakt aufnehmen i.e.S. • Verhandlung durchführen und abschließen.	Verkaufsprozess
Hilti 1991, S. 515	P	• Planungsphase • Entscheidungsphase	

Anhang IV: Interviewverzeichnis

Das nachstehende Verzeichnis zeigt, wer mit wem wann und wo gesprochen hat. Aus Vertraulichkeitsgründen wurden die Namen der Interviewpartner abgeändert und der Ortsname des Interviews nicht angegeben.

Fall-Nr.	Tätigkeiten	Interviewleiter/in
Fallstudie A	• 16.11.2006: Kurztelefon mit Hr. Baumann, telefonische Terminvereinbarung • 04.12.2006: Interview mit Hr. Baumann, an seinem Arbeitsort, von 15.00 – 17.00 Uhr. • 11.12.2006: Kurztelefon mit Fr. Baumann, telefonische Terminvereinbarung • 19.12.2006: Interview mit Fr. Baumann, zu Hause im Privathaus, von 09.00 – 11.00 Uhr	Nora Spiller Nora Spiller Nora Spiller Nora Spiller
Fallstudie B	• 20.11.2006: Kurztelefon mit Hr. Dormann, telefonische Terminvereinbahrung • 27.11.2006: Interview mit Hr. Dormann, an seinem Arbeitsort, von 13:30 – 15.30 Uhr • 28.11.2006: Kurztelefon mit Fr. Dormann, telefonische Terminvereinbarung • 14.12.2006: Interview mit Fr. Dormann, zu Hause im Privathaus, von 14:00 – 16.00 Uhr	Nora Spiller Nora Spiller Nora Spiller Nora Spiller
Fallstudie C	• 30.11.2006: Erstkontakt mit Albert Clasen, telefonische Terminvereinbarung • 07.12.2006: Interview mit Albert Clasen, 13.30 – 15.30 Uhr am Wohn- und Arbeitsort • 13.12.2006: Interview mit Claudia Clasen, 09.00 – 11.00 Uhr, am Wohnort	Nora Spiller Nora Spiller und Frank Halter Nora Spiller

Anhang V: Interviewleitfaden für Telefoninterviews

Einleitung
Vorstellung des Projekts mit dem Kernziel: Erkennen der zentralen Herausforderungen im Nachfolgeprozess Ziel: Wir wollen ein System entwickeln, das anderen Unternehmern mögliche Schwierigkeiten im Nachfolgeprozess frühzeitig aufzeigt. Nebenziel: Erkenntnisse fließen zu Teilen in eine Masterarbeit und in eine Dissertation ein. Vertraulichkeit: Das Interview sowie die Auswertung davon werden streng vertraulich gehandhabt, die Daten werden in anonymisierter Form weiterbearbeitet.
Basisinformationen: Dieses Interview werden wir ja über den Nachfolgeprozess führen. Damit wir uns besser darauf vorbereiten können, wären wir Ihnen dankbar, wenn wir einige Hintergrundinformationen von ihnen erhalten könnten. Wir stellen Ihnen deshalb die folgenden Fragen:
In welcher Industrie waren sie tätig und wie viele Mitarbeiter beschäftigten Sie? Welche Übertragungsform wählten Sie? Wurde das Unternehmen verkauft? War es ein MBO oder ein MBI oder wurde es familienintern weitergegeben? Etc.? Wie sah die Unternehmensstruktur aus? Hatten sie ein Unternehmen welches verkauft wurde, oder waren es zwei oder mehrere miteinander verbundene Unternehmen? Wie lange besteht ihr Unternehmen bereits? Wie und in welcher Form sind Sie in das Unternehmen hineingekommen? Welche Generation vertreten sie?
Genogramm / Stammbaum: Können Sie uns ihre familiäre Situation schildern?
Damit ein guter Einstieg in die Nachfolgethematik im Interview erfolgen kann, sind wir dankbar für Informationen zu Ihrer Familie. Stellen Sie sich vor, sie würden einen Stammbaum aufzeichnen, wie würde ein solcher aussehen? Können Sie uns die Namen und deren verwandtschaftliche Beziehung zu Ihnen (Tochter, Sohn etc.) erläutern? Inkl. ob verheiratet, verwitwet etc? Können Sie uns das Geburtsjahr und allfällige Todesjahr ihrer Familienmitglieder nennen? Waren bzw. sind Personen aus ihrer Familie in Ihrem Unternehmen tätig? Wenn ja, wie sah deren Tätigkeit aus? In welcher Position waren diese Personen tätig? Wie sah zudem deren Beteiligung am Unternehmen aus? Bzw. hatten sie überhaupt eine Beteiligung in finanzieller Hinsicht am Unternehmen? Hat sich bei diesen Personen etwas verändert in ihrer (Arbeits-) Tätigkeit durch die Nachfolge?

Organigramm: Um ein noch klareres Verständnis von Ihrem übergegebenen Unternehmen zu erhalten, wären wir sehr dankbar für Informationen über die Organisationsstruktur ihres Unternehmens. Können Sie uns daher die Personen beschreiben, welche eine wichtige Position in ihrem Unternehmen einnahmen?
Können Sie uns die Namen und Vornamen dieser wichtigen Personen nennen? Können Sie uns außerdem deren Funktion und allfälligen Beteiligungsgrad erläutern? Wie alt sind diese Personen? Jahrgang? Gibt es Familienmitglieder unter Ihren Mitarbeitern? Über welchen Zeitraum waren diese Personen in Ihrem Unternehmen tätig? Haben Sie mehrere Unternehmen? Falls ja, können Sie uns diese wichtigen Personen zu den einzelnen Unternehmen zuordnen? Hat sich an der Tätigkeit dieser Personen während des Nachfolgeprozesses etwas geändert?

Anhang VI: Interviewleitfaden zur Befragung der Unternehmer

Einführung / Vorstellung

- Vorstellung Person (gegenseitig)
- Hintergrund und Verlauf für Interview aufzeigen
  - Kernziel: Erkennen der zentralen Herausforderungen im Nachfolgeprozess
  - Ziel: Wir wollen ein System entwickeln, das anderen Unternehmern mögliche Schwierigkeiten im Nachfolgeprozess frühzeitig aufzeigt.
  - Nebenziel: Erkenntnisse fließen zu Teilen in eine Masterarbeit und eine Dissertation ein.
- Wichtigkeit dieses Interviews
  - Wir sind auf die persönliche Einschätzung angewiesen. Ihre Gefühle und persönliche Meinung sollen deshalb im Zentrum stehen.
  - Es handelt sich um eine Retroperspektive (Rückblick auf den gesamten Prozess)
- Vertraulichkeit / Anonymität des Interviews aufzeigen: Dieses Interview wird vertraulich behandelt. Es wird deshalb nur in anonymisierter Form weiterverwendet. Dies bedeutet auch, dass Sie jederzeit uns sagen können, wenn sie das Mikrofon ausgeschaltet haben möchten. Sie können uns gerne auch im Nachhinein noch mitteilen, wenn sie einen Bereich des Interviews gelöscht haben möchten.
- Mögliche Doppelspurigkeiten / Wiederholungen erwähnen, da von verschiedenen Seiten Aspekte angeschaut werden

Narratives Interview:

Nachfolgeprozess: Das zentrale Thema dieses Interview ist der Nachfolgeprozess. Wir möchten nun Ihre persönliche Sichtweise zu diesem Thema hören und daher auch Ihre persönliche „Nachfolgegeschichte" hören. Können Sie uns daher Ihren eigenen Nachfolgeprozess beschreiben?
Was waren wichtige Schlüsselpunkte / Situationen in diesem Prozess? Welche Personen haben dabei eine wichtige Rolle gespielt? Können Sie uns diese Personen beschreiben? In welcher Beziehung stehen Sie zu diesen Personen? (Familienmitglieder, Freunde, Mitarbeiter?) Können Sie uns die Erwartungen und Ziele dieser Personen an den Nachfolgeprozess und an Sie erläutern? Wie gingen Sie mit wichtigen Entscheidungen um? Von wem hatten Sie dabei meistens die Unterstützung?
Herausforderungen: Über welche Herausforderungen / Probleme haben Sie sich im Nachfolgeprozess Kopfzerbrechen bzw. Gedanken gemacht?
In welchem Zeitraum waren diese Problem/ Herausforderungen besonders vorhanden? Wie haben Sie diese Herausforderungen wahrgenommen? Intuitiv, abstrakt, durch Dritte? Haben sich diese Herausforderungen im Verlaufe der Zeit verändert? Gab es Herausforderungen, welche über den gesamten Prozess immer vorhanden waren? Können Sie uns Beispiele nennen? Welche Personen waren dabei mitbeteiligt? Hier schon fragen oder erst später?
Emotionen: Haben im Nachfolgeprozess die Gefühle und Emotionen eine Rolle gespielt?
Wenn ja: Wie hat sich dies geäußert? Wenn nein: Warum?

Haben sich diese Gefühle im Verlaufe der Zeit verändert? Wie haben sich diese Gefühle auf Sie ausgewirkt, bzw. wie war deren Wirkung ?
Rolle der Frau: Welche Rolle hat Ihre (Ehe)frau im Nachfolgeprozess gespielt?
• Wie sieht Ihre Beziehung zu Ihrer (Ehe-) frau aus? • Arbeitete Ihre (Ehe) frau im Unternehmen mit? • Wie würden Sie die Beziehung Ihrer Frau zum Unternehmen charakterisieren? • Wie würden Sie das Verhalten Ihrer Frau während des Nachfolgeprozesses charakterisieren? • Wie gingen Sie bei wichtigen Entscheidungen während des Nachfolgeprozesses mit Ihrer Frau um? (Zusammen mit Ihrer Frau beredet? Können Sie Beispiele nennen?) • Hatte Ihre Frau einen Einfluss auf diese Entscheidungen? • Hatte Ihre Frau eine spezielle Rolle in Bezug auf die unterschiedlichen Herausforderungen gespielt? • Welche Art von Herausforderungen hat Ihre Frau im Nachfolgeprozess besonders berührt / hat sie sehr beschäftigt? • Welche Gefühle konnten Sie im Nachfolgeprozess bei Ihrer Frau wahrnehmen?

Strukturierte Interview (Strukturlegekarten)

Um nun diese interessanten und wertvollen Informationen, welche Sie uns bis anhin gegeben haben, auch bildlich darzulegen und so eine Zusammenfassung des bereits Erzählten zu machen, möchten wir nun mit der sogenannten Strukturlegekartentechnik arbeiten. Zunächst einmal werden wir einen Zeitstrahl auf das Packpapier zeichnen, welcher uns als Stütze dienen soll.

Phasen: In jedem Nachfolgeprozess gibt es verschiedene Phasen, welche man zeitlich gut voneinander trennen kann. Diese haben Sie uns ja bereits beim Telefoninterview zeitlich kurz umrissen. Können Sie uns diese nun noch einmal charakterisieren?
Wir möchten den Nachfolgeprozess in zeitlicher Hinsicht etwas strukturieren und unterteilen daher den Nachfolgeprozess in verschiedene Phasen. Diese sind beispielsweise folgendermaßen umschrieben: Die 1. Phase: erstes Geschehen bis Start der Umsetzung Die 2. Phase: Start Umsetzung bis Abschluss Die 3. Phase: Abschluss bis heute Können Sie uns Angaben zu den verschiedenen zeitlichen Phasen in Monaten und Jahren machen? Was bewegt Sie dabei? Was waren Schlüsselpunkte bei diesen Phasen?
Herausforderungen: Können Sie nun auf diesen Karten die wichtigsten Momente oder Herausforderungen die Sie beschäftigt haben aufschreiben und diese den einzelnen Phasen zuordnen?
Können Sie diese Herausforderungen beschreiben? Gibt es Verbindungen / Folgebedingungen, wenn alle Herausforderungen in Kombination betrachtet werden? Gibt es zentrale Gemeinsamkeiten oder Unterschiede? Was war die größte Herausforderung (durchnummerieren)
Personen: Können Sie diesen Herausforderungen wichtige Personen zuordnen?
Können Sie uns erklären wie diese Personen zu diesen Herausforderungen standen

Emotionen: Können Sie uns nun in einem nächsten Schritt beschreiben, welche Gefühle Sie damals mit diesen Herausforderungen verbunden haben?
Wie umschreiben Sie die persönliche Betroffenheit, resp. welche Gefühle verbinden Sie mit diesen Herausforderungen? Gibt es ein konkretes Beispiel, wie Sie diese erlebt haben? Wie haben sich Ihre Gefühle gezeigt / geäußert? • Wie sind Sie mit diesen Gefühlen umgegangen? (Handlungsorientierung)
(Ehe)Frau: Ihre (Ehe)frau hat in diesem Nachfolgeprozess mit eine Rolle gespielt. Könnten Sie uns schildern, welche Herausforderungen sie besonders wichtig fand?
Gab es andere Herausforderungen für Sie? • Welche Gefühle haben Sie dabei bei Ihrer (Ehe)frau wahrgenommen?
Gesamtprozess:
• Was hat sich für Sie heute wesentlich verändert? • Hat sich die Familie über den gesamten Prozess verändert? • Gibt es diesbezüglich Unterschiede zu früher, bevor Sie ihr Unternehmen übergeben haben? • Hat sich etwas an der Rollenverteilung verändert? • Hat sich etwas am Zusammenleben verändert?

Abschluss:

- Ist ein Interview mit Ihrer Ehefrau möglich?
- Sind Sie an der Dokumentation interessiert? Wollen Sie die Transkription zur Überprüfung haben (falls Korrekturen erwünscht)? Sind Sie an den Publikationen interessiert?
- Für allfällige Einzelfragen stehen wir Ihnen gerne noch zur Verfügung.
- Dürfen wir Sie bei allfälliger Notwendigkeit im Rahmen der Nachbearbeitung kontaktieren?
- Falls Ihnen nun im Nachhinein noch Bereiche einfallen, welche Sie gerne gelöscht haben wollen, melden Sie sich bitte gerne bei uns.
- Anregungen für weitere Interviews sind willkommen.
- Herzlichen Dank für die Bereitschaft.
- Übergabe Flasche Rotwein

Allgemeine Einleitungen zu Fragen:

- Wie denken Sie…
- Können Sie mehr darüber erzählen?
- Können Sie Beispiele erläutern?
- Könnten Sie...schildern, wie…
- Wie kann man dies verstehen?
- Erlauben Sie mir...

Anhang VII: Interviewleitfaden zur Befragung der Ehepartnerinnen

Interviewleitfaden i.e.S.

Einführung / Vorstellung

- o Vorstellung Person (gegenseitig)
- o Hintergrund und Verlauf für Interview aufzeigen
  - o Kernziel: Erkennen der zentralen Herausforderungen im Nachfolgeprozess
  - o Ziel: Wir wollen ein System entwickeln, das anderen Unternehmern mögliche Schwierigkeiten im Nachfolgeprozess frühzeitig aufzeigt.
  - o Nebenziel: Erkenntnisse fließen zu Teilen in eine Masterarbeit und eine Dissertation ein.
- o Wichtigkeit dieses Interviews
  - o Wir sind auf die persönliche Einschätzung angewiesen. Ihre Gefühle und persönliche Meinung sollen deshalb im Zentrum stehen.
  - o Es handelt sich um eine Retroperspektive (Rückblick auf den gesamten Prozess)
- o Vertraulichkeit / Anonymität des Interviews aufzeigen: Dieses Interview wird vertraulich behandelt. Es wird deshalb nur in anonymisierter Form weiterverwendet. Dies bedeutet auch, dass Sie jederzeit uns sagen können, wenn Sie das Mikrofon ausgeschaltet haben möchten. Sie können uns gerne auch im Nachhinein noch mitteilen, wenn Sie einen Bereich des Interviews gelöscht haben möchten.
- o Mögliche Doppelspurigkeiten / Wiederholungen erwähnen, da von verschiedenen Seiten Aspekte angeschaut werden.
- o Genogramm / Organigramm liegt vor.

Narrative Interview:

Rolle des Mannes: : Welche Rolle hat Ihre (Ehe)mann im Nachfolgeprozess gespielt?
• Wie würden Sie die Beziehung Ihres Mannes zum Unternehmen charakterisieren? • Wie würden Sie das Verhalten Ihres Mannes während des Nachfolgeprozesses charakterisieren? • Wie sieht Ihre Beziehung zu Ihrem (Ehe-) mann aus?

Strukturiertes Interview (Strukturlegekarten)

Um nun diese interessanten und wertvollen Informationen, welche ihr Mann uns bis anhin gegeben hat, auch bildlich noch darzulegen und so eine Zusammenfassung des bereits Erzählten zu machen, möchten wir nun mit der sogenannten Strukturlegekartentechnik arbeiten. Zunächst einmal werden wir einen Zeitstrahl auf das Packpapier zeichnen, welcher uns als Stütze dienen soll.

Prozess / Zeitlichkeit: Ihr Mann hat bei unserem Interview den Nachfolgeprozess in die folgenden Abschnitte unterteilt. (Zeitstrahl malen wie es der (Ehe-)mann gemacht hat inkl. der einzelnen Abschnitte inkl. Pfeilen zwischen den einzelnen Abschnitten!)

Sehen Sie dies auch so? Oder würden Sie eine andere zeitliche Unterteilung machen?
Wenn ja, wie würde diese Unterteilung aussehen?
Was waren Ihre Schlüsselpunkte bei diesen Phasen?

Herausforderungen: Über welche Herausforderungen / Probleme haben Sie sich im Nachfolgeprozess Kopfzerbrechen bzw. Gedanken gemacht? (Sicht Frau!)

In welchem Zeitraum waren diese Probleme/ Herausforderungen besonders vorhanden?
Wie haben Sie diese Herausforderungen wahrgenommen?
Welche Herausforderungen haben Sie bei Ihrem Mann wahrgenommen? (Aus Sicht der Frau)
Haben sich diese Herausforderungen im Verlaufe der Zeit verändert? (phasenspezifisch)
Gab es Herausforderungen, welche über den gesamten Prozess immer vorhanden waren? (phasenübergreifend)
Können Sie uns Beispiele nennen?
Was war für Sie die größte Herausforderung? (Nummerierung!)

Personen: Welche Personen waren dabei beteiligt? (Sicht Frau!)
(Bezug zu Genogramm / Organigramm)

Herausforderungen / Vergleich zum (Ehe-)mann: Ihr (Ehe-)mann hat in unserem Interview die folgenden Herausforderungen genannt (vorbereitete rosa Post-its auf den Tisch legen)

- Es würde uns nun in diesem Zusammenhang interessieren, wie Sie die Wichtigkeit bzw. die Bedeutung dieser Herausforderungen für Ihren Mann einschätzen. Können Sie uns die für ihn größte Herausforderung nennen? (Weshalb?) Fakultativ: Nummerierung des (Ehe-)manns aufzeigen, falls erwünscht.
- Welche Rolle spielen Sie dabei? (bei den Herausforderungen?)

Gefühle von (Ehe-)mann: Welche Gefühle hat ihr Mann bei diesen Herausforderungen gehabt?

- Wie haben sich diese Gefühle geäußert?
- Wie ist er damit umgegangen?

Haben sich diese Gefühle im Verlaufe der Zeit verändert?
Wie haben sich diese Gefühle (Ihres Mannes) auf Ihre Beziehung ausgewirkt?

Gefühle von (Ehe-)frau: Wie haben sich diese Gefühle auf sie ausgewirkt, bzw. wie war deren Wirkung?

- Wie haben sich diese Gefühle geäußert?
- Wie sind Sie damit umgegangen?

Haben sich diese Gefühle im Verlauf der Zeit verändert?

Gesamtprozess:

- Was hat sich für Sie heute wesentlich verändert?
- Hat sich die Familie über den gesamten Prozess verändert?
- Gibt es diesbezüglich Unterschiede zu früher, bevor Sie ihr Unternehmen übergeben haben?
- Hat sich etwas an der Rollenverteilung verändert?
- Hat sich etwas am Zusammenleben verändert?

Abschluss:

- Sind Sie an der Dokumentation interessiert? Wollen Sie die Transkription zur Überprüfung haben (falls Korrekturen erwünscht)? Sind Sie an den Publikationen interessiert?
- Für allfällige Einzelfragen stehen wir Ihnen gerne noch zur Verfügung.
- Dürfen wir Sie bei allfälliger Notwendigkeit im Rahmen der Nachbearbeitung kontaktieren?
- Falls Ihnen nun im Nachhinein noch Bereiche einfallen, welche Sie gerne gelöscht haben wollen, melden Sie sich bitte gerne bei uns.
- Anregungen für weitere Interviews sind willkommen.
- Herzlichen Dank für die Bereitschaft.
- Übergabe Flasche Rotwein

Allgemeine Einleitungen zu Fragen:

- Wie denken Sie…
- Können Sie mehr darüber erzählen?
- Können Sie Beispiele erläutern?
- Könnten Sie.. schildern, wie…
- Wie kann man dies verstehen?
- Erlauben Sie mir...

Zu beachten:

- Zeitlicher Hintergrund (vergangenheitsorientiert) bei Aussagen.. Entscheidungen in diesem Zusammenhang beachten!
- Keine Wertung machen => konstruktivistischer Ansatz
- Interview Freitags machen (dadurch offener, weil Wochenende nahe, deswegen möchte man das Interview möglichst schnell hinter sich haben)
- Da Frau interviewt wird, keine Post-it's und Nummerierung machen. Sie erzählt von sich aus die Punkte, welche vom Mann durch Post-it's erfragt worden sind. Braucht die Struktur nicht.
- Frau interviewt Frau: Unterschied wahrscheinlich vorhanden in Bezug auf Mann interviewt Frau! (anderes Gespräch bzw. Antworten bei Frau-Frau als bei Frau-Mann)

KLEINE UND MITTLERE UNTERNEHMEN

Herausgegeben von Prof. Dr. Jörn-Axel Meyer, Berlin

Band 13
Jörn-Axel Meyer
Mindestlohn in kleinen und mittleren Unternehmen – Eine betriebswirtschaftliche Analyse
Lohmar – Köln 2008 • 106 S. • € 48,- (D) • ISBN 978-3-89936-703-4

Band 14
Jörn-Axel Meyer und Alexander Tirpitz
Betriebliches Gesundheitsmanagement in KMU – Widerstände und deren Überwindung
Lohmar – Köln 2008 • 116 S. • € 42,- (D) • ISBN 978-3-89936-737-9

Band 15
Jörn-Axel Meyer, Alexander Tirpitz und Dietmar Laß
Energie- und Umweltverhalten im Mittelstand
Lohmar – Köln 2009 • 192 S. • € 48,- (D) • ISBN 978-3-89936-763-8

Band 16
Jörn-Axel Meyer und Alexander Tirpitz
Service-orientierte Architekturen (SOA) im Mittelstand – Zwischen technisch Machbarem und kaufmännisch Sinnvollem
Lohmar – Köln 2009 • 72 S. • € 37,- (D) • ISBN 978-3-89936-765-2

Band 17
Jörn-Axel Meyer
Management-Fortbildung bei Ärzten – Meinungen, Nutzung und Pläne
Lohmar – Köln 2009 • 76 S. • € 37,- (D) • ISBN 978-3-89936-767-6

Band 18
Frank A. Halter
Familienunternehmen im Nachfolgeprozess – Die Emotionen des Unternehmers
Lohmar – Köln 2009 • 328 S. • € 62,- (D) • ISBN 978-3-89936-806-2

JOSEF EUL VERLAG